高等院校自动化系列规划教材

现代检测技术

(第 4 版)

主　编　吴朝霞　齐世清
副主编　宋爱娟　曹亚丽

北京邮电大学出版社
www.buptpress.com

内容简介

本书全面系统地介绍了现代检测技术课程的基本内容和前沿知识，针对信号的获取和后续处理以及现代检测系统应用设计等方面做了比较详细的阐述。书中内容丰富、新颖，理论联系实际，基础知识便于读者自学或复习，应用实例便于读者在设计和应用中参考。

本书可作为高等院校机电类或非机电类专业开设检测技术课程的通用教材，可用于自动化、测控技术与仪器、过程装备和自动化、机械工程与自动化和电子信息工程等专业的基础课教材，也可供从事传感器及检测技术研究开发、仪器仪表设计以及检测系统工程应用等方面的有关技术人员参考。

图书在版编目(CIP)数据

现代检测技术 / 吴朝霞，齐世清主编．-- 4版．-- 北京：北京邮电大学出版社，2018.8（2023.8 重印）
ISBN 978-7-5635-5559-8

Ⅰ．①现… Ⅱ．①吴… ②齐… Ⅲ．①信号检测-教材 Ⅳ．①TN911.23

中国版本图书馆 CIP 数据核字(2018)第 176794 号

书　　名：现代检测技术(第 4 版)
著作责任者：吴朝霞　齐世清　主编
责 任 编 辑：刘　佳
出 版 发 行：北京邮电大学出版社
社　　址：北京市海淀区西土城路 10 号(邮编：100876)
发 行 部：电话：010-62282185　传真：010-62283578
E-mail：publish@bupt.edu.cn
经　　销：各地新华书店
印　　刷：唐山玺诚印务有限公司
开　　本：787 mm×1 092 mm　1/16
印　　张：20
字　　数：520 千字
版　　次：2006 年 2 月第 1 版　2007 年 6 月第 2 版　2012 年 1 月第 3 版　2018 年 8 月第 4 版　2023 年 8 月第 6 次印刷

ISBN 978-7-5635-5559-8　　定　价：46.00 元

前　　言

《现代检测技术》一书自 2006 年出版以来，教学资源已被全国不同层次和类别的高校共享，在 2011 年被评选为普通高等教育“十一五”国家级规划教材，其内容和体系经过长期教学实践，不断修订完善，特再版此书。

“千里眼、顺风耳”的古代神话传说是人们对扩展感觉器官的能力，更好地了解客观事物本质属性的一种美好憧憬。为此人类经历了千百年的探索与奋斗，陆续发明了各种各样的传感器、探测器以及检测装置和测控系统等，一步一步地实现着古人的愿望。进入 20 世纪以来，在科技飞速发展的推动下，人们获取信息的能力提高到了一个新的水平。以检测技术为基础发展起来的各种测量方法和测量装置已经成为人类生产生活、科学研究和防灾保护等活动中获取信息的重要工具，是现代文明的重要标志之一。现代检测技术和现代化的检测系统设计技术也必将成为 21 世纪教学和科研中最重要的理论基础和核心技术。

检测技术的应用领域十分广泛，就这一学科的主要内容来说，有信号获取技术即传感器技术、仪器测量精度和误差理论、测试计量技术、信号处理技术、抗干扰技术以及在自动化系统中的应用技术等。检测技术的基础就是利用物理、化学和生物的原理、方法来获取被测对象的组分、状态、运动和变化的信息，通过转换和处理，将这些信息以易于人们观察和应用的形式输出。由于检测技术在各个行业中均有广泛应用，使得这门技术在现代信息（获取→处理→传输→应用）链中作为源头技术，其发展代表着科技进步的前沿，是现代科技发展的重要支柱之一。

科学技术与生产力水平的高度发达，要求更先进的检测技术与测量仪器作为基础。检测技术与科学研究和工程实践密切相关，科学技术的发展促进检测技术的进步，检测技术的发展又促进科学技术水平的提高，相互促进推动社会生产力不断前进。由于检测技术属于信息科学范畴，是信息技术三大支柱（检测控制技术、计算机技术和通信技术）之一。因此，在当今信息社会，现代化的检测技术在很大程度上决定了生产力和科学技术的发展水平，而科学技术的进步又不断为现代检测技术提供了新的理论基础和工艺装备。

学习现代检测技术的目的是为了更好地了解和掌握上述科技领域的知识，在工作实践中创造性地开发与应用。为此，我们精心组织编写了这本教材，全书内容包括信号的获取技术、测量信号的预处理和后续处理技术、测量误差分析处理以及检测系统应用设计技术等主要部分。首先，本书介绍了检测装置的基本特性；其次，介绍了信号获取的主要内容，包括各种传感器的原理和应用技术；再次，介绍了如何对获取的信号进行测量仪器精度和测量误差的分析、处理以及信号的后续处理技术，即信号调理和信号处理技术；最后，介绍了检测领域的最新发展，即现代检测系统和应用开发实例。

学习本课程需要具备的基础知识主要包括数学、物理学、电路理论（或电工学）、电子技术、控制理论、计算技术和信息技术等。

本书主要覆盖传统的“传感器原理与应用”“检测与转换技术”和“电子测量技术”等课程（或教材）的核心内容，经过精选和整合，是作者多年从事该领域教学和科研的经验总结。本书主要涉及检测的基本方法及误差处理的基本概念、传感器的选型与使用,并以传感器、信号调理电路及计算机为核心构成的信息处理系统为主线,以软件作为信号处理的主体,进而学习并掌握检测系统的设计方法,最后介绍了目前该领域的最新发展和先进技术。全书突出理论联系实际,在清楚阐述重点、难点的基础上,通过实例加深对理论和技术的理解。书中内容既具有广泛的基础性,又具有先进性,从中不仅可以学习到目前各个领域和部门进行科学实验与工程应用所需要的检测技术基础,也可以了解新一代先进检测系统和测试仪器方面的内容,为从事检测技术应用和系统设计打下良好的基础。

本书力求内容的基础性和先进性相结合,基础理论和测量功能相结合,基本原理与实践中可实现的技术相结合。在文字叙述方面力求明确简洁,并附有思考题与习题,便于自学。同时,为更好地配合本次再版教材的学习,作者还编写了与之配套的实践性教材,通过入门、提高和发展三个层次逐步进行学习。以简单例子入门,综合例子提高,复杂例子发展这样一个循序渐进的学习过程,使得读者能够深入掌握现代检测技术各个方面的知识,并达到能够设计研发检测装置或检测系统以及更好地在工程中应用的目的。

本书是在编写人员进行了广泛的调研及科学合理的策划,对教材内容及体系结构细致认真地审定和推敲,确定了编写大纲的基础上,由东北大学秦皇岛分校教授吴朝霞、副教授齐世清具体组织编写工作并担任主编,高级实验师宋爱娟和实验师曹亚丽担任副主编。吴朝霞编写了本书第 1 章、第 5 章、第 6 章、第 10 章,齐世清编写了本书第 2 章、第 3 章、第 4 章、第 8 章,宋爱娟编写了本书第 7 章,曹亚丽编写了本书第 9 章。全书由吴朝霞、齐世清统稿。

金伟教授仔细审阅了书稿,并提出了许多宝贵的指导意见。

在本书编写过程中,我们参阅了许多教材、著作和论文,还得到国内外有关企业和同行的大力支持,在此一并表示衷心的感谢。

由于作者水平有限,书中难免存在疏漏和不足,敬请读者批评指正。

编　者

目　录

第 1 章　绪论 …… 1

1.1　现代检测技术概述 …… 1

1.2　传感器概述 …… 2

1.2.1　传感器的概念 …… 2

1.2.2　传感器的组成 …… 3

1.2.3　传感器的分类 …… 3

1.2.4　传感器的发展趋势 …… 5

1.3　现代检测系统 …… 6

1.3.1　基本结构 …… 6

1.3.2　应用类型 …… 7

1.4　检测技术的发展趋势 …… 10

1.4.1　检测仪器与计算机技术的集成 …… 10

1.4.2　软测量技术 …… 11

1.4.3　模糊传感器 …… 12

1.5　检测理论发展展望 …… 13

第 2 章　检测装置基本特性 …… 15

2.1　线性检测系统概述 …… 15

2.2　检测系统的静态特性 …… 17

2.2.1　静态特性参数 …… 17

2.2.2　静态特性的性能指标 …… 18

2.2.3　检测装置的标定 …… 22

2.3　检测装置的动态特性 …… 22

2.3.1　微分方程 …… 22

2.3.2　传递函数 …… 22

2.3.3　频率(响应)特性 …… 23

2.4　不失真测量条件和装置组建 …… 23

2.4.1　输出信号的失真 …… 24

2.4.2　不失真测量的条件 …… 24

2.4.3　检测装置的组建 …… 25

2.5　检测装置基本特性测试和性能评价 …… 27

2.5.1　常见装置的数学模型 …… 27

2.5.2　静态特性的测试 …… 31

2.5.3 动态特性的测试…… 31
思考题与习题 …… 33

第3章 电参量检测装置 …… 35

3.1 电阻式传感器…… 35
3.1.1 电阻应变式传感器…… 35
3.1.2 压阻式传感器…… 42
3.1.3 热电阻式传感器…… 45
3.1.4 光敏电阻…… 49
3.2 电感式传感器…… 52
3.2.1 自感式传感器…… 52
3.2.2 互感式传感器…… 58
3.2.3 电涡流式传感器…… 65
3.3 电容式传感器…… 72
3.3.1 电容式传感器结构与工作原理…… 72
3.3.2 电容式传感器的等效电路…… 75
3.3.3 电容式传感器的测量电路…… 76
3.3.4 电容式传感器的应用…… 81
思考题与习题 …… 83

第4章 电能量检测装置 …… 84

4.1 热电偶传感器…… 84
4.1.1 热电偶测温原理…… 84
4.1.2 热电偶的基本定律…… 86
4.1.3 热电偶的冷端处理和补偿…… 87
4.1.4 热电偶的实用测温电路…… 89
4.2 压电式传感器…… 92
4.2.1 压电式传感器的工作原理…… 92
4.2.2 压电元件的等效电路及连接方式…… 94
4.2.3 压电式传感器的测量电路…… 95
4.2.4 压电式传感器的应用…… 97
4.3 磁电式传感器…… 98
4.3.1 磁电感应式传感器…… 99
4.3.2 霍尔传感器 …… 102
4.4 光电池 …… 108
4.4.1 光电池的结构和工作原理 …… 108
4.4.2 光电池的基本特性 …… 109
4.4.3 光电池的应用 …… 111
思考题与习题…… 112

第 5 章 数字检测装置……114

5.1 角度数字编码器……114

5.1.1 绝对式角度数字编码器……114

5.1.2 增量式角度数字编码器……116

5.2 光栅传感器……117

5.2.1 光栅的结构和工作原理……117

5.2.2 辨向原理与细分技术……120

5.2.3 光栅传感器的应用……121

5.3 感应同步器……122

5.3.1 感应同步器的基本结构……122

5.3.2 感应同步器工作原理……123

5.3.3 信号处理方式……124

5.3.4 感应同步器的应用……124

5.4 磁栅式传感器……126

5.4.1 磁栅式传感器工作原理……126

5.4.2 信号处理及检测电路……128

5.4.3 磁栅式传感器的应用……129

5.5 容栅式传感器……129

5.5.1 容栅式传感器结构及工作原理……129

5.5.2 容栅式传感器的特点……131

5.5.3 容栅式传感器信号处理方式……131

5.5.4 容栅式传感器的应用……133

思考题与习题……133

第 6 章 现代检测装置……135

6.1 CCD 图像传感器……135

6.1.1 CCD 的结构及工作原理……135

6.1.2 CCD 图像传感器的特性参数……137

6.1.3 CCD 图像传感器的应用……138

6.2 光纤传感器……140

6.2.1 光纤……140

6.2.2 光纤传感器的组成……141

6.2.3 光纤传感器分类……142

6.2.4 光纤传感器的工作原理……143

6.2.5 光纤传感器的应用……144

6.3 红外传感器……146

6.3.1 工作原理……146

6.3.2 红外传感器的应用……148

6.4 超声波传感器……149

6.4.1 超声检测的物理基础 …… 150
6.4.2 超声波传感器原理 …… 151
6.4.3 超声波传感器应用 …… 152
6.5 核辐射传感器 …… 154
6.5.1 核辐射传感器的物理基础 …… 154
6.5.2 核辐射传感器 …… 155
6.5.3 核辐射传感器的应用 …… 157
6.6 微型传感器 …… 159
6.6.1 MEMS 技术与微型传感器 …… 159
6.6.2 硅电容式集成压力传感器 …… 160
6.6.3 压阻式微型流量传感器 …… 161
6.6.4 电感式微型传感器 …… 162
思考题与习题 …… 163

第 7 章 测量误差分析 …… 164

7.1 测量误差的基本概念 …… 164
7.1.1 测量误差及研究的意义和内容 …… 164
7.1.2 测量误差的来源 …… 165
7.1.3 主要的名词术语 …… 165
7.1.4 测量误差表示方法 …… 166
7.1.5 测量误差的分类 …… 168
7.1.6 测量不确定度与置信概率 …… 169
7.1.7 测量误差与测量不确定度的关系 …… 170
7.1.8 误差公理及测量结果的报告 …… 170
7.2 随机误差的处理 …… 171
7.2.1 随机误差的特征和概率分布 …… 171
7.2.2 算术平均值和剩余误差(残余误差) …… 172
7.2.3 随机误差的方差和标准差 …… 173
7.2.4 测量的极限误差 …… 175
7.2.5 不等精度直接测量的数据处理 …… 176
7.3 系统误差的分析 …… 177
7.3.1 系统误差的性质及分类 …… 177
7.3.2 系统误差的判别 …… 177
7.3.3 系统误差的消除与削弱 …… 179
7.4 粗大误差的剔除 …… 180
7.4.1 莱以特准则 …… 180
7.4.2 格拉布斯准测 …… 181
7.5 误差合成与误差分配 …… 183
7.5.1 随机误差合成 …… 183
7.5.2 系统误差合成 …… 184

7.5.3　系统误差与随机误差合成 …… 184
7.5.4　误差分配 …… 185
7.6　测量不确定度评定 …… 186
7.6.1　不确定度评定步骤 …… 186
7.6.2　不确定度 A 类评定和 B 类评定 …… 186
7.6.3　合成不确定度与扩展不确定度评定 …… 189
7.6.4　测量不确定度评定应用举例 …… 190
7.7　数据处理的基本方法 …… 192
7.7.1　有效数字和数据舍入规则 …… 192
7.7.2　最小二乘法原理及应用 …… 193
7.7.3　测量数据处理举例 …… 194
思考题与习题 …… 199

第 8 章　测量信号调理 …… 201

8.1　信号放大 …… 201
8.1.1　仪表放大器 …… 201
8.1.2　隔离放大器 …… 203
8.1.3　可变增益放大器 …… 205
8.2　信号滤波 …… 206
8.2.1　概述 …… 206
8.2.2　*RC* 有源滤波电路 …… 209
8.2.3　无源滤波电路 …… 218
8.3　信号变换 …… 221
8.3.1　电压-电流变换 …… 221
8.3.2　电压-频率变换 …… 223
思考题与习题 …… 226

第 9 章　测量信号处理 …… 227

9.1　信号的基本概念 …… 227
9.1.1　信号的描述与分类 …… 227
9.1.2　常见的连续时间信号 …… 230
9.1.3　常见的离散时间信号 …… 234
9.1.4　信号的分解与合成 …… 237
9.2　线性系统理论 …… 240
9.2.1　连续时间系统 …… 240
9.2.2　离散时间系统 …… 240
9.2.3　线性时不变系统的性质 …… 240
9.2.4　连续时间 LTI 系统的响应与卷积积分 …… 242
9.2.5　离散时间 LTI 系统的响应与卷积和 …… 244
9.3　连续时间信号的傅里叶变换 …… 245

9.3.1 周期信号的傅里叶级数分析 …… 245
9.3.2 连续时间非周期信号的频谱分析与傅里叶变换 …… 248
9.3.3 傅里叶变换的基本性质 …… 251
9.3.4 周期信号的傅里叶变换 …… 254
9.4 采样与量化 …… 255
9.4.1 采样信号的傅里叶变换 …… 255
9.4.2 采样定理 …… 258
9.4.3 量化 …… 260
9.5 离散时间信号的傅里叶变换 …… 260
9.5.1 离散傅里叶变换 …… 260
9.5.2 快速傅里叶变换 …… 262
9.5.3 基于DFT算法的频谱分析讨论 …… 262
9.5.4 离散傅里叶变换的性质 …… 263
9.6 信号的时域分析 …… 264
9.6.1 信号预处理 …… 264
9.6.2 时域波形分析 …… 267
9.6.3 时域平均 …… 268
9.6.4 相关分析 …… 269
9.6.5 概率密度函数与概率分布 …… 271
思考题与习题 …… 272

第10章 现代检测系统及应用 …… 274

10.1 虚拟仪器技术 …… 274
10.1.1 虚拟仪器概述 …… 274
10.1.2 虚拟仪器的构成 …… 275
10.1.3 虚拟仪器的软件开发平台 …… 278
10.2 现场总线仪表 …… 281
10.2.1 概述 …… 281
10.2.2 CAN总线系统 …… 283
10.2.3 FF总线系统 …… 286
10.2.4 工业以太网技术 …… 288
10.3 无线传感器网络 …… 292
10.3.1 无线传感器网络的概念 …… 292
10.3.2 ZigBee技术 …… 293
10.3.3 ZigBee技术在无线传感器网络中的应用 …… 296
10.4 检测系统的智能化和网络化技术 …… 299
10.4.1 检测技术的发展趋势 …… 299
10.4.2 智能检测系统的组成 …… 300
10.4.3 检测系统网络化技术 …… 303
思考题与习题 …… 305

参考文献 …… 307

第1章 绪　　论

1.1　现代检测技术概述

现代检测技术是将电子技术、光机电技术、计算机、信息处理、自动化、控制工程等多学科融为一体并综合运用的复合技术，被广泛应用于交通、电力、冶金、化工、建材、机加工等各领域中的自动化装备及生产自动化测控系统。学习这门技术，就是要以现代检测系统的研发和自动化系统中的应用为主要目的，围绕参数检测和测量信号分析处理等问题进行学习研究与开发，并将该技术应用于国民生产中的各个领域。

为了监督和控制某个生产或实验过程中对象的运动变化状态，掌握其发展变化规律，使它们处于所选工况的最佳状态，就必须掌握描述它们特性的各种参数，这就首先要求检测这些参数的大小、变化趋势、变化速度等。通常把这种含有检查、测量和测试等比较宽广意义的参数测量称作检测，围绕这方面的工作都需要以检测技术为基础。为实现参数检测的目的而组建的系统和装置以及采用的设备等被称为检测系统、检测装置或仪器仪表，它们位于测控系统的最前端，通过获取被测对象信号并进行处理，然后将有用信息输出给自动控制系统或操作者。另外，为了测量各种各样微观或宏观的物理、化学或生物等参数量值，检验产品质量，进行计量标准的传递和控制，也需要检测技术作为基础。

随着科学技术的迅速发展，尤其是微电子、计算机和通信技术的发展，以及新材料、新工艺的不断涌现，使得检测技术在建立检测理论的基础上不断向着数字化、网络化和智能化方向发展。如何提高检测装置的精度、分辨率、稳定性和可靠性，以及如何开发现代化的检测系统和研究新的检测方法，是现代检测技术的主要课题和研究方向。

目前，有关的学科和研究方向包括检测技术与自动化装置、测试计量技术及仪器，前者主要侧重自动化学科，后者则侧重测试计量学科，所对应的本科专业为测控技术与仪器专业。作为本科教学的参考书，考虑到拓宽基础，兼顾上述自动化和测试计量两方面，将检测控制（测控）技术与测试计量技术与仪器（计量与仪器仪表）在基础课方面加以整合，目的是在本科阶段能够较好地掌握该领域的知识体系，有利于进一步的学习深造，为从事应用开发和研究工作打好基础。

检测系统，也被称为测试系统，包含测量和试验两个方面的内容。检测系统的基本任务是获取有用信息，尤其是要从干扰中提取出有用信息，因此需要将传感器获取的信号进行有针对性的计算、分析和处理，最后将有用信息输出。检测技术以研究信息的获取、信息的转换及信息的处理等理论和技术为主要内容，不但涉及其他许多技术领域的知识，而且它也同时在为这些领域提供信息服务产品，涉及的应用领域广泛且众多。在信息技术研究与应用中，检测技术属于信息科学范畴，是信息技术三大支柱（检测控制技术、计算机技术和通信技术）之一。

检测系统的设计过程采用专门的传感器、测量仪器或测量系统，通过合适的实验与信号分析及处理方法，由测得的信号求取与研究对象有关的信息量值，并将结果输出显示。在现代化装备或系统的设计、制造和使用中,检测及测量测试工作的内容已经占据首要位置,检测系统的成本已达到测控系统总成本的 50%~70%,它是保证整个自动化系统达到性能指标和正常工作的重要手段,是设备先进性和高水平的重要标志。在科学技术和社会生产力高度发达的今天,要求有与之相适应的检测技术、仪器仪表及检测系统,人们不仅需要学会用好这些先进的仪器仪表,而且还要能开发出更新一代的产品。

追溯检测技术的发展历史,可以从仪器仪表的发展水平得到如下结论:

第一代检测技术是以物理学基本原理为基础,如力学、热力学或电磁学等,代表性的仪器仪表有很多,有的至今仍然在使用,例如,千分尺、天平、水银温度计或指针式仪表等;

第二代是以 20 世纪 50 年代的电子管和 60 年代的晶体管为基础的分立元件式仪表;

第三代是以 20 世纪 70 年代的数字集成电路和模拟运算放大器为基础的具有信号处理和数字显示的仪器仪表;

第四代是以 20 世纪 80 年代的微处理器为核心的信号处理能力更强的并配有智能化处理软件的仪器仪表。

新一代检测技术是将上述传统的检测技术和计算机技术深层次结合后的产物,正引起该领域的一场新技术革命,产生出一种全新的仪器结构——虚拟仪器——进而向集成仪器和多仪器组成的网络化大测试系统方向发展,由此构成了现代检测技术的基础。

虽然被测对象所在领域以及对检测系统的要求既广泛,又具有多样性,但归纳起来,对一般检测系统的要求如下:

1. 能够测量多种参量、电参量或非电参量;
2. 能够测量多参数,具有多测量通道;
3. 能够测量动态参数,测量系统的频带宽;
4. 能够实时快速地进行信号处理,包括排除干扰信号、处理误差、量程转换和信息传送等。

这些要求在不同的领域可能侧重点不同,但能够全面实现上述要求的检测系统,唯有新一代检测技术可以胜任。

在人类的各项生产活动和科学实验中有各种各样的研究对象,如要从数量方面对它进行研究和评价,都是通过对代表其特性的物理量、化学量以及生物量的检测来实现的。而检测技术的主要研究内容就是利用各种物理、化学或生物的效应(例如光电效应、热电效应、电磁效应、红外光谱、紫外光谱、心电、脑电或肌电等),选择合适的方法与装置,将其中的有关特征信息通过各种测量方法给出定性或定量的测量结果。能够自动地完成整个检测过程的技术被称为自动检测技术。自动检测技术以信息的获取、转换、显示和处理过程的自动化为主要研究内容,现已经发展成为一门完整的综合性技术学科。

学习检测技术,首先要对传感器给予充分的重视,因为传感器是检测系统的最前端。

1.2 传感器概述

1.2.1 传感器的概念

传感器(Sensor),是指能够感受规定的被测量并按一定规律转换成可用输出信号的器件或装置。这里传感器的定义包含着三层含义:①传感器是一个测量装置,能完成检测任务;②在规定的条件下感受被测量,如物理量、化学量或生物量等;③按一定规律将感受的被测量转换成易于传输与处理的电信号。

关于传感器，在不同的学科领域曾出现过多种名称，如感受器、发送器、变送器、换能器或探头等，这些提法反映了在不同的技术领域中，根据器件的用途不同使用不同的术语，它们的内涵是相同或相近的。

1.2.2 传感器的组成

传感器一般由敏感元件、转换元件及转换电路三个部分组成，如图1.1所示。

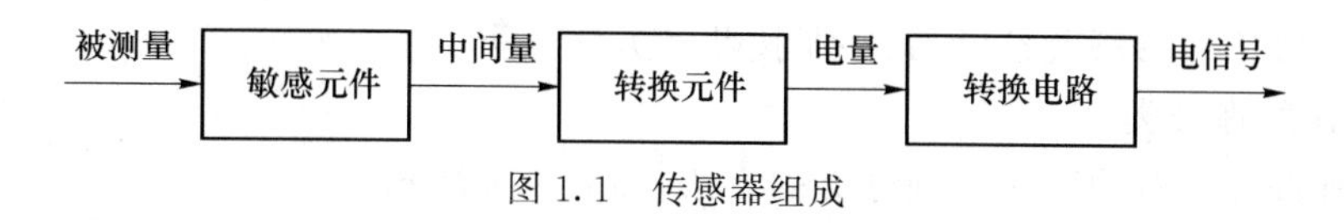

图1.1 传感器组成

1. 敏感元件

敏感元件是能直接感受被测量，并将被测非电量信号按一定对应关系转换为易于转换成电信号的另一种非电量的元件。如应变式压力传感器中的弹性元件(例如膜盒等)就是敏感元件之一。

2. 转换元件

转换元件是能将敏感元件输出的非电信号或直接将被测非电量信号转换成电量信号(包括电参量和电能量转换)的元件。如应变式压力传感器中的应变片是转换元件，它的作用是将弹性元件的输出应变转换为电阻的变化。

3. 转换电路

转换电路是将转换元件输出的电量信号转换为便于显示、处理、传输的电信号的电路，它的作用主要是信号的转换，常用的转换电路有电桥、放大器、振荡器等。转换电路输出的电信号有电压、电流或频率等。

不同类型的传感器组成也不同，最简单的传感器由一个转换元件(兼敏感元件)组成，它将感受的被测量直接转换为电量输出，如热电偶、光电池等。有些传感器由敏感元件和转换元件组成，不需要转换电路就有较大信号输出，如压电式传感器、磁电式传感器等。有些传感器由敏感元件、转换元件和转换电路组成，如电阻应变式传感器、电感式传感器、电容式传感器等。

1.2.3 传感器的分类

在测量和控制的应用中可以选用的传感器种类非常多。一个被测量可以用不同种类的传感器测量，如温度既可以用热电偶测量，又可以用热电阻测量，还可以用光纤传感器测量；而同一原理的传感器，通常又可以测量多种非电量，如电阻应变传感器既可测量重量，又可测量压力，还可以测量加速度等。因此传感器的分类方法很多，主要可按以下几种方法分类。

1. 按输入被测量分类

按传感器输入被测量分类是一种按输入量的性质分类的方法，如表1.1所示。

表1.1 按传感器输入被测量分类

基本被测量	包含被测量
热工量	温度、压力、压差、流量、流速、热量、比热、真空度等
机械量	位移、尺寸、形状、力、应力、力矩、加速度、振动等

续表

基本被测量	包含被测量
物理量	湿度、密度、黏度、电场、磁场、光强等
化学量	液体、气体的化学成分以及浓度、酸碱度等
生物医学量	血压、体温、心电图、气流量、血流量、脑电信号、肌电信号等

这种分类方法的优点是明确了传感器的用途,便于使读者根据用途有针对性地查阅所需的传感器。一般工程书籍及参考书、手册按此类方法分类。

2. 按工作原理分类

这是一种按传感器的工作原理分类的方法,如表1.2所示。

表1.2 按传感器的工作原理分类

<table>
<tr><th colspan="2">传感器分类</th><th rowspan="2">转换原理</th><th rowspan="2">传感器名称</th><th rowspan="2">典型应用</th></tr>
<tr><th>转换形式</th><th>中间结果参量</th></tr>
<tr><td rowspan="17">电参数</td><td rowspan="6">电阻</td><td>金属的应变效应或半导体的压阻效应</td><td>电阻应变传感器
压阻传感器</td><td>微应变、力、负荷</td></tr>
<tr><td>电阻的温度效应</td><td>热电阻传感器</td><td>温度、温差</td></tr>
<tr><td>电阻的光电效应</td><td>光敏电阻</td><td>光强</td></tr>
<tr><td>电阻磁敏效应</td><td>磁敏电阻</td><td>磁场强度</td></tr>
<tr><td>电阻湿敏效应</td><td>湿敏电阻</td><td>湿度</td></tr>
<tr><td>电阻的气体吸附效应</td><td>气敏电阻</td><td>气体浓度</td></tr>
<tr><td rowspan="4">电感</td><td>被测量引起线圈自感变化</td><td>自感传感器</td><td>位移</td></tr>
<tr><td>被测量引起线圈互感变化</td><td>互感传感器</td><td>位移</td></tr>
<tr><td>涡流的去磁效应</td><td>涡流传感器</td><td>位移、厚度</td></tr>
<tr><td>压磁效应</td><td>压磁传感器</td><td>力、压力</td></tr>
<tr><td rowspan="3">电容</td><td>改变电容的间隙</td><td rowspan="3">电容传感器</td><td rowspan="2">位移、力</td></tr>
<tr><td>改变电容的极板面积</td></tr>
<tr><td>改变电容的介电常数</td><td>料位、湿度</td></tr>
<tr><td rowspan="3">计数</td><td>利用莫尔条纹</td><td>光栅传感器</td><td rowspan="3">线位移、角位移</td></tr>
<tr><td>互感</td><td>感应同步器</td></tr>
<tr><td>磁信号</td><td>磁栅</td></tr>
<tr><td>数字</td><td>数字编码</td><td>角度编码器</td><td>角位移</td></tr>
<tr><td rowspan="6">电能量</td><td rowspan="4">电动势</td><td>热电效应</td><td>热电偶</td><td>温度、热流</td></tr>
<tr><td>电磁效应</td><td>磁电传感器</td><td>速度、加速度</td></tr>
<tr><td>霍尔效应</td><td>霍尔传感器</td><td>磁通、电流</td></tr>
<tr><td>光电效应</td><td>光电池</td><td>光强</td></tr>
<tr><td rowspan="2">电荷</td><td>压电效应</td><td>压电传感器</td><td>动态力、加速度</td></tr>
<tr><td>光生电子空穴对</td><td>CCD传感器</td><td>图像传感</td></tr>
</table>

这种分类方法的优点是能够清楚地表达各种传感器的工作原理。

3. 按输出信号的性质分类

按输出信号的性质可分为模拟式传感器和数字式传感器。

4. 按传感器的能量转换情况分类

按传感器的能量转换情况可分为能量控制型传感器和能量转换型传感器。

能量控制型传感器在信息转换过程中其能量需要外电源供给。电阻、电感、电容等电参量传感器属于这一类传感器。

能量转换型传感器又被称为发电型传感器,其输出端的能量是由被测对象取出的能量转换而来。它无须外加电源就将被测非电量转换成电量输出。热电偶、光电池、压电传感器、磁电传感器等属于能量转换型传感器。

1.2.4　传感器的发展趋势

现代信息技术的三大基础是信号的获取、传输和处理技术,即传感技术、通信技术和计算机技术,它们分别构成了信息系统的"感官""神经"和"大脑"。可见没有"感官"感受信息,或者"感官"反应迟钝,都不可能组建准确度高、反应速度快的自动控制系统,所以世界各国都把传感器技术作为优先发展的目标。

传感器的发展趋势主要表现在以下几个方面。

1. 开发新材料

传感器材料是传感技术的基础。许多传感器是利用某些材料的物理效应、化学反应和生物功能等达到测量目的的,所以研究具有新功能、新效应的新材料,对敏感元件和转换元件的研制有着十分重要的意义。目前半导体敏感材料在传感器技术中占有主导地位,用半导体材料制成的力敏、光敏、磁敏、热敏、气敏、离子敏等敏感元件性能优良,得到越来越广泛的应用。其发展趋势为:从单晶体到多晶体、非晶体,从单一型材料到复合型材料,以及原子(分子)型材料的人工合成。另外陶瓷材料、智能材料的研究探索也在不断地深入。

2. 研制集成化、多功能化传感器

所谓集成化,就是在同一芯片上,将众多同一类型的单个传感器通过集成技术构成一维、二维或三维阵列形式的传感器,使传感器的参数检测实现"点—线—面—体"的多维化(如CCD),实现单参数检测到多参数检测。例如由一个传感芯片同时实现流量、温度、压力的检测;或者在同一芯片上,将传感器与测量电路等处理电路集成一体化,使传感器由单一信号转换功能扩展为兼有放大、运算、补偿等多种功能(如集成温度传感器)。

3. 实现传感器的数字化和智能化

数字技术是信息技术的基础,数字化是智能化的前提。传感器的智能化就是把传感器与微处理器相结合,使之不仅具有检测、转换和处理功能,同时还具有存储、记忆、诊断、补偿等功能。智能化传感器按构成分为组合一体化结构和集成一体式两种。

组合一体化结构,就是把传感器与其配套的转换电路、微处理器、输出电路和显示电路等模块组装在同一壳体内,从而减小体积,增强可靠性和抗干扰能力。这是传统传感器实现小型化、智能化的主要发展途径。

随着微机械加工工艺、集成电路工艺等技术的日益成熟,以及微米、纳米加工技术的问世,可开发出微型传感器、微型执行器等,它们与微处理器结合可以组成闭环控制传感系统,进一步将它们集成在一个芯片上,可构成集成一体化式的高级智能传感器。

4. 研制开发仿生传感器

大自然是生物传感器的优秀设计师和工艺师。通过漫长的进化过程不仅造就了集多种生物传感器(感官)于一身的人类,而且还进化出了诸多功能奇特、性能超强的生物传感器。例如,狗的嗅觉灵敏度是人的一百多倍,鸟的视力是人的50~80倍,蝙蝠、海豚的听觉系统是一种生物雷达-超声波传感器等。研究这些动物的感官性能,是今后开发仿生传感器的努力方向。

随着智能传感器、仿生传感器、生物传感器、微机械传感器等的研制开发,将极大地推进人类了解未知世界的步伐,从而进一步促进生产、生活和科研水平的提高。

1.3 现代检测系统

1.3.1 基本结构

现代检测技术的一个明显特点是传感器采用电参量、电能量或数字传感器以及微型集成传感器,信号处理采用集成电路和微处理器。所以本书主要介绍的检测系统就是指电测量系统,除特别声明外,本书后续章节中的某些词语亦应按此理解。检测系统可以理解成由多个环节组成的能实现对某一物理量进行测量的完整系统。下面首先介绍检测系统的一般组成。

检测系统在测量过程中,首先由传感器将被测物理量从研究对象中检测出来并转换成电量,然后输出。现代检测技术包含了更多的后续处理技术,如根据需要对第一次变换后的电信号进行时域或频域处理,最后以适当的形式输出。信号的这种变换、处理和传输过程决定了检测系统的基本组成和它们之间的相互关系,如图1.2所示。

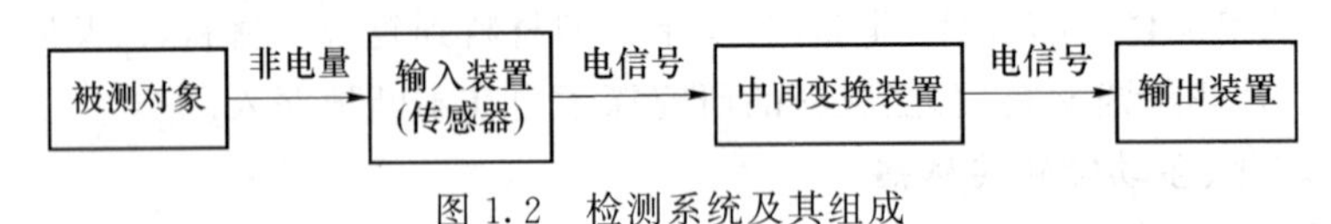

图1.2 检测系统及其组成

一般来说,输入装置、中间变换装置和输出装置是一个测量系统的三个基本组成部分。

组成输入装置的关键部件是传感器。传感器是将力、加速度、压力、流量、温度、噪声等非电量转换成电量的装置。简单的传感器可能只由一个敏感元件组成,例如测量温度的热电偶传感器。复杂的传感器可能包括敏感元件、弹性元件,甚至变换电路,有些智能传感器还包括微处理器。传感器与被测对象相互接触,负责采集信号,位于整个检测系统的最前端,因此,传感器的性能对测量结果具有决定性影响。

中间变换装置根据不同情况有很大的伸缩性。简单的测量系统可能完全省略中间变换装置,将传感器的输出直接进行显示或记录。例如,在由热电偶(传感器)和毫伏计(指示仪表)构成的测温系统中,就没有中间变换装置。就大多数测量系统而言,信号的变换包括放大(或衰减)、滤波、激励、补偿、调制和解调等。功能强大的测量系统往往还要将计算机或微处理器等作为一个中间变换(装置)环节,以实现诸如波形存储、数据采集、非线性校正等信号处理和消除系统误差或对随机误差处理等功能。远距离测量时,要有数据传输通信等装置。在强电磁环境中还要有隔离电路等。

输出装置各种各样,常见的有各种指示仪表、记录仪、显示器等。按输入这些仪器仪表的信号不同,可以是模拟的或数字的输出装置。

在实际测量中,由于被测信号的大小、随时间变化的快慢不同、相对测量结果的要求不同,组成的测量系统在繁简程度和中间环节的多少上是有很大差别的。按被测参量的不同,检测系统可分为压力、振动、噪声等检测系统;按信号的传输形式不同,又可分为模拟检测系统和数字检测系统,其组成分别如图 1.3 和图 1.4 所示。以测量某一容器内的压力为例,说明这两种系统的基本组成。

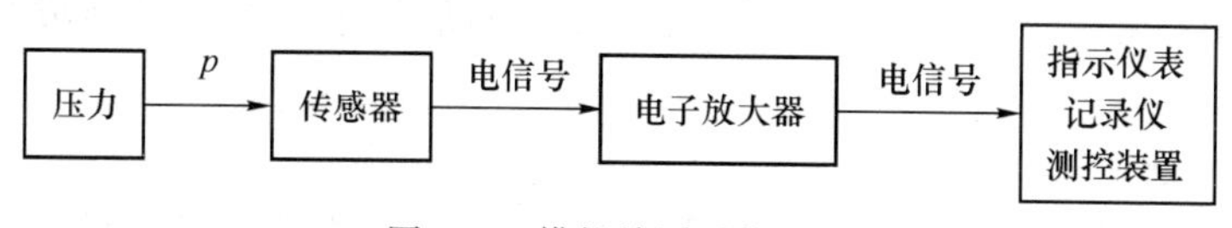

图 1.3　模拟检测系统组成

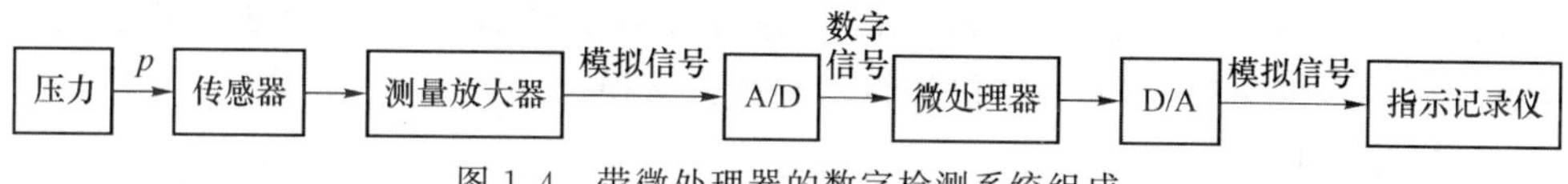

图 1.4　带微处理器的数字检测系统组成

比较这两个系统可以看出,前两个环节和最后的输出环节基本上是相同的。对于数字系统,目前主要是带有微处理器或计算机的系统,它的主要特点是通过 A/D 接口将模拟量转换为数字量,经过数字处理后,尤其是各种功能强大的软件处理后,由 D/A 接口再将数字量转换为模拟量输出。

1.3.2　应用类型

现代检测系统的应用类型大致可分为检测型和测控型两类,检测型可分为基本型和标准接口型。检测型是完成对被测参量的测量任务,对测量准确度要求较高;测控型一般应用于闭环控制系统中,对快速、实时和可靠性要求较高。

1. 基本型

基本型一般由传感器、信号调理电路、数据采集(采样保持和模数转换)、数字信号处理、数模转换电路等组成,完成对多点多种参量的动态或静态测量的任务。如果测量快速变化的参量,对系统各个部分的动态特性要求将会更高,对数字处理器的运算速度也提出更高要求。基本型各组成部分的功能介绍如下。

(1) 传感器

传感器完成信号的获取任务。它将被测参量,一般为模拟量转换成相应的便于处理的电信号输出。被测参量范围很广,可以是电参量或非电参量,如各种物理量或化学量等。传感器的分类方法有很多种,根据被测参量分为温度传感器、压力传感器、速度传感器等;根据传感器的输出信号分为电参量型传感器、电能量型传感器、数字型传感器等。本书在传感器的介绍中根据后者的分类进行阐述,也便于与后续章节信号调理衔接。

(2) 信号调理电路

来自传感器的输出信号通常含有干扰噪声,而且信号比较微弱。因此,紧接其后的是信号调理电路,其基本作用是:①放大功能,将微弱信号放大到与数据采集板中 A/D 转换器的转换电压范围相适配;②低通滤波功能,抑制干扰噪声信号的高频分量,将信号频带压缩,以降低采样频率,避免在模数转换中产生混叠;③隔离功能,利用磁性变压器、光电或电容性器件等,耦合传输有用信号,阻隔高电压浪涌及较高的共模电压,既保护了操作人员,也保护了昂贵的测量设备;④其他功能,如激励、冷端补偿、衰减等多种特殊功能,根据需要选用。如果信号调理电路同时输出规范化的标准传输信号,如 4～20 mA 电流信号,则称其为变送器。

(3) 数据采集

数据采集环节的作用是采样保持和模数转换,具有采集板或采集卡等,主要功能是:①由可控增益放大器或衰减器实现量程自动切换;②由多路开关对多点信号进行通道切换,分时采样,将模拟信号变为离散时间序列信号;③将采样后的信号进行模数转换成为幅值离散的数字量。

(4) 数字信号处理

数字信号处理由计算机、单片机、单片系统机、DSP、ARM 或 FPGA 等各类微处理器作为核心,通过软件编程实现高速数据运算等数字处理工作以及完成智能化信息处理的功能。运算结果输出给用户的形式有很多种,如 CRT 显示器或数字显示器等,也可通过数字接口实现与其他计算机的数据交换,或通过网络进行远程数据交换。

(5) 数模转换电路

将数字形式的处理结果以模拟量输出,便于其他模拟系统或模拟接口的设备接收信号。

随着微电子技术的发展,将传感器与信号调理电路集成为一体化的芯片已经问世,甚至将传感器、信号调理电路、数据采集和微处理器等全部集成在一块芯片上,组成单片检测系统的产品也已经面世。因此,传感器与仪器仪表的明显分界正在消失。

2. 标准接口型

检测系统由各个功能模块组合在一起,模块之间的信号传输形式有专门接口型和标准接口型。专门接口型的接口由于其电气参数、接口形式和通信协议等不统一,各个模块之间的信息传输互连十分困难,系统设计缺乏灵活性,所以一般只应用在特殊场合或专用测量系统中,应用面较窄。标准接口型的接口都按规定标准设计,组建系统时非常方便,只要将对应的接插连接件连接就可实现信息交换,可以灵活组建各类检测系统,也可以方便组建大、中型检测系统,应用面很广。以下就标准接口型检测系统作简单介绍。

(1) GPIB 测试系统

通用接口总线(General-Purpose Interface Bus,GPIB)测试系统在接口的功能、电气和机械等设计上都按国际标准要求设计,内含 16 条信号线,每条线都有特定的意义。由一台计算机安装一块 GPIB 接口卡与若干台具有 GPIB 接口的仪器构成检测系统。不同厂家的仪器产品可以方便地通过 GPIB 接口互连,组建多参数、多功能检测系统非常方便,拆开后各仪器又可以单独使用。

(2) VXI 总线系统

VXI 总线系统是机箱式结构,多个模块式插件共存于一个机箱中组成一个系统。VXI 总线(VME Bus Extension for Instrumentation)是 VME 计算机总线在仪器领域中的扩展。它的数据高速率传输,模块式插件的结构不仅组建系统灵活,而且系统结构紧凑、体积小、轻便。

(3) PXI 总线系统

PXI(PCI Bus Extensions for Instrumentation)是 PCI 计算机总线在仪器领域中的扩展。PXI 系统在结构上类似于 VXI 系统,但它的设备成本更低,运行速度更快,结构更紧凑。基于 PCI 总线的软硬件均可应用于 PXI 系统中,从而使 PXI 系统具有良好的兼容性。因此,基于 PXI 总线的测量系统将成为主流测试平台之一。

(4) 其他总线系统

基于串行数据传输的标准接口型仪器,例如基于RS232C、RS485或USB接口的仪器,简称串口仪器,以及基于现场总线技术的测试仪器等。

标准接口型仪器集多种功能于一体,是计算机技术和仪器技术高度发展深层次结合的必然结果,并产生了全新概念的仪器——虚拟仪器,这使得设计高度自动化和智能化的现代检测系统成为现实。

3. 测控型

测控型是指应用于闭环控制系统或实时测控系统中的检测系统。测控型的应用范围很广泛,包括生产过程自动化领域、楼宇家电控制领域、交通运输工程控制领域、航空航天测控领域、导弹制导和武器自动控制领域、电力电子控制系统领域、生物电子控制系统等领域。

例如,在许多生产工艺中要对容器中的液位(L)进行定值控制(C),使得被控参数保持在设定值上下的一个较小的范围内。图1.5是一个定值控制系统的示例。因为被控参数只有一个,也被称为单回路控制系统。它由控制器(包括设定单元、比较单元、比例积分微分运算单元和控制量输出单元等)、测量变送器和执行器组成。在这个控制系统中,液位检测装置(LT)担任对容器中液位测量的任务,直接获取被控制参数的信息,然后将测量值以标准的信号形式传送至控制器(LC)中的比较单元。因此,在控制系统中称这个检测装置为变送器,并担任负反馈的角色,位于控制系统的反馈回路中,如图1.6所示。

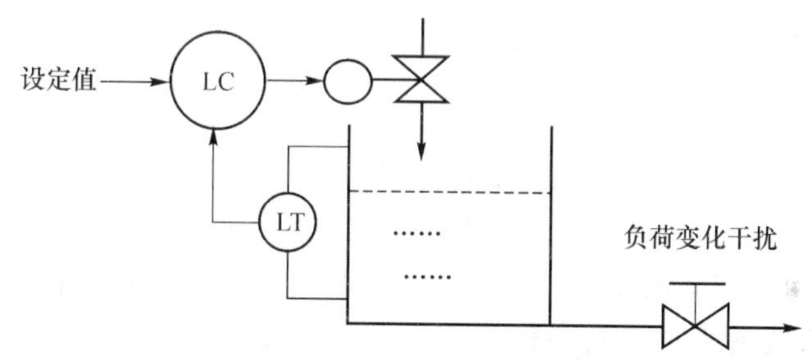

图1.5 液位定值控制系统的应用示例

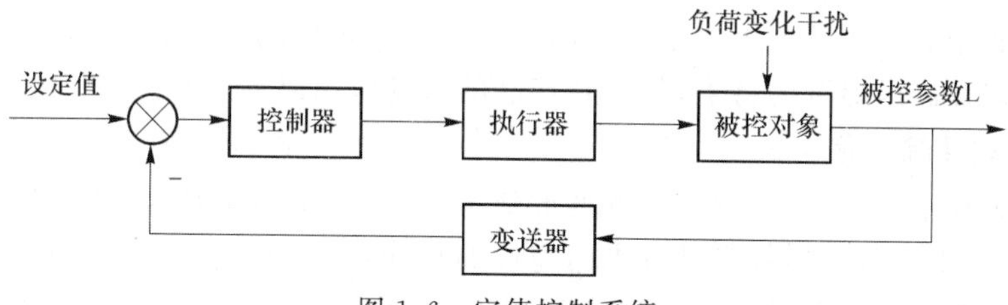

图1.6 定值控制系统

为上述应用领域设计的检测系统要完成对被控制参数在线实时检测的任务,具体就是准确获取参数变化的定量数值,为控制器及时提供反馈信息,使得控制器可以及时有效地发出控制信号,使被控参数保持在希望的设定值或按照预定的规律变化。对于生产过程控制来说,达到上述目标才能保证生产的正常进行并达到高产优质的目的。对于航空航天测控领域来说,达到上述目标才能保证飞行器的安全。检测系统在整个测控系统获取信息的最前端,因此,人们对测控型应用的可靠性很重视;否则,控制器失去可靠的反馈信息,导致无法做出正确的控制决策,整个系统将不稳定,严重的会造成重大事故。

总之,对被控制对象实现自动控制是人们长期探索的目标,只有在计算机技术和现代检测技术高速发展的今天,才能达到高水平的控制质量。前述的基本型和标准接口型正在与测控型结合,发展成为以现场总线(Fieldbus)为代表的分布式测控系统中的仪器仪表及智能化仪表装置和设备。

1.4 检测技术的发展趋势

进入 21 世纪,科学技术的发展更加快速,为检测技术的发展创造了有利的条件;同时,也向检测技术提出了更新更高的要求。尤其是随着计算机技术和微电子技术的发展,以及计算机软件技术和数据处理技术水平的不断提高,检测技术及仪器仪表得到了空前的发展和进步。小型化、数字化、智能化、网络化、软件多功能化成为仪器仪表研发的主导方向,一种被称为微仪器的微型集成智能传感器技术已初露锋芒,目前已经诞生了芯片式的微轮廓仪、芯片式微血液分析仪等。同时在传统仪器仪表的基础上产生了革命性的新一代虚拟仪器,正以全新的面貌占领仪器仪表市场。今后,检测技术的发展总趋势将更高、更新、更快,对各行业的影响更深,涉及的应用领域更加广阔,这必然将传统检测技术推向现代检测技术的快车道。伴随着现代科学技术的进步,现代检测技术的发展趋势将侧重于检测仪器与微处理器或计算机技术的集成、软测量技术、人工智能和模糊传感器等方面。

1.4.1 检测仪器与计算机技术的集成

检测的基本任务是获得有用信息。传统方法是借助专门的仪器仪表及测量装置,通过适当的实验方法与必要的信号分析处理技术对传感器测得的信号进行处理,然后求取与研究对象有关信息量值的过程。随着计算机技术和人工智能技术的快速发展并与检测技术的深层次结合,正引起该领域里一场新的革命,导致新一代仪器仪表和测量系统——虚拟仪器、现场总线仪表和智能检测系统的出现。新一代检测系统是以数字计算机(例如微处理机、PC 机、工控机、工作站、网络计算机、单片机、嵌入式系统等)作为信息处理核心,与各种检测装置和辅助应用设备以及并/串通信接口加之相应的智能化软件,组成用于检验、测试、测量、计量、探测以及用于闭环控制中的检测环节等用途的专门设备。总之,仪器仪表技术与计算机技术的集成是当今仪器仪表发展最显著的特点,使得新产品的研发包括以下内容。

1. 硬件与软件综合化

随着微电子技术的发展,微处理器的速度越来越快,价格越来越低,正被广泛应用于仪器仪表中,原本由模拟或数字器件等硬件电路完成的功能,可以通过软件来实现,甚至原来用硬件电路难以解决的许多问题,用软件就可以很好地解决。另外,数字信号处理技术的发展和高速数字信号处理器的广泛采用,极大地增强了仪器的信号处理能力,使得一些由软件进行的数字信号处理算法,尤其是对于实时性要求很高的一些复杂算法,可以通过高速数字电路等硬件来完成。这样当遇到诸如数字滤波、FFT、相关或卷积计算等数字信号处理中的常用方法时——这些算法的共同特点是主要运算都由迭代式的乘和加组成,如果在通用微机上用软件完成其优点是系统硬件成本低,但缺点是运算时间较长——而在数字信号处理器上完成乘、加运算,就解决了实时性的问题。随着可编程逻辑器件与模拟运算器件实现了超大规模集成,更进一步的发展是软件实现硬件化、硬件设计软件化的阶段,使得仪器仪表的研发过程更注重硬件与软件的综合化,需要更多地考虑软硬件的优化设计问题。

2. 仪器仪表集成化、模块化

大规模集成电路LSI技术发展到今天，集成电路的密度越来越高，体积越来越小，内部结构越来越复杂，功能也越来越强大，从而大大提高了每个模块及整个仪器系统的集成度。设计模块化功能硬件是现代仪器仪表一个强有力的支持，它使得仪器更加灵活，仪器的硬件组成更加简洁。比如在需要增加某种测试功能时，只需增加少量的硬件模块，再调用相应的软件来驱动该硬件即可实现添加仪器功能的目的。

3. 参数整定与结构修改在线实时化

随着各种现场可编程器件和在线编程技术的发展，仪器仪表的参数甚至结构不必在设计时就确定，而是可以在仪器仪表使用的现场在线实时置入或动态修改。这为仪器仪表在使用过程中能够适应现场动态变化的需要和用户更新需求奠定了良好的基础。

4. 硬件平台通用化

现代仪器仪表更加强调软件的灵活性对仪器仪表的作用，当选配一个或几个带共性的基本仪器硬件组成一个通用硬件平台后，通过研发或调用不同的软件来扩展或组成各种功能的仪器或系统。一台仪器大致可分解为三个部分：数据的采集，数据的分析与处理，存储、显示或输出。传统的仪器是由厂家将上述三项功能部件根据仪器功能按固定的方式组建，一般一种类型的仪器只有一种或数种功能。而现代仪器则是将具有上述一种或多种功能的通用硬件模块组合起来，通过编制不同的软件来构成各种仪器的功能，可以完成多种复杂的测试任务。

综上所述，以现代检测技术为设计基础的仪器仪表不再是功能单一和固定不变的结构，而是越来越表现出柔性化和智能化，适应性越来越强，功能越来越丰富。可以肯定地说：仪器与计算机技术的集成最终要取代大量的传统仪器成为仪器领域的主流产品，成为测量、分析、控制、自动化仪表的核心，并成为机器人的核心技术。相应地，仪器仪表和检测系统的设计需要更宽的知识面，因而也更富于挑战性。

1.4.2 软测量技术

随着技术的进步和生产规模的不断扩大以及工艺的日益复杂，人们对自动检测和自动控制技术提出了新的更高要求，以确保生产能够更安全、更环保。为此，人们提出了对系统的稳定性指标和产品质量指标及排放物性质和量值进行实时检测和优化控制。但上述指标和参数由于技术和经济方面的原因，多数很难通过传感器或仪器仪表进行直接测量。为了解决此类测量问题，以前通常采用两种方法：一是采用间接的测量方法，但效果不够理想；二是采用昂贵的在线分析仪，往往投资较大，维护成本高，并且信号滞后大，对生产的指导作用不大，有的即使采用了分析仪表，但还是有很多参数指标无法进行在线分析。因此人们迫切需要找到一种新的技术来满足生产过程的检测和优化控制的需要。

软测量技术(Soft Sensing Techniques)被认为是目前最具吸引力和卓有成效的新方法。该技术就是选择与被测变量(无法直接测量)相关的一组可测变量，构造某种以可测变量为输入，被测变量为输出的数学模型，使用计算机来进行模型的数值运算，从而得到被测变量估计值的过程。被测变量被称为主导变量(Primary Variable)，可测变量被称为二次变量或辅助变量(Secondary Variable)。开发的软测量数学模型及相应的计算机软件也被称为软测量估计器或软测量仪表。将软测量的估计值作为控制系统的被控变量或反映过程特征的工艺参数，可以为优化控制与决策提供重要的信息。软测量技术主要包括三部分内容：①根据某种最优化原则研究建立软测量数学模型的方法，这是软测量技术的核心。主要的方法有机理建模方法(Modelling by Mechanism)和辨识建模方法(Modelling by Identification)。机理建模首先要根据特定目的和对象的内在物理化学规律(例如热平衡、质量平衡、化学反应平衡等)做必要的简化假设,然后运用适当的数学工具,得到一个数学结构。辨识建模方法包括动态模型的间接辨识,静态模型的回归分析法辨识,以及采用模糊逻辑和神经网络以及二者结合的非线性辨识建模等。②模型实时运算的工程化实施技术,这是软测量技术的关键。包括二次变量的选择,现场数据的采集和处理,软测量模型结构选择,模型参数的估计,软测量模型的现场实施技术等。③模型自校正(模型维护)技术,这是提高软测量准确度的有效方法,包括在线自校正和模型的离线更新技术等。

软测量技术为生产的优化控制提供了新的有用信息,在理论研究和实践中已经取得了丰富的成果,其理论体系也在逐渐形成。由于生产过程的复杂性,不能说有了软测量技术就不再需要研究开发其他新的传感器了,而是两者相互结合才能不断发展。因此将各种检测技术有机结合起来将成为检测技术的主流发展方向。

1.4.3 模糊传感器

在现代控制理论中,模糊逻辑控制(Fuzzy Logic Control,FLC)作为一种新颖的高级控制方式,成为智能控制的一个重要分支。模糊控制技术的理论基础是模糊数学和模糊逻辑理论,由 L. A. Zadeh 教授于 1965 年在 *Information and Control* 杂志上发表了"Fuzzy Sets"一文,首次提出模糊集合的概念。模糊理论是建立在人类思维方式的基础上,能很好地表达事物的模糊性质,从而开拓了模糊控制、模糊线性规划和模糊聚类分析等研究领域,使得模糊控制及其应用发展十分迅速。正是在这种背景下,模糊传感器的研究也从 20 世纪 80 年代逐渐展开,模糊仪器仪表应运而生,例如模糊传感器、模糊控制器等,他们正在成为测控领域的一支生力军。

传统的传感器是一种数值测量装置,它将被测量映射到实数集合中,以数值的形式来描述被测量状态,因此也被称为数值传感器。传统传感器虽然具有精度高、无冗余的优点;但是也存在提供的信息简单,难以描述涉及人类感觉信息和某些高层逻辑信息的问题。因此需要一种新的检测理论和方法来加以拓展和完善。上述模糊传感器正适应了这个需要,可以认为模糊传感器是一种宏观传感器,能够对模糊事物进行识别和判断,可以应用在传统传感器无法处理的测量场合。

模糊传感器目前没有严格统一的定义,一般认为模糊传感器是以数值测量为基础,并能产生和处理与其相关的符号信息的装置。因此可以说模糊传感器是在经典传感器数值测量的基础上经过模糊推理与知识集成,以自然语言符号的描述形式输出的传感器。信息的符号表示与符号信息系统是研究模糊传感器的基础。在模糊传感器的实现方法上,国内外研究者各有不同的特点,例如有的讨论了使用符号信息系统时,首先要确定符号语义与被测量信息在特定任务环境中的关系;同时应将概念作为先验知识提供给模糊传感器,其余的信息可由运算生成。还有的学者从物理量到符号信息的转换即数值/符号转换出发,提出了模糊传感器的概念,并指出模糊传感器是一种能在线实现符号处理的智能传感器,它集成了数值/符号转换器、知识库和决策系统,输出的信号可直接用于模糊控制器。

模糊传感器虽然有一些成功的应用实例,但在此领域远远未形成完整的理论体系和技术框架。实现模糊传感器的关键技术,如传感器的训练问题、人类知识和经验的表示与存储问题以及由被测量向自然语言符号的映射过程中的多值性等问题还没有解决。另外,对获取的信息进行处理的过程中在考虑模糊问题的同时，也应对随机问题和非线性问题给予重视。因此，需要进一步开展更多的研究工作，使模糊传感器在测控系统中发挥重要的作用。

1.5 检测理论发展展望

检测理论是指把通信、宇航和卫星测控等领域发展起来的行之有效的信号处理理论和技术移植、更新、补充并发展运用到工业生产过程检测中的一整套理论和技术。就目前来说，其内容涉及生产过程参数（变量）检测系统与检测对象模型的建立与研究，检测系统中的信息理论研究，检测系统中的随机信号与噪声研究，相关理论与谱分析的应用研究，模式识别与图像处理理论与应用研究，模糊信息处理理论与应用研究，仿人与仿生测量理论与应用研究等。可以毫不夸张地说，检测理论的建立与发展对整个生产过程参数测量仪表的生产水平以及仪器仪表专业的发展，将起着积极的主导作用。

现代的生产过程参数检测已从传统的单一变量向多变量，从确定性变量向随机性变量方向发展，测量（检测）的观念也从传统的“被测量与测量装置的对比”发展到“从物理和化学以及生物过程获取信息”这样一种宽广的观念。这就使得工业生产过程参数检测问题已不仅仅局限于获取被测参数的“定量信息”，而已扩展到包括获取生产过程“状态信息”的状态监测，进而对生产过程（或对象）的状态进行“状态诊断”等。一方面，在获取被测参数定量信息这一传统的领域中，已开始大量地采用随机信号处理理论、模式识别与图像处理理论、模糊信息处理理论等现代信号处理的理论与方法；另一方面，在新扩展的获取生产过程“状态信息”领域，除了进行生产过程的“状态诊断”外，也出现了通过状态信息反推过程参数“定量信息”的情况。

以目前流动参数检测技术领域中的发展情况为例，近年来，在该领域中，为了解决流场中流体流动参数的测量问题，特别是“两相流”以及“多相流”流体的流动参数测量问题，英国、美国、德国、日本以及中国等国的一些研究工作者已越来越多地将随机过程相关理论、信息理论、模式识别与图像处理理论等应用到这样一些特殊的测量领域中。

早在1977年，英国学者 L. Fnkelstein 提出了检测理论的观念（Measurement and Instrumentation Science），并提出了建立这一理论体系对生产过程参数检测领域的重要意义和作用，1982年澳大利亚学者 P. H. Sydenham 支持并编辑出版了第一部反映检测理论与应用的专著——*Handbook of Measurement Science*。随着科学技术的不断进步，检测理论自身的体系也正在完善之中，为适应这一发展形势，国内许多院校也纷纷开始着手这方面的研究工作。

建立和研究检测理论，可以从以下两个方面对仪器仪表专业的发展起到积极的作用：

（1）改善和提高由现有传感元件和检测方法所构成的测量系统或检测仪表的工作性能，即实际使用性能；

（2）为研制现代检测系统和新型仪器仪表提供理论指导。

按常规意义，传感器是测量系统的第一个环节，它的作用在于将被测参数转换成便于处理的信号。于是，对不同性质的被测参量，人们设计了不同性质的传感器与之对应，现在已发现“一一对应”的设计在实际应用中是难以实现的，甚至是不能实现的，这种常规的思维方式显然阻碍了检测技术的发展。

从信息论的角度来看，检测系统是生产过程或被测对象这个信源发出的状态信息的接收者，即“信宿”。只要系统中的第一个环节具有能保证状态信息不变的特性，即忠实的“信息转换元件”，那么，利用信息处理的理论和方法是可以得到便于人们利用的生产过程或被测对象的信息表达形式。从这个意义上讲,检测系统中的第一个环节应该被称为"信息转换器"或"信息检测器"。

按照这样的思想,在相关流量测量系统中所用的信息转换器,如电容检测器或超声检测器等,它直接"感受"的并非常规意义下的流量信号,而是反映流动状态信息的流动噪声信号,在对流动噪声信号进行相关处理后,得到人们所需要的流体流量大小的信息。

又如,在用流动成像技术构成的多相流流动参数(密度、流量等)测量系统中所采用的信息检测器,如超声检测器或核辐射检测器等,也并非常规意义下的密度和流量传感器。此时,系统中检测器的作用是将反映流体流动状况的信息(包括密度、流量等)转换成电信号形式,在系统中利用图像重建和识别技术等一系列信息处理的理论与方法得出所需的流动参数信息。

由此可见,建立和研究检测理论,不仅对改善现有检测系统和仪器仪表的工作性能具有意义,而且它给出了一种设计构思新型仪器仪表和测量系统的思想,这个意义更为深远。

解决生产过程参数检测问题,除了应对生产过程具有比较深入的认识和了解外,对自身领域中客观存在的理论与方法更应作积极深入的研究。随着对检测理论的不断深入研究与开发应用,目前生产过程中存在的许多参数测量难题将逐步得以解决。

检测理论的建立与研究对解决目前生产过程中存在的许多参数测量问题提供了一条重要途径,但必须指出的是,这并不排除通过其他途径,如改善结构、研制新型传感器等,解决这类问题的可能性和可行性;同时,也应看到,这些不同途径之间是不可截然划分的,而应采用优化整合等综合方法研究最优化的解决方案。

第2章　检测装置基本特性

检测装置既可以理解为一个复杂的测量系统，由多个环节组成，是对被测量进行检测、调理、变换、分析处理、显示或记录等完整的信号获取和处理系统，也可以理解为某一个仪器、仪表，某一简单测量环节或测量装置，例如一个传感器或隔离放大器等。本书为读者参考其他书籍时方便，在侧重应用的场合称之为检测装置，简称装置；在理论分析时称之为检测系统，简称系统。

对检测装置或检测系统的特性分析通常应用在以下3个主要方面。

(1) 已知装置或系统的特性和输出信号，推断输入信号。这就是通常所说的测量过程，即应用检测装置来测量未知量的过程。

(2) 已知检测装置的特性和输入信号，推断估计输出信号。通常应用于组建多个环节的检测装置。

(3) 由观测的输入、输出信号，采用系统辨识参数估计方法，推断装置的特性。通常应用于检测装置的分析、设计和研究。

根据输入信号是否随时间变化，检测装置的基本特性可分为静态特性和动态特性。如果被测量是不变的，或者变化相当缓慢，则只考虑装置的静态性能指标。当对迅速变化的参数进行测量时，就必须考虑检测装置的动态特性。只有动态性能指标满足一定的快速性要求，输出的测量值才能正确反映输入被测量的变化，保证动态测量时不失真。

检测装置的最基本特性是线性特性，一般要求检测装置输入、输出特性为线性特性。但是，实际的装置总是存在非线性因素，如许多电子器件严格来说都是非线性的，至于间隙、迟滞这些非线性环节在检测装置中也是很常见的。如果非线性程度比较严重，影响到测量的准确性，就要进行校正。

描述检测装置的特性可以用数学表达式(数学模型)来描述，也可以用输入、输出特性曲线以及对应输入、输出序列的数据表格等形式来表示。对于模拟检测装置(例如连续时间域)在时间域中的输入、输出关系由微分方程确立。对于离散时间域，由差分方程描述。本章只讨论前者。

2.1　线性检测系统概述

通常研究检测系统时，在保证足够准确度的前提下将系统作为线性时不变系统来处理，以便抓住主要方面，将问题简化。

线性系统通常用式(2.1)的线性微分方程来描述，即

$$
\begin{aligned}
& a_n \frac{\mathrm{d}^n y(t)}{\mathrm{d}t^n} + a_{n-1} \frac{\mathrm{d}^{n-1} y(t)}{\mathrm{d}t^{n-1}} + \cdots + a_1 \frac{\mathrm{d}y(t)}{\mathrm{d}t} + a_0 y(t) \\
&= b_m \frac{\mathrm{d}^m x(t)}{\mathrm{d}t^m} + b_{m-1} \frac{\mathrm{d}^{m-1} x(t)}{\mathrm{d}t^{m-1}} + \cdots + b_1 \frac{\mathrm{d}x(t)}{\mathrm{d}t} + b_0 x(t)
\end{aligned}
\tag{2.1}
$$

方程中,自变量 t 通常指时间;系数 $a_1,a_2,\cdots,a_n$ 和 $b_1,b_2,\cdots,b_n$ 可能是 t 的函数。在这种情况下,式(2.1)为变系数微分方程,所描述的是时变系统。如果这些系数不随时间变化,则系统是时不变或定常系统。时不变系统的内部参数不随时间变化,是个常数,其系统输出就只与输入的量值有关。若系统的输入延迟某一时间,其输出也延迟相同的时间。

既是线性的,又是时不变的系统称为线性时不变系统。以下讨论线性时不变系统的一些主要性质。在描述中以

$$x(t) \rightarrow y(t) \tag{2.2}$$

表示系统的输入、输出关系。

1. 叠加性

输入之和的输出等于各单个输入所得输出的和。即

$$x_1(t) \rightarrow y_1(t), x_2(t) \rightarrow y_2(t)$$

则有

$$x_1(t) + x_2(t) \rightarrow y_1(t) + y_2(t) \tag{2.3}$$

2. 齐次性

齐次性是常数倍输入的输出等于原输入所得输出的常数倍。即,若存在式(2.2),对于任意常数 C 有

$$Cx(t) \rightarrow Cy(t) \tag{2.4}$$

综合以上两个性质,线性时不变系统遵从式(2.5)的关系。

$$C_1x_1(t) + C_2x_2(t) + \cdots \rightarrow C_1y_1(t) + C_2y_2(t) + \cdots \tag{2.5}$$

这意味着一个输入所引起的输出并不因为其他输入的存在而受影响。也就是说,虽然系统有多个输入,但它们之间互不干扰,每个输入各自产生相应的输出。因此,要分析多个输入共同作用所引起的总的输出结果,可先分析单个输入产生的结果,然后再进行线性叠加。

3. 微分特性

系统对原输入微分的响应等于原输出的微分。即,若存在式(2.2),则

$$\frac{\mathrm{d}x(t)}{\mathrm{d}t} \rightarrow \frac{\mathrm{d}y(t)}{\mathrm{d}t} \tag{2.6}$$

4. 积分特性

在初始条件为零的情况下,系统对原输入积分的响应等于原输出的积分。即,若存在式(2.2),则

$$\int_0^t x(t)\mathrm{d}t \rightarrow \int_0^t y(t)\mathrm{d}t \tag{2.7}$$

5. 频率保持特性

如果系统的输入是某一频率的正弦函数,则系统的稳态输出为同一频率的正弦函数,而且输出、输入振幅之比以及输出、输入的相位差都是确定的。频率保持特性是线性系统的一个很重要的特性。用实验的方法研究系统的响应特性就是基于这个性质。

依据频率保持特性可以对系统进行分析,例如输入是一个很好的单一频率正弦函数,其输出却包含其他频率成分或发生了畸变,那么可以断定这些其他频率成分或畸变绝不是输入引起的。一般来说,或是由外界干扰引起,或是由系统内部噪声引起,或是输入信号太大使系统进入非线性区,或是系统中有明显的非线性环节等。

2.2　检测系统的静态特性

如果检测系统的输入和输出不随时间而变化，则微分方程式(2.1)中输入和输出的各阶导数均为零，于是有

$$y(t)=\frac{b_0}{a_0}x(t) \tag{2.8}$$

例如，将一支温度计作为温度检测装置，输入信号是环境温度，输出是温度计液柱高度(示值)，输入、输出之间的关系一般就可由式(2.8)描述。为了更具普遍性，将时间变量 t 去掉后，写成线性方程的形式

$$H=f(T)=\frac{b_0}{a_0}T=kT \tag{2.9}$$

式中，H 为液柱高度；T 为温度；k 为斜率。

如果温度 $T=0$ 时，H 不为 0，则式(2.9)应添加一个初始值，写成

$$H=f(T)=KT+H_0 \tag{2.10}$$

初始值 H_0 在直角坐标系中被称为截距，在检测装置静态特性中被称为零点。把由式(2.9)和式(2.10)确定的输入、输出关系的数学表达式用直角坐标系来表示，称为检测装置的工作曲线或静态特性曲线，如图 2.1 所示。在这一关系的基础上所确定的检测装置的性能参数，被称为静态特性。

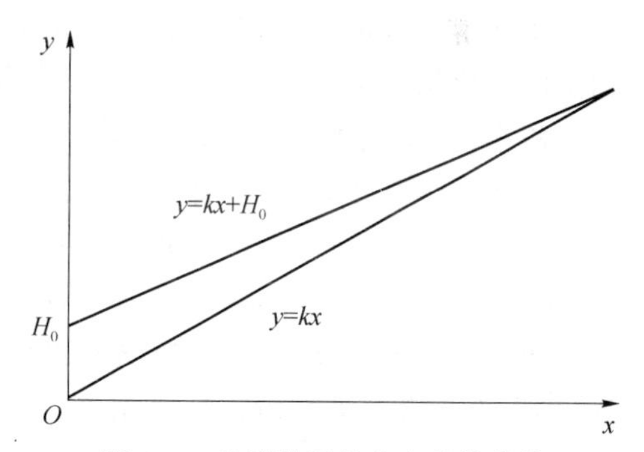

图 2.1　检测装置的静态特性曲线

对于实际的检测装置，输入、输出往往不是理想直线，故其静态特性的表达式可由式(2.11)的多项式表示

$$y=C_0+C_1x+C_2x^2+\cdots+C_nx^n \tag{2.11}$$

式中，$C_0,C_1,C_2,\cdots,C_n$ 为常量；y 为输出量；x 为输入量。

2.2.1　静态特性参数

表示静态特性的参数主要有零点(或称零点位置)、测量范围(或称量程)、灵敏度和分辨率等。

1. 零点

当输入量为零($x=0$)时，检测装置的输出量可能不为零，由式(2.11)可得输出值为 C_0，称该 C_0 值为零点。一般可以采用“迁移”或“设置”等方法将零点调整为零或某个常量。例如 III 型仪表变送器的标准输出信号就是将电流值 4 mA 定为零点，表示输入量为零时，输出电流值为 4 mA。

2. 测量范围

测量范围，也称量程，是表征检测装置能够测量或检测被测量的有效范围。一般是一个具有上、下界限的区间，其量程就是检测装置示值范围上、下限之差的模。当被测输入量在量程范围以内时，检测装置可以按照给定的性能指标正常工作；如果输入量超越了量程范围，装置

的输出就可能出现异常。

3. 灵敏度

灵敏度是描述检测装置输出量对于输入量变化的反应能力。由输出变化量与输入变化量之比来表示

$$K=\frac{\Delta y}{\Delta x}=\frac{\mathrm{d}y}{\mathrm{d}x} \tag{2.12}$$

当静态特性是线性特性时,其斜率即为灵敏度,且为常数。由输出量与输入量之比来表示

$$K=\frac{y}{x} \tag{2.13}$$

如果输入与输出量纲相同,则灵敏度无量纲,这时可用“放大倍数”代替灵敏度一词。当静态特性是非线性特性时,灵敏度不是常数。

4. 分辨率

分辨率是表征检测装置能够有效分辨的最小被测量(绝对分辨率),或仪器仪表的量程内可以划分或者估计读出(估读)的最小细分数(相对分辨率)。通常,还用分辨力一词来表示仪器仪表的分辨率能够实际达到的极限分辨能力,一般为仪器仪表最小分度值的1/5~1/2。对于由数字显示的检测装置,其分辨率是指当显示的最小有效数字增加一个数字值时,对应输入被测量的变化量。数字仪表能够稳定显示的位数越多,它的分辨率也就越高。

一般来讲,量程小的检测装置,其灵敏度高,分辨率大;量程大的检测装置,其灵敏度低,分辨率小。还应该指出,当测量范围选择的越窄,灵敏度选择的越高时,检测装置的稳定性就越差。因此,在选择仪表或检测装置时,并不是灵敏度越高就越好,而应该根据测量任务的具体要求合理选择检测装置的灵敏度,进而选择合适的静态特性参数。

这里应注意到检测装置的输出不仅取决于输入量,还取决于环境的影响。环境温度、大气压力、相对湿度以及电源电压等都可能对装置的输出造成影响。环境变化将或多或少地影响某些静态特性参数,例如改变检测装置的灵敏度或使装置产生零点漂移,这将影响检测装置在实际工作中的特性曲线。非线性特性曲线与线性特性曲线对比如图2.2所示。图中直线为原装置特性,曲线为产生零点漂移和灵敏度非线性变化后的非线性特性。

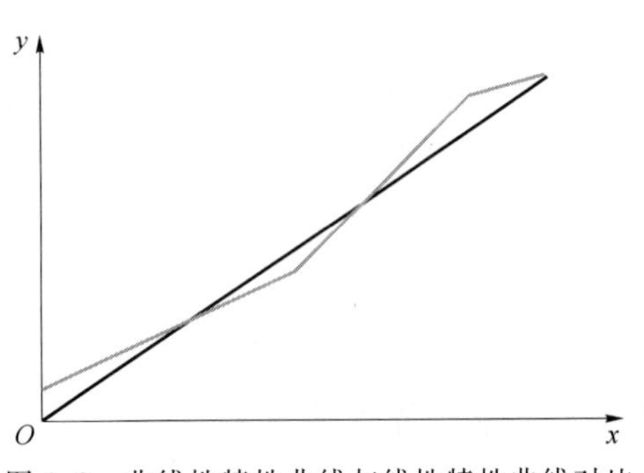

图2.2 非线性特性曲线与线性特性曲线对比

因此,为了提高测量精度,减小测量误差,有必要采取一定的措施来降低或消除环境因素的影响。通常采用隔离法、补偿法、高增益负反馈以及计算机软件修正和补偿等方法。

2.2.2 静态特性的性能指标

检测装置静态特性的性能指标(质量指标)有滞差、重复性、线性度、精度、稳定性、可靠性、影响系数和输入/输出电阻等。

1. 滞差

滞后误差,简称滞差,也称“滞后量”或“滞环”,反映了装置的输出对于输入的某种滞后现象。即当输入由小变大再由大变小时,对应同一输入值会得到大小不同的输出值。其输出值

的最大差值就被称为滞差，其值用引用误差形式表示，即输出最大差值除以量程的百分数。

$$\delta_H = \frac{|\Delta y_{HM}|}{Y_{F \cdot S}} \times 100\% \tag{2.14}$$

式中，$|\Delta y_{HM}|$ 为同一输入量按正反两个方向（正反行程）变化所对应输出量的最大差值；$Y_{F \cdot S}$ 为检测装置的量程。

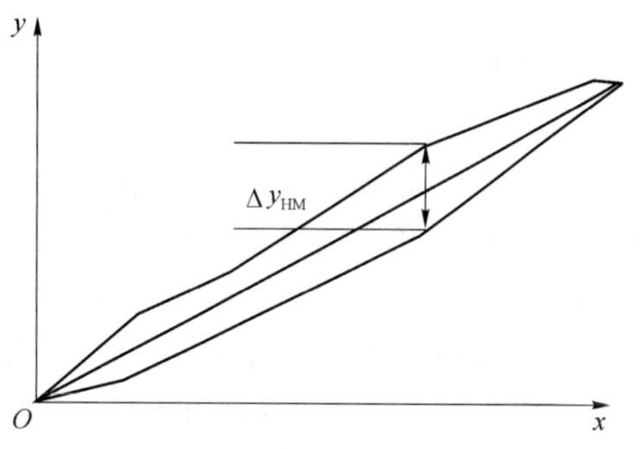

图 2.3　检测装置的滞差

产生滞差的原因可归纳为装置内部各种类型的摩擦、间隙以及某些机械材料（如弹性元件）和电磁材料（如磁性元件）的滞后特性。检测装置的滞差如图 2.3 所示，其值由实验测试确定。

2. 重复性

重复性反映了检测装置的输入量按同一方向作全量程多次变化时，静态特性不一致的程度。用引用误差形式表示

$$\delta_R = \frac{|\Delta y_{RM}|}{Y_{F \cdot S}} \times 100\% \tag{2.15}$$

式中 $|\Delta y_{RM}|$ 为同一输入量按同一方向（正或反行程）变化所对应输出量的最大差值。检测装置的重复性如图 2.4 所示，其值由实验测试确定。

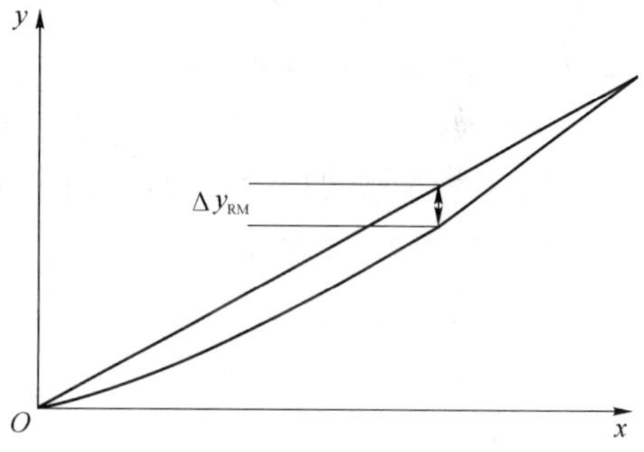

图 2.4　检测装置的重复性

3. 线性度

线性度又称“直线性”，表示检测装置静态特性对选定的拟合直线 $y = b + kx$ 的接近程度，如图 2.5所示。实际测量曲线为校准曲线，校准曲线与拟合直线的最大偏差用非线性引用误差形式表示。

$$\delta_L = \frac{|\Delta y_{LM}|}{Y_{F \cdot S}} \times 100\% \tag{2.16}$$

式中 $|\Delta y_{LM}|$ 为静态特性与选定的拟合直线的最大拟合偏差。

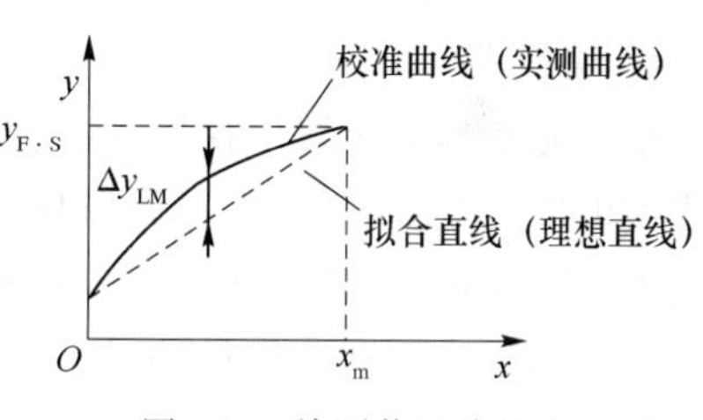

图 2.5　检测装置线性度

由于拟合直线确定的方法不同，非线性引用误差表示的线性度就会不同。目前常用的有理论线性度、平均选点线性度、最小二乘法线性度等，其中以理论线性度和最小二乘法线性度的应用最为普遍。

理论线性度：又称“绝对线性度”。拟合直线的起始点为坐标原点（$x=0, y=0$），终止点为满量程（$x_{F \cdot S}, y_{F \cdot S}$）。

最小二乘法线性度：设拟合直线方程通式为 $y=b+kx$，则 j 个标定点的标定值 y_j 与拟合直线上相应的偏差为 $\Delta y_j = (b+kx_j) - y_j$，最小二乘法拟合直线的原则是使得 N 个标定点的均方差 $\frac{1}{N}\sum_{j=1}^{N}(\Delta y_j)^2 = \frac{1}{N}\sum_{j=1}^{N}[(b+kx_j)-y_j]^2 = f(b,k)$ 为最小值，由一阶偏导等于零 $\frac{\partial f(b,k)}{\partial b} = 0, \frac{\partial f(b,k)}{\partial k} = 0$ 可得到两个方程式。

$$b=\frac{(\sum_{j=1}^{N}x_j^2)(\sum_{j=1}^{N}y_j)-(\sum_{j=1}^{N}x_j)(\sum_{j=1}^{N}x_jy_j)}{N(\sum_{j=1}^{N}x_j^2)-(\sum_{j=1}^{N}x_j)^2},\quad k=\frac{N\sum_{j=1}^{N}x_jy_j-(\sum_{j=1}^{N}x_j)(\sum_{j=1}^{N}y_i)}{N(\sum_{j=1}^{N}x_j^2)-(\sum_{j=1}^{N}x_j)^2},$$

并可解得 b 和 k。

输入、输出关系为一条直线,这是一种理想情况。实际情况是,由于组成装置的某些环节采用的半导体材料、磁性材料、机械弹性材料或某些电子器件的滞后性和不稳定性等因素,检测装置的输入、输出关系是非线性的。式(2.1)中反映的就是某些系数不是恒定的,特别是反映灵敏度的系数 b_0/a_0。它们和环境温度、输入信号的量值大小等有关。所以说,实际检测装置的输入、输出关系总要偏离理想直线,这可看成是在线性关系的基础上叠加了非线性高次分量。这一关系可用式(2.17)的代数方程描述

$$y(t)=k_0+k_1x(t)+k_2x^2(t)+k_3x^3(t)+\cdots \tag{2.17}$$

式中,k_0 为零点位置;k_1 为检测装置的灵敏度;k_2,k_3,…为非线性项系数。

人们总希望检测装置具有比较好的线性特性,为此,总要设法消除或减小式(2.17)中的非线性项。例如,对于电感传感器可以通过改变气隙厚度,对于电容传感器可以通过改变极板距离等方法来消除或减小由于输出与输入成双曲线关系而造成的比较大的非线性误差。实际应用中,通常将检测装置做成差动式以消除偶次非线性项,从而使其非线性得到改善。又如,为了减小非线性误差,在非线性元件后面引入另一个互补式非线性元件,用补偿的方法使整个装置的特性曲线接近于直线。采用高增益负反馈环节消除非线性误差也是经常采用的一种有效方法。高增益负反馈环节不仅可以消除非线性误差,而且还可以用来减弱或消除环境的影响。

如果检测装置为非线性的,可以采用多项式拟合方式和系统辨识参数估计方法,对多项式系数进行求解,建立拟合多项式。

滞差、重复性和线性度从不同侧面表征了检测装置对应于理想特性的分散性。

4. 精度

精度是指检测装置或仪器仪表的测量精度,是反映实际测量结果与被测量真实值之间接近程度的综合性技术指标,是衡量仪器仪表质量优劣的重要指标之一。精度也称精确度,包括精密度(Precision)和准确度(Accuracy)两方面的含义,反映随机误差与系统误差对测量结果的综合影响程度。在定性描述时人们常说,这台仪器的精度高(精确度高)或那台仪表的精度低(精确度低)。对于定量描述方法有以下几种表征方式。

(1) 精度等级表征方法

精度等级表征方法即测量误差表征方法,是采用最大引用误差去掉百分号。我国工业仪表的精度等级分为7个等级,0.1,0.2,0.5,1.0,1.5,2.5和5.0。经常使用的精度等级为1.5或2.5级,如果是0.5或1.0级的属于高精度等级仪器。凡是国家标准规定有精度等级的正式产品都应有精度等级的标志。在仪器或仪表的面板刻度标尺或铭牌上应该有明确的精度等级标志,且在说明书中的性能指标部分明确表达精度等级。

(2) 测量不确定度表征方法

测量不确定度表征方法是另外一种较新的测量精度表达方法。该方法于1993年由国际标准组织颁布,其中阐明了不确定度评定方法分为A类和B类。A类评定是由统计分析方法获得标准差,然后获得标准不确定度。B类评定是先通过概率分布或概率分布假设等方法来获得标准差,然后获得标准不确定度。评定过程一般要考虑以下各项。

测量方法：包括测量装置、方法和过程；

数学模型：建立被测量和各个影响变量的数学关系；

方差和传播系数：建立合成标准不确定度与各个方差及其传播系数的关系式；

标准不确定度一览表：将各分量标准不确定度符号、来源、数值、传播系数、合成标准不确定度分量和置信概率等列成表；

计算各个分量：计算并说明获得每个分量数值所使用的方法和依据；

合成标准不确定度；

确定概率并计算扩展不确定度，定量表达为 U。

用测量不确定度表征方法对实际测量结果的表达应该包括两部分，一部分表示测量值的大小，另一部分表示在该数值附近的不确定度。例如，含有测量不确定度的测量结果表达为 $y \pm U(99.5\%)$，通常括号及其中内容省略。其含义就是，假设某被测量的真值为 Y，本次测量值为 y，而真值 Y 分布在以 y 为中心，$\pm U$ 之间的概率为 99.5%。

(3) 测量误差表征方法

对于一些国家标准未规定精度等级的产品，在说明书中常用量程范围出现最大绝对误差或相对误差两种方法来表示。绝对误差是与被测量具有相同单位的量纲，而相对误差则是无量纲的纯数学量。因此，测量精度也分为绝对精度或相对精度。还有另一种常用的测量精度表征方法就是引用误差表征方法。引用误差是指仪器仪表某刻度点的绝对误差与测量范围(量程)的比值，它常以百分数表示。引用误差是相对误差的一种特殊形式，是用满量程值代替真值，便于实际使用。然而，实践证明，在仪表测量范围内每个示值的绝对误差都是不同的，并有正负号。为此，又引入最大引用误差的概念，即在仪表全量程内所测得各示值绝对误差(取绝对值)的最大者与满量程值比值的百分数，从而更好地表达了测量精度，所以被用来确定仪表的精度等级。

上述表达方式将在第 7 章中做进一步详细说明。

5. 稳定性和可靠性

稳定性是指在规定工作条件下，在规定时间内测量装置的性能保持不变的能力，可表示为 0.25 mV/24 h，是指输入保持不变情况下 24 h 装置输出的变化不超过 0.25 mV。

可靠性是指在保持使用环境和运行指标不超过极限的情况下，装置特性保持不变的能力。这个性能对生产过程中的检测仪表是极为重要的，表示方法有平均无故障时间 MTBF(Mean Time Between Failure)和故障率等。前者表示在标准工作条件下不间断地工作，取若干次(或若干台仪器)无故障工作间隔的平均值；后者用 MTBF 的倒数表示。例如，某台仪器的 MTBF 为 500 kh，则故障率为 0.2% kh，表示若有 1 000 台这种仪器在工作 1 000 小时，这段时间可能只有 2 台仪器会出现故障。

6. 影响系数和输入、输出电阻

工作环境影响包括温度、大气压、振动、电源电压及频率等外部状态变化。一般测量仪器都有给定的标准工作条件，例如环境温度 20 ℃、相对湿度 65%、大气压力 101.26 kPa、电源电压 220 V 等。由于在实际工作中难以达到这个要求，故又规定一个标准工作条件的允许变化范围，如环境温度(20±5)℃、相对湿度 65%±10%、电源电压(220±10)V 等。实际工作条件偏离标准工作条件时，对检测装置或仪器指示值的影响用影响系数来表示，即指示值变化与影响量变化的比值，例如，2.2×10^{-2}/℃表示温度变化 1 ℃引起指示值变化 2.2×10^{-2}(引用误差)。

对于输入、输出电阻的要求:当检测装置作为中间环节,前级是传感器,后级是其他装置时,其输入和输出电阻要分别与前后环节的输入、输出阻抗相匹配。要求前一级的输出阻抗远小于后一级的输入阻抗,保证输出信号不衰减。

2.2.3 检测装置的标定

对于检测装置来说,在使用前必须确定检测装置的参数和质量指标,使用一段时间以后,输入、输出关系也可能发生变化,为了确保测量的准确性,需要重新确定其输入、输出关系。这一过程被称为对检测装置进行标定或校准。即在规定的标准工作条件下(例如水平放置、温度范围、大气压力和湿度等),由更高一级精度等级的输入量发生器给出一系列数值已知的、准确的、不随时间变化的输入量,或用比被校验的检测装置更高一级精度等级的检测装置与被校验的检测装置一同测得一系列输入、输出量。将记录的数值经过误差处理后,列表、绘制曲线或求得输入、输出关系的表达式表示输入与输出的关系,即为静态特性。如果被校验检测装置的特性偏离了标准特性,则将发生附加误差,必要时需要对读数进行修正。各个标定点的数值被称为校准值或标定值。详见2.5.2节静态特性的测试。

2.3 检测装置的动态特性

在实际工程测量中,多数被测量是随时间变化的信号,表示为$x(t)$,即x是时间t的函数,被称为动态信号。因此,对测量动态信号的检测装置就有动态特性指标的要求,并以动态特性的描述来反映其测量动态信号的能力。

一个理想的检测装置,其输出量$y(t)$与输入量$x(t)$随时间变化的规律应该相同。但实际上,它们只能在一定的频率范围内、一定的动态误差范围内保持一致。本节主要讨论频率范围、动态误差与装置动态特性的关系。

检测装置的动态特性是由其装置本身的固有属性决定的,用数学模型来描述主要有三种形式:时间域中的微分方程,复频域中的传递函数,频率域中的频率(响应)特性。可以说三者分别是对装置动态特性的不同描述方法,或者说是从不同角度表达检测装置的动态特性。三者之间既有联系,又各有其特点,根据这三种表达形式之间的关系和已知条件,可以在已知其一后推导出另两种形式的模型。

2.3.1 微分方程

检测装置的输入、输出关系可用式(2.1)所示的微分方程描述。

2.3.2 传递函数

式(2.1)初始条件为零时,即$x(0)$、$y(0)$以及各阶导数的初始值均为零的情况下,对式(2.1)进行拉普拉斯变换(简称拉式变换),得

$$(a_n s^n + a_{n-1} s^{n-1} + \cdots + a_1 s + a_0)Y(S) = (b_m s^m + b_{m-1} s^{m-1} + \cdots + b_1 s + b_0)X(S) \tag{2.18}$$

整理后得

$$H(S) = \frac{Y(S)}{X(S)} = \frac{b_m s^m + b_{m-1} s^{m-1} + \cdots + b_1 s + b_0}{a_n s^n + a_{n-1} s^{n-1} + \cdots + a_1 s + a_0} \tag{2.19}$$

$H(s)$是输出拉氏变换和输入拉氏变换之比，即传递函数，是一个经常用到的、很重要的数学模型。知道了描述装置的微分方程，只要把方程中的各阶导数用相应的 s 变量代替，便可直接得到它的传递函数。

在传递函数的表达式中，s 只是一种算符，而 $a_n, a_{n-1}, \cdots, a_0$ 和 $b_m, b_{m-1}, \cdots, b_0$ 是检测装置本身唯一确定的常数，与输入无关。可见，传递函数只表示装置本身的特性。

传递函数作为一种数学模型，和其他数学模型一样，不能确定装置的物理结构，只用以描述装置的传输、转换特性。传递函数以装置本身的参数表示出输入与输出之间的关系，所以传递函数包含联系输入量与输出量所必需的单位。需要再一次说明，装置的传递函数与测量信号无关，只表示检测装置本身在传输和转换测量信号中的特性或行为方式。

2.3.3　频率(响应)特性

在对检测装置进行的实验研究中，经常以正弦信号作为输入求解装置的稳态响应，采用这种方法的前提是装置必须是完全稳定的。假设输入为 $x(t)=X_0\sin(\omega t)$ 正弦信号，根据线性装置的频率保持特性，输出信号的频率仍为 ω。但幅值和相角可能会有所变化，所以输出信号 $y(t)=Y_0\sin(\omega t+\varphi)$。用指数形式表示为 $x(t)=X_0\mathrm{e}^{\mathrm{j}\omega t}$，$y(t)=Y_0\mathrm{e}^{\mathrm{j}(\omega t+\varphi)}$，将它们代入式(2.1)得

$$
\begin{aligned}
&[a_n(\mathrm{j}\omega)^n+a_{n-1}(\mathrm{j}\omega)^{n-1}+\cdots+a_1(\mathrm{j}\omega)+a_0]Y_0\mathrm{e}^{\mathrm{j}(\omega t+\varphi)} \\
&=[b_m(\mathrm{j}\omega)^m+b_{m-1}(\mathrm{j}\omega)^{m-1}+\cdots+b_1(\mathrm{j}\omega)+b_0]X_0\mathrm{e}^{\mathrm{j}\omega t}
\end{aligned}
\tag{2.20}
$$

式(2.20)反映了信号频率为 ω 时的输入、输出关系，被称为频率响应函数，记为 $H(\mathrm{j}\omega)$或 $H(\omega)$。其定义为输出的傅氏变换和输入的傅氏变换之比，即

$$
H(\mathrm{j}\omega)=\frac{Y(\mathrm{j}\omega)}{X(\mathrm{j}\omega)}=\frac{Y_0}{X_0}\mathrm{e}^{\mathrm{j}\varphi}=\frac{b_m(\mathrm{j}\omega)^m+b_{m-1}(\mathrm{j}\omega)^{m-1}+\cdots+b_1(\mathrm{j}\omega)+b_0}{a_n(\mathrm{j}\omega)^n+a_{n-1}(\mathrm{j}\omega)^{n-1}+\cdots+a_1(\mathrm{j}\omega)+a_0}
\tag{2.21}
$$

对比式(2.21)与式(2.19)可以看出，形式上将传递函数中的 s 换成 $\mathrm{j}\omega$ 便得到了装置的频率响应函数，但必须注意两者含义上的不同。传递函数是输出与输入拉氏变换之比，其输入并不限于正弦激励，而且传递函数不仅描述了检测装置的稳态特性，也描述了它的瞬态特性。频率响应函数是在正弦信号激励下，装置达到稳态后输出与输入之间的关系。

线性装置在正弦信号激励下，其稳态输出是与输入同频的正弦信号，但是幅值和相位通常要发生变化，其变化量随频率的不同而异。当输入正弦信号的频率沿频率轴滑动时，输出与输入正弦信号振幅之比随频率的变化叫作装置的幅频特性，用 $A(\omega)$表示；输出与输入正弦信号的相位差随频率的变化叫作检测装置的相频特性，用 $\varphi(\omega)$表示。幅频特性和相频特性全面地描述了检测装置的频率响应特性，这就是 $H(\omega)$。可见，频率响应特性具有明确的物理意义和重要的实际意义。

频率响应函数的模和相角的自变量可以是 ω，也可以是频率 f，换算关系为 $\omega=2\pi f$。

2.4　不失真测量条件和装置组建

检测装置的输出应该如实反映输入的变化，只有这样测量的结果才是可信的，对于获取振动或波动等信号的检测装置来说就是不失真测量。由于检测装置存在非线性、静态特性变化以及动态待性的影响等问题，会使得输出与输入之间的信号波形产生一定的差异，当这差异超过允许的范围就是测量失真。当测量失真超过一定范围时，就会导致测量结果无效。所以了解产生失真的原因和明确不失真测量的条件是十分必要的。

2.4.1 输出信号的失真

输出信号的失真按其产生的原因不同,可分为以下几种。

1. 非线性失真

非线性失真是由于检测装置中某个环节的工作曲线非线性引起的。检测装置非线性失真情况下输入与输出波形之间的关系如图2.6所示。显然,输出波形 B 发生了畸变,不再像输入信号 A 那样是单一频率的正弦信号,而是复杂的周期信号。由频谱分析理论可知,输出是由许多不同频率成分的谐波叠加而成的信号。

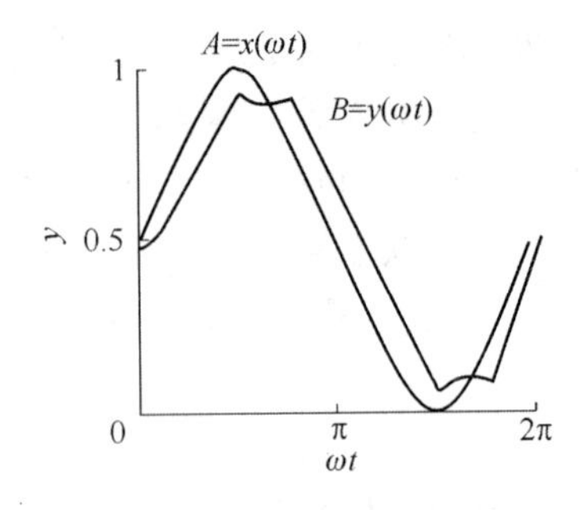

图2.6 检测装置非线性失真情况下输入与输出波形之间的关系

这个例子说明,检测装置存在非线性环节就不能保证输入信号频率成分的不变性,从而引起非线性失真。因此,要使输出不产生非线性失真,就要求检测装置工作特性曲线是线性的,即线性检测装置。如果检测装置由多个环节组成,则要求装置各环节的工作特性或装置综合特性具有良好的线性特性。

2. 幅频失真

幅频失真是由于测量环节对于输入 $x(t)$ 所包含的各谐波分量具有不同的幅值比或放大倍数而引起的一种失真。例如,对于周期方波信号输入,假定由于环节的幅频特性不是一条水平直线,使得二次谐波被放大了两倍,而其他各次谐波都被放大一倍。不难想象,叠加后的波形,即输出 $y(t)$ 绝不再与输入方波信号 $x(t)$ 保持不失真了。

3. 相频失真

相频失真是由于检测装置对于输入信号 $x(t)$ 所包含的各谐波分量产生不同的相位移而引起的失真。同样地对于周期方波信号,假定由于装置相频特性不是一条直线,仅使二次谐波的相位移位为 $-\pi/2$,而其余各次谐波的相位移都是零。不难想象,由于二次谐波在水平方向和其他谐波发生了位置上的相对变化,所以叠加后的波形,即输出 $y(t)$ 也就不再与输入信号 $x(t)$ 保持不失真了。

2.4.2 不失真测量的条件

不失真测量的充分必要条件为

条件1:$K=C_1$;

条件2:$A(\omega)=C_2$;

条件3:$\varphi(\omega)=-\tau_0\omega$。

条件1意味着检测装置的工作曲线是一条斜直线,是不产生非线性失真的必要条件;条件2和条件3是保证不发生幅频失真和相频失真的条件。不失真测量条件如图2.7所示。

要实现理论上的不失真测量是不可能的,因为任何一个检测装置都不可能完全满足以上3个不失真测量条件所要求的静、动态特性。但是,应该弄清楚所设计或选用的检测装置在什么条件下,例如输入信号在多大的幅值、多宽的频率范围内,可以基本满足以上3个条件。因为只有了解所使用装置的静态和动态特性,才有把握完成具有足够精度的测量工作或工程意义上的不失真测量。

一个检测装置只能对某个频率范围内的信号进行不失真测量,这一频率范围被称为装置

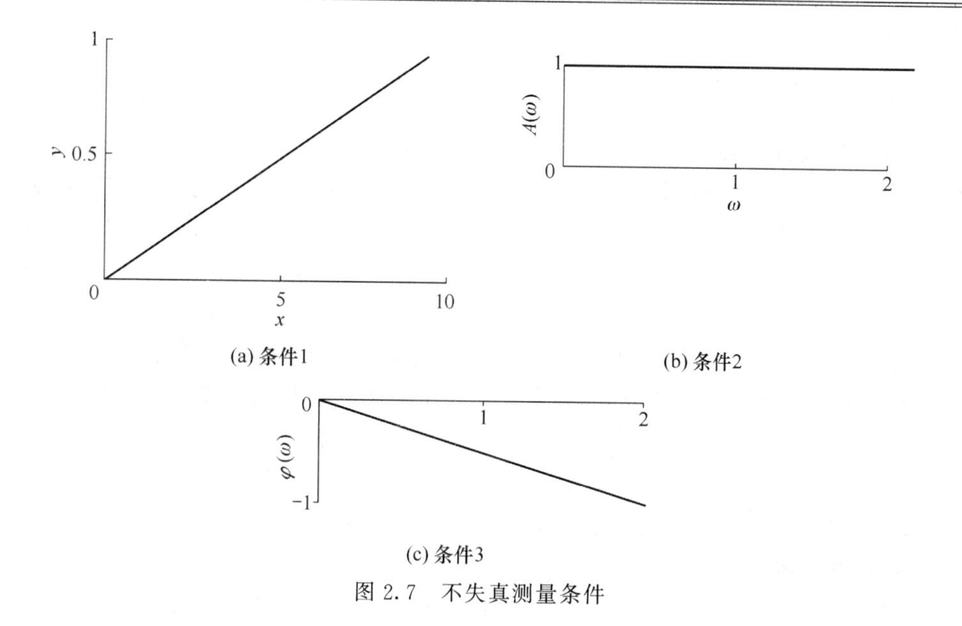

(a) 条件1

(b) 条件2

(c) 条件3

图 2.7　不失真测量条件

的工作频带。对于一阶装置，它的工作频带可以是 0～ $1/\tau$ 或 ω_n；对于二阶装置，它的工作频带一般是 0～$0.4\omega_n$。ω_n 为装置的固有频率。

应该指出，上述的不失真测量条件只适用于一般的测量目的。对用于闭环控制传感系统中的检测装置，时间滞后可能会造成整个控制系统工作的不稳定。在这种情况下 $\varphi(\omega)$ 越小越好。

2.4.3　检测装置的组建

本节讨论如何将传感器、信号调理电路、标准接口板卡与个人计算机结合，组建一个检测装置完成具体的测量任务。

组建检测装置的基本原则是使得检测装置的基本特性，即静态特性和动态特性均能达到期望的指标要求。

组建过程中，预估工作是第一步，即根据预先对检测装置的要求，选择与确定装置中的各个环节，包括传感器、信号调理电路、信号转换接口模板、信号处理软硬件以及输出显示装置等。这个工作需要在低成本和高性能之间作折中，是一个反复设计和调整、权衡利弊、优化选择，直至确定设计方案的过程。然后进行实际装置的搭建、测试及调整等工作。

检测装置的基本形式如图 2.8 所示，传感器提取非电量信号并将其转换为电信号，通过调理电路对传感器输出的弱信号进行滤波放大等处理，去除干扰信号，输出满足转换器要求的标准信号。经过具有采样保持的模拟数字转换电路转换为数字信号送信号处理装置进行标度变换等信号处理，计算结果经输出电路输出。输出包括模拟量输出、数字信号输出、模拟显示、数字显示或图形显示等。

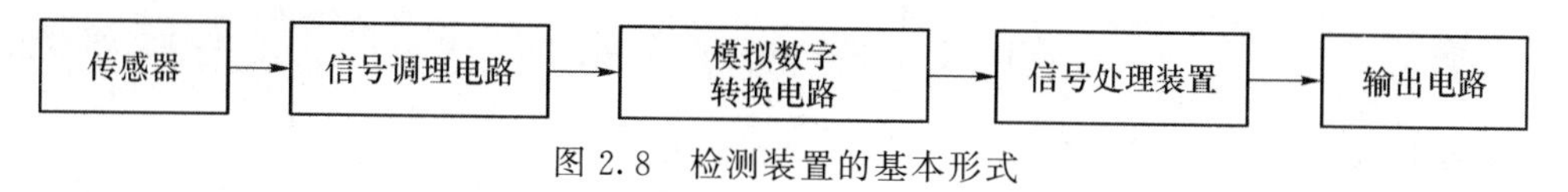

图 2.8　检测装置的基本形式

1. 静态特性预估

静态特性的预估内容主要是分辨力和量程。根据图 2.8 的装置结构，基本计算公式为

$$S=\frac{\Delta y}{\Delta x}=S_1S_2S_3S_4S_5 \tag{2.22}$$

式中,S_1为传感器的灵敏度;S_2为放大电路的放大倍数,又称增益;S_3为 A/D 转换电路的分度值;S_4为信号处理装置的转换参数;S_5为输出电路的增益系数。

通常按照工作环境和测量要求确定信号处理装置之前的参数,首先确定传感器类型及灵敏度值 S_1,然后考虑放大器增益 S_2和 A/D 转换电路的分度值 S_3。当被测量的变化范围比较大时,S_2和 S_3往往不能同时既满足分辨力,又满足量程两方面的要求。解决方案有两种:一是将放大电路的放大倍数设置为多挡,在被测量值较小时,采用增益大的挡,当被测量值大时,自动切换为增益小的挡;二是固定一种增益值,选用不同的 A/D 转换电路得到不同的分度值。针对信号的量值合理地选择上述方案,在保证满足分辨力和量程的前提下获取信号,从而尽量使获取的信号是被测对象状态的真实反应。最后是数字信号处理装置,考虑的主要问题是存放数据单元的位数及运算结果的有效数字位数。对于环节 S_5输出电路来说,设计中考虑满足显示要求,对于模拟信号输出应考虑数模转换器的位数和模拟信号输出的驱动能力。

2. 动态特性预估

因为在实际工程测量中,90%以上的信号都是随时间变化的动态信号,所以动态误差的估算是检测装置组建中的重要内容之一。

检测装置的动态误差与检测装置本身的动态特性参数和被测信号的频率有关。如果被测信号的频率较高,就要选择动态特性更好的检测装置,或采取频率补偿措施改善原有检测装置的动态特性。所以,组建检测装置首先要了解被测信号的最高频率,然后以检测装置的期望频率特性为基础,确定并评估待建检测装置的动态特性。一般将模拟部分(传感器、信号调理电路和放大电路的频率特性)和数字部分(A/D 转换电路和数字信号处理装置的运算速度等)分别进行预估。

(1) 模拟部分

模拟部分以两个环节为例,各自的频率特性分别为 $S_1(\mathrm{j}\omega)$ 和 $S_2(\mathrm{j}\omega)$。

总的频率特性为

$$S_{12}(\mathrm{j}\omega)=S_1(\mathrm{j}\omega)S_2(\mathrm{j}\omega) \tag{2.23}$$

根据广义动态(幅值)误差表达式

$$\gamma=\frac{|S_{12}(\mathrm{j}\omega)|-|S_N(\mathrm{j}\omega)|}{|S_N(\mathrm{j}\omega)|}\times 100\% \tag{2.24}$$

式中 S_N为期望频率特性。

两个环节均为一阶装置时的动态误差表达式如下。

根据一阶装置的频率特性

$$S(\mathrm{j}\omega)=\frac{1}{1+\mathrm{j}\omega\tau} \tag{2.25}$$

幅频特性为

$$|S(\mathrm{j}\omega)|=\frac{1}{\sqrt{1+(\omega\tau)^2}} \tag{2.26}$$

相频特性为

$$\varphi=-\arctan(\omega\tau) \tag{2.27}$$

设 τ_1为第一个环节的时间常数,τ_2为第二个环节的时间常数,如果给出的是放大器的带宽 f_{b},则

$$\tau_2 = \frac{1}{2\pi f_b} \tag{2.28}$$

将选定的 τ_1 和 τ_2 的值(令 $\omega = 2\pi f_m$)代入,计算出动态幅值误差

$$\gamma = \frac{1}{\sqrt{1+(\omega\tau_1)^2}}\frac{1}{\sqrt{1+(\omega\tau_2)^2}} - 1 \tag{2.29}$$

满足

$$\gamma < 5\% \tag{2.30}$$

一个环节为二阶装置,另一个环节为一阶装置时的动态误差表达式为

$$\gamma = \frac{1}{\sqrt{\left[1-\left(\frac{\omega}{\omega_0}\right)^2\right]^2+\left(2\zeta\frac{\omega}{\omega_0}\right)^2}}\frac{1}{\sqrt{1+(\omega\tau_2)^2}} - 1 \tag{2.31}$$

式中,ω_0 为第一个环节的固有角频率;ζ 为第一个环节的阻尼比。

将选定的 ω_0、ζ 和 τ_2 的值(令 $\omega = 2\pi f_m$)代入,计算出动态幅值误差满足式(2.30)。

(2) 数字部分

与动态误差有关的 A/D 转换器件指标有:转换时间 T_C、采样保持器的孔径时间 T_{AP}、孔径抖动时间 T_{AJ} 等。

转换时间的选取应在保证 A/D 转换器的转换误差不大于量化误差的条件下,被测信号的频率最大值与转换时间的关系为

$$f_H \leqslant \frac{1}{\pi \times 2^{n+1} \times T_C} \tag{2.32}$$

式中,n 为 A/D 转换器的位数;f_H 为被测信号的频率最大值。

采样保持器的孔径时间和孔径抖动时间的选取也应满足式(2.33)。

$$f_H \leqslant \frac{1}{\pi \times 2^{n+1} \times T_{AJ}} \tag{2.33}$$

2.5　检测装置基本特性测试和性能评价

要实现不失真测量,不仅要了解被测信号的幅值和频率范围等参数,也要掌握检测装置的特性。也就说要对组建成的检测装置进行测试,才能真正掌握实际装置的特性。本节首先给出检测装置的理论描述方法,阐明基本特性参数和单元零部件物理特性参数之间的关系,然后讨论检测装置基本特性测试方法并对其进行性能评价。

2.5.1　常见装置的数学模型

通常,组成检测装置的各功能部件多为一阶或二阶装置,而且由于高阶装置可理解或近似为由多个一阶和二阶环节组合而成的装置,因此熟悉一阶、二阶装置的数学模型及其特性十分重要。下面以建立基本环节微分方程为基础,分别讨论一阶、二阶装置的传递函数和频率响应函数。

1. 一阶装置传递函数

图 2.9 给出了常见的 3 个一阶环节实例。这里以一阶力学模型为对象进行讨论,并导出它的传递函数。图 2.9(a)为由弹簧和阻尼器组成的一阶装置。当输入为压强 $x(t)$时,输出为位移 $y(t)$。根据力平衡条件,可列出描述这一力学模型的运动微分方程为

$$c\frac{\mathrm{d}y(t)}{\mathrm{d}t}+ky(t)=Ax(t) \tag{2.34}$$

通常可写为

$$\tau\frac{\mathrm{d}y(t)}{\mathrm{d}t}+y(t)=Kx(t) \tag{2.35}$$

式中，$K=A/c$ 为静态灵敏度；$\tau=c/k$ 为装置的时间常数。

按传递函数的定义得到一阶环节传递函数的一般形式为

$$H(s)=\frac{Y(s)}{X(s)}=\frac{K}{\tau s+1} \tag{2.36}$$

图2.9(b)为一个无源积分电路，其输出电压 $v(t)$ 和输入电压 $u(t)$ 之间的关系为

$$RC\frac{\mathrm{d}v(t)}{\mathrm{d}t}+v(t)=u(t) \tag{2.37}$$

在图2.9(c)的液柱式温度计中，设 $T_i(t)$ 为被测温度，$T_0(t)$ 为示值温度，C 为温度计温包(包括液柱介质)的热容，R 为传导介质的热阻，它们之间的关系为

$$RC\frac{\mathrm{d}T_0(t)}{\mathrm{d}t}+T_0(t)=T_i(t) \tag{2.38}$$

如果统一用 $x(t)$ 表示输入，$y(t)$ 表示输出，不难看出，在预定的工作范围内，输入、输出关系可用一阶微分方程式描述，被称为一阶装置或一阶环节，其微分方程具有完全相同的数学形式。因此，对于物理结构完全不同的一阶环节，其传递函数的形式是完全相同的，标准形式如式(2.35)，只是参数 τ 和 K 值因物理结构的不同而异。

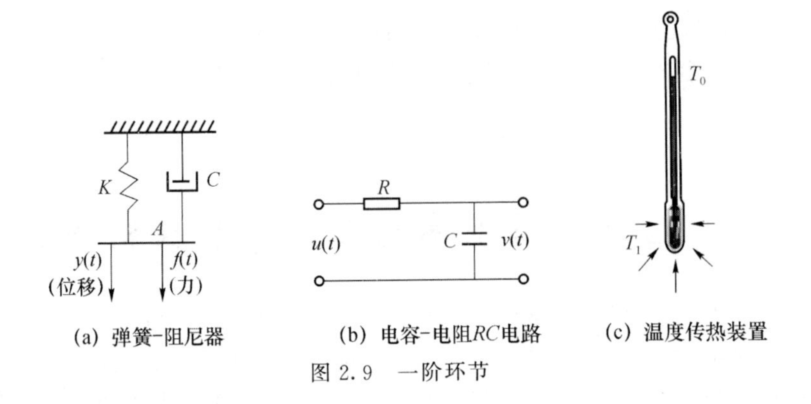

(a) 弹簧-阻尼器　(b) 电容-电阻RC电路　(c) 温度传热装置

图2.9　一阶环节

2. 二阶装置传递函数

图2.10为3个常见的二阶环节实例。

若式(2.1)中的系数除 a_2、a_1、a_0 和 b_0 外，其他系数均为零，则方程为二阶微分方程式。

$$a_2\frac{\mathrm{d}^2y(t)}{\mathrm{d}t^2}+a_1\frac{\mathrm{d}y(t)}{\mathrm{d}t}+a_0y(t)=b_0x(t) \tag{2.39}$$

对于如图2.10(a)的质量-弹簧-阻尼器装置和2.10(b)的电感-电容-电阻组成的 RLC 振荡电路以及2.10(c)的电磁动圈式指针仪表，在工作范围内其输入、输出关系均可用式(2.39)的二阶微分方程式描述，被称为二阶装置或二阶环节。

上述3个装置分别由运动方程、电路方程和电磁动圈运动方程描述为

$$m\frac{\mathrm{d}^2y(t)}{\mathrm{d}t^2}+c\frac{\mathrm{d}y(t)}{\mathrm{d}t}+ky(t)=f(t) \tag{2.40}$$

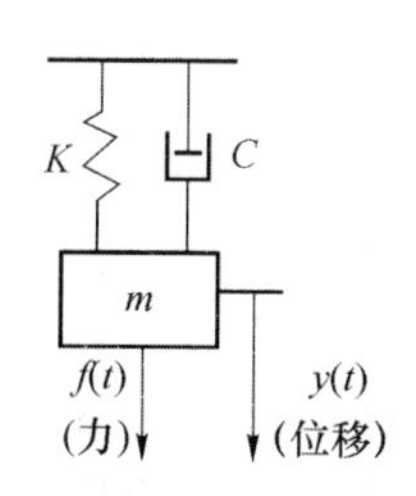

(a) 质量-弹簧-阻尼器

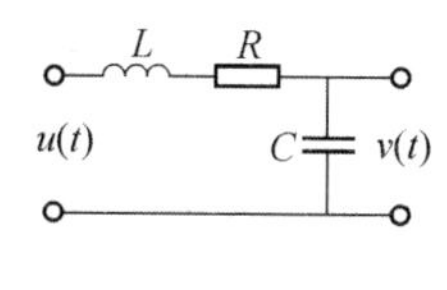

(b) 电感-电容-电阻组成的RLC振荡电路

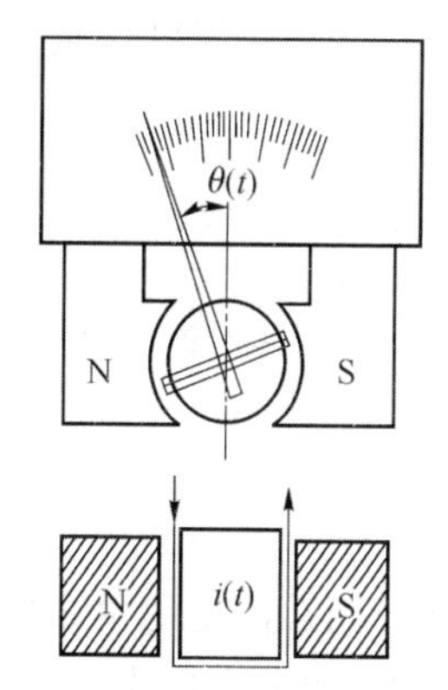

(c) 电磁动圈式指针仪表

图 2.10　二阶环节

$$LC\frac{\mathrm{d}^2v(t)}{\mathrm{d}t^2}+RC\frac{\mathrm{d}v(t)}{\mathrm{d}t}+v(t)=u(t) \tag{2.41}$$

$$J\frac{\mathrm{d}^2\theta(t)}{\mathrm{d}t^2}+\mu\frac{\mathrm{d}\theta(t)}{\mathrm{d}t}+G\theta(t)=k_i i(t) \tag{2.42}$$

若对式(2.40)～式(2.42)经不同形式的变量代换，可得到描述二阶环节统一形式的微分方程为

$$\frac{\mathrm{d}^2y(t)}{\mathrm{d}t^2}+2\xi\omega\frac{\mathrm{d}y(t)}{\mathrm{d}t}+\omega_n^2y(t)=K\omega_n^2x(t) \tag{2.43}$$

对于方程式(2.43)的两边同时作拉氏变换，得二阶环节统一形式的传递函数为

$$H(s)=\frac{Y(s)}{X(s)}=K\frac{\omega_n^2}{s^2+2\xi\omega s+\omega_n^2} \tag{2.44}$$

3. 频率响应函数

对于图 2.9 和图 2.10 的一阶、二阶环节，当输入为正弦信号时，根据传递函数和频率响应函数的关系，很容易从它们的传递函数得到频率响应函数，进而得到其幅频特性和相频特性。

(1) $A=\sqrt{\dfrac{1}{1+(\tau\omega)^2}}$ 的一阶环节是一个低通环节。当 ω 大于 $1/\tau$ 的 2～3 倍时，相应特性接近于一个积分环节，其输出幅值几乎与信号的频率成反比，相位滞后近 90°。只有当 $\omega\ll 1/\tau$ 时，幅值才接近于 1，所以一阶环节只能用于测量缓变或低频信号。

(2) 一阶环节的动态特性参数是时间常数 τ。在 $\omega=1/\tau$ 处，幅值比下降为 $\omega=0$ 时的 0.707 倍或−2 dB，相角滞后 45°，时间常数 τ 决定了检测装置所适用的频率范围，τ 越小，装置适用的频率范围就越大。

4. 二阶环节的频率响应函数及特性

将 $s=\mathrm{j}\omega$ 代入式(2.44)，得二阶环节的频率响应函数为

$$H(\mathrm{j}\omega)=\frac{Y(\mathrm{j}\omega)}{X(\mathrm{j}\omega)}=K\frac{\omega_n^2}{(\omega_n^2-\omega^2)+2\mathrm{j}\xi\omega_n\omega}=\frac{K}{1-\left(\dfrac{\omega}{\omega_n}\right)^2+\mathrm{j}2\xi\dfrac{\omega}{\omega_n}} \tag{2.45}$$

式中，K 为环节的静态灵敏度(装置分析时可令 $K=1$)；ξ 为阻尼比；ω_n 为环节的固有频率。

由于 $H(\mathrm{j}\omega)$ 是复数，故也可写成指数形式

$$H(\mathrm{j}\omega)=|H(\mathrm{j}\omega)|\mathrm{e}^{\mathrm{j}\varphi(\omega)}=|H(\mathrm{j}\omega)|\angle\varphi(\omega) \tag{2.46}$$

对式(2.45)化简可得其模为

$$|H(\mathrm{j}\omega)|=\frac{K}{\sqrt{\left[1-\left(\frac{\omega}{\omega_n}\right)^2\right]^2+4\xi^2\left(\frac{\omega}{\omega_n}\right)^2}} \tag{2.47}$$

其相角为

$$\varphi(\mathrm{j}\omega)=-\arctan\frac{2\xi\frac{\omega}{\omega_n}}{1-\left(\frac{\omega}{\omega_n}\right)^2} \tag{2.48}$$

由式(2.47)确定的关系曲线被称为幅频特性曲线,由式(2.48)确定的关系曲线被称为相频特性曲线,两者合称为二阶环节的频率特性曲线。与一阶环节不同的是,由于反映二阶环节幅频特性的 $A(\omega)$ 是频率 ω 和阻尼比 ξ 的二元函数,因此在二阶环节频率特性曲线簇中看到的是不同阻尼比的一组特性曲线,如图 2.11 所示。

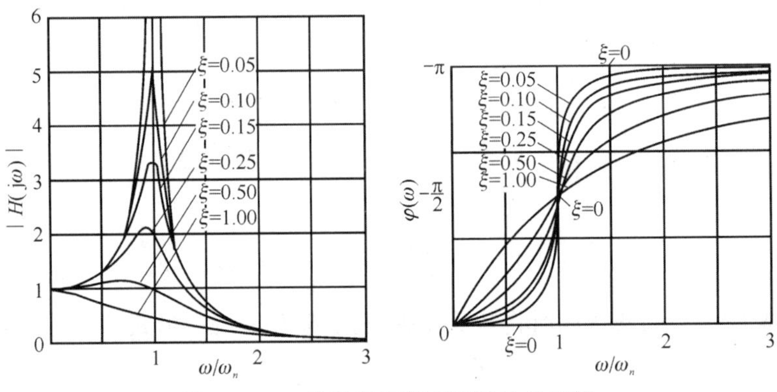

图 2.11　二阶装置幅频相频特性曲线簇

幅值坐标可以用分贝数 $20\lg A(\omega)$ 表示,频率坐标用对数表示,相位坐标用度或弧度表示,所得到的二阶环节的伯德曲线簇如图 2.12 所示。

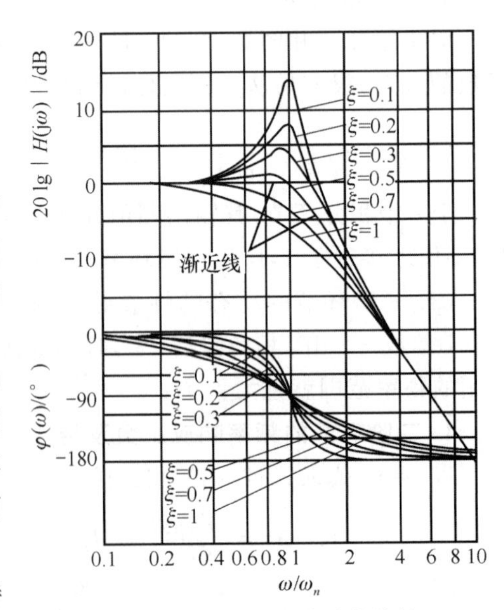

图 2.12　二阶装置伯德曲线簇

下面讨论二阶环节的特性。

(1) 二阶环节是一个振荡环节,当输入信号的频率 ω 等于环节的固有频率,即 $\omega/\omega_n=1$ 处是环节的共振点。根据式(2.47)有 $A(\omega)=1/2\xi$,所以当阻尼比 ξ 很小时,将产生很高的共振峰。

(2) 二阶环节是一个低通环节。从幅频特性曲线上看,当输入信号的频率 ω 小于检测装置固有频率的二分之一,即 $\omega<0.5$,此时 $A(\omega)\approx1$,曲线基本呈水平状态。随着 ω 的增大,$A(\omega)$ 先进入共振区而后进入衰减区。当 $\omega_n\ll\omega$ 时,$A(\omega)\to0$。

特别值得注意,当阻尼比 ξ 为 0.7 左右时的特性:从幅频特性曲线上看,几乎无共振现象,而且其水平段最长。这意味着检测装置对这段频率范围内任意频率的信号,包括 $\omega=0$ 的直流信号的缩放能力是相同的,输出幅值不会因为信号频率的变化而有较大的变化。相频特性曲线几乎是一条斜直线，即各输出信号的滞后相角与其相应的频率成正比。

这两点直接反映了检测装置动态特性的好坏，均为直线是一个检测装置所希望的。鉴于以上原因，为了获得尽可能宽的工作频率范围并兼顾具有良好的相频特性，在实际的检测装置中，一般取阻尼比 ξ 为 0.65 左右，并称之为最佳阻尼比。

2.5.2　静态特性的测试

对于大多数检测装置来说，根据理论进行推导是很难准确给出检测装置的特性参数和性能指标的。在实践中，常通过试验测试的方法来获得实际装置的特性参数和性能指标，主要是在检测装置的输入端输入一系列已知的标准量记录对应的输出量。输入的标准量值一般应考虑均分并达到检测装置的量程范围，点数视具体装置和精度等实际应用情况的要求而定，一般最少需要 5 点以上，每点应该重复多次试验并取平均值。根据记录的数据作装置的静态特性曲线，由这条曲线可以获得零点、灵敏度、非线性度等重要的静态特性参数以及性能指标。这种方法简便易行，使用也最多，以后将通过实验来熟练地掌握这种方法。

然而，当检测装置用于测量动态信号时，只了解静态特性就不够了。

2.5.3　动态特性的测试

用于确定动态特性参数的方法较多，现将两种常用的方法分述如下。

1. 用频率响应法求检测装置的动态特性

频率响应法求检测装置的动态特性是指对被测装置通过输入稳态正弦激励，对输出进行测试，从而求得其动态特性。具体做法是对装置施以稳幅正弦信号激励，即 $x(t)=X_0\sin\omega t$，在输出达到稳态后测量输出与输入的幅值比和相角差。逐点改变输入信号的频率 ω 并始终保持 X_0 为某一定值，即可得到幅频和相频特性曲线。

对于一阶装置，动态参数是时间常数 τ，可以通过由试验做出的幅频或相频特性曲线直接确定 K 与 τ 的值。一阶装置频率特性如图 2.13 所示，由输出与输入的幅值比确定静态增益，由转折频率点确定时间常数 τ。

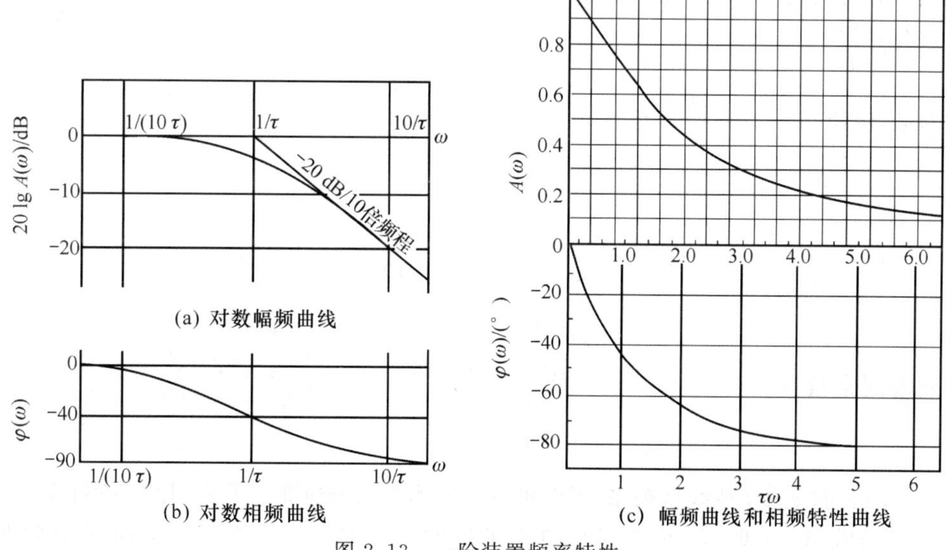

图 2.13　一阶装置频率特性

对于二阶装置,可以从相频特性曲线直接估计其动态参数——固有频率 ω_n 和阻尼比 ξ。在 $\omega=\omega_n$ 处输出与输入的相角滞后为 90°,该点斜率直接反映了阻尼比的大小。准确的相角测量比较困难,一般是通过幅频曲线估计其动态参数。对于大多数检测装置来说都是欠阻尼装置($\xi<0.707$)。根据理论分析有

$$\omega_1 = \omega_n\sqrt{1-2\xi^2} \tag{2.49}$$

这表明对于有阻尼装置,幅频响应的峰值不在固有频率 ω_n 处,而是在稍微偏离 ω_n 的 ω_1 处,如图 2.14 所示。而且最大共振峰值为

$$A(\omega_1) = \frac{1}{2\xi\sqrt{1-2\xi^2}} \tag{2.50}$$

是阻尼比的单值函数。

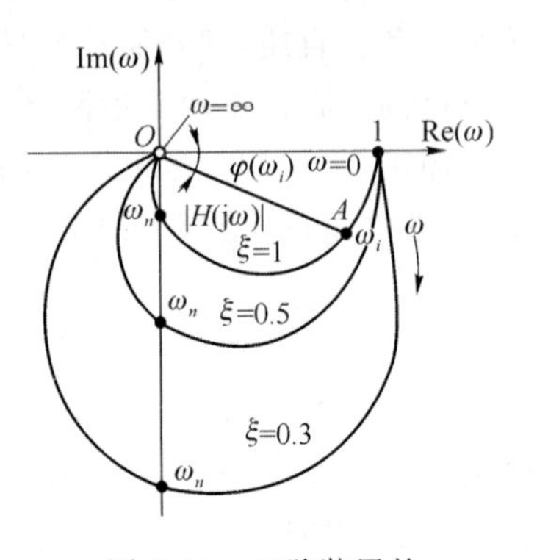

图 2.14 二阶装置的奈奎斯特曲线

2. 用阶跃响应法求检测装置的动态特性

对于式(2.35)一阶环节的微分方程,其解为

$$y(t) = Kx(t)(1-e^{-t/\tau}) \tag{2.51}$$

当 $t=\tau$ 时,$y(t)=0.632Kx(t)$;当 $t=\infty$ 时,$y(t)=Kx(t)$。

如果输入是单位阶跃信号,即 $x(t)=1$,且令放大倍数 $K=1$,则

$$y(t) = (1-e^{-t/\tau}) \tag{2.52}$$

只要测得一阶环节的阶跃响应曲线,就可以取该输出值 $y(t)$ 达到最终稳态值的 63.2%所经过的时间作为时间常数 τ,即 0.632 法。一阶环节的阶跃响应曲线如图 2.15 所示。这样求取的时间常数值因未涉及响应的全过程,而仅取决于个别的瞬时值,所以结果的可靠性不高。

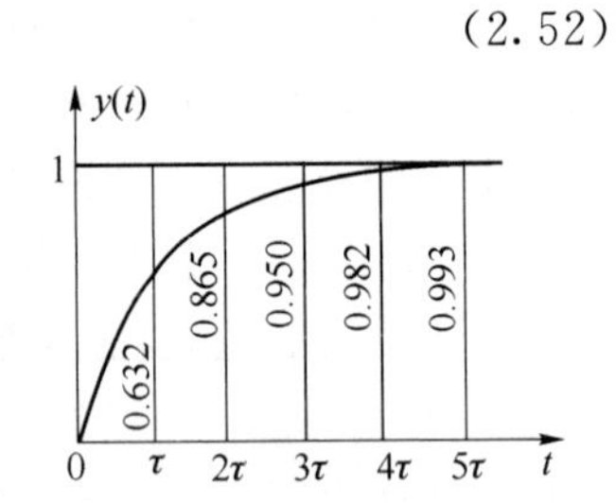

图 2.15 一阶环节的阶跃响应曲线

如改用下述的直线法确定时间常数,则可以获得较可靠的结果。现以一阶装置的单位阶跃响应函数为例说明如下,对式(2.52)改写后得

$$1-y(t) = e^{-t/\tau} \tag{2.53}$$

两边取对数,就有

$$-\frac{t}{\tau} = \ln[1-y(t)] \tag{2.54}$$

令

$$z = \ln[1-y(t)] \tag{2.55}$$

则有

$$z = -\frac{t}{\tau}$$

进而求得时间常数

$$\tau = -\frac{t}{z} \tag{2.56}$$

式(2.55)表明 z 和 t 成线性关系,因此可以根据测得的响应曲线上不同的 t 所对应的 $y(t)$ 值以及式(2.56)做出 z-t 曲线,并根据其斜率求取时间常数 τ。一阶装置的时间常数曲线如图 2.16所示。由于这种方法考虑了瞬态响应的全过程,获得的 τ 值准确度有了明显的提高。

另外，根据所作曲线和直线的偏离情况，也可判定所研究的实际环节和标准一阶环节的符合程度。

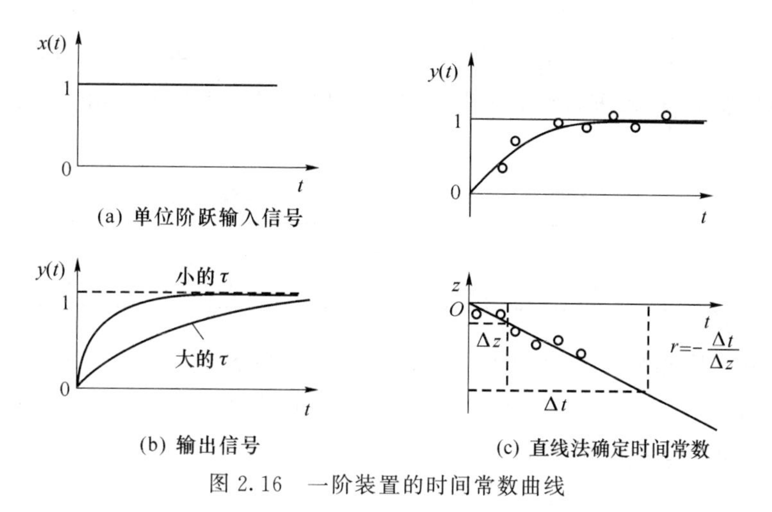

图 2.16　一阶装置的时间常数曲线

思考题与习题

1. 什么是检测装置的静态特性？它的质量指标有哪些？

2. 某一压力传感器，测量压力范围为 0～100 kPa，输出电压范围为 0～1 000 mV，当实际测量某压力时，得到传感器的输出电压为 512 mV，而采用标准传感器输出电压为 510 mV，假设此点测量误差最大，计算：

(1) 非线性误差；

(2) 若重复测量 10 次，最大误差为 3 mV，计算重复性误差；

(3) 若正反行程各 10 次测量，正反行程间的最大误差为 4 mV，求滞差；

(4) 设传感器为线性传感器，求灵敏度。

3. 简述检测装置标定的目的与方法。

4. 简述检测装置的动态特性及其描述方法。

5. 某一检测装置，其一阶动态特性用微分方程表示为

$$30\frac{\mathrm{d}y}{\mathrm{d}t}+3y=0.15x,$$

如果 y 为输出电压(mV)，x 为输入温度(℃)，求该检测装置的时间常数和静态灵敏度。

6. 总结一阶、二阶检测装置动态特性的研究方法，说明一阶检测装置为什么只能用于测量慢变或低频信号？

7. 压电加速度传感器的动态特性用微分方程描述为

$$\frac{\mathrm{d}^2q}{\mathrm{d}t^2}+3.0\times10^3\frac{\mathrm{d}q}{\mathrm{d}t}+2.25\times10^{10}q=11.0\times10^{10}a,$$

其中 q 为输出电荷(PC)，a 为输入加速度($\mathrm{m/s^2}$)。求静态灵敏度、阻尼比和固有振荡频率。

8. 传感器校准时，对于每一组输入 x_i，都测得一组输出 $y_i(i=1,2,\cdots,n)$。试证明按照最小二乘法求其拟合直线方程 $y=kx+b$ 时，结果为

$$b=\frac{(\sum_{i=1}^{n}x_i^2)(\sum_{i=1}^{n}y_i)-(\sum_{i=1}^{n}x_i)(\sum_{i=1}^{n}x_iy_i)}{n(\sum_{i=1}^{n}x_i^2)-(\sum_{i=1}^{n}x_i)^2},\quad k=\frac{n\sum_{i=1}^{n}x_iy_i-(\sum_{i=1}^{n}x_i)(\sum_{i=1}^{n}y_i)}{n(\sum_{i=1}^{n}x_i^2)-(\sum_{i=1}^{n}x_i)^2}.$$

9. 一压力传感器，输入压力与输出电压测量数据如习题表2.1所示，试用最小二乘法建立拟合直线。

习题表 2.1　输入压力与输出电压测量数据

输入压力 x /10^5 Pa	0	0.5	1.0	1.5	2.0	2.5
输出电压 y/V	0.003 1	0.202 3	0.401 4	0.600 6	0.800 0	0.999 5

10. 一只测力传感器可简化成质量-弹簧-阻尼二阶系统，已知该传感器固有频率为1 000 Hz，阻尼比为0.7，用该传感器测量频率分别为600 Hz与400 Hz的正弦交变力时，分别计算其输出与输入的幅值比与相位差。

第3章　电参量检测装置

电参量检测装置中的传感器属于能量控制型传感器，即由被测参量控制检测装置的输出信号。这类检测装置需要外加电源才能工作，其工作原理是由转换元件将被测量转换为电参量(如电阻、电导、电感或电容等)，例如电阻式、电感式、电容式传感器都属于这种类型的传感器。一般来说这类检测装置还要根据用途，采用转换电路将其电参量转换为电能量信号(如电压信号或电流信号等)进行输出。

3.1　电阻式传感器

电阻式传感器的工作原理是通过转换元件将被测非电量转变为电阻值，通过转换电路将电阻值转换为电信号，通过测量电信号达到测量非电量的目的。这类传感器的种类较多，大致可分为电阻应变式、压阻式、热电阻式、磁电式、光敏电阻式传感器。利用电阻式传感器可以测量应变、压力、位移、加速度和温度等非电量参数。本书介绍电阻应变式传感器、压阻式传感器、热电阻式传感器、光敏电阻式传感器的结构、原理、特性、测量电路和应用。

3.1.1　电阻应变式传感器

电阻应变式传感器是一种应用广泛的传感器，它由弹性元件、电阻应变片和测量电路构成。当弹性元件感受被测物理量(力、荷重、扭力等)时，其表面产生应变，粘贴在弹性元件表面的电阻应变片的阻值将随着弹性元件的应变而发生相应变化。通过电桥进一步将电阻变化转换为电压或电流变化。

目前应用广泛的电阻应变片有两种：电阻丝应变片和半导体应变片。它们的工作原理是基于电阻丝材料的应变效应或半导体材料的压阻效应。

1. 电阻丝的应变效应

电阻丝应变片是用直径为0.025 mm左右的具有高电阻率的电阻丝制成的，它是基于金属的应变效应工作的。金属丝的电阻随着它所受的机械变形(拉伸或压缩)的大小而发生相应变化的现象被称为金属的电阻应变效应。

截面为圆形的单根金属电阻丝如图3.1所示，其阻值为R，电阻率为ρ，截面积为S，长度为l，则电阻值为

$$R=\frac{\rho l}{S} \tag{3.1}$$

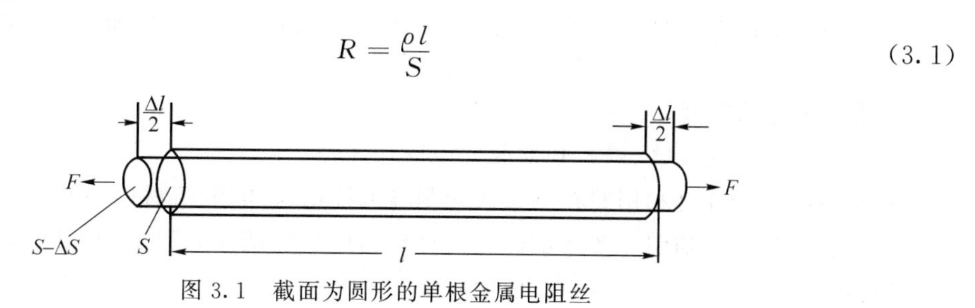

图3.1　截面为圆形的单根金属电阻丝

当电阻丝受到拉力 F 作用时,将伸长 Δl,横截面积相应减小 ΔS,电阻率将因晶格发生变形等因素而改变 $\Delta\rho$,引起电阻 R 的变化,对式(3.1)进行全微分得

$$dR = \frac{\rho}{S}dl - \frac{\rho l}{S^2}dS + \frac{l}{S}d\rho \tag{3.2}$$

用相对变化量表示得

$$\frac{dR}{R} = \frac{dl}{l} - \frac{dS}{S} + \frac{d\rho}{\rho} \quad 或 \quad \frac{\Delta R}{R} = \frac{\Delta l}{l} - \frac{\Delta S}{S} + \frac{\Delta\rho}{\rho} \tag{3.3}$$

式中 $\Delta l/l$ 是应变片的轴向应变,用公式表示为 $\varepsilon = \Delta l/l$。

拉应变 $\varepsilon > 0$,压应变 $\varepsilon < 0$。

对于半径为 r 的圆导体

$$\frac{\Delta S}{S} = \frac{2\Delta r}{r} \tag{3.4}$$

由材料力学可知,在弹性范围内,径向应变与轴向应变关系为

$$\frac{\Delta r}{r} = -\mu\frac{\Delta l}{l} = -\mu\varepsilon \tag{3.5}$$

式中 μ 为材料的泊松比,一般金属 μ 为 0.3~0.5。

结合式(3.4)、式(3.5)代入式(3.3)得

$$\frac{\Delta R}{R} = (1+2\mu)\varepsilon + \frac{\Delta\rho}{\rho} = \left[(1+2\mu) + \frac{\Delta\rho/\rho}{\varepsilon}\right]\varepsilon \tag{3.6}$$

单位应变所引起的电阻相对变化被称为电阻丝的灵敏系数,用 K_0 表示。

$$K_0 = (1+2\mu) + \frac{\Delta\rho/\rho}{\varepsilon} \tag{3.7}$$

灵敏系数一方面受材料几何尺寸变化的影响,即 $(1+2\mu)$;另一方面受电阻率变化的影响,即 $(\Delta\rho/\rho)/\varepsilon$。对金属电阻应变片,材料的电阻率随应变产生的变化很小,可忽略。

$$\frac{\Delta R}{R} \approx (1+2\mu)\varepsilon = K_0\varepsilon \tag{3.8}$$

实验表明,在电阻丝拉伸极限范围内,同一电阻丝材料的灵敏系数为常数。

2. 应变片的结构与类型

(1) 应变片的结构

金属应变片的结构如图 3.2 所示。应变片主要由四部分组成:电阻丝(敏感栅),它以直径为 0.02 mm 左右的合金电阻丝绕成栅栏形状,它是应变片的转换元件,将应变转换为电阻的变化;基片用 0.05 mm 左右的薄纸(纸基),或用黏合剂和有机树脂基膜(胶基)制成,它是将传感器弹性体的应变传递到敏感栅的中间介质,并起到电阻丝与弹性体之间的绝缘作用;覆盖层起着保护电阻丝的作用,防蚀防潮;黏合剂将电阻丝与基底粘贴在一起;引出线用 0.13~0.30 mm 直径的镀锡铜线与敏感栅相连,将应变片与测量电路相连。L 为应变片的工作基长,b 为应变片的基宽,Lb 被称为应变片的使用面积。应变片的规格以使用面积和电阻值表示,如(3×10) mm^2,120 Ω。

(2) 应变片的类型

金属应变片分为丝式、箔式和薄膜式应变片 3 种。

箔式电阻应变片是利用照相制版或光刻腐蚀技术,将电阻箔材(1~10 μm)制作在绝缘基底上,制成各种形状,如图 3.3 所示。它具有传递应变性能好,横向效应小,散热性能好,允许通过电流大,易于批量生产等优点,应用广泛。

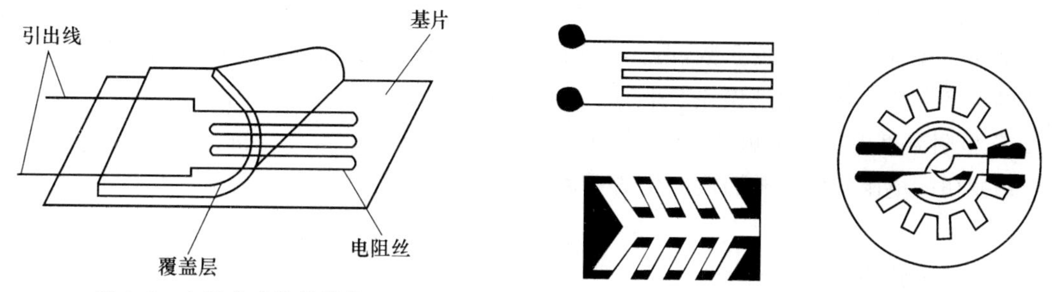

图3.2　金属应变片的结构

图3.3　箔式电阻应变片

薄膜应变片采用真空蒸镀、沉积或溅射的方法，将金属材料在绝缘基底上制成一定形状的厚度在0.1 μm以下的薄膜而形成的敏感栅。它具有灵敏系数高，允许电流大，易实现工业化生产等特点。

3. 电阻应变片的特性

(1) 应变片的灵敏系数

实际应变片与单丝是不同的，应变片K值必须通过实验重新测定。测定时将电阻应变片粘贴在一维应力作用下的试件上，试件材料为泊松比$\mu=0.285$的钢件。用精密电阻电桥等仪器测出应变片的电阻变化，得到应变片的电阻与其所受的轴向应变特性。实践表明：应变片的电阻相对变化与电阻应变片所受的轴向应变成线性关系，即

$$\frac{\Delta R}{R}=K\varepsilon_x,\quad K=\frac{\Delta R/R}{\varepsilon_x} \tag{3.9}$$

对比测试结果表明实际应变片的灵敏系数恒小于电阻丝的灵敏系数，其原因是在应变片中存在着横向效应。

(2) 应变片的横向效应

应变片的敏感栅除了有纵向丝栅外，还有圆弧型或直线型横栅，如图3.4所示。

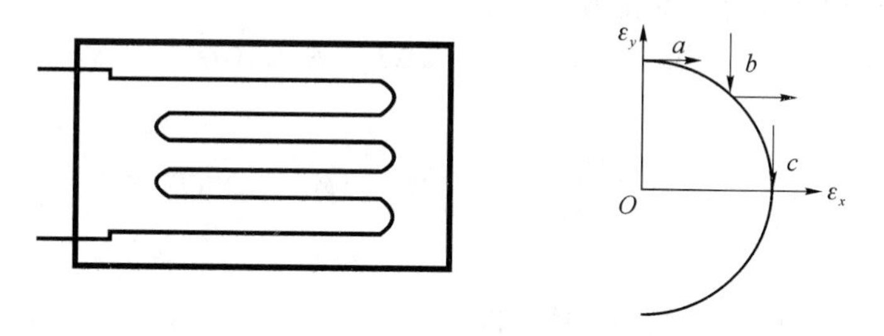

图3.4　应变片的横向效应

横栅既对轴向应变敏感，又对横向应变敏感。当电阻应变片粘贴在一维拉力状态下的试件上，应变片的纵向丝栅因纵向拉应变ε_x使其电阻增加，而应变片的横向丝栅因感受纵向拉应变ε_x和横向压应变ε_y（b，c点）。由于电阻丝收缩使其电阻值减小，因此应变片的横向丝栅部分的电阻变化将纵向丝栅部分的电阻变化抵消了一部分，使总阻值变化减小，从而降低了整个应变片的灵敏度，这就是应变片的横向效应。横向效应给测量带来误差，其大小与敏感栅的结构尺寸有关。敏感栅纵向越窄、越长，横栅越宽、越短，则横向效应越小。应变片采用箔式应变片或将横向部分做成直线型，以减小横向效应的影响。

(3) 温度误差

金属丝栅有一定的温度系数,温度改变使其阻值发生变化,由此产生的附加误差被称为应变片的温度误差。导致温度误差产生的主要因素有两个。

① 电阻温度系数的影响

敏感栅的电阻丝电阻随温度变化的关系为

$$R_T = R_0(1 + \alpha\Delta T) \tag{3.10}$$

其阻值变化为

$$\Delta R_{T\alpha} = R_T - R_0 = R_0\alpha\Delta T \tag{3.11}$$

② 试件材料与电阻丝材料线膨胀系数的影响

应变片粘贴在试件上,当试件与电阻丝材料的线膨胀系数不同时,由于环境温度的变化,电阻丝会产生附加变形,产生附加电阻。

设应变片和试件原长均为 l_0,应变片电阻丝与试件的线膨胀系数分别为 β_s 与 β_g。

当温度变化 ΔT ℃时,应变丝的长度为

$$l_{T\beta 1} = l_0(1 + \beta_s\Delta T) \tag{3.12}$$

试件的长度为

$$l_{T\beta 2} = l_0(1 + \beta_g\Delta T) \tag{3.13}$$

电阻丝的附加长度变形为

$$\Delta l_{T\beta} = l_{T\beta 2} - l_{T\beta 1} = l_0(\beta_g - \beta_s)\Delta T \tag{3.14}$$

热应变为

$$\varepsilon_{T\beta} = \frac{\Delta l_{T\beta}}{l_0} = (\beta_g - \beta_s)\Delta T \tag{3.15}$$

电阻丝电阻变化值为

$$\Delta R_{T\beta} = R_0K_0\varepsilon_{T\beta} = R_0K_0(\beta_g - \beta_s)\Delta T \tag{3.16}$$

由于温度变化引起总电阻变化为

$$\Delta R_T = \Delta R_{T\alpha} + \Delta R_{T\beta} = R_0\alpha\Delta T + R_0K_0(\beta_g - \beta_s)\Delta T \tag{3.17}$$

总的热应变为

$$\varepsilon_T = \frac{\Delta R_T/R_0}{K_0} = \frac{\alpha\Delta T}{K_0} + (\beta_g - \beta_s)\Delta T \tag{3.18}$$

(4) 温度补偿

应变片温度补偿分为自补偿和电桥补偿。

采用特殊应变片,当温度变化时,产生的附加应变为零或相互抵消,这种应变片为自补偿应变片。利用这种应变片实现温度补偿的方法被称为应变片自补偿。

① 单金属敏感栅自补偿

实现温度补偿的条件是

$$\varepsilon_T = \frac{\Delta R_T/R_0}{K_0} = \frac{\alpha\Delta T}{K_0} + (\beta_g - \beta_s)\Delta T = 0, \quad \alpha = -K_0(\beta_g - \beta_s) \tag{3.19}$$

合理选择试件和应变片的材料,使温度引起的附加误差为 0。试件一定,β_g 一定,选择敏感栅材料,确定 β_s 与 α 使等式成立。

这种方法的缺点是一种应变片只能应用在一种确定材料的试件上,局限性较大。

② 双金属敏感栅自补偿

采用正、副温度系数的两段电阻丝串联组成敏感栅，如图 3.5 所示。两段敏感栅的电阻为 R_1、R_2，温度变化，阻值变化为 ΔR_{T1}、ΔR_{T2}，且 $\Delta R_{T1} \approx -\Delta R_{T2}$，即可实现温度自补偿。

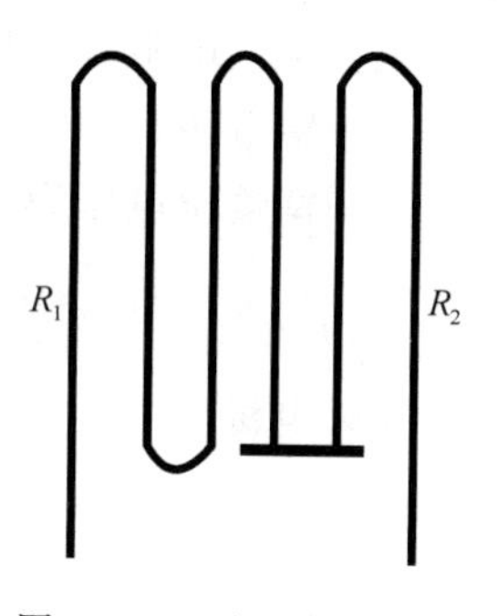

图 3.5　双金属敏感栅自补偿桥路补偿法

两段敏感栅的电阻大小选择如下

$$\frac{R_1}{R_2} = -\frac{\Delta R_{2T}/R_2}{\Delta R_{1T}/R_1} = -\frac{\alpha_2 + K_2(\beta_g - \beta_2)}{\alpha_1 + K_1(\beta_g - \beta_1)} \tag{3.20}$$

③ 桥路补偿

电桥补偿电路如图 3.6 所示。电桥输出电压为

$$U_0 = \left(\frac{R_1}{R_1 + R_B} - \frac{R_3}{R_3 + R_4}\right)U = \frac{R_1R_4 - R_BR_3}{(R_1 + R_B)(R_3 + R_4)}U \tag{3.21}$$

$$U_0 = A(R_1 R_4 - R_B R_3), \tag{3.22}$$

式中，A 为由桥臂电阻和电源电压决定的常数；R_1 与 R_B 为特性一致的应变片，R_1 为工作应变片，R_B 为补偿应变片，它们处于同一温度场，且仅工作应变片 R_1 承受应变。

当温度升高或降低 ΔT 时，两个应变片因温度变化而引起的阻值变化相同，电桥仍处于平衡状态。即

$$U_0 = A[(R_1 + \Delta R_{1T})R_4 - (R_B + \Delta R_{BT})R_3] = 0 \tag{3.23}$$

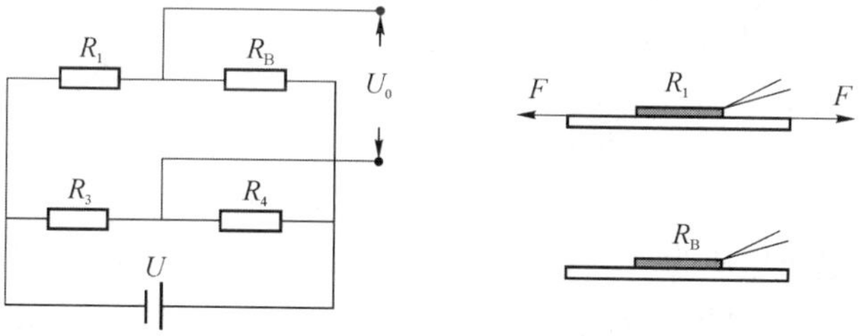

图 3.6　电桥补偿法

若此时被测试件有应变 ε 的作用，则工作应变片电阻 R_1 又有新的增量 $\Delta R_1 = R_1 K\varepsilon$，而补偿片因不承受应变，故不产生新的增量，此时电桥输出电压为

$$U_0 = AR_1R_4K\varepsilon \tag{3.24}$$

式中，U_0 与 ε 成单值函数关系，与温度变化无关。

4. 电阻应变片的测量电路

应变片将应变转换为电阻的变化，为了测量与显示应变的大小，还要将电阻的变化转换为电压或电流的变化，通常采用直流电桥或交流电桥电路。

（1）直流电桥平衡条件

由于应变片电桥输出信号较微弱，其输出须接差动放大器，放大器输入电阻远远大于电桥电阻，因此可将电桥输出端看成开路，即输出空载。

$$U_0 = U\left(\frac{R_1}{R_1 + R_2} - \frac{R_3}{R_3 + R_4}\right) = \frac{R_1R_4 - R_2R_3}{(R_1 + R_2)(R_3 + R_4)}U \tag{3.25}$$

当 $R_1R_4 = R_2R_3$ 或 $\dfrac{R_1}{R_2} = \dfrac{R_3}{R_4}$ 时，电桥处于平衡，$U_0 = 0$。

（2）不平衡直流电桥的工作原理及输出电压

电桥接入电阻应变片时,即为应变桥。当一个、两个乃至四个桥臂接入应变片时,相应的电桥为单臂电桥、差动电桥和全臂电桥。设电桥各臂电阻均有增量。

不平衡输出电压为

$$U_0 = U\frac{(R_1+\Delta R_1)(R_4+\Delta R_4)-(R_2+\Delta R_2)(R_3+\Delta R_3)}{(R_1+\Delta R_1+R_2+\Delta R_2)(R_3+\Delta R_3+R_4+\Delta R_4)} \tag{3.26}$$

等臂电桥

$$R_1 = R_2 = R_3 = R_4 = R$$

$$U_0 = U\frac{R(\Delta R_1-\Delta R_2-\Delta R_3+\Delta R_4)+\Delta R_1\Delta R_4-\Delta R_2\Delta R_3}{(2R+\Delta R_1+\Delta R_2)(2R+\Delta R_3+\Delta R_4)} \tag{3.27}$$

当 $\Delta R_i \ll R_i$ 时,略去高阶增量,得

$$U_0 = \frac{U}{4}\left(\frac{\Delta R_1}{R_1}-\frac{\Delta R_2}{R_2}-\frac{\Delta R_3}{R_3}+\frac{\Delta R_4}{R_4}\right)=\frac{UK}{4}(\varepsilon_1-\varepsilon_2-\varepsilon_3+\varepsilon_4) \tag{3.28}$$

式(3.28)也可根据全微分方程由

$$U_0 = f'(R_1)\Delta R_1 + f'(R_2)\Delta R_2 + f'(R_3)\Delta R_3 + f'(R_4)\Delta R_4 \tag{3.29}$$

推导得出。

① 单臂电桥

设 $R_1=R_2=R_3=R_4$,R_1 为应变片,R_2、R_3、R_4 为固定电阻,当 $\Delta R_1 \ll R_1$ 时,由图3.7可得,输出电压为

$$U_0 = U\left(\frac{R+\Delta R}{2R+\Delta R}-\frac{1}{2}\right) = \frac{\Delta R}{4R}U\left(1+\frac{\Delta R}{2R}\right)^{-1} \approx \frac{\Delta R}{4R}U = \frac{U}{4}K\varepsilon \tag{3.30}$$

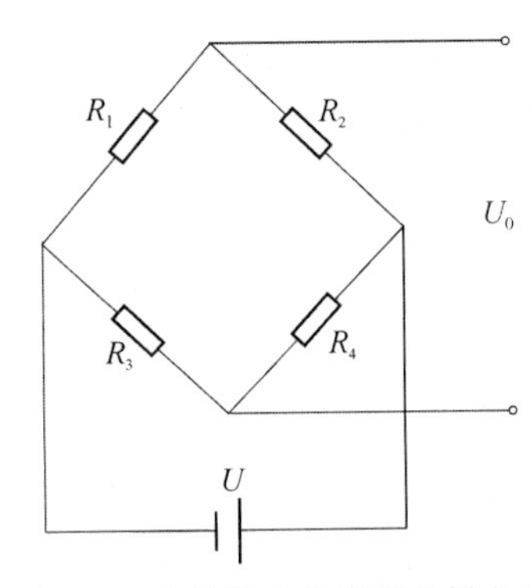

图3.7　空载输出的直流电桥电路

也可由式(3.28)得到输出电压为

$$U_0 = \frac{U}{4}\frac{\Delta R}{R} = \frac{U}{4}K\varepsilon$$

② 差动电桥电路

R_1、R_2 为应变片,R_1 受拉、R_2 受压,R_3、R_4 为固定电阻,电桥输出为

$$U_0 = U\left(\frac{R+\Delta R}{2R}-\frac{1}{2}\right) = \frac{\Delta R}{2R}U = \frac{U}{2}K\varepsilon \tag{3.31}$$

③ 差动全桥电路

R_1、R_2、R_3、R_4 均为应变片,R_1、R_4 受拉,R_2、R_3 受压,电桥输出为

$$U_0 = U\left(\frac{R+\Delta R}{2R}-\frac{R-\Delta R}{2R}\right) = \frac{\Delta R}{R}U = UK\varepsilon \tag{3.32}$$

通过分析表明,当 $\Delta R_i \ll R_i$ 时,电桥的输出电压与应变成正比关系。

提高电桥的供电电压,增大应变片的灵敏系数,可提高电桥的输出电压。

差动电桥灵敏度为单臂电桥的一倍,全等臂电桥灵敏度为单臂电桥的4倍。

相对两桥臂应变极性一致,输出电压为两者之和;反之为两者之差。

相邻两桥臂应变极性一致,输出电压为两者之差;反之为两者之和。

(3) 非线性误差及其补偿

当 $\Delta R_i \ll R_i$ 时,电桥的输出电压与应变成正比关系;但当应变片承受应变很大,或用半导体应变片测量应变时,电阻的相对变化较大,上述假设不成立。按线性关系刻度仪表测量将带

来误差。

考虑单臂电桥，四个电阻均相等，理想输出为

$$U_0=\frac{U}{4}\frac{\Delta R}{R} \tag{3.33}$$

电桥的实际输出为

$$U'_0=U\frac{(R_1+\Delta R_1)R_4-R_2R_3}{(R_1+\Delta R_1+R_2)(R_3+R_4)}=U\frac{\Delta R}{4R+2\Delta R}=\frac{U}{4}\frac{\Delta R}{R}\left(1+\frac{1}{2}\frac{\Delta R}{R}\right)^{-1} \tag{3.34}$$

电桥的非线性误差为

$$e_f=\frac{U'_0-U_0}{U_0}=\left(1+\frac{1}{2}\frac{\Delta R}{R}\right)^{-1}-1\approx-\frac{1}{2}\frac{\Delta R}{R}=-\frac{1}{2}K\varepsilon \tag{3.35}$$

电阻丝应变片 K 值较小，单臂桥非线性误差较小，半导体应变片由于 K 值较大，非线性误差较大。在实际应用中常采用差动半桥电路或差动全桥电路消除非线性，提高输出灵敏度，同时起到温度补偿作用。

差动电桥电路

$$|\Delta R_1|=|-\Delta R_2|=\Delta R$$

$$U_0=\frac{U}{2}\frac{\Delta R}{R} \tag{3.36}$$

全臂桥桥电路

$$|\Delta R_1|=|-\Delta R_2|=|-\Delta R_3|=|\Delta R_4|=\Delta R$$

$$U_0=U\frac{\Delta R}{R}=UK\varepsilon \tag{3.37}$$

读者可根据差动电桥电路与全臂桥电路自行推导出输出电压。

5. 电阻应变式传感器的应用

电阻应变式传感器是一种结构型传感器，测量力、位移、加速度、扭矩等。它由弹性元件和粘贴在其表面的应变片组成，结构形式有柱式、悬臂梁式、环式和轮辐式。

(1) 柱(筒)式力传感器

柱式、筒式力传感器，贴片在圆柱面上的位置及在桥路中的连接如图 3.8 所示。纵向和横向各贴四片应变片，纵向对称的 R_1 和 R_3 串接，R_2 和 R_4 串接，横向的 R_5 和 R_7 串接，R_6 和 R_8 串接，并置于桥路相对桥臂上。纵向对称两两串接为了减小偏心载荷及弯矩的影响，横向贴片用作温度补偿。

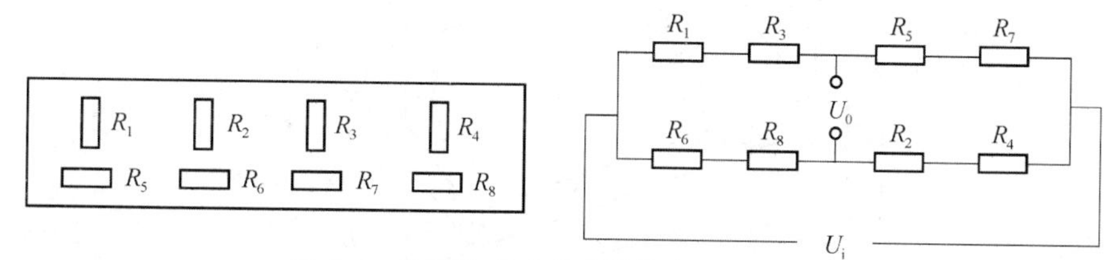

图 3.8　柱(筒)式应变弹性体布片桥路连线

纵向应变片的应变为

$$\varepsilon_1=\frac{\sigma}{E}=\frac{F}{SE} \tag{3.38}$$

式中，E 为弹性模量(N/m^2)；S 为圆柱的横截面积。

横向应变片的应变为

$$\varepsilon_2 = -\mu\varepsilon_1 \tag{3.39}$$

接成差动全等臂电桥,设 8 个应变片起始阻值均相等,设阻值为 R。正载荷 R_1、R_2、R_3、R_4 的阻值变化为 ΔR_1,R_5、R_6、R_7、R_8 的阻值变化为 $-\Delta R_2$。

电桥输出为

$$U_0 = \left(\frac{2R+2\Delta R_1}{4R+2\Delta R_1-2\Delta R_2} - \frac{2R-2\Delta R_2}{4R+2\Delta R_1-2\Delta R_2}\right)U_i$$
$$= U_i\left(\frac{\Delta R_1-\Delta R_2}{2R}\right)\left(1+\frac{\Delta R_1}{2R}-\frac{\Delta R_1}{2R}\right)^{-1} \approx U_i\left(\frac{\Delta R_1-\Delta R_2}{2R}\right) \tag{3.40}$$

根据应变效应表达式

$$\frac{\Delta R_1}{R} = K\varepsilon_1, \qquad \frac{\Delta R_2}{R} = K\varepsilon_2 = -\mu K\varepsilon_1$$

电桥输出为

$$U_0 = \frac{U_i}{2}K(1+\mu)\varepsilon_1 \tag{3.41}$$

(2) 悬臂梁式力传感器

等截面悬臂梁式传感器如图 3.9 所示。悬臂梁端部受质量块惯性力作用,距端部距离为 b 处产生的应变为

$$\varepsilon_b = \frac{6Fb}{EWt^2} \tag{3.42}$$

R_1、R_2 接在悬臂梁的上表面,受到拉应力,R_3、R_4 接在悬臂梁的下表面,受到压应力,连接成全臂桥,输出电压为

$$U_0 = U\frac{\Delta R}{R} \tag{3.43}$$

根据应变效应表达式

$$\frac{\Delta R}{R} = K\varepsilon_b$$

$$U_0 = UK\varepsilon_b = UK\frac{6Fb}{EWt^2} \tag{3.44}$$

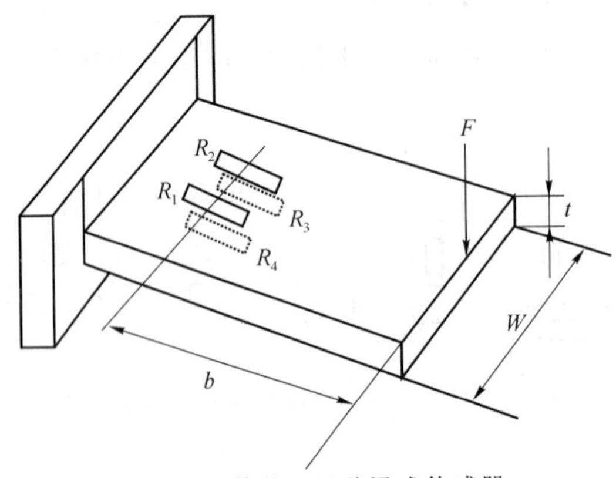

图 3.9 等截面悬臂梁式传感器

3.1.2 压阻式传感器

金属电阻应变片性能稳定,测量精度高,但其灵敏系数低。半导体应变片灵敏系数是金属

应变片的几十倍，在微应变测量中有广泛应用。半导体应变片有体型半导体应变片和扩散型半导体应变片，其工作原理是基于半导体的压阻效应。

1. 半导体的压阻效应

半导体压阻效应是指单晶半导体材料沿某一轴向受到作用力时，其电阻率发生变化的现象。

长度为 L，截面积为 S，电阻率为 ρ 的均匀条形半导体受到沿纵向的应力时，其电阻变化为

$$\frac{\Delta R}{R} = (1 + 2\mu)\varepsilon + \frac{\Delta\rho}{\rho} \tag{3.45}$$

电阻率的相对变化为

$$\frac{\Delta\rho}{\rho} = \pi_L\sigma = \pi_L E\varepsilon \tag{3.46}$$

式中 π_L 为半导体压阻系数，它与半导体材料种类、应力与晶轴方向的夹角有关。

$$\frac{\Delta R}{R} = (1 + 2\mu + \pi_L E)\varepsilon \approx \pi_L E\varepsilon = \pi_L\sigma \tag{3.47}$$

对半导体材料 $\pi_L E \gg (1 + 2\mu)$。

2. 半导体电阻应变片的结构

体型半导体应变片是从单晶硅或锗上切下薄片制作而成，结构如图 3.10 所示。其优点是灵敏系数大，横向效应和机械滞后小；缺点是温度稳定性较差，非线性较大。

扩散型半导体应变片是在 N 型单晶硅（弹性元件）上，蒸镀半导体电阻应变薄膜，制作成的扩散型压阻式传感器工作原理与体型半导体应变片相同。它们的不同之处在于前者采用扩散工艺制作，后者采用粘贴方法制作。

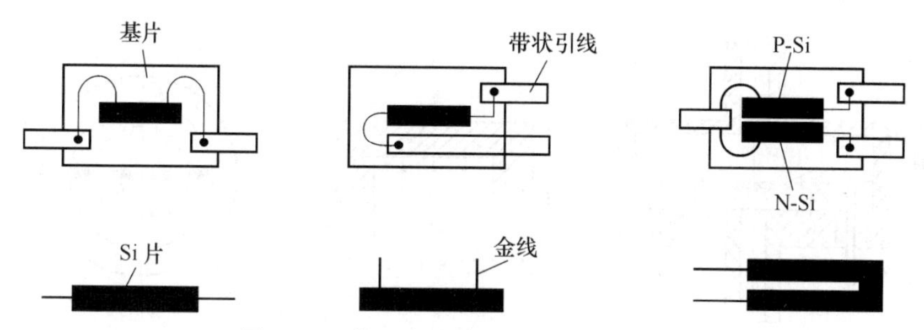

图 3.10　体型半导体应变片的结构形式

3. 测量电路与温度补偿

无论是体型半导体还是扩散型半导体应变片，均采用四个应变片组成全桥电路，其中一对对角线电阻受拉，另外一对对角线电阻受压，以使电桥输出电压最大，如图 3.11 所示。

电桥供电电源可采用恒压源或恒流源。对于恒压源，设四个桥臂由于应变电阻变化为 ΔR，四个臂的电阻由于温度变化引起的电阻值增量为 ΔR_t，则电桥的输出电压为

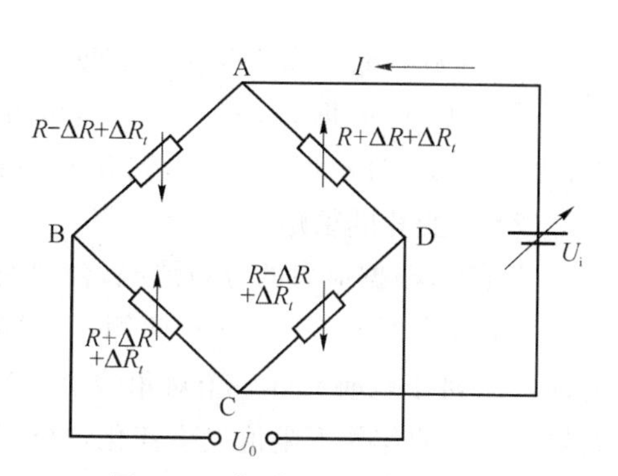

图 3.11　恒流（压）源供电电桥

$$U_0=\left(\frac{R+\Delta R+\Delta R_t}{2R+2\Delta R_t}-\frac{R-\Delta R+\Delta R_t}{2R+2\Delta R_t}\right)U_i=\frac{\Delta R}{R+\Delta R_t}U_i \tag{3.48}$$

桥路输出受到环境温度变化的影响,但影响甚微。若电桥采用恒流源供电,则桥路的输出为

$$U_0=U_{BD}=\frac{1}{2}I(R+\Delta R+\Delta R_t)-\frac{1}{2}I(R-\Delta R+\Delta R_t)=I\Delta R \tag{3.49}$$

电桥的输出电压与电阻的变化成正比,与恒流源的电流成正比,与温度无关,消除了环境温度的影响。

4. 半导体压阻式传感器应用

(1) 扩散型压阻式压力传感器结构

扩散型压阻式压力传感器结构如图3.12所示,其核心部分是一块圆形硅膜片。在膜片上利用集成电路的工艺方法设置四个阻值相等的电阻,用低阻导线连接成平衡电桥。膜片四周用一圆环(硅杯)固定,膜片两边有两个压力腔,一个是与被测系统相连接的高压腔,另一个是与大气相通的低压腔。

当膜片两边存在压力差时,膜片产生变形,膜片上各点产生应力。

受均匀压力的圆形硅膜片上各点的径向应力和切向应力可分别由式(3.50)及式(3.51)计算:

$$\sigma_r=\frac{3p}{8h^2}[(1+\mu)r_0^2-(3+\mu)r^2] \tag{3.50}$$

$$\sigma_t=\frac{3p}{8h^2}[(1+\mu)r_0^2-(1+3\mu)r^2] \tag{3.51}$$

式中,p 为压力;r_0、r、h 为硅膜片的有效半径、计算点半径、厚度;μ 为硅材料的泊松比。

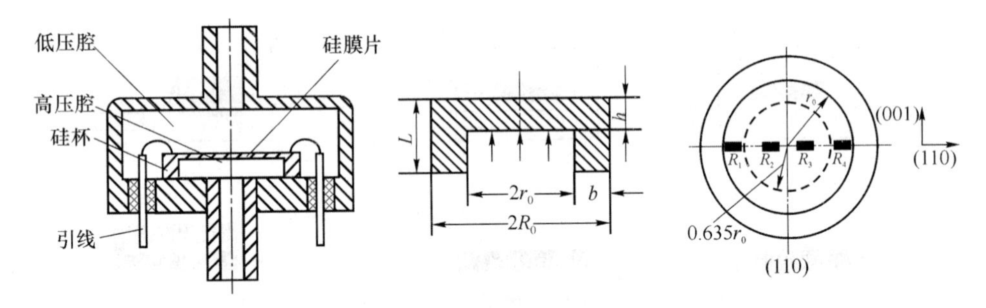

图3.12 扩散型压阻式压力传感器结构

4个电阻的配置位置按膜片上的径向应力和切向应力的分布情况确定。

当 $r=0.635r_0$ 时,$\sigma_r=0$;当 $r<0.635r_0$ 时,$\sigma_r>0$ 为拉应力;当 $r>0.635r_0$ 时,$\sigma_r<0$ 为压应力;当 $r=0.812r_0$ 时,$\sigma_t=0$,仅有 σ_r 存在,且 $\sigma_r<0$。

(2) 应变片的粘贴

设计时,根据应力的分布情况,合理安排电阻位置,组成差动电桥,输出较高的电压。

可沿径向对称于 $0.635r_0$ 两侧,采用扩散工艺制作4个电阻,其中 R_1、R_4 接于电桥对角线上,R_2、R_3 接于电桥另外一个对角线上。当膜片两边存在压力差时,膜片上各点产生应力,4个电阻在应力的作用下阻值发生变化,电桥失去平衡,输出相应的电压。此电压与膜片两边的压力差成正比,测得不平衡电桥的输出电压就能求得膜片所受的压力差大小。

（3）电桥输出电压放大

应变电桥输出电压较弱，一般为 mV 级电压，需要经过放大器将其放大到 A/D 转换器所需的标准电压。对于应变电桥输出的电压，一般采用仪表放大器放大，放大电路的工作原理见第 8 章。

3.1.3 热电阻式传感器

热电阻式传感器是利用导体或半导体的电阻值随温度变化的特性对与温度相关的参量进行检测的装置。测温范围主要在中低温区（−200～650 ℃），测温元件分为金属热电阻和半导体热敏电阻两大类。

1. 金属热电阻

（1）铂热电阻

铂是一种贵金属，其优点是物理、化学性能极其稳定，易于提纯，测温精度高，复现性好；缺点是电阻温度系数较小，不能在还原性介质中使用。

① 热电特性

铂热电阻的使用温度范围为−200～630 ℃。其阻值与温度的关系，即特性方程为

当温度 t 为−200～0 ℃时，

$$R_t = R_0[1 + At + Bt^2 + Ct^3(t - 100)] \tag{3.52}$$

当温度 t 为 0～630 ℃时，

$$R_t = R_0(1 + At + Bt^2) \tag{3.53}$$

对纯度一定的铂热电阻，A、B、C 为一常数。工业用铂热电阻有 $R_0 = 100\ \Omega$、$R_0 = 1\ 000\ \Omega$ 及 $R_0 = 500\ \Omega$ 三种，它们的分度号分别为 PT100、PT1000 和 PT500，其中 PT100、PT1000 较为常用。铂热电阻的不同分度号也有相应分度表，即 $R_t \sim t$ 的关系表，在实际测量中，只要测得热电阻的阻值 R_t，便可从分度表上查出对应的温度值。相应的分度表可查阅相关资料，也可由测得的热电阻阻值按照热电特性公式计算出相应的温度值。

在测温精度要求不高的情况下，可按式(3.54)、式(3.55)算出铂电阻的灵敏度。

$$R_t = R_0(1 + \alpha t) \tag{3.54}$$

$$K = \frac{1}{R_0}\frac{\mathrm{d}R_t}{\mathrm{d}t} = \alpha \tag{3.55}$$

可以看出铂电阻的灵敏度等于其温度系数。

② 纯度

铂热电阻中的铂丝纯度用电阻比 W_{100} 表示，它是铂热电阻在 100 ℃时电阻值 R_{100} 与 0 ℃时电阻值 R_0 之比。按 IEC 标准，工业使用的铂热电阻的 $W_{100} > 1.385$。

（2）铜热电阻

在一些测量精度要求不高且温度较低的场合，可采用铜热电阻进行测温，它的测量范围为−50～150 ℃。在此温度范围内其热电特性为

$$R_t = R_0(1 + \alpha t) \tag{3.56}$$

式中温度系数 $\alpha = 4.28 \times 10^{-3}/℃$。

铜热电阻的两种分度号为 Cu50($R_0 = 50\ \Omega$)和 Cu100($R_0 = 100\ \Omega$)，它不宜在氧化性介质中使用，适于在无水分及侵蚀性介质的温度测量。

(3) 热电阻的结构

工业用热电阻的结构如图3.13所示,它由电阻体、绝缘管、保护套管、内部引线和接线盒等部分组成。电阻体由电阻丝和电阻支架组成。电阻丝采用双线无感绕法绕制在具有一定形状的云母、石英或陶瓷塑料支架上,支架起支撑和绝缘作用,引出线通常采用直径1 mm的银丝或镀银铜丝,它与接线盒柱相接,以便与外接线路相连而测量显示温度。用热电阻传感器进行测温时,测量电路经常采用电桥电路,采用三线制或四线制将热电阻接于电桥电路。铜热电阻结构如图3.14所示,铂热电阻结构如图3.15所示。

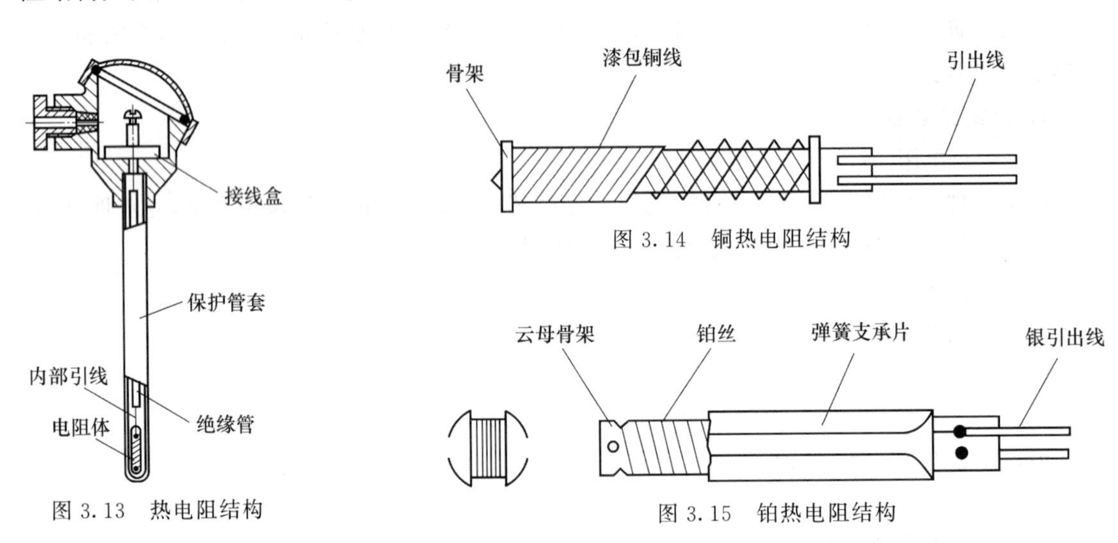

图3.13 热电阻结构

图3.14 铜热电阻结构

图3.15 铂热电阻结构

2. 半导体热敏电阻

半导体热敏电阻是利用半导体材料的电阻率随温度变化而变化的性质制成的温度敏感元件。半导体与金属有完全不同的导电机理。由于半导体中参与导电的载流子比金属中自由电子的密度要小得多,所以半导体的电阻率大。随着温度的升高,一方面,半导体的价电子受热激发跃迁到较高的能级产生新的电子空穴对,使载流子数增加,电阻率减小;另一方面,半导体材料载流子的平均运动速度升高,阻碍载流子定向运动能力增强,电阻率增大。因此,半导体热敏电阻主要有两种类型,即正温度系数热敏电阻PTC和负温度系数热敏电阻NTC。

电阻率随着温度的升高而增加且当超过某一温度后急剧增加的电阻,为正温度系数热敏电阻。PTC热敏电阻是由钛酸钡掺杂铝、锶等稀土元素烧结而成的陶瓷材料。它主要用于控温、保护等场合,如半导体器件的过热保护,电机、变压器、音响设备的安全保护等。

电阻率随着温度的升高而减小的热敏电阻,为负温度系数热敏电阻。NTC热敏电阻由负温度系数很大的固体多晶体和半导体氧化物混合而成。NTC热敏电阻主要用于测温和温度补偿,如人体电子体温计。

(1) 热电特性

这里讨论负温度系数的热敏电阻。其阻值与温度关系近似成指数规律,如图3.16所示。

其关系式为

$$R_T = R_0 e^{B(1/T - 1/T_0)} \tag{3.57}$$

式中,T为被测温度,单位为K,$T=273+t$;T_0为参考温度,单位为K,$T_0=273+t_0$;R_T、R_0为热敏电阻在温度为T、T_0时的阻值;B为热敏电阻的材料常数。

B 值由式(3.58)确定。

$$B = \ln\left(\frac{R_T}{R_0}\right) \bigg/ \left(\frac{1}{T} - \frac{1}{T_0}\right) \tag{3.58}$$

例:某负温度系数的热敏电阻,温度为 298 K 时,阻值 $R_{T1}=3\ 144\ \Omega$;温度为 303 K 时,阻值 $R_{T2}=2\ 772\ \Omega$。则该热敏电阻的材料常数 B 为

$$B = \ln\left(\frac{R_{T1}}{R_{T2}}\right) \bigg/ \left(\frac{1}{T_1} - \frac{1}{T_2}\right) = \ln\left(\frac{3\ 114}{2\ 772}\right) \bigg/ \left(\frac{1}{298} - \frac{1}{303}\right) = 2\ 275\ \mathrm{K} \tag{3.59}$$

热敏电阻的温度系数定义为温度每变化 1 ℃时,电阻值的相对变化量。

$$\alpha = \frac{1}{R_T}\frac{\mathrm{d}R_T}{\mathrm{d}t} = -\frac{B}{T^2} \tag{3.60}$$

热敏电阻的温度系数与测温点相关,在 298 K 时电阻的温度系数 α 为

$$\alpha = -\frac{2\ 275}{298^2} = -2.56\%/\mathrm{K} \tag{3.61}$$

热敏电阻的温度系数远远高于金属丝的温度系数。

(2) 热敏电阻的伏安特性

伏安特性是指加在热敏电阻两端的电压与流过的电流之间的关系,即 $U = f(I)$。

热敏电阻的伏安特性曲线如图 3.17 所示。当流过热敏电阻的电流较小时,其伏安特性符合欧姆定律,曲线为上升直线,用于测温。当电流增大到一定值时,电流引起热敏电阻自身温度升高,出现负阻特性,即虽然电流增大,但其阻值减小,端电压反而下降。具体应用热敏电阻时,应尽量减小流过它的电流,减小自热效应的影响。一般热敏电阻的工作电流在几 mA 左右。

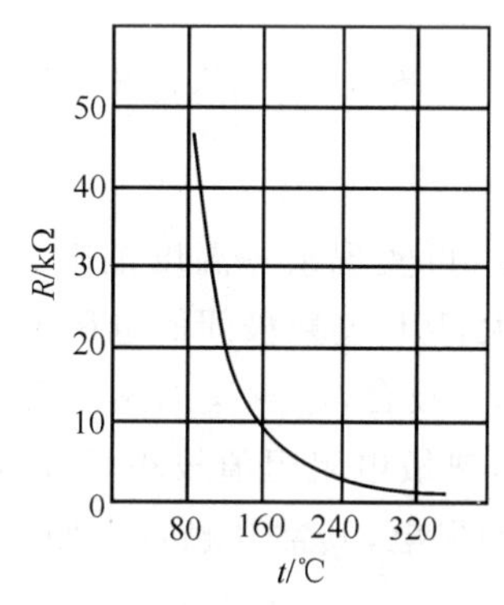

图 3.16　热敏电阻的热电特性曲线

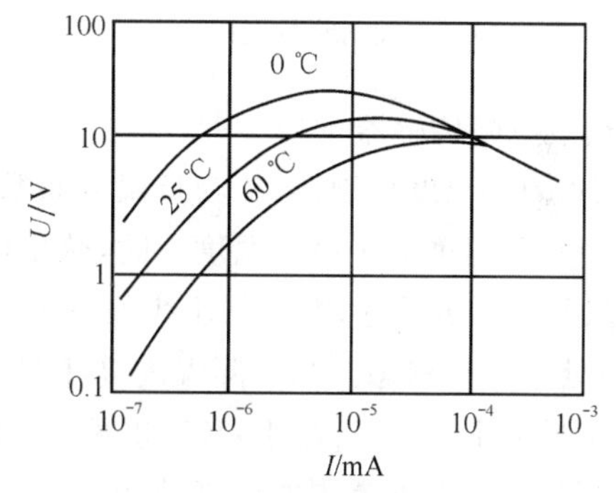

图 3.17　热敏电阻的伏安特性曲线

3. 热电阻传感器的应用

(1) 金属热电阻传感器

工业上广泛采用金属热电阻进行温度测量,测量电路采用电桥电路。为了减小引线电阻带来的误差,工业用铂电阻的引线不是两根而是三根或四根,相应的铂电阻测量电路为三线制测量电路或四线制测量电路。

三线制测量电路如图 3.18 所示。铂电阻一端焊接一根引出线,接于电桥一个桥臂,另外一端焊接两根引出线,分别接于干路和电桥另外一个桥臂,采用恒压源或恒流源供电。由于电桥的相邻两个桥臂增加了相同导线电阻,差动输出后,可消除导线电阻的影响。

三线制测温输出电压为

$$U_0 = \left(\frac{R_t + r}{R + R_t + r} - \frac{R_0 + r}{R + R_0 + r}\right)U_i \tag{3.62}$$

当 $R \gg R_t, R \gg R_0$ 时

$$U_0 = \frac{R(R_t - R_0)}{(R + R_t)(R + R_0)}U_i \tag{3.63}$$

消除了导线电阻的影响。

四线制测温电路如图3.19所示。铂电阻两端各焊接两根引出线,其中两根线通过电阻接于恒流源上,另外两根线接于放大器的输入端。铂电阻将温度的变化转换为阻值的变化,铂电阻流过恒定电流,将阻值变化转换为电压变化,经过差动放大器将较弱信号放大到所需电平,以便后续电路处理。四线制测温输出

$$U_0 = \frac{R_f}{R_1}U_i = \frac{R_f}{R_1}IR_t \tag{3.64}$$

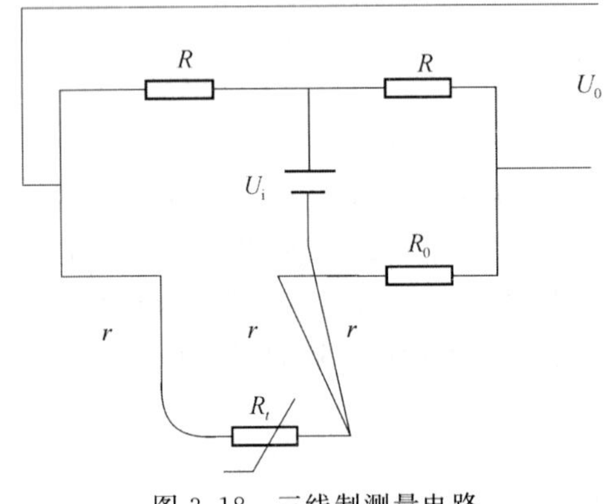

图3.18 三线制测量电路

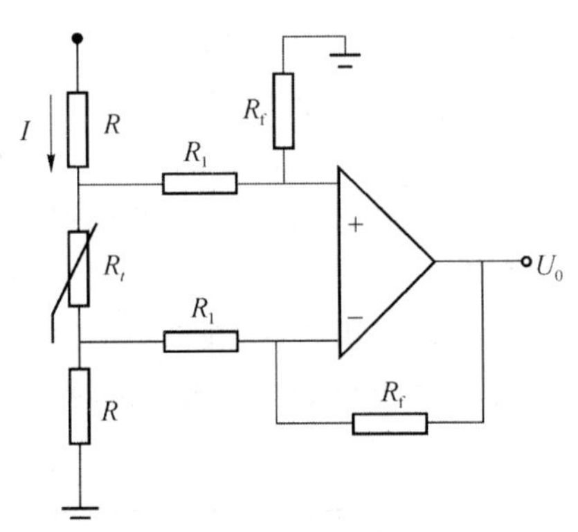

图3.19 四线制测量电路

(2) 热敏电阻传感器

图3.20为一温度控制器,R_t为负温度系数的热敏电阻,可实现某一温度范围 $t_1 \sim t_2$ 的温度控制。当实际温度低于设定温度 t_1时,热敏电阻阻值较大,VT_1基射极间的电压大于导通电压,VT_1导通,VT_2也导通,继电器J线圈得电,其常开触点 J_1吸合,电热丝加热。发光二极管发光,电路处于加热状态。当实际温度高于设定温度 t_2时,热敏电阻阻值较小,VT_1基射极间的电压小于导通电压,VT_1截止,VT_2也截止,继电器J线圈失电,其常开触点 J_1断开,电热丝断电。达到某一小温度范围的温度控制。

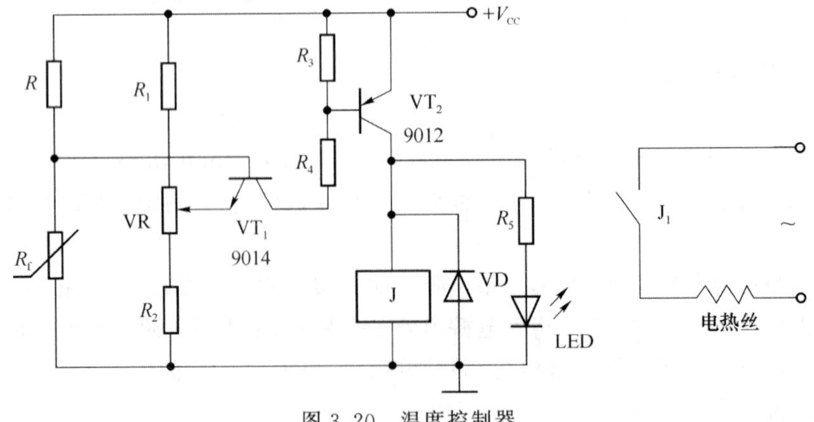

图3.20 温度控制器

仪表中一些零件多数是用金属丝做成的，如线圈、绕线电阻等。金属丝具有正的温度系数，采用负温度系数的热敏电阻进行补偿，可以抵消温度变化所产生的误差。

实际应用时，将负温度系数的热敏电阻与小阻值锰铜丝电阻并联后再与被补偿元件串联。温度补偿电路如图 3.21 所示。

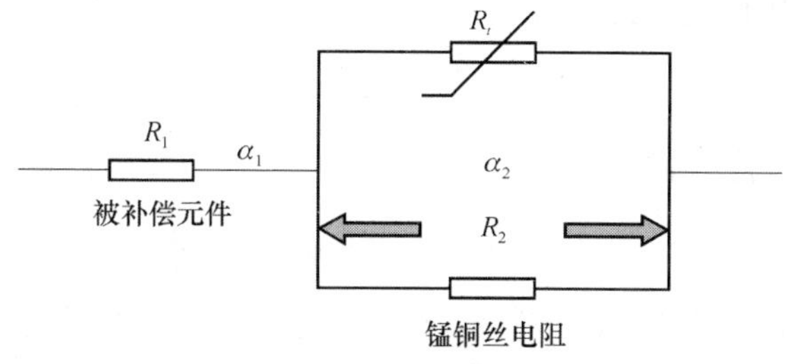

图 3.21　温度补偿电路

在一定温度变化范围内，被补偿元件与并联补偿电路的阻值变化满足 $\Delta R_1 + \Delta R_2 \approx 0$，即可实现温度补偿。

3.1.4　光敏电阻

光敏电阻是基于半导体内光电效应制成的光电器件，又被称为光导管。它没有极性，是一个电阻器件，使用时可加直流电压，也可加交流电压。

1. 光敏电阻的结构与工作原理

光敏电阻的结构如图 3.22 所示。在玻璃基板上均匀涂上一薄层半导体物质，如硫化镉(CdS)等，然后在半导体两端装上金属电极，再将其封装在塑料壳体内。为了增大光照面积，获得很高的灵敏度，光敏电阻的电极一般采用梳状。光敏电阻的工作原理如图 3.23 所示。

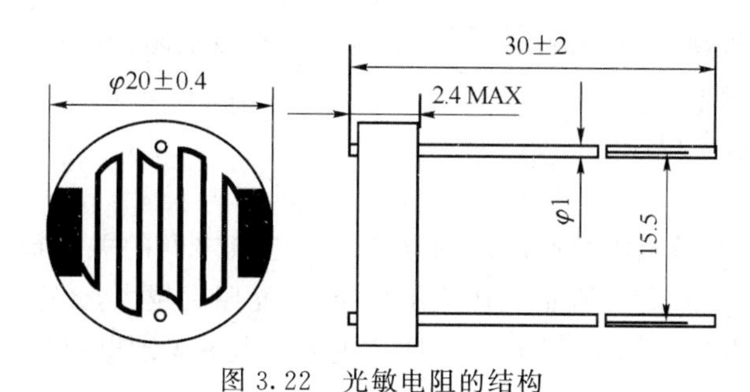

图 3.22　光敏电阻的结构

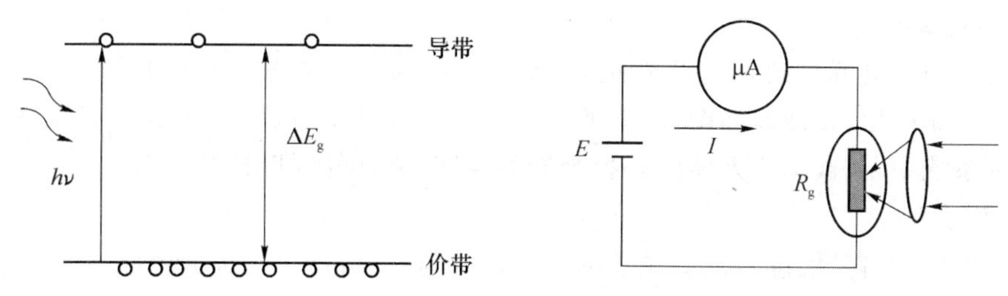

图 3.23　光敏电阻的工作原理

无光照时，光敏电阻的阻值很大，大多数光敏电阻的阻值在 MΩ 级以上，将光敏电阻接于电路,电路的暗电流很小;当受到一定波长范围的光照射时,其阻值急剧下降,电阻可降到 kΩ 级以下,电路中的电流增大。其原因是光照射到本征半导体上,当光子能量大于半导体材料的禁带宽度时,材料中的价带电子吸收了光子能量跃迁到导带,激发出电子、空穴对,增强了导电性能,使阻值降低。光照停止,电子空穴对又复合,阻值恢复。为了产生内光电效应,要求入射光子的能量大于半导体的禁带宽度。

$$h\frac{c}{\lambda} \geqslant \Delta E_g \tag{3.65}$$

刚好产生内光电效应的临界波长为

$$\lambda_0 = \frac{1\ 293}{\Delta E_g}\text{nm} \tag{3.66}$$

制作光敏电阻的材料一般是金属硫化物和金属硒化物,CdS 的禁带宽度 $\Delta E_g = 2.4$ eV,CdSe 的禁带宽度 $\Delta E_g = 1.8$ eV。

光敏电阻具有很高的灵敏度,很好的光谱特性,光谱响应从紫外区一直到红外区,而且体积小,重量轻,性能稳定,因此广泛应用于防盗报警、火灾报警电器控制等自动化技术中。

2. 光敏电阻的主要参数和基本特性

(1) 光敏电阻的主要参数

① 暗电阻、暗电流

在室温条件下,光敏电阻在未受到光照时的阻值为暗电阻,相应电路中流过的电流为暗电流。

② 亮电阻、亮电流

光敏电阻在受到一定光强照射下的阻值为亮电阻,相应电路中流过的电流为亮电流。

③ 光电流

亮电流与暗电流之差为光电流。即

$$I_{光} = I_{亮} - I_{暗} \tag{3.67}$$

光敏电阻的暗电阻越大,亮电阻越小,性能越好。光敏电阻的暗电阻一般在兆欧数量级,亮电阻在千欧数量级以下。

(2) 光敏电阻的基本特性

① 伏安特性

在一定的光照下,光敏电阻两端所加的电压与光电流之间的关系被称为伏安特性。光敏电阻的伏安特性曲线如图 3.24 所示。在给定偏压下,光照度越大,光电流也越大;当光照一定时,所加偏压越大,光电流也越大,并且没有饱和现象。考虑光敏电阻最大额定功率限制,所加偏压应小于最大工作电压。

② 光照特性

光敏电阻的光电流与光通量或光照度之间的关系被称为光敏电阻的光照特性。光敏电阻的光照特性为非线性,其曲线如图 3.25 所示。它不宜作检测元件,一般作为开关式传感器用于自动控制系统中,如被动式人体红外报警器的控制,路灯的开启控制。

③ 光谱特性

光敏电阻的相对灵敏度与入射波长的关系被称为光谱特性,也称光谱响应。

$$K_r\% = \frac{I_0}{I_{0\max}} \times 100\% \tag{3.68}$$

式中,$I_{0\max}$ 为峰值波长光敏电阻输出的光电流;I_0 为实际波长入射光光敏电阻输出的光电流。

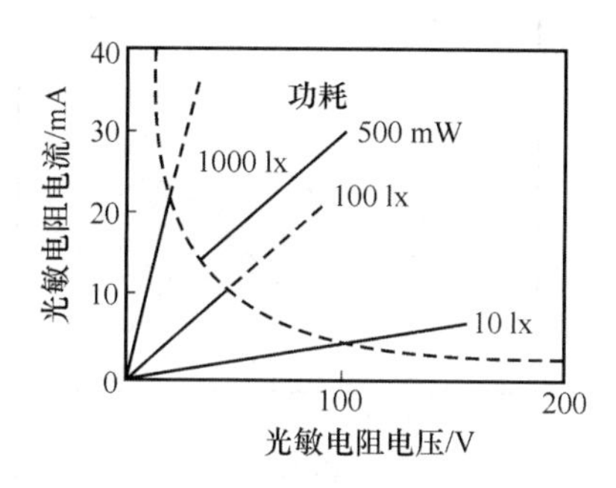

图 3.24 光敏电阻的伏安特性曲线

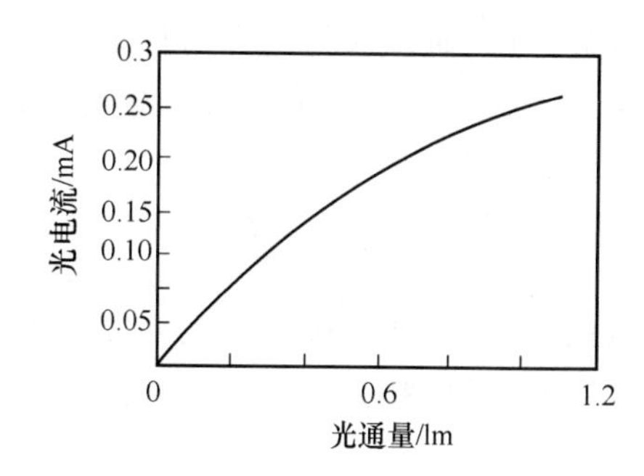

图 3.25 光敏电阻的光照特性曲线

光敏电阻的光谱特性曲线如图 3.26 所示,不同材料,其峰值波长不同。硫化镉光敏电阻的光谱响应峰值波长在可见光区,硫化铅的光谱响应峰值波长在红外区。同一种材料对不同波长的入射光,其相对灵敏度不同,响应电流不同。应根据光源的性质选择合适的光电元件,使光源的波长与光敏元件的峰值波长接近,使光电元件得到较高的相对灵敏度。

④ 频率特性

光敏电阻受到(调制)交变光作用,光电流与频率的关系反映光敏电阻的响应速度。光敏电阻受到(调制)交变光作用,光电流不能立刻随着光照变化而变化,产生光电流有一定的惰性,该惰性可用时间常数表示。光敏电阻自光照起到光电流上升到稳定值的 63%所需时间为上升时间 t_1,停止光照起到光电流下降到原来的 37%所需时间为下降时间 t_2,上升和下降时间是表征光敏电阻性能的重要参数之一,光敏电阻的响应曲线如图 3.27 所示。

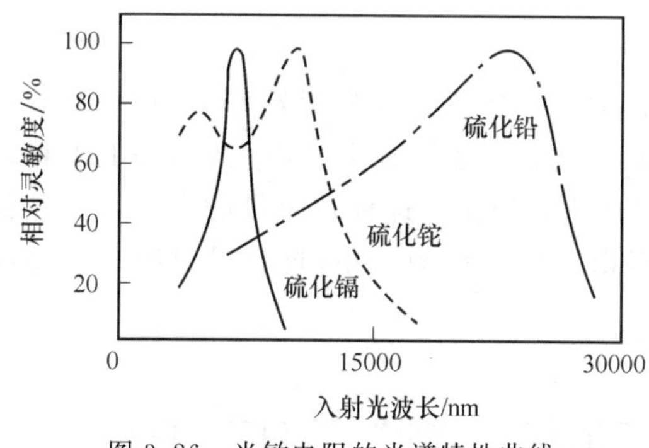

图 3.26 光敏电阻的光谱特性曲线

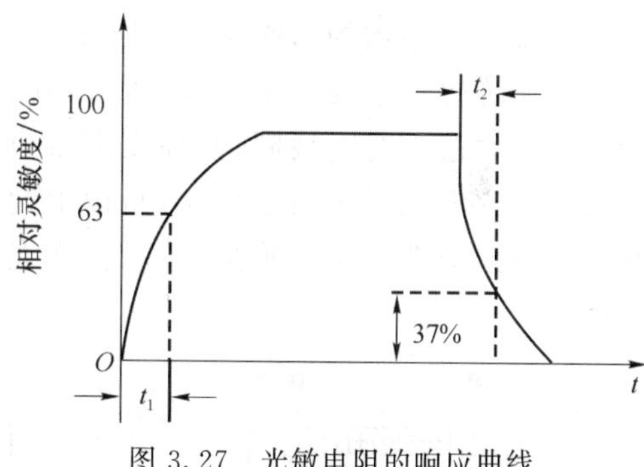

图 3.27 光敏电阻的响应曲线

上升和下降时间越小,其惰性越小,响应速度越快。绝大多数光敏电阻的时间常数都较大。

光敏电阻的频率特性曲线如图 3.28 所示。很明显看出,硫化铅光敏电阻的频率特性优于硫化铊光敏电阻,其使用范围较大。

⑤ 温度特性

作为半导体元件的光敏电阻,有一定的温度系数,受温度影响较大,温度升高,暗电阻和灵敏度下降;同时温度升高对光敏电阻的光谱特性也有较大的影响,光敏电阻的峰值波

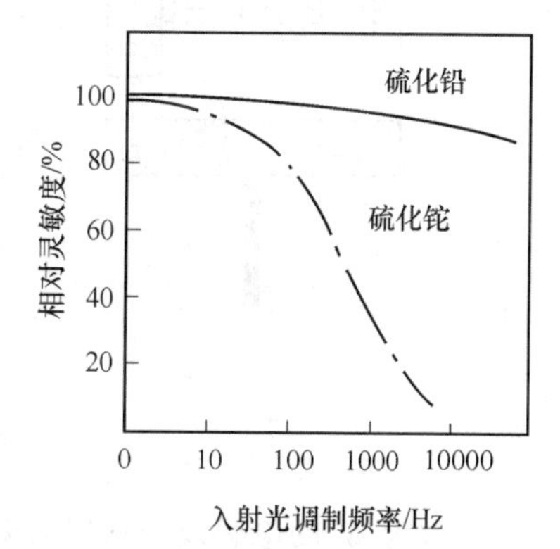

图 3.28 光敏电阻的频率特性曲线

长随着温度上升向波长短的方向移动,其温度特性曲线如图3.29所示。峰值波长与温度的关系满足维恩位移定律,即

$$\lambda_m = \frac{B}{T} \tag{3.69}$$

因此,为了提高光敏电阻的灵敏度或能够接收红外辐射,有时采取一些降温措施。

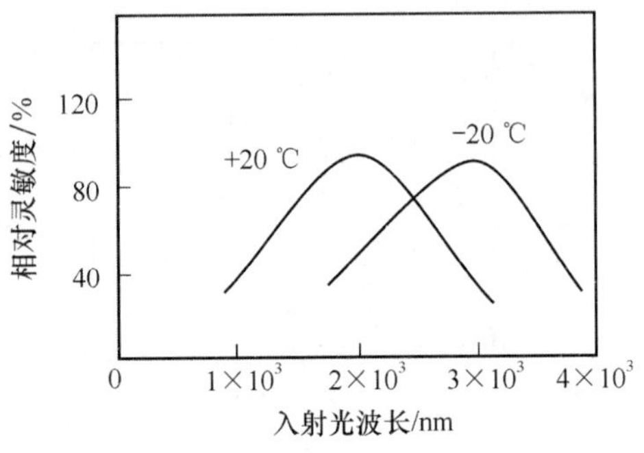

图3.29　光敏电阻的温度特性曲线

3.2　电感式传感器

电感式传感器是利用电磁感应原理,将被测量的变化转换为线圈的自感或互感变化的装置,它常用来检测位移、压力、振动、应变、流量、比重等参数。

电感式传感器种类较多,根据转换原理的不同,可分为自感式、互感式、电涡流式等。按照结构形式不同,自感式传感器有变气隙式、变截面积式和螺管式;互感式传感器有变气隙式和螺管式;电涡流传感器有高频反射式和低频透射式。

电感式传感器具有以下优点:结构简单,工作可靠,灵敏度高,分辨率高;测量精度高,线性好,性能稳定,输出阻抗小,输出功率大;抗干扰能力强,适于在恶劣的环境下工作。电感式传感器的缺点是:频率响应较低,不宜做快速动态测量;存在交流零位信号,传感器的灵敏度、分辨率、线性度和测量范围相互制约,测量范围越大,灵敏度、分辨率越低。

3.2.1　自感式传感器

1. 自感式传感器的结构与工作原理

自感式传感器结构如图3.30所示,其中铁芯和活动衔铁由导磁材料,如硅钢片或坡莫合金制成。铁芯上绕有线圈,并加交流激励。铁芯与衔铁之间有空气隙,当衔铁上下移动时,气隙改变,磁路磁阻发生变化,从而引起线圈自感的变化。这种自感量的变化与衔铁位置有关。因此只要测出自感量的变化,就能获得衔铁位移量的大小,这就是自感式传感器变换原理。

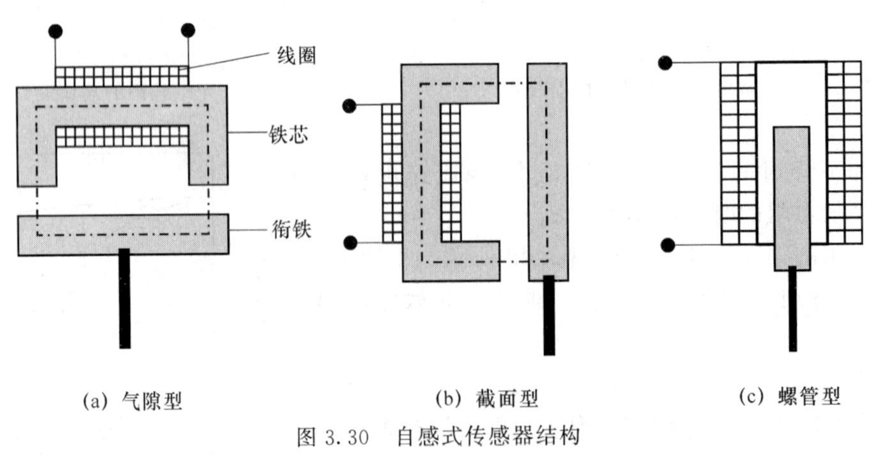

图3.30　自感式传感器结构

匝数为 W 的电感线圈通以有效值为 I 的交流电,产生磁通为 Φ,电感线圈的电感量为

$$L = \frac{W\Phi}{I} \tag{3.70}$$

式中 Φ 为单匝线圈中的磁通。

根据磁路欧姆定律

$$\Phi = \frac{WI}{R_{\mathrm{m}}} = \frac{WI}{\sum_{i=1}^{n} R_{\mathrm{m}i}} \tag{3.71}$$

电感值为

$$L = \frac{W^2}{\sum_{i=1}^{n} R_{\mathrm{m}i}} \tag{3.72}$$

铁芯、衔铁和空气隙的总磁阻为

$$\sum_{i=1}^{3} R_{\mathrm{m}i} = \sum_{i=1}^{3} \frac{l_i}{\mu_i s_i} = \frac{l_1}{\mu_1 S_1} + \frac{l_2}{\mu_2 S_2} + \frac{2\delta}{\mu_0 S_0} \tag{3.73}$$

式中，μ_0、δ、S_0 分别为气隙的磁导率（H/m）、气隙（m）和截面积（m^2）；μ_1、l_1、S_1 分别为铁芯的磁导率、气隙和截面积；μ_2、l_2、S_2 分别为衔铁的磁导率、气隙和截面积。

忽略铁芯、衔铁磁阻，总磁阻为

$$R_{\mathrm{m}} \approx \frac{2\delta}{\mu_0 S_0} \tag{3.74}$$

电感值为

$$L = \frac{W^2}{\sum_{i=1}^{3} R_{\mathrm{m}i}} \approx \frac{W^2 \mu_0 S_0}{2\delta} \tag{3.75}$$

式(3.75)为电感式传感器的基本特性方程。当线圈匝数确定后，只要气隙或气隙截面积发生变化，电感就会发生变化，即 $L=f(\delta,S)$，因此电感式传感器结构形式上有变气隙式和变面积式。

在圆筒型线圈中放圆柱形衔铁，当衔铁上下移动时，电感量也发生变化，可构成螺管型电感传感器。

2. 变气隙式自感传感器灵敏度及特性

(1) 简单变气隙式自感传感器灵敏度及特性

变气隙式自感传感器 L-δ 特性曲线如图 3.31 所示。当衔铁处于初始位置时，初始电感量为

$$L_0 = \frac{W^2 \mu_0 S_0}{2\delta_0} \tag{3.76}$$

当衔铁上移 $\Delta\delta$ 时，传感器气隙减小 $\Delta\delta$，即 $\delta=\delta_0-\Delta\delta$，则此时输出电感量为

$$L = L_0 + \Delta L = \frac{W^2 \mu_0 S_0}{2(\delta_0 - \Delta\delta)} = \frac{L_0}{1 - \frac{\Delta\delta}{\delta_0}} \tag{3.77}$$

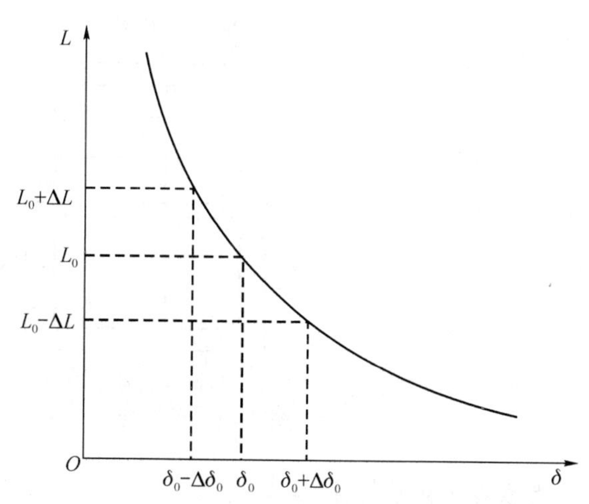

图 3.31　变气隙式自感传感器 L-δ 特性曲线

当 $\Delta\delta/\delta \ll 1$ 时,可将式(3.77)用泰勒级数展开成级数形式为

$$L = L_0 + \Delta L = L_0 \cdot \left[1 + \left(\frac{\Delta\delta}{\delta_0}\right) + \left(\frac{\Delta\delta}{\delta_0}\right)^2 + \cdots\right] \tag{3.78}$$

$$\Delta L = L_0 \frac{\Delta\delta}{\delta_0} \cdot \left[1 + \left(\frac{\Delta\delta}{\delta_0}\right) + \left(\frac{\Delta\delta}{\delta_0}\right)^2 + \cdots\right] \tag{3.79}$$

$$\frac{\Delta L}{L_0} = \frac{\Delta\delta}{\delta_0} \cdot \left[1 + \left(\frac{\Delta\delta}{\delta_0}\right) + \left(\frac{\Delta\delta}{\delta_0}\right)^2 + \cdots\right] \tag{3.80}$$

当衔铁下移 $\Delta\delta$ 时,传感器气隙增大 $\Delta\delta$,即 $\delta = \delta_0 + \Delta\delta$,则此时输出电感为

$$L = L_0 - \Delta L$$

$$\Delta L = L_0 \frac{\Delta\delta}{\delta_0} \cdot \left[1 - \left(\frac{\Delta\delta}{\delta_0}\right) + \left(\frac{\Delta\delta}{\delta_0}\right)^2 - \left(\frac{\Delta\delta}{\delta_0}\right)^3 + \cdots\right] \tag{3.81}$$

$$\frac{\Delta L}{L_0} = \frac{\Delta\delta}{\delta_0} \cdot \left[1 - \left(\frac{\Delta\delta}{\delta_0}\right) + \left(\frac{\Delta\delta}{\delta_0}\right)^2 - \left(\frac{\Delta\delta}{\delta_0}\right)^3 + \cdots\right] \tag{3.82}$$

忽略二次项以上的高次项,得

$$\frac{\Delta L}{L_0} = \frac{\Delta\delta}{\delta_0} \tag{3.83}$$

灵敏度为

$$K = \frac{\Delta L}{\Delta\delta} = \frac{L_0}{\delta_0} \tag{3.84}$$

由上述分析可见,变气隙式电感传感器的测量范围与灵敏度及线性度是相互矛盾的。它适合微小位移测量,一般 $\frac{\Delta\delta}{\delta_0} \leqslant 0.1$。为了减少非线性误差,提高传感器的灵敏度,实际应用中广泛采用差动变气隙式传感器。

(2) 差动变气隙式自感传感器灵敏度及特性

差动式电感传感器的结构特点是两个完全对称的简单电感传感元件合用一个活动衔铁。测量时,衔铁通过导杆与被测位移量相连,当被测体上下移动时,导杆带动衔铁也以相同的位移上下移动,使两个磁回路中磁阻发生大小相等、方向相反的变化,导致一个线圈的电感量增加,另一个线圈的电感量减小,形成差动形式。差动变气隙式自感传感器的原理结构如图3.32所示。

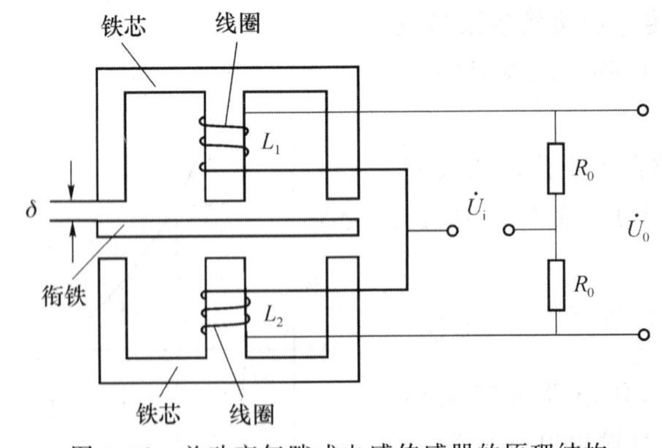

图3.32　差动变气隙式电感传感器的原理结构

衔铁处于初始位置

$$L_1 = L_2 = L_0 = \frac{W^2 \mu_0 S_0}{2\delta_0} \tag{3.85}$$

衔铁向上移动 $\Delta\delta$

$$\Delta L_1 = L_0 \frac{\Delta\delta}{\delta_0} \cdot \left[1 + \left(\frac{\Delta\delta}{\delta_0}\right) + \left(\frac{\Delta\delta}{\delta_0}\right)^2 + \left(\frac{\Delta\delta}{\delta_0}\right)^3 + \cdots\right] \tag{3.86}$$

$$\Delta L_2 = L_0 \frac{\Delta\delta}{\delta_0} \cdot \left[1 - \left(\frac{\Delta\delta}{\delta_0}\right) + \left(\frac{\Delta\delta}{\delta_0}\right)^2 - \left(\frac{\Delta\delta}{\delta_0}\right)^3 + \cdots\right] \tag{3.87}$$

差动自感传感器总变化量为

$$\Delta L_1 + \Delta L_2 = 2L_0 \frac{\Delta\delta}{\delta_0} \cdot \left[1 + \left(\frac{\Delta\delta}{\delta_0}\right)^2 + \left(\frac{\Delta\delta}{\delta_0}\right)^4 + \cdots\right] \tag{3.88}$$

忽略二次项以上的高次项，得

$$\frac{\Delta L}{L_0} = 2\frac{\Delta\delta}{\delta_0} \tag{3.89}$$

灵敏度为

$$K = \frac{\Delta L}{\Delta\delta} = 2\frac{L_0}{\delta_0} \tag{3.90}$$

结论：

① 差动式为简单式自感传感器灵敏度的 2 倍；

② 简单式自感传感器非线性误差为 $\Delta\delta/\delta_0$，差动式自感传感器非线性误差为 $(\Delta\delta/\delta_0)^2$；

③ 克服温度等外界共模信号干扰。

3. 变面积式电感传感器

若铁芯和衔铁材料的磁导率相同，磁路通过截面积为 S，变面积电感传感器磁阻为

$$\sum R_{\mathrm{m}} = \frac{l}{\mu_0\mu_r S} + \frac{l_\delta}{\mu_0 S} \tag{3.91}$$

电感为

$$L = \frac{W^2}{\dfrac{l}{\mu_0\mu_r S} + \dfrac{l_\delta}{\mu_0 S}} = \frac{W^2\mu_0}{\dfrac{l}{\mu_r} + l_\delta} S = K_S S \tag{3.92}$$

式中，l_δ 为气隙的总长度；l 为铁芯与衔铁的总长度；μ_r 为铁芯和衔铁的磁导率；S 为气隙磁通的截面积。在忽略传感器气隙磁通边缘效应的条件下，输入与输出成线性关系；缺点是灵敏度较低。

4. 电感式传感器测量电路

自感式传感器将被测非电量转换为电感的变化，接入相应的测量电路，将电感的变化转换为电压的幅值、频率或相位的变化。常用的测量电路有变压器电桥电路、相敏检波电路、谐振电路等。

(1) 变压器电桥电路

变压器电桥电路如图 3.33 所示。Z_1、Z_2 为自感传感器两个线圈的阻抗，另外两臂为电源变压器副边线圈两半，输出空载电压为

$$u_0 = \frac{u}{Z_1 + Z_2}Z_1 - \frac{u}{2} = \frac{u}{2}\frac{Z_1 - Z_2}{Z_1 + Z_2} \tag{3.93}$$

初始平衡状态时，$Z_1 = Z_2 = Z$，$u_0 = 0$

衔铁偏离中间零点时，设 $Z_1 = Z + \Delta Z$，$Z_2 = Z - \Delta Z$，代入式(3.93)得

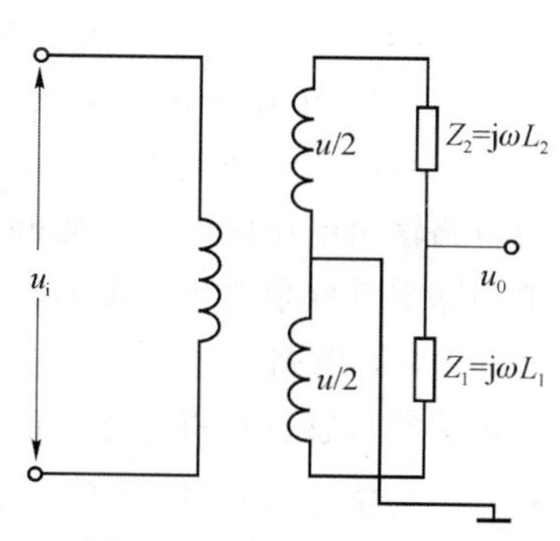

图 3.33　变压器电桥电路

$$u_0 = (u/2) \times (\Delta Z/Z) \tag{3.94}$$

传感器衔铁移动方向相反时，$Z_1 = Z - \Delta Z, Z_2 = Z + \Delta Z$，代入式(3.93)得

$$u_0 = -(u/2) \times (\Delta Z/Z) \tag{3.95}$$

传感器线圈的阻抗 $Z = R + j\omega L$，其变化量 $Z = \Delta R + j\omega \Delta L$，通常线圈的品质因数很高，即 $Q = \omega L/R, R \ll \omega L, \Delta R \ll \omega \Delta L$，所以

$$u_0 = \pm (u/2) \times (\Delta L/L) \tag{3.96}$$

即输出空载电压与电感的变化成线性关系。

由于输出为交流电压，所以电路只能确定衔铁位移的大小，不能判断位移的方向。为了判断位移的方向，要在后续电路中配置相敏检波电路。

(2) 带相敏检波的电桥电路

带相敏检波的电桥电路如图3.34所示。

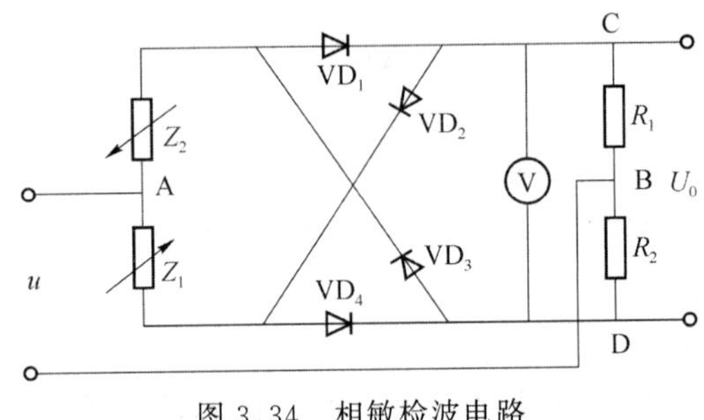

图3.34 相敏检波电路

电路作用：辨别衔铁位移方向，即 U_0 的大小反映位移的大小，U_0 的极性反映位移的方向；消除零点残余电压，使 $x=0$ 时，$U_0=0$。

电桥由差动电感传感器线圈 Z_1 和 Z_2 及平衡电阻 R_1 和 R_2 组成，$R_1 = R_2$，$VD_1 \sim VD_4$ 构成了相敏整流器，电桥的一条对角线接交流激励电压，另外一个对角线输出电压，接电压表。

设衔铁下移使 $Z_1 = Z + \Delta Z, Z_2 = Z - \Delta Z$，当电源 u 正半周时(A正，B负)，VD_1、VD_4 导通，VD_2、VD_3 截止，电阻 R_1 上电压大于 R_2 上的电压，$U_0 > 0$。

当电源 u 为负半周时(A负，B正)，VD_1、VD_4 截止，VD_2、VD_3 导通，电阻 R_1 上电压小于 R_2 上的电压，$U_0 = U_{CD} > 0$。在电源一个周期内，电压表的输出始终为上正下负。

同理，设衔铁上移使 $Z_1 = Z - \Delta Z, Z_2 = Z + \Delta Z$，当电源 u 正半周时(A正，B负)，VD_1、VD_4 导通，VD_2、VD_3 截止，电阻 R_1 上电压小于 R_2 上的电压，$U_0 < 0$。

当电源 u 为负半周时(A负，B正)VD_1、VD_4 截止，VD_2、VD_3 导通，电阻 R_1 上电压大于 R_2 上的电压，$U_0 = U_{CD} < 0$。在电源一个周期内，电压表的输出始终为上负下正。

综上，输出电压的幅值反映了位移的大小，输出电压的极性反映了衔铁位移的方向。

非相敏整流电路与相敏整流电路输出电压特性曲线如图3.35所示。可以看出，使用相敏整流电路输出电压极性不仅能够反映衔铁位移的大小和方向，而且由于二极管的整流作用，还能够消除零点残余电压的影响。

(3) 调频电路

传感器自感变化将引起输出电压频率的变化。将传感器的电感线圈 L 与一个固定电容 C 接到一个振荡电路G中，如图3.36所示，图3.36(a)中调频电路的振荡频率 $f = 1/2\pi\sqrt{LC}$。

图3.36(b)为频率 f 与电感 L 的关系。L 变化，振荡频率 f 随之变化，根据 f 的大小可测

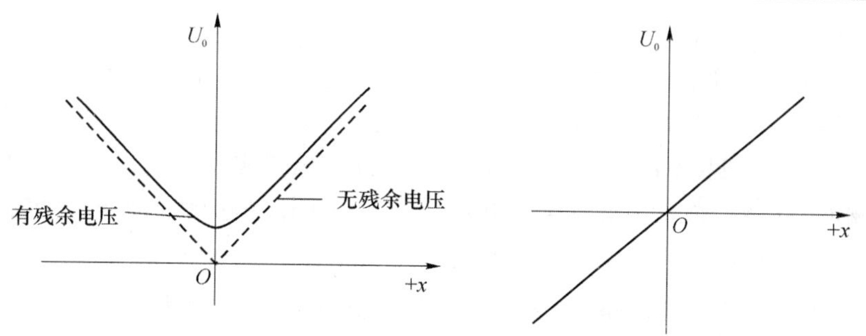

图 3.35　非相敏整流电路与相敏整流电路输出电压特性曲线

出被测量的值。当 L 有微小变化 ΔL 后，频率变化为

$$\Delta f = -(LC)^{-3/2} C\Delta L / 4\pi = -(f/2) \times (\Delta L / L) \tag{3.97}$$

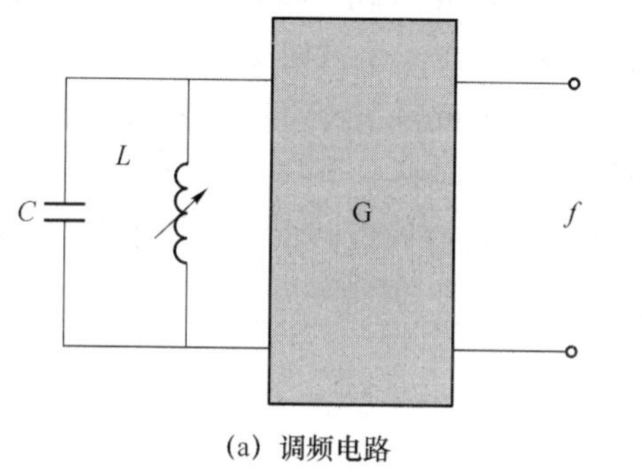

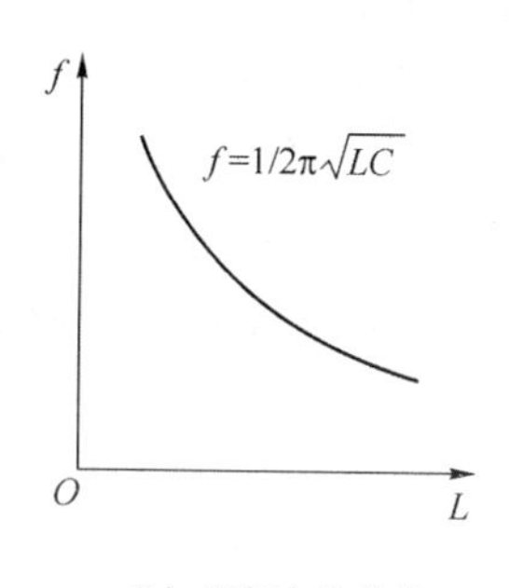

图 3.36　调频电路

5. 自感式传感器应用

(1) 压力测量

C 型管压力传感器如图 3.37 所示，它采用变气隙差动式传感器。当被测压力 P 变化时，弹簧管的自由端产生位移，带动与自由端刚性相连的自感传感器的衔铁发生移动，使差动式自感传感器电感值一个增加，一个减小。传感器采用变压器电桥供电，输出信号的大小决定位移的大小，输出信号的相位决定位移的方向。

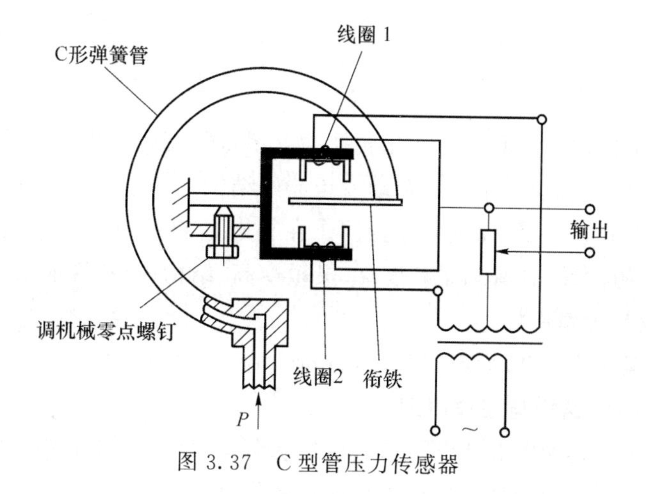

图 3.37　C 型管压力传感器

(2) 差动式电感测厚仪

差动式电感测厚仪如图3.38所示。图3.38(a)为其原理图,被测带材在上下测量滚轮之间通过。开始测量之前,先调节测微螺杆至给定厚度(由度盘读出)。当刚带厚度偏离给定厚度时,上测量滚轮将带动测微螺杆上下,通过杠杆将位移传递给衔铁,使L_1、L_2变化。图3.38(b)为差动式电感测厚仪电路,将差动电感接于电路中,L_1、L_2为电感传感器的两个线圈,由L_1、L_2构成电桥的两个桥臂,另外两个桥臂是C_1、C_2,中间对角线输出端由四只二极管VD_1~VD_4和四只电阻R_1~R_4组成相敏检波电路,输出电流由电流表指示。R_5是调零电位器,R_6用于调节电流表的满刻度值。电桥的电压由变压器提供,R_7、C_3、C_4起滤波作用,SD为工作指示灯。变压器采用磁饱和交流稳压器,保证供给电桥的电压稳定。

当传感器衔铁处于中间位置时,$L_1=L_2$,电桥平衡,$U_c = U_d$,电流表G无电流流过。

试件厚度发生变化,$L_1 \neq L_2$。

当$L_1 > L_2$时,不论电源u是a点为正,b点为负(VD_1、VD_4导通),还是a点为负,b点为正(VD_2、VD_3导通),d点的电位高于c点的电位,G向一个方向偏转。

当$L_1 < L_2$时,不论电源u是a点为正,b点为负(VD_1、VD_4导通),还是a点为负,b点为正(VD_2、VD_3导通),c点的电位高于d点的电位,G向另一个方向偏转。

根据电流表指针的偏转方向和刻度值可以判断衔铁位移的方向,同时知道被测厚度的变化大小。

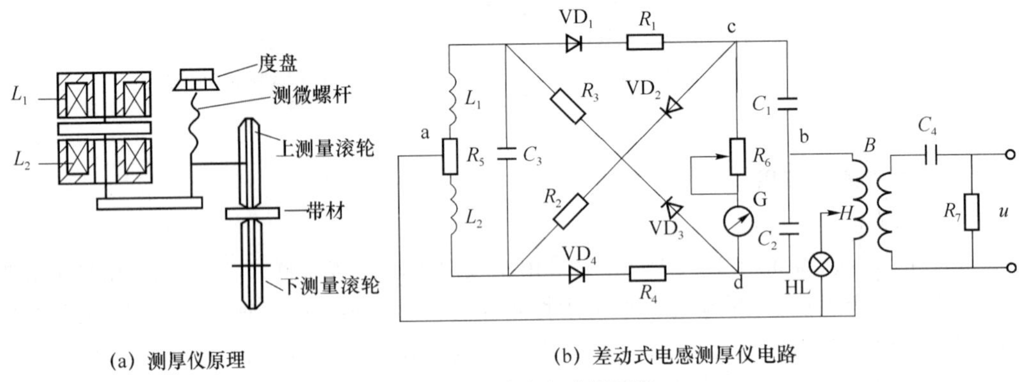

图3.38 差动式电感测厚仪

3.2.2 互感式传感器

互感式传感器是把被非电测量的变化转换为互感量的变化。由于这种传感器是根据变压器原理制成的,也被称为差动变压器。差动变压器的结构形式主要有变间隙式、变面积式和螺线管式。虽然结构不同,但工作原理基本相同。在非电量测量中,应用较多的是螺线管式,它可测量1~100 mm的位移,具有测量精度高、灵敏度高、结构简单、性能可靠等优点,广泛应用于位移、压力等非电量测量中。

下面对三段式螺线管式差动变压器进行分析。

1. 互感式传感器的结构与工作原理

螺线管式差动变压器如图3.39所示,它由绝缘骨架、绕在骨架上的一次侧线圈、对称于一次侧线圈的两个二次侧线圈和插在线框中央的活动衔铁组成。

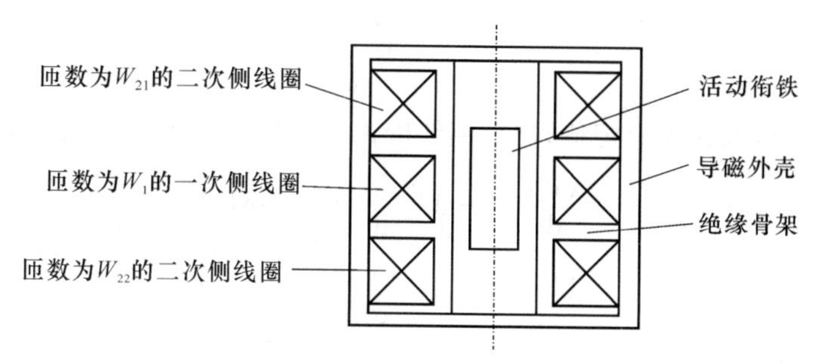

图 3.39　螺管式差动变压器

两个二次侧线圈反向串联(差动连接),对一次侧线圈施加一定频率激励时,理想的差动变压器等效电路如图 3.40 所示。根据变压器原理,在两个二次侧线圈会产生感应电动势 $\dot{E}_{21}$ 、$\dot{E}_{22}$。若在制作工艺上保证变压器结构完全对称,当衔铁处于中间平衡位置时,一次侧线圈与两个二次侧线圈之间磁回路的磁阻 $R_{21}=R_{22}$,磁通 $\Phi_{21}=\Phi_{22}$,互感系数 $M_1=M_2$,根据电磁感应定律有 $\dot{E}_{21}=\dot{E}_{22}$。由于两个二次侧线圈反向串联,故 $\dot{U}_2=\dot{E}_{21}-\dot{E}_{22}=0$,输出为 0。

当被测量带动衔铁向二次侧线圈 W_{21} 方向移动时,$R_{21}<R_{22}$,$\Phi_{21}>\Phi_{22}$,$M_1>M_2$,$\dot{E}_{21}$ 增加,$\dot{E}_{22}$ 减小,$\dot{U}_2=\dot{E}_{21}-\dot{E}_{22}\neq 0$。差动变压器输出特性曲线如图 3.41 所示,为两个次级输出电压曲线的合成,呈 V 字型。

此曲线为理想曲线,实际上,当衔铁处于中央位置时,差动输出电压并不为 0,一般有数十 mV 电压。差动变压器在零位时的输出电压成为零点残余电压,实际使用时此电压必须通过电路设法消除。

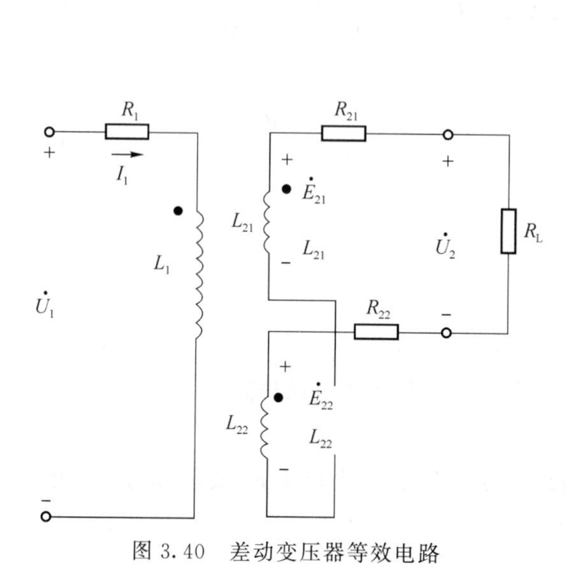

图 3.40　差动变压器等效电路

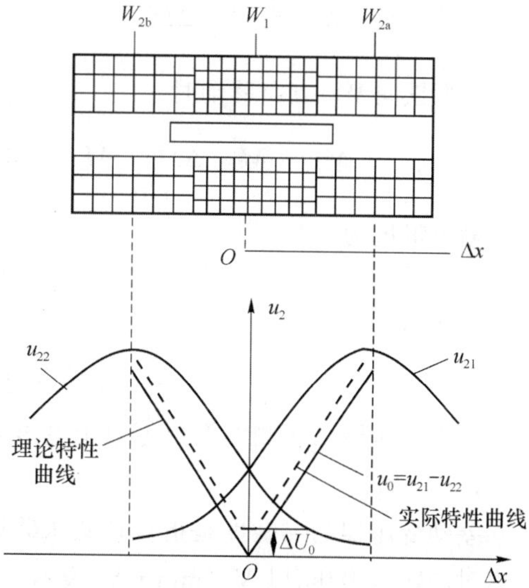

图 3.41　差动变压器输出电压特性曲线

2. 基本特性

(1) 等效电路

由差动变压器等效电路可知,当次级开路时,初级线圈的电流为

$$\dot{I}_1=\frac{\dot{U}_1}{R_1+\mathrm{j}\omega L_1} \tag{3.98}$$

$i_1=I_m e^{\mathrm{j}\omega t}$，根据电磁感应定律，二次侧线圈由于互感产生互感电动势为

$$\begin{aligned} e_{21}&=-\frac{\mathrm{d}\varphi_{21}}{\mathrm{d}t}=-M_1\frac{\mathrm{d}i_1}{\mathrm{d}t}=-\mathrm{j}\omega M_1 I_m e^{\mathrm{j}\omega t} \\ e_{22}&=-\frac{\mathrm{d}\varphi_{22}}{\mathrm{d}t}=-M_2\frac{\mathrm{d}i_1}{\mathrm{d}t}=-\mathrm{j}\omega M_2 I_m e^{\mathrm{j}\omega t} \end{aligned} \tag{3.99}$$

复频域表达式为

$$\dot{E}_{21}=-\mathrm{j}\omega M_1\dot{I}_1,\quad \dot{E}_{22}=-\mathrm{j}\omega M_2\dot{I}_1 \tag{3.100}$$

两个一次侧线圈差动连接，且次级开路，输出电压为

$$\dot{U}_2=\dot{U}_{21}-\dot{U}_{22}=\mathrm{j}\omega(M_1-M_2)\dot{I}_1=\frac{\mathrm{j}\omega(M_1-M_2)\dot{U}_1}{R_1+\mathrm{j}\omega L_1} \tag{3.101}$$

输出电压的有效值为

$$U_2=\frac{\omega(M_1-M_2)U_1}{\sqrt{R_1^2+(\omega L_1)^2}}=\pm\frac{2\omega\Delta M U_1}{\sqrt{R_1^2+(\omega L_1)^2}} \tag{3.102}$$

在电路其他参数为定值时，差动变压器的输出电压与互感差值成正比。求出互感 M_1、M_2 与活动衔铁位移 x 的关系，带入式(3.102)可确定位移的大小。根据输出电压的有效值表达式对差动变压器的基本特性进行分析。

当衔铁处于中间位置时

$$M_1=M_2=M,\quad U_2=0$$

当衔铁向 W_{21} 方向移动时

$$M_1=M+\Delta M,\quad M_2=M-\Delta M,\quad U_2=\frac{2\omega\Delta M U_1}{\sqrt{R_1^2+(\omega L_1)^2}} \tag{3.103}$$

当衔铁向 W_{22} 方向移动时

$$M_1=M-\Delta M,\quad M_2=M+\Delta M,\quad U_2=-\frac{2\omega\Delta M U_1}{\sqrt{R_1^2+(\omega L_1)^2}} \tag{3.104}$$

输出阻抗为

$$Z=R_{21}+R_{22}+\mathrm{j}\omega L_{21}+\mathrm{j}\omega L_{22} \tag{3.105}$$

幅值为

$$Z=\sqrt{(R_{21}+R_{22})^2+(\omega L_{21}+\omega L_{22})^2} \tag{3.106}$$

差动变压器二次侧线圈可等效于电压为 U_2，输出阻抗为 Z 的电动势源。

(2) 灵敏度

差动变压器的灵敏度是指差动变压器初级线圈在单位电压的激励下，铁芯移动一个单位距离时的输出电压，以 V/(mm·V)表示。

为提高差动变压器的灵敏度，可采取以下措施：

① 在不使初级线圈过热的情况下，提高激励电压；

② 提高线圈的品质因数 Q 值；

③ 增大衔铁直径，选择磁导率高、铁损小、涡流损失小的材料。

(3) 频率特性

频率过低,差动变压器的灵敏度降低;频率过高,差动变压器铁损、磁滞、涡流等显著增加,灵敏度下降。具体应用时,激励电压频率为10～30 kHz较适宜。

(4) 线性范围

理想的差动变压器次级输出电压应与铁芯位移成线性关系,且差动输出电压相角为一定值。为使传感器有较好的线性度,测量范围为骨架长度的1/10左右。采用相敏整流电路对输出电压进行处理,可改善差动变压器的线性度。

(5) 零点残余电压及消除方法

零点残余电压使传感器输出特性在零点附近不灵敏,非线性增大,有用信号被阻塞。

产生零点残余电压的原因是两个二次测量线圈的等效参数不对称,使两个次级输出的基波感应电动势的幅值和相位不能同时相同;由于铁芯B-H特性的非线性特征,产生的高次斜波不同,不能相互抵消。

为减小零点残余电压,可采取以下措施:在制作工艺上力求结构、磁路、线圈对称,铁芯和线圈材料均匀;采用电阻、电容补偿电路,差动整流电路等。

补偿电路如图3.42所示。

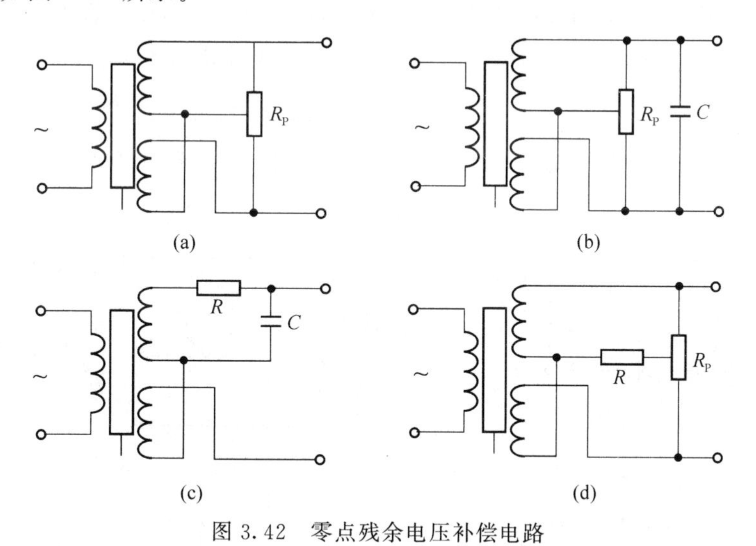

图3.42 零点残余电压补偿电路

补偿电阻可改变二次侧线圈输出电压的大小和相位,对基波正交分量有很好的补偿效果;并联电容对高次斜波分量有较好的抑制作用,根据实际需要选择补偿电路。

3. 测量电路

由差动变压器的等效电路可见,差动输出电压的大小可反映衔铁位移的大小,由于输出电压仍然是交流电压,它不能反映被测量移动的方向。为了辨别衔铁移动方向和消除零点残余电压,测量中采用差动整流电路和相敏检波电路。

(1) 差动整流电路

差动整流电路如图3.43所示,下面分析两种差动整流电路的工作原理。

① 全波电压输出型

一次侧线圈激励电压正半周,差动变压器两个次级输出电压相位为a正、b负、c正、d负,二次侧线圈W_{21}输出交流电压e_{21}经桥式整流后,在2、4端输出直流电压U_{24}。

同理,二次侧线圈 W_{22} 输出交流电压 e_{22} 经桥式整流后,在 6、8 端输出直流电压 U_{68}。差动变压器的输出电压为

$$U_2 = U_{24} - U_{68} \tag{3.107}$$

同理,一次侧线圈激励电压负半周,差动变压器两个次级输出电压相位为 a 负、b 正、c 负、d 正,e_{21} 经桥式整流后输出电压仍为 U_{24},极性不变,e_{22} 经桥式整流后输出电压仍为 U_{68},极性不变。差动输出电压表达式不变。

衔铁在零位时,$U_{24} = U_{68}$,$U_2 = 0$。

当衔铁向上移动时,e_{21} 的幅值大于 e_{22} 幅值,$U_{24} > U_{68}$,$U_2 > 0$。

当衔铁向下移动时,e_{21} 的幅值小于 e_{22} 幅值,$U_{24} < U_{68}$,$U_2 < 0$。

可以看出,输出电压的大小反映衔铁位移的大小,输出电压的极性反映位移的方向;同时差动整流电路可以消除零点残余电压,R_0 调整零点残余电压。

② 全波电流输出型

设衔铁上移,不论差动变压器初级线圈激励电压为正半周还是负半周,均有

$$|e_{21} > e_{22}|, U_{12} > U_{34}, I_2 > 0 \quad (\text{电流由 a 到 b})。$$

同理,衔铁下移,不论差动变压器初级线圈激励电压为正半周还是负半周,均有

$$|e_{21} < e_{22}|, U_{12} < U_{34}, I_2 < 0 \quad (\text{电流由 b 到 a})。$$

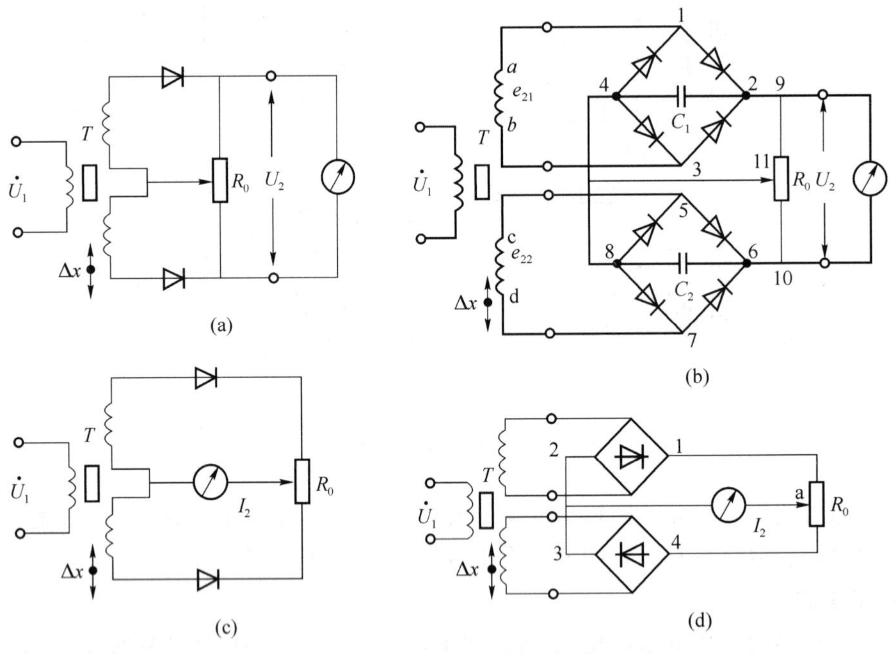

图 3.43 差动整流电路

(2) 相敏检波电路

相敏检波电路如图 3.44 所示,图 3.44(a)中 4 个性能相同的二极管与限流电阻一起同向串联,形成环形电桥。差动变压器输出电压 u_2 经过变压比为 n_1 的变压器 T_1 加到环形电桥的一条对角线上,与差动变压器激励电压 u_1 同频同相的参考电压 u_S 经过变压比为 n_2 变压器 T_2 加到环形电桥的另外一个对角线上。输出电压信号由 T_1、T_2 的中间抽头引出。参考电压 u_S 的幅值远远大于差动变压器输出电压 u_2 幅值。4 个二极管的导通状态取决于参考电压的

极性。

图 3.44(b)中，当 $\Delta x>0$ 时，u_2 与 u_S 同频同相，u_2 与 u_S 为正半周时，二极管 VD_1、VD_4 截止，VD_2、VD_3 导通。

$$u_{S1}=u_{S2}=\frac{u_S}{2n_2} \tag{3.108}$$

$$u_{21}=u_{22}=\frac{u_2}{2n_1} \tag{3.109}$$

根据叠加定理，输出电压 u_0 为

$$u_0=\frac{R_L u_{22}}{R/2+R_L}=\frac{R_L u_2}{n_1(R+2R_L)} \tag{3.110}$$

（u_{S1}、u_{S2} 对 R_L 相互抵消）

在图 3.44(c)中，u_2 与 u_S 为负半周时，二极管 VD_2、VD_3 截止，VD_1、VD_4 导通，输出电压 u_0 与式(3.109)相同。

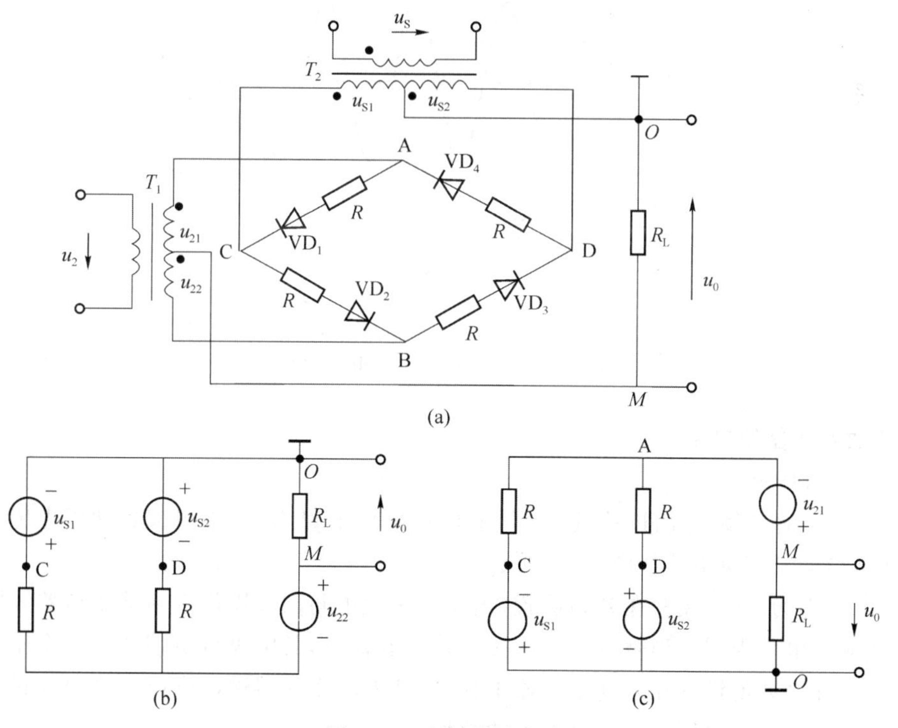

图 3.44　相敏检波电路

当 $\Delta x>0$ 时，不论 u_2 与 u_S 为正半周还是负半周，负载电阻 R_L 两端电压 u_0 始终为正。

当 $\Delta x<0$ 时，u_2 与 u_S 同频反相，采用上述电路分析方法，得到负载电阻 R_L 两端电压 u_0 为

$$u_0=-\frac{R_L u_2}{n_1(R+2R_L)} \tag{3.111}$$

当 $\Delta x<0$ 时，不论 u_2 与 u_S 为正半周还是负半周，负载电阻 R_L 两端电压 u_0 始终为负。

u_2 的电压波形是由 Δx 调相调幅波形，即 u_2 与 u_S 的相位关系取决于 Δx 的极性。u_2 的幅值取决于 Δx 的大小。相敏检波电路的输出电压 u_0 的大小反映位移大小，极性反映位移的方向，其波形如图 3.45 所示。

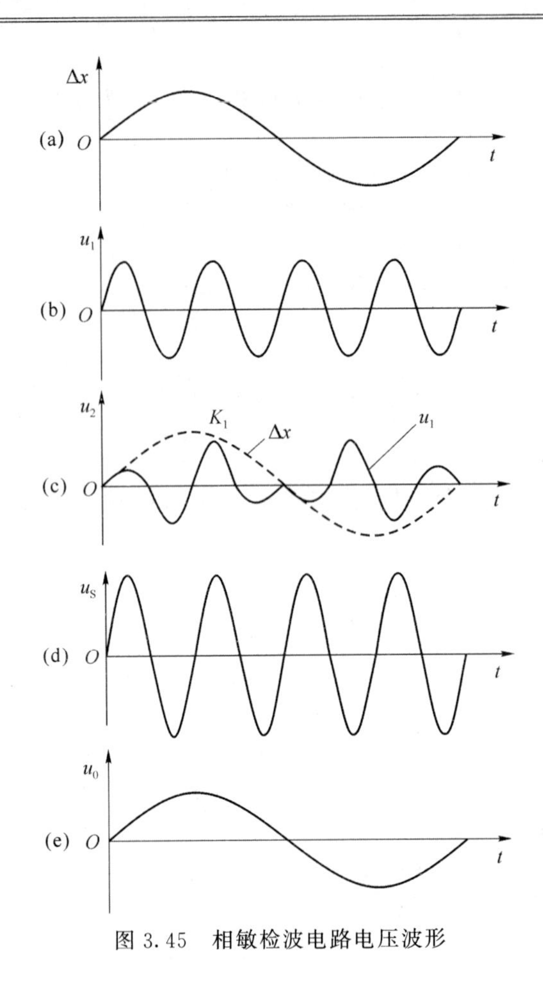

图 3.45 相敏检波电路电压波形

4. 差动变压器的应用

(1) 微压力传感器

将传感器与弹性敏感元件(膜片、膜盒和弹簧管等)相结合,可以组成各种压力传感器。微压力传感器结构及测量电路如图 3.46 所示。

在被测压力为零时,膜盒在初始位置,固接在膜盒中间的衔铁位于差动变压器线圈的中间位置,因此输出电压为零。当被测压力由接头传入膜盒时,其中央自由端产生一个正比于被测压力的位移,并带动衔铁 6 在差动变压器中移动,使差动变压器输出电压。输出经过相敏检波和滤波后,其直流输出电压反映被测压力的数值。

图 3.46(b)为微压力传感器的测量电路。通过稳压电源和振荡器,提供给差动变压器一次线圈一定频率的稳幅激励电压,差动变压器输出经过半波整流和阻容滤波后,输出对应压力的直流电压。由于输出电压较大,线路中不需要放大器。

这种压力传感器可测量$(-4\sim6)\times10^4$ Pa 的压力,输出电压为 0～50 mV。

(2) 差动变压器式加速度传感器

差动变压器式加速度传感器的结构和测量电路如图 3.47 所示,它用于测量振动体的加速度,要求这个惯性测振系统的固有频率大于被测体振动频率的 4 倍以上。由于传感器的固有频率 $\omega_0=\sqrt{k/m}$,其中 k 为弹性元件的刚度,m 为运动系统的质量,m 主要由衔铁的质量决定。一般衔铁质量不能太小,弹性元件的刚度不能过大,否则灵敏度下降,因此振动频率的上

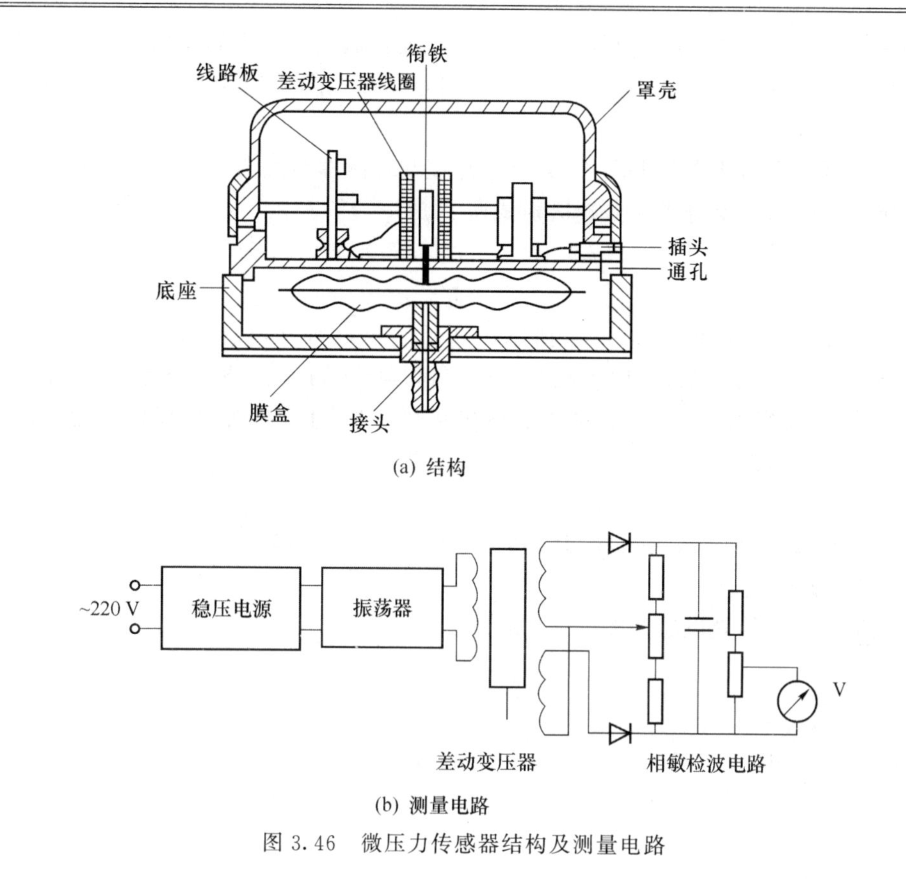

(a) 结构

(b) 测量电路

图 3.46　微压力传感器结构及测量电路

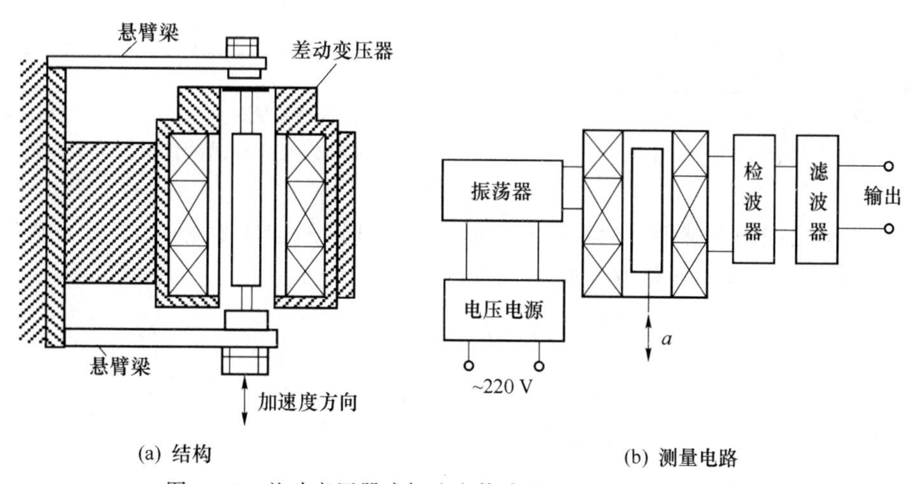

(a) 结构　　(b) 测量电路

图 3.47　差动变压器式加速度传感器的结构图和测量电路

限受到限制,一般在 150 Hz 以内。

3.2.3　电涡流式传感器

块状金属导体置于变化的磁场中或在磁场中作切割磁力线运动时,导体内将产生呈涡旋状的感应电流,此电流在导体内是闭合的,被称为涡流。

涡流的大小与金属体的电阻率 ρ、磁导率 μ、厚度 t、线圈与金属体的距离 x 以及线圈的激

励电流频率 f 等参数有关。固定其中若干参数,就能按涡流的大小测量出另外一些参数。

涡流传感器的特点是对位移、厚度、材料缺陷等实现非接触式连续测量,动态响应好,灵敏度高,工业应用广泛。

涡流传感器在金属体内产生涡流,其渗透深度与传感器线圈激励电流的频率高低有关,所以涡流传感器分为高频反射式和低频透射式两类。

1. 高频反射式涡流传感器

(1) 基本工作原理

涡流传感器的工作原理如图 3.48 所示。高频信号 i_h 加在电感线圈 L 上,L 产生同频率的高频磁场 φ_i 作用于金属表面,由于趋肤效应,高频电磁场在金属板表面感应出涡流 i_e,涡流产生的反磁场 φ_e 反作用于 φ_i,使线圈的电感和电阻发生变化,从而使线圈阻抗变化。传感器线圈受电涡流影响时的等效阻抗 Z 的函数关系式为

$$Z=F(\rho,\mu,r,f,x) \tag{3.112}$$

如果 ρ、μ、r、f 参数已定,Z 成为线圈与金属板距离 x 的单值函数,由 Z 可知 x。

(2) 等效电路分析

高频涡流传感器等效电路如图 3.49 所示。

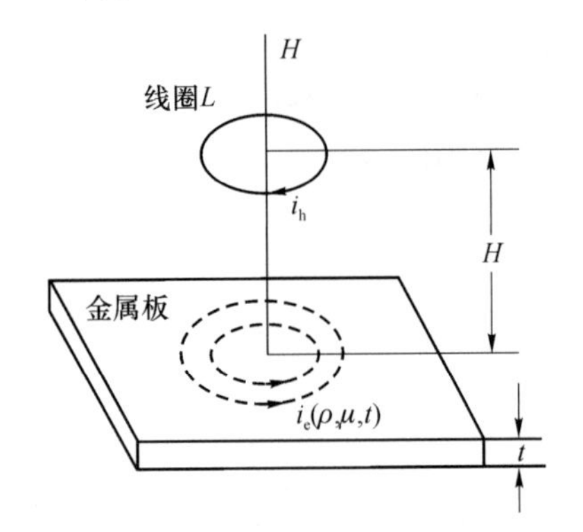

图 3.48 涡流传感器的工作原理

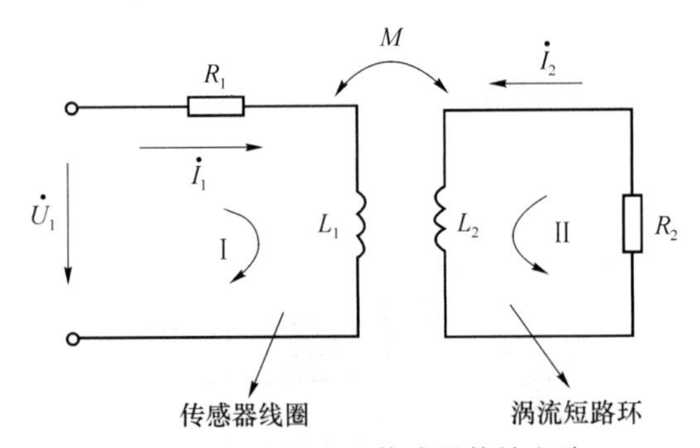

图 3.49 高频涡流传感器等效电路

线圈与导体之间的互感随着两者的靠近而增大。线圈两端加激励电压,根据基尔霍夫电压定律,列出线圈和导体的回路方程如下。

$$R\dot{I}_1+\mathrm{j}\omega L_1\dot{I}_1-\mathrm{j}\omega M\dot{I}_2=\dot{U}_1 \tag{3.113}$$

$$-\mathrm{j}\omega M\dot{I}_1+(R_2+\mathrm{j}\omega L_2)\dot{I}_2=0 \tag{3.114}$$

可求得线圈阻抗

$$Z=\frac{\dot{U}}{\dot{I}_1}=R_1+\frac{\omega^2M^2}{R_2^2+(\omega L_2)^2}R_2+\mathrm{j}\omega\left[L_1-\frac{\omega^2M^2}{R_2^2+(\omega L_2)^2}L_2\right]=R_{\mathrm{eq}}+\mathrm{j}\omega L_{\mathrm{eq}} \tag{3.115}$$

线圈的等效品质因数 Q 值为

$$Q=\frac{\omega L_{\mathrm{eq}}}{R_{\mathrm{eq}}}=Q_1\left(1-\frac{L_2}{L_1}\times\frac{\omega^2M^2}{Z_2^2}\right)\Big/\left(1+\frac{R_2}{R_1}\times\frac{\omega^2M^2}{Z_2^2}\right) \tag{3.116}$$

由于涡流的影响,线圈阻抗的实数部分增大,这是因为涡流损耗、磁滞损耗将使实部增加。具体来说,等效电阻与互感 M 和导体电阻 R_2 有关。

在等效电阻的虚部表达式中,L_1 与静磁效应有关,即与被测导体是不是磁性材料有关,线

圈与被测导体组成一个磁路，其有效磁导率取决于此磁路的性质。若金属导体为磁性材料，有效磁导率随导体与线圈距离的减小而增大，L_1 将增大；若金属导体为非磁性材料，有效磁导率与导体与线圈距离无关，L_1 不变。等效电感的第二项为反射电感，与涡流效应有关，它随着距离的减小而增大，从而使等效电感减小。因此，当靠近传感器线圈的被测导体为非磁性材料或硬磁性材料时，传感器线圈的等效电感减小；若被测导体为软磁材料时，由于静磁效应使传感器线圈的等效电感增大。

总之，被测量的变化引起线圈电感 L、阻抗 Z 和品质因数 Q 的变化，通过测量电路将 Z、L 或 Q 转变为电信号，可测被测量。

(3) 传感器的结构

传感器的结构如图 3.50 所示，它由一个安装在框架上的扁平圆形线圈构成。线圈既可以粘贴在框架上，也可以绕在框架的槽内。线圈一般用高强度的漆包线，要求高的可用银线或银合金线。

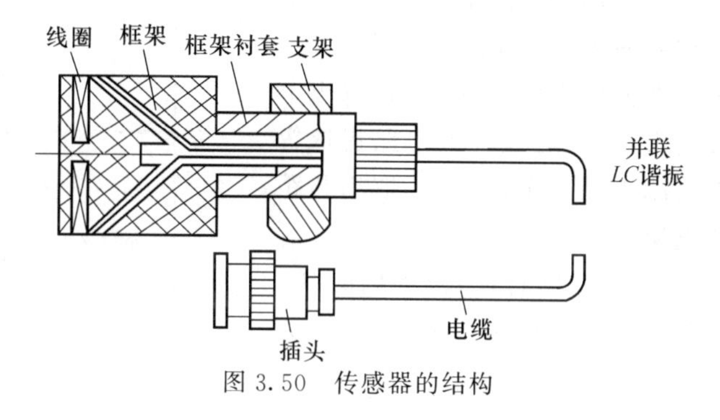

图 3.50　传感器的结构

(4) 被测体材料对谐振曲线的影响

实际涡流传感器为一只线圈与一只电容器相并联，构成 LC 并联谐振电路。

无被测体时，将传感器调谐到某一频率 f_0。

$$f_0 = \frac{1}{2\pi\sqrt{LC}} \tag{3.117}$$

被测体为非磁材料，线圈的等效电感减小，谐振曲线右移；被测体为软磁材料，线圈的等效电感增大，谐振曲线左移。结果使回路失谐，传感器的阻抗及品质因数降低。

传感器的谐振曲线如图 3.51 所示，可以看出，当激励频率一定时，LC 回路阻抗既反映电感的变化，也反映 Q 值的变化。距离越近，LC 回路输出阻抗越低，输出电压越低。

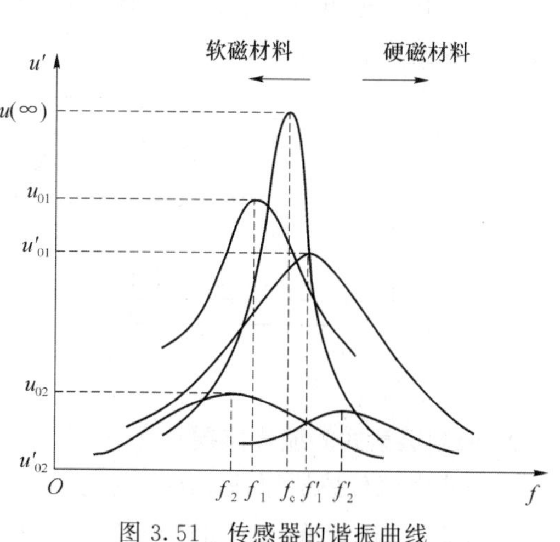

图 3.51　传感器的谐振曲线

(5) 测量方法

测量方法分为定频调幅法和调频法。

① 定频调幅式

稳频稳幅的高频激励电流对并联 LC 电路供电。定频调幅式测距原理电路如图 3.52 所示。

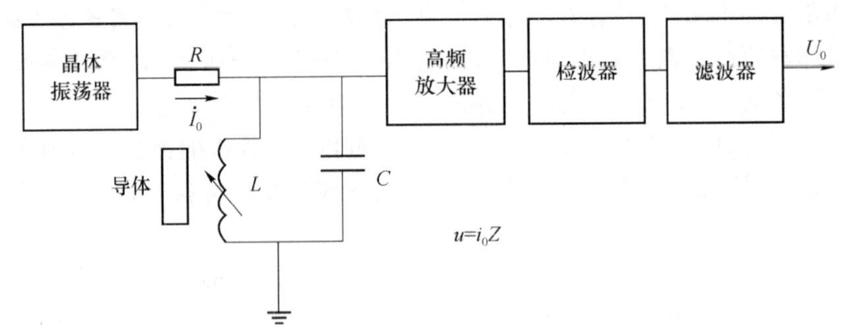

图 3.52　定频调幅式测距原理电路

无被测体,LC 回路处于谐振状态,阻抗最大,输出电压最大。

被测体靠近线圈时,由于被测体内产生涡流,使线圈电感值减小,回路失谐,阻抗下降,输出电压下降。输出电压为高频载波的等幅电压或调幅电压。

将此高频载波电压变换成直流电压,回路输出电压须经过交流放大使电平抬高,通过检波电路提取等幅电压。经过滤波电路滤出高频杂散信号,取出与距离(振动)对应的直流电压 U_0。

当距离在(1/5～1/3)D(线框直径)范围内时,U_0 与距离 x 成线性关系,传感器的输出特性曲线如图 3.53所示。

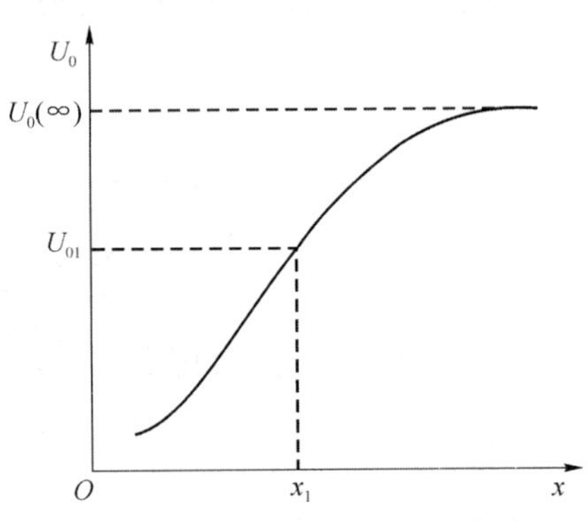

图 3.53　传感器的输出特性曲线

② 调频测量电路

调频式测距原理电路如图 3.54 所示,将传感器接于振荡电路,振荡器由电容三点式振荡器和射极跟随器组成,其振荡频率 $f=\dfrac{1}{2\pi\sqrt{L_xC}}$。

当传感器与被测导体的距离变化时,在涡流的影响下,传感器线圈的电感发生变化,导致输出频率变化。输出频率可直接用数字频率计测量,也可通过鉴频器变换,将频率变为电压,通过电压表测出。

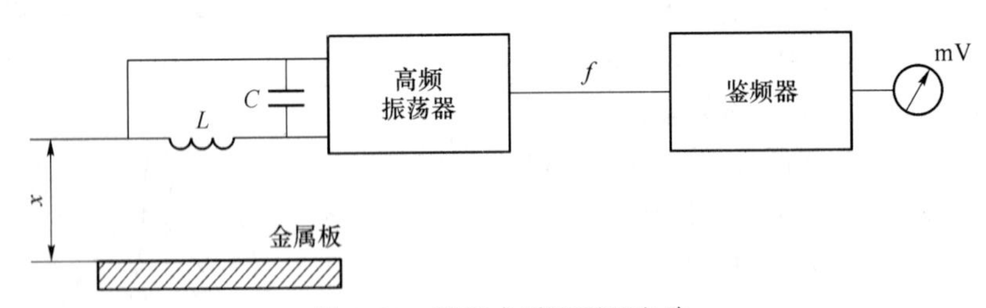

图 3.54　调频式测距原理电路

2. 低频透射式涡流传感器

透射式涡流传感器原理如图 3.55 所示。发射线圈和接收线圈分别置于被测材料 M 的上下方。由振荡器产生的音频激励电压 u 加到 L_1 的两端,线圈流过同频率的交变电流,并在周围产生一个交变磁场。如果两个线圈之间没有被测材料 M,L_1 产生的磁场直接贯穿 L_2,在 L_2 两端产生出一个交变电势 E。

在 L_1 和 L_2 之间放置一个金属板 M 后，L_1 产生的磁力线切割 M(M 可看作是一个短路线圈)，并在其中产生涡流 I，这个涡流损耗了部分磁场的能量，使达到 L_2 的磁力线减少，引起 E 的下降。M 的厚度 t 越大，涡流损耗越大，E 越小。E 的大小间接地反映了 M 的厚度，这就是测厚原理。

理论分析和实践表明，$E \propto e^{-\frac{t}{Q_S}}$，$Q_S \propto \sqrt{\rho/f}$，其中 Q_S 为渗透深度，f 为激励频率，t 为材料厚度，ρ 为材料电阻率。

频率、材料一定，板越厚，接收线圈 E 越小。线圈的感应电势与厚度关系曲线如图 3.56 所示。

板厚、材料一定，频率越高，E 越小。一定材料，不同渗透深度(不同频率)下 E 与 t 的关系如图 3.57 所示。

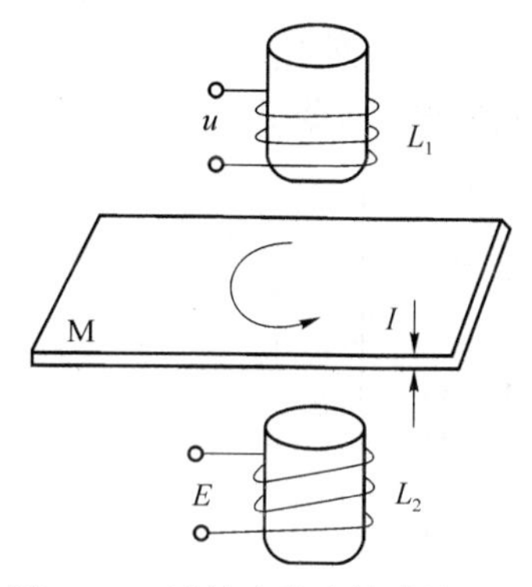

图 3.55　透射式涡流传感器原理

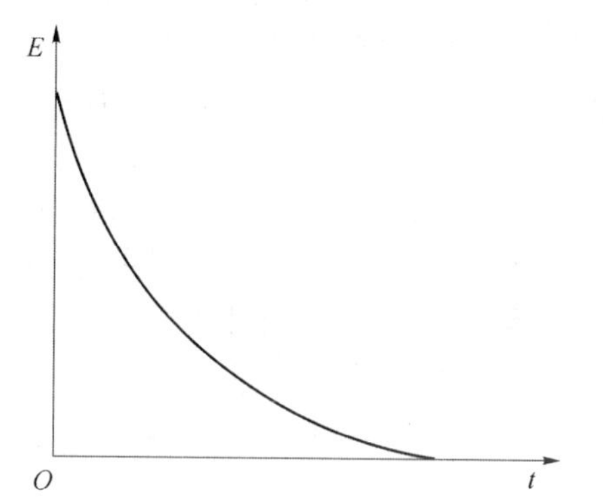

图 3.56　线圈的感应电势与厚度关系曲线

在 t 较小的情况下，较高频率、渗透深度 Q_S 较小的曲线斜率较大；而在 t 较大的情况下，较低频率、渗透深度 Q_S 较大的曲线斜率较大。所以，为了得到较高的灵敏度；测量薄板时应选用较高的频率；而测量厚板时，应选用较低的频率。

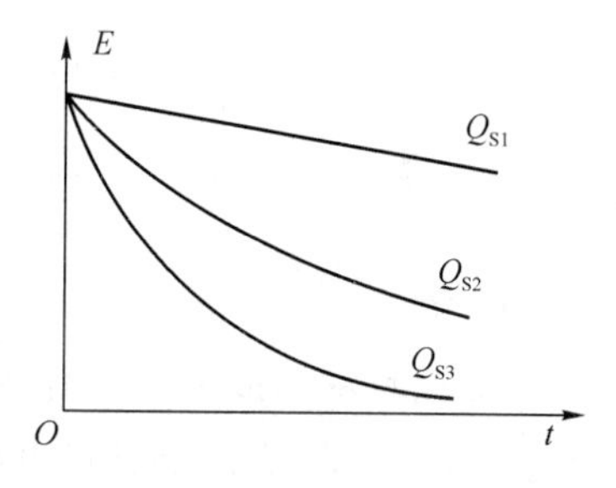

图 3.57　不同渗透深度 E 与 t 的关系

对于一定的频率，当被测材料电阻率不同时，渗透深度也不同，引起 E 与 t 曲线形状的变化。为了测量不同的电阻率 ρ 材料时所得的曲线形状相近，需要在 ρ 变化时相应地改变 f(300 Hz)，即测 ρ 较小的材料(如紫铜)时，选用较低的频率 f；而测 ρ 较大的材料(如黄铜)时，选用较高的 f(2 kHz)，从而保证传感器在测量不同的材料时的线性度和灵敏度。

3. 涡流传感器的应用

(1) 厚度测量

涡流测厚仪原理如图 3.58 所示。在带材的上、下两侧对称地设置两个特性完全相同的涡流传感器 L_1、L_2。L_1、L_2 与被测带材表面之间的距离分别为 x_1 和 x_2，两探头距离为 D，板厚 $d=D-(x_1+x_2)$。涡流传感器 L_1、L_2 对应输出电压为 U_1、U_2，若板厚不变，x_1+x_2 为一定值 $2x_0$，对应输出电压为 $2U_0$。如果板厚变化了 Δt，$x_1+x_2=2x_0\pm\Delta t$，输出电压为 $2U_0\pm\Delta U$，ΔU 表示板厚波动 Δt 后输出电压变化值。如果采用比较电压 $2U_0$，则传感器输出与比较电压相减后得到偏差值 ΔU，仪表可直接读出板厚的变化值。被测板厚为板厚设定值与变化值代数和。

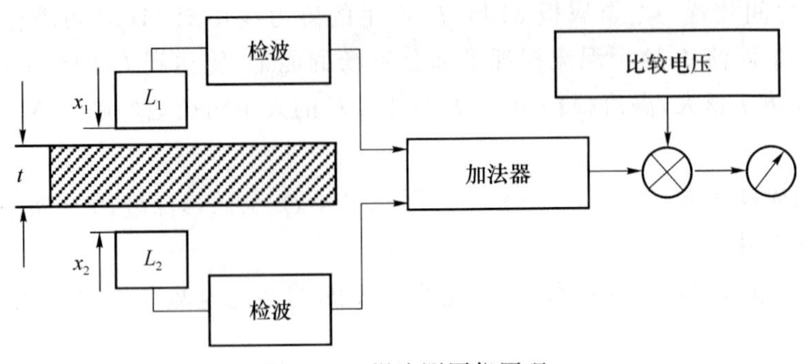

图 3.58　涡流测厚仪原理

也可由图 3.59 微机测厚仪测量板厚。x_1 和 x_2 由涡流传感器测出,经调理电路变为对应的电压值,再经 A/D 转换器变为数字量,送入单片机。单片机分别算出 x_1 和 x_2 的值,然后由公式 $d=D-(x_1+x_2)$ 计算出板厚。D 值由键盘设定,板厚值送显示器显示。

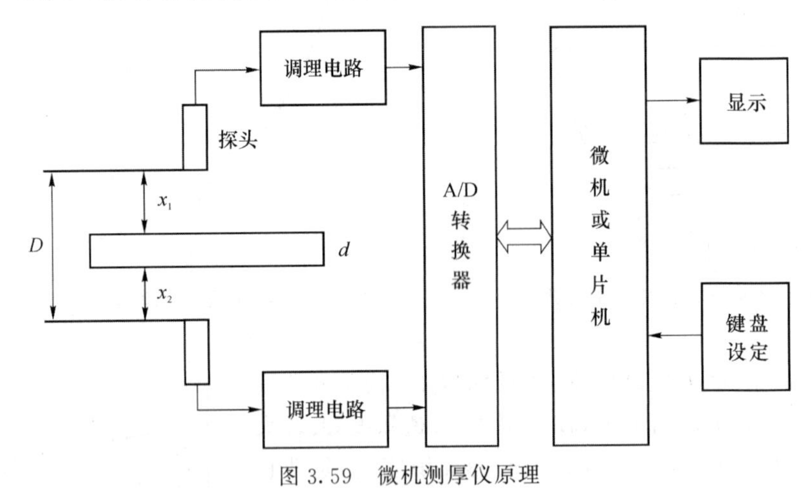

图 3.59　微机测厚仪原理

(2) 转速测量

在软磁材料制成的旋转体上开数条槽或做成齿轮状,在旁边安装电涡流传感器,如图 3.60 所示。当旋转体旋转时,电涡流传感器便周期性地输出电信号,此电压脉冲信号经放大整形,用频率计测出频率,轴的转速与槽数及频率的关系为

$$n=\frac{60f}{N}\ \mathrm{r/min} \tag{3.118}$$

式中,f 为频率值(Hz);N 为旋转体的槽(齿)数;n 为被测轴的转速。

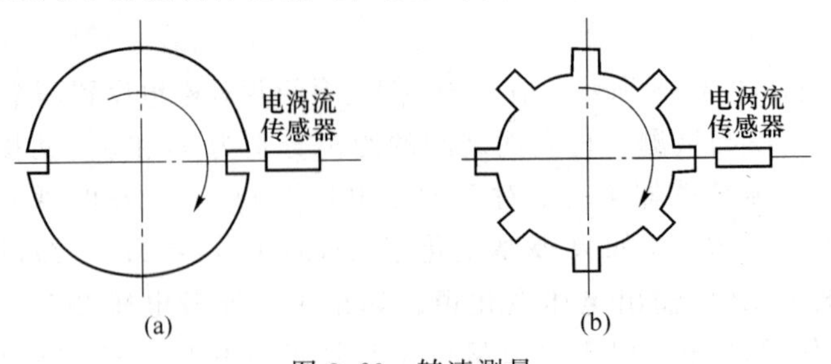

图 3.60　转速测量

在航空发动机等试验中，常需要测得轴的振幅和转速关系曲线，方法是将转速计输出的频率值经过 F/U 转换接入到 x-y 函数记录仪的 x 轴输入端，而把振幅计的输出接入 x-y 函数记录仪的 y 端，利用 x-y 函数记录仪可直接化除转速-振幅曲线。

(3) 涡流风速仪

三杯式涡流风速仪结构原理如图 3.61 所。它的结构是碗式风杯转动轴上固定的金属片圆盘，当风杯受风而转动时，圆盘上的金属片便不断地接近或离开涡流传感器探头中的振荡线圈，造成回路失谐，输出电压下降(磁回路间断短路)。

当金属片未靠近探头时，LC 并联谐振回路阻抗较大，输出电压大。设计经处理后的输出电压 V_0 大于比较器的参考电压 V_R。比较器输出高电平。

当金属片靠近探头时，LC 谐振回路失谐，阻抗下降，输出电压减小，$V_0 < V_R$。比较器输出低电平。

圆盘转动圈数、涡流产生的次数和比较器输出脉冲数均相等，这样就将风速转换为电脉冲信号。如果频率速度转换常数为 K，单位为 $\mathrm{Hz \cdot (m \cdot s)^{-1}}$，风速为 $v = f/K$，单位为 m/s。

将脉冲送入单片机的计数口 T_1、T_0，定时 1 分钟，计 T_1 中的计数值为 N，风速计算公式为

$$v = \frac{N}{60 \times K} \tag{3.119}$$

若想提高分辨能力，可在圆盘上等距放多个金属片，转一圈输出多个脉冲。

风速计算公式

$$v = \frac{N}{60 \times K \times Z} \tag{3.120}$$

式中 Z 为圆盘上放金属片的个数。

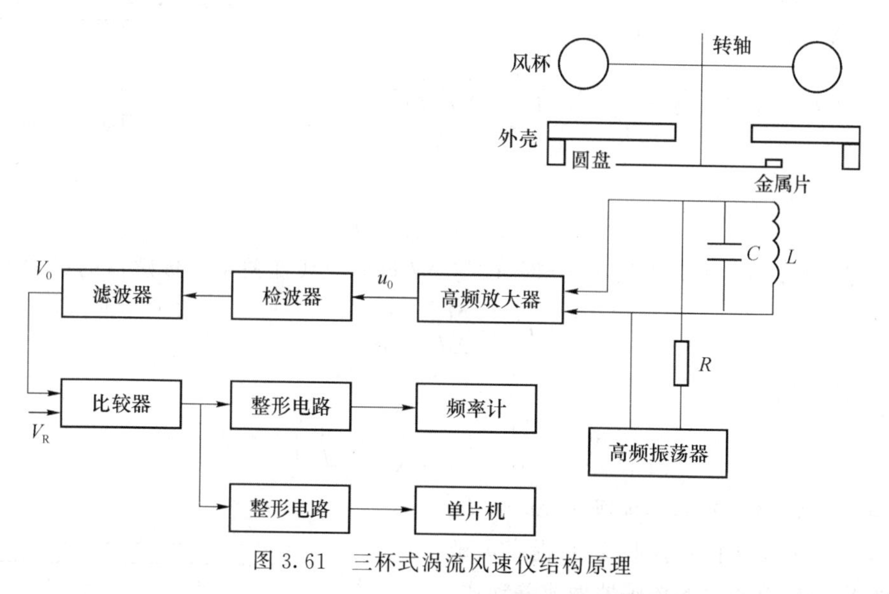

图 3.61　三杯式涡流风速仪结构原理

(4) 涡流探伤

涡流传感器可用于检查金属表面的裂纹、热处理裂纹及焊接部位的探伤等。保持传感器与被测体的距离不变，如有裂纹出现，将引起金属的电阻率、磁导率的变化，在裂纹处这些综合参数(x、ρ、μ)的变化将引起传感器阻抗变化，从而使传感器输出电压发生变化，达到探伤的目的。例如可以用涡流探伤仪检测工件的焊缝质量。

3.3 电容式传感器

电容式传感器是一种将被测非电量的变化转换为电容量变化的传感器。它具有结构简单，体积小，分辨率高，平均效应，测量精度高，可实现非接触测量，并能够在高温、辐射和振动等恶劣条件下工作等一系列优点，广泛应用于压力、位移、加速度、液位、振动及湿度等参量的测量。

3.3.1 电容式传感器结构与工作原理

两块平行平板组成一个电容器，忽略其边缘效应，其电容量为

$$C=\frac{\varepsilon S}{d}=\frac{\varepsilon_r\varepsilon_0 S}{d} \tag{3.121}$$

式中，ε 为电容极板间介质的介电常数；ε_0 为真空介电常数（$\varepsilon_0=8.85\times10^{-12}$ F/m）；ε_r 为极板间的相对介电常数；S 为两平行极板覆盖的面积；d 为两极板之间的距离。

当 S、δ、ε 中任意一个参数变化时，电容 C 发生变化。电容传感器可分为变极距式、变面积式和变介电常数式。

1. 变极距式电容传感器

(1) 简单变极距式电容传感器

简单变极距式电容传感器结构如图 3.62 所示。由定极板和动极板组成的电容器初始电容为 $C_0=\frac{\varepsilon S}{d}$。若电容器动极板因被测量变化上移 Δd，极板间距离由初始值 d 缩小 Δd，电容量增大 ΔC，则有

$$C=\frac{\varepsilon S}{d-\Delta d}=\frac{\varepsilon S}{d}\frac{1}{1-\Delta d/d}=C_0\frac{1+\Delta d/d}{1-(\Delta d/d)^2} \tag{3.122}$$

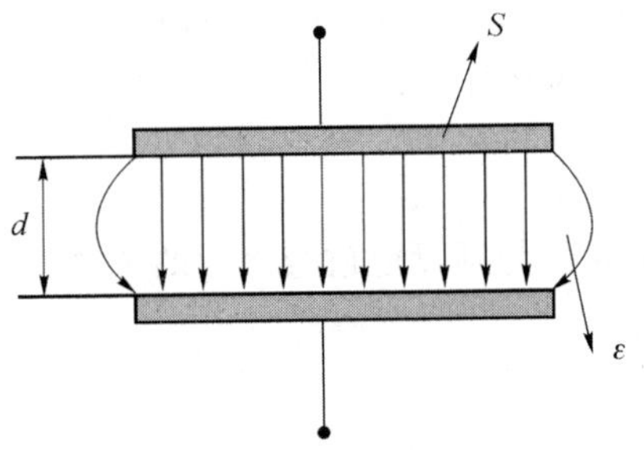

图 3.62 简单变极距式电容传感器结构

若 $\Delta d/d\ll1$

$$C\approx C_0(1+\Delta d/d) \tag{3.123}$$

一般在最大位移小于间距的 1/10 时，C 与 Δd 近似成线性关系。传感器的灵敏度为

$$K=\frac{\Delta C}{\Delta d}=\frac{C_0}{d} \tag{3.124}$$

若以容抗为输出，

$$X_C=\frac{1}{\omega C}=\frac{1}{\omega C_0}\left(1-\frac{\Delta d}{d}\right) \tag{3.125}$$

X_C 与 Δd 成线性关系，不须满足 $\Delta d\ll d$。

在实际应用中，为了减小非线性，提高灵敏度，减少外界干扰，常将电容传感器做成差动式。

(2) 差动变极距式电容传感器

差动变极距式电容传感器结构如图 3.63 所示，相当于两个简单变极距式电容传感器反向串联。

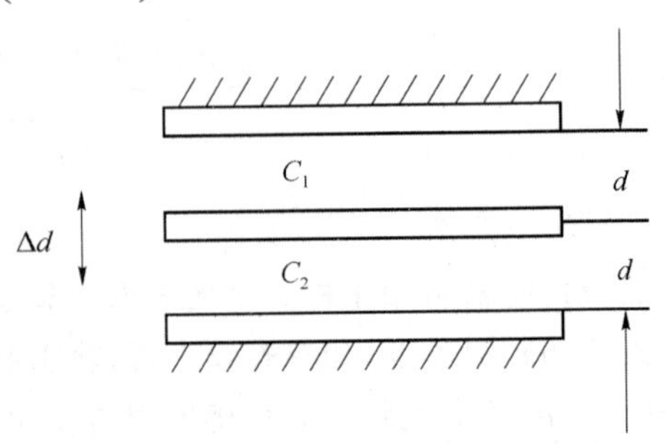

图 3.63 差动变间隙电容传感器结构

设动极板上移 Δd。

$$C_1 = C_0 (1 - \Delta d/d)^{-1} = C_0[1 + \Delta d/d + (\Delta d/d)^2 + \cdots)] \tag{3.126}$$

$$C_2 = C_0 (1 + \Delta d/d)^{-1} = C_0[1 - \Delta d/d + (\Delta d/d)^2 - \cdots)] \tag{3.127}$$

$$\Delta C = C_1 - C_2 = 2C_0 \Delta d/d[1 + (\Delta d/d)^2 + (\Delta d/d)^4 + \cdots] \tag{3.128}$$

$$\Delta C \approx 2C_0 \Delta d/d \tag{3.129}$$

$$K = \frac{\Delta C}{\Delta d} = 2\frac{C_0}{d} \tag{3.130}$$

灵敏度提高了 1 倍。

差动电容传感器非线性误差

$$\delta_L = \left|\frac{2C_0 \frac{\Delta d}{d}\left(\frac{\Delta d}{d}\right)^2}{2C_0 \frac{\Delta d}{d}}\right| \times 100\% = \left|\left(\frac{\Delta d}{d}\right)^2\right| \times 100\% \tag{3.131}$$

单极非线性误差

$$\delta_L = \left|\frac{C_0 \frac{\Delta d}{d}\left(\frac{\Delta d}{d}\right)}{C_0 \frac{\Delta d}{d}}\right| \times 100\% = \left|\left(\frac{\Delta d}{d}\right)\right| \times 100\% \tag{3.132}$$

非线性误差大大减小。

2. 变面积式电容传感器

变面积式电容传感器的特点是测量范围大，输出与输入成线性关系，一般有四种类型，即平板电容器、圆柱形电容器、角位移电容器和容栅式电容器。下面以平板电容器和角位移电容器为例说明其结构和工作原理。变面积式线位移电容传感器原理如图 3.64 所示。

Δx 引起两极板有效面积发生变化，从而引起电容量的变化，电容量变化为

$$\Delta C = C - C_0 = \frac{\varepsilon_0 \varepsilon_r (a - \Delta x) b}{d} - \frac{\varepsilon_0 \varepsilon_r ab}{d} = -\frac{\varepsilon_0 \varepsilon_r b}{d}\Delta x \tag{3.133}$$

灵敏度为

$$k_g = -\Delta C/\Delta x = \frac{\varepsilon b}{d} \tag{3.134}$$

ΔC 与 Δx 成线性关系。

变面积式角位移电容传感器原理如图 3.65 所示。

当 $\theta = 0$ 时

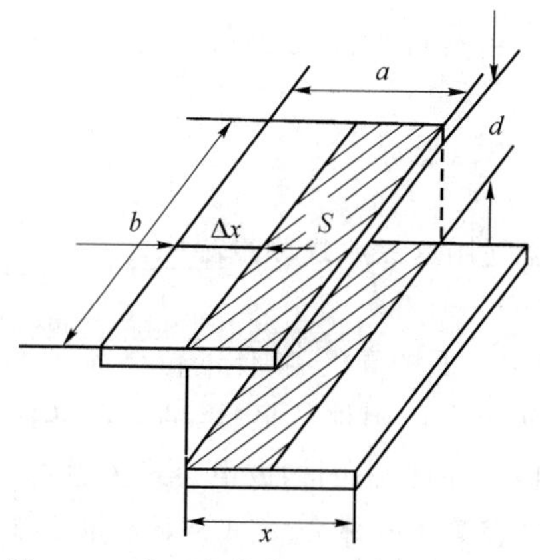

图 3.64　变面积线位移电容传感器原理

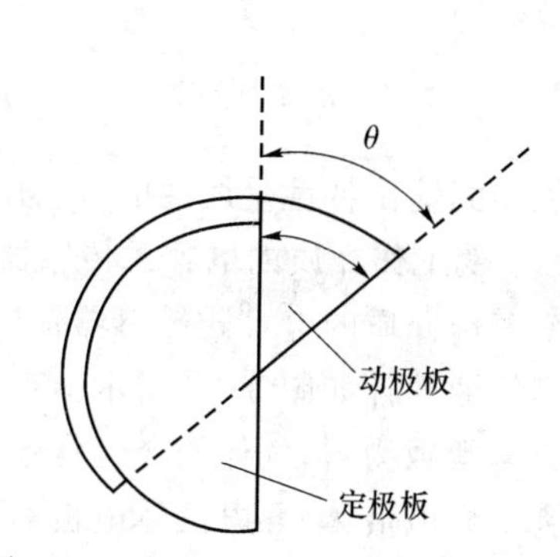

图 3.65　变面积角位移电容传感器原理

$$C_0 = \frac{\varepsilon_0 \varepsilon_r s_0}{d} \tag{3.135}$$

当动极板相对定极板有一个角位移时,即 $\theta \neq 0$ 时

$$C = \frac{\varepsilon_0 \varepsilon_r \left(1 - \frac{\theta}{\pi}\right) S}{d} = C_0 - C_0 \frac{\theta}{\pi} \tag{3.136}$$

电容的变化量为

$$\Delta C = C - C_0 = -C_0 \frac{\theta}{\pi} \tag{3.137}$$

灵敏度为

$$K = \frac{\Delta C}{\theta} = -\frac{C_0}{\pi} \tag{3.138}$$

ΔC 与 θ 成线性关系。

3. 变介电常数式电容传感器

在电容器两个极板之间充以空气以外的其他介质,当介电常数发生变化时,电容量相应变化,构成了变介电常数式电容传感器。

变介电常数式电容传感器的结构较多,其中有利用一些非导电固体的湿度变化、介质自身介电常数变化的电容传感器,可以用来测量粮食、纺织品、木材、煤等物质的湿度。还有物质本身的介电常数并没有变化,但是极板之间的介质成分发生变化,即由一种介质变为两种或两种以上的介质,引起电容变化。利用这一原理可测量位移、液位等,下面予以讨论。

(1) 介质本身介电常数变化的电容传感器

变介电常数式电容传感器如图 3.66 所示。

初始时,电容器电容量为

$$C = \frac{\varepsilon S}{d} = \frac{\varepsilon_r \varepsilon_0 S}{d} \tag{3.139}$$

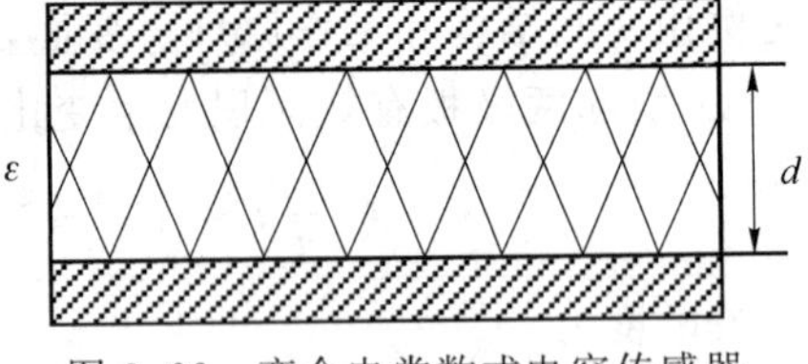

图 3.66 变介电常数式电容传感器

如果介质的介电常数变化 $\varepsilon_r \rightarrow \varepsilon_r + \Delta\varepsilon_r$,则电容量的变化为

$$C + \Delta C = \frac{(\varepsilon_r + \Delta\varepsilon_r)\varepsilon_0 S}{d} = C + \frac{\varepsilon_0 S}{d}\Delta\varepsilon_r \tag{3.140}$$

电容量变化量为

$$\Delta C = \frac{\varepsilon_0 S}{d}\Delta\varepsilon_r \tag{3.141}$$

灵敏度为

$$K_\varepsilon = \frac{\Delta C}{\Delta\varepsilon_r} = \frac{\varepsilon_0 S}{d} \tag{3.142}$$

传感器的输出特性是线性的,高分子薄膜电容器利用这一原理测量湿度。

(2) 改变工作介质的电容式传感器

改变工作介质的电容式传感器常用于检测容器中液面的高度、物体的位移等。

电容式液面计如图 3.67 所示。在液体中放入两个同心圆柱状极板,插入液体深度 h,若液体的介电常数为 ε_1,气体的介电常数为 ε_2,内筒和外筒两极板间构成电容式传感器。设容器中介质为不导电液体(导电液体电极需要绝缘),总电容等于气体介质间的电容量 C_2 和液体介质间的电容量 C_1 之和。(并联)即

$$C = C_1 + C_2 = \frac{2\pi\varepsilon_1 h}{\ln\frac{D}{d}} + \frac{2\pi\varepsilon_2 (H-h)}{\ln\frac{D}{d}}$$

$$= \frac{2\pi\varepsilon_2 H}{\ln\frac{D}{d}} + \frac{2\pi h(\varepsilon_1 - \varepsilon_2)}{\ln\frac{D}{d}} = A + Bh \tag{3.143}$$

式(3.143)表明传感器的电容 C 与液位的高度 h 成线性关系。

变介电常数式电容传感器如图 3.68 所示，它可测量被测介质的插入深度。

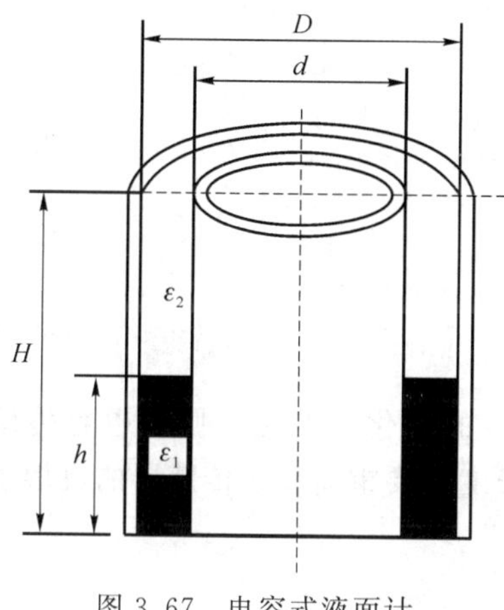

图 3.67　电容式液面计

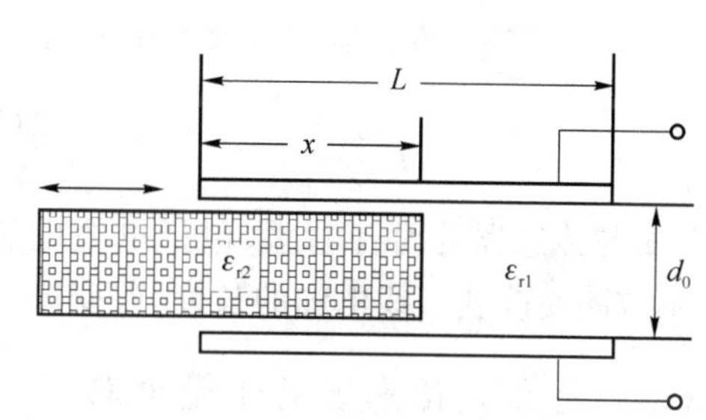

图 3.68　变介电常数式电容传感器

对介电常数为 ε_{r2} 的介质插入电容器中，改变了两种介质的极板覆盖面积，传感器总的电容量为

$$C = C_1 + C_2 = \varepsilon_0 b_0 \frac{\varepsilon_{r1}(L-x) + \varepsilon_{r2} x}{d_0} \tag{3.144}$$

当 $x=0$ 时，传感器的初始电容为

$$C_0 = \frac{\varepsilon_0 \varepsilon_{r1} L b_0}{d_0} \tag{3.145}$$

当被测电介质进入极板间 x 深度后，引起电容相对变化量为

$$\frac{\Delta C}{C_0} = \frac{C - C_0}{C_0} = \frac{(\varepsilon_{r2}/\varepsilon_{r1} - 1)x}{L} \tag{3.146}$$

电容的变化量与介质的插入深度 x 成正比。

3.3.2　电容式传感器的等效电路

在大多数情况下，电容式传感器的使用环境温度不高、湿度不大，可用一个纯电容代表。

如果考虑温度、湿度和电源频率等外界因素的影响，电容传感器就不是一个纯电容，有引线电感和分布电容等。电容式传感器等效电路如图 3.69所示，C 为传感器电容，包括寄生电容；R 为引线电阻、极板电阻和金属支架电阻；L 为引线电感和电容器电感之和；R_P 为极板间的等效损耗电阻。

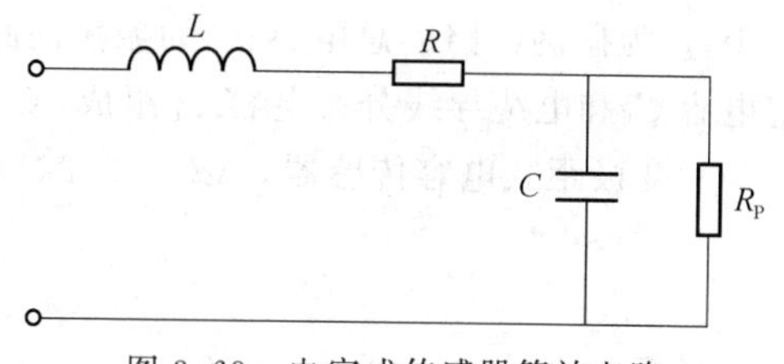

图 3.69　电容式传感器等效电路

高频激励,在忽略 R 和 R_P 的前提下,传感器的有效电容 C 可表示为

$$\frac{1}{j\omega C_e} = j\omega L + \frac{1}{j\omega C} \tag{3.147}$$

$$C_e = \frac{C}{1-\omega^2 LC} \tag{3.148}$$

被测量变化,等效电容增量为

$$\Delta C_e = \frac{\Delta C}{(1-\omega^2 LC)^2} \tag{3.149}$$

等效电容的相对变化量 $\frac{\Delta C_e}{C_e}$ 为

$$\frac{\Delta C_e}{C_e} = \frac{1}{(1-\omega^2 LC)^2} \times \frac{\Delta C}{C} \tag{3.150}$$

由 $k_c = \frac{\Delta C}{\Delta d}$,传感器的等效灵敏度为

$$k_e = \frac{\Delta C_e}{\Delta d} = \frac{k_c}{1-\omega^2 LC} \tag{3.151}$$

式中 k_e 与传感器的固有电感(包括电缆电感)有关,且随 ω 的变化而变化。使用电容传感器时,不宜随便改变引线电缆的长度,改变激励频率或电缆长度都要重新校正传感器的灵敏度。

3.3.3 电容式传感器的测量电路

电容传感器输出电容值十分微小(在十几 pF),须借助于测量电路检测出这一微小的电容变化量,并将其转换为与之有确定关系的电压、电流或频率值才能进一步显示、传输和处理。测量电路种类较多,常用的有调频电路、运算放大器电路、双 T 型电桥电路和差动脉宽调制电路。

1. 调频电路

将电容式传感器作为振荡器谐振电路的一部分,当被测量发生变化使电容变化时,振荡频率产生变化。由于振荡器的频率受电容的调制,所以该电路被称为调频电路。直放式调频电路原理如图 3.70 所示。

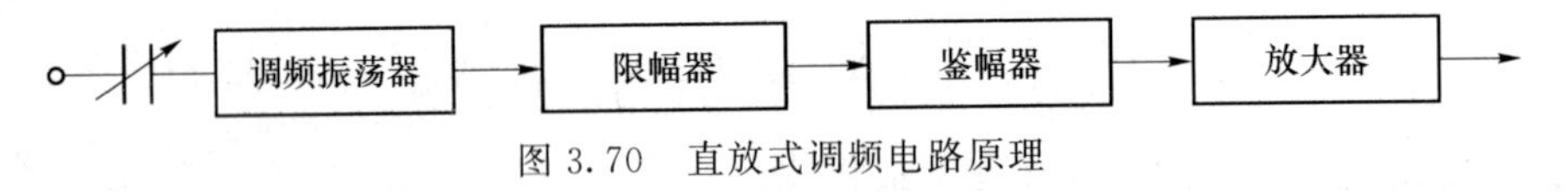

图 3.70 直放式调频电路原理

振荡器的频率由式(3.152)决定。

$$f = \frac{1}{2\pi\sqrt{LC}} \tag{3.152}$$

式中,L 为振荡回路的总电感;C 为振荡回路的总电容。C 由传感器自身电容 C_0、谐振回路固定电容 C_1 和电缆导线分布电容 C_C 组成,$C = C_0 + C_C + C_1$。

对变极距式电容传感器,$\Delta d = 0$,$\Delta C = 0$,振荡频率为一常数,有

$$f_0 = \frac{1}{2\pi\sqrt{L(C_1 + C_C + C_0)}} \tag{3.153}$$

极距变化,$\Delta d \neq 0$,$\Delta C \neq 0$

$$f_0 \mp \Delta f = \frac{1}{2\pi \sqrt{L(C_1 + C_C + C_0 \pm \Delta C)}} \tag{3.154}$$

振荡器输出是一个频率受到被测信号调制的高频波，此信号经过限幅放大、鉴频输出电压。由于频差较小，输出电压变化较小，不宜测量，实际使用中常采用外差式调频电路测量。

外差式调频电路原理如图 3.71 所示。接有电容器的外接振荡器输出与本机振荡器输出联合输入混频器，混频后得到中频信号输出。当 $\Delta d = 0, \Delta C = 0$ 时，

$$f_d = f_0 - f_l = 465 \text{ kHz} \tag{3.155}$$

当 C_0 变化到 $C_0 \pm \Delta C$，外接振荡器的频率变为 $f_0 \to f_0 \mp \Delta f$ 时，

$$f_d = f_0 \mp \Delta f - f_l = 465 \mp \Delta f \text{ kHz} \tag{3.156}$$

混频后，输出为受到被测信号调制的中频调频波。混频器的作用有两个：一是经过差频后可消除温度等因素造成的频率漂移现象；二是降低载波频率，增大频偏，为提高鉴频器的灵敏度创造条件。

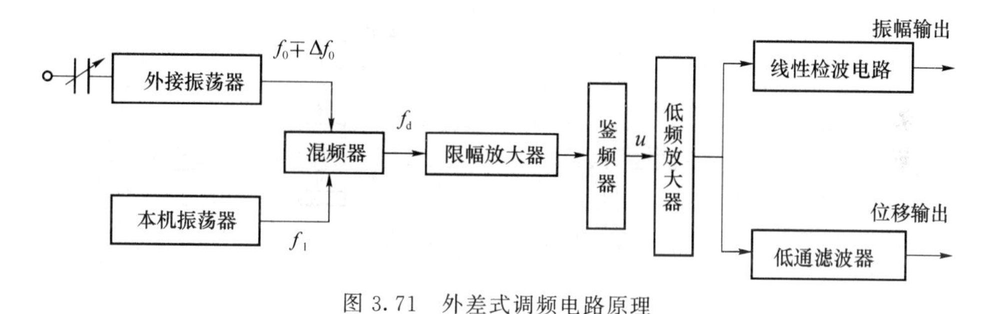

图 3.71　外差式调频电路原理

2. **运算放大器电路**

特点：能克服变极距式电容传感器的非线性。C_x是传感器电容，C 是固定电容，u_0是输出电压信号。运算放大器可视为理想的反相比例放大器，如图 3.72 所示。

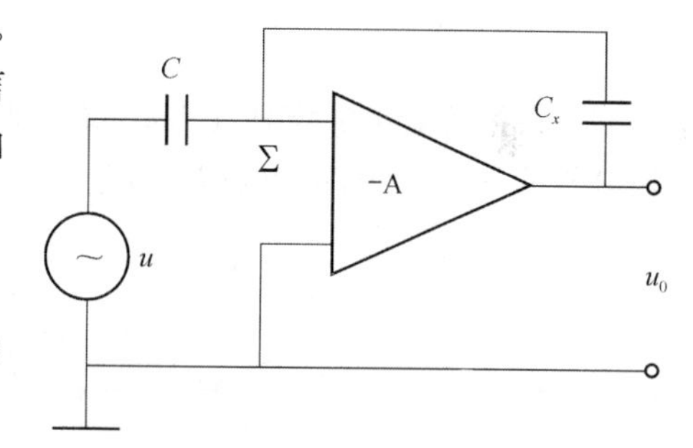

图 3.72　运算放大器电路

输出电压为

$$u_0 = -\frac{1/(\mathrm{j}\omega C_x)}{1/(\mathrm{j}\omega C)} u = -\frac{C}{C_x} u \tag{3.157}$$

由 $C_x = \varepsilon S/d$ 得

$$u_0 = -\frac{uC}{\varepsilon S} d \tag{3.158}$$

为了保证测量准确度，要求电源电压及固定电容应稳定。

3. **二极管双 T 型电桥电路**

方法一：二端口网络法

双 T 型电桥电路如图 3.73 所示，实现 $U_0 = \dfrac{RR_L(R + 2R_L)}{(R + R_L)^2} U_E f(C_1 - C_2)$。

电路要求电源为对称方波高频电源，幅值为 U_E。C_1、C_2 为差动电容传感器两个电容。$R_1 = R_2 = R$，VD_1 和 VD_2 为特性一致的二极管。

正负半周等效电路如图 3.74 所示。

在图 3.74(a)的正半周等效电路中，电源为正半周，二极管 VD_1 导通，VD_2 截止，C_1 瞬间充

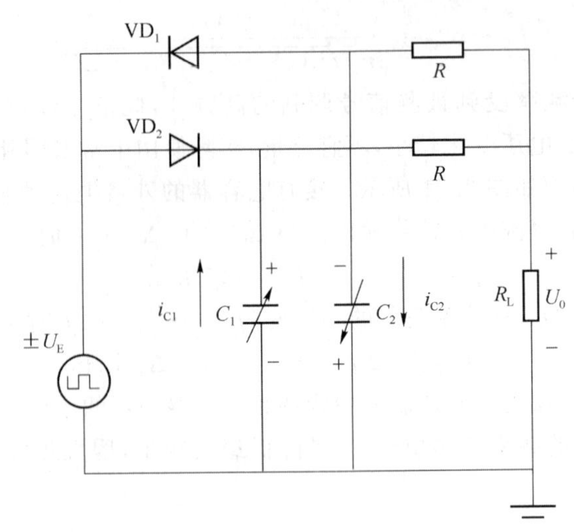

图 3.73　双 T 型电桥电路

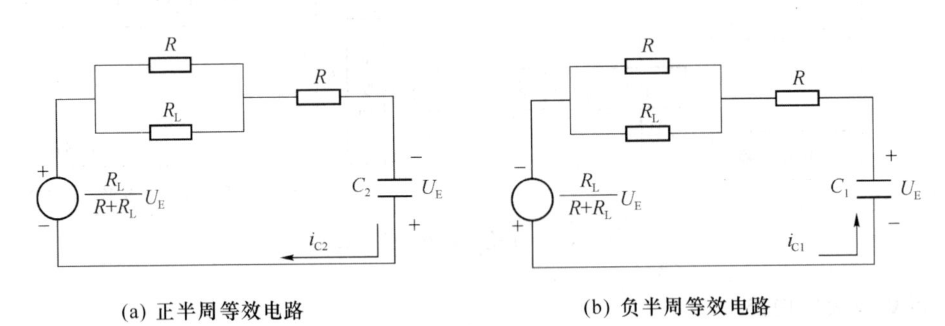

图 3.74　正负半周等效电路

电至 U_E,根据等效电源定理,C_2的二端口网络电路等效成一阶动态电路。根据一阶动态电路时域分析的三要素法,可得到 R_L的电压为

$$u_L(t) = u_L(\infty) + [u_L(0) - u_L(\infty)]e^{-\frac{t}{\tau_1}}$$

$$u_L(t) = \frac{U_E + \frac{R_L}{R+R_L}U_E}{R + \frac{RR_L}{R+R_L}} \times \frac{RR_L}{R+R_L} \times e^{-\frac{t}{\tau_1}} \tag{3.159}$$

式中 $\frac{R_L}{R+R_L}U_E$ 为 C_2二端口开路电压,$\tau_1 = (R + \frac{RR_L}{R+R_L})C_2 = \frac{R(R+2R_L)}{R+R_L}C_2$。

同理,在图 3.74(b)的负半周等效电路中,U_E上负下正,VD$_1$截止,VD$_2$导涌,电容 C_2瞬间充电到 U_E,根据等效电源定理,C_1的二端口网络电路等效成一阶动态电路。同样的分析方法得到 R_L的电压为

$$u'_L(t) = u'_L(\infty) + [u'_L(0) - u'_L(\infty)]e^{-\frac{t}{\tau_2}}$$

$$u'_L(t) = \frac{U_E + \frac{R_L}{R+R_L}U_E}{R + \frac{RR_L}{R+R_L}} \times \frac{RR_L}{R+R_L} \times e^{-\frac{t}{\tau_2}} \tag{3.160}$$

故在负载 R_L上得到平均电压为

$$\dot{U}_L = \frac{1}{T}\int_0^{\frac{T}{2}} [u_L(t) - u'_L(t)]\mathrm{d}t = \frac{RR_L(R+2R_L)}{(R+R_L)} fU_E(C_1 - C_2) \tag{3.161}$$

方法二:暂态响应法

双梯形电桥电路及其正负半周等效电路如图 3.75 所示。利用三要素暂态响应分析方法,正半周负载电阻上电压为

$$u_L(t) = u_L(\infty) + [u_L(0) - u_L(\infty)]\mathrm{e}^{-\frac{t}{\tau_1}}$$

$$u_L(t) = \frac{R_L}{R+R_L} U_E(1 - \mathrm{e}^{-\frac{t}{\tau_1}}) \tag{3.162}$$

负半周负载电阻上电压为

$$u'_L(t) = u'_L(\infty) + [u'_L(0) - u'_L(\infty)]\mathrm{e}^{-\frac{t}{\tau_2}}$$

$$u'_L(t) = \frac{R_L}{R+R_L} U_E(1 - \mathrm{e}^{-\frac{t}{\tau_2}}) \tag{3.163}$$

式中时间常数 $\tau_1 = \frac{R(R+2R_L)}{R+R_L}C_2$,$\tau_2 = \frac{R(R+2R_L)}{R+R_L}C_1$。

负载电阻上电压平均值为

$$\dot{U}_L = \frac{1}{T}\int_0^{\frac{T}{2}} [u'_L(t) - u_L(t)]\mathrm{d}t = \frac{RR_L(R+2R_L)}{(R+R_L)} fU_E(C_1 - C_2) \tag{3.164}$$

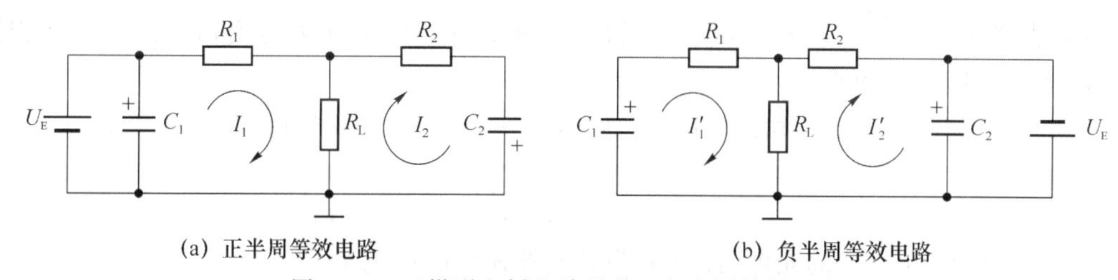

图 3.75　双梯形电桥电路及其正负半周等效电路

当电压频率、幅值和电路参数一定的情况下,输出电压值与电容的差值成正比。电路的特点是:线路简单,器件可全部安装在探头内,大大缩短了电容引线,减小了寄生电容的影响;二极管工作在高电平下,非线性失真小。电路用于动态测量,要求方波电源、差动电容 C_1、C_2 和负载电阻 R_L 一点接地。

4. 脉冲宽度调制电路

脉冲宽度调制电路如图 3.76 所示。C_1、C_2 为传感器的两个差动电容,电路由两个电压比较器 IC1、IC2,一个双稳态触发器和两个充放电回路 R_1、C_1 和 R_2、C_2 组成。直流参考电压 U_r 加在比较器的反相输入端,双稳态触发器的两个输出端由比较器控制,比较器翻转由差动电容充放电回路控制,差动电容充放电回路由触发器控制。差动电容传感器、双稳态触发器、比较器及低通滤波器有机配合,实现

$$U_0 = \frac{C_1 - C_2}{C_1 + C_2} U_1 \tag{3.165}$$

接通电源后,设触发器(如 RS 触发器)Q 端(A 点)为高电平,$\overline{Q}$ 端(B 点)为低电平。差动电容传感器上电压 $U_F = U_G = 0$。触发器 Q 端输出电压 U_1 通过 R_1 对 C_1 充电。F 点电位逐渐增大。当 $U_F \geqslant U_r$ 时,比较器 IC1 翻转,(如 RS 触发器的 $R_d = 1$,$S_d = 0$),双稳态触发器复位。Q 端为低电平,$\overline{Q}$ 端为高电平。电容 C_1 通过二极管 VD_1 快速放电至零,$\overline{Q}$ 端输出电压 U_1 通过

R_2对C_2充电。G点电位逐渐增大。当$U_G \geqslant U_r$时,比较器 IC2 翻转,(如 RS 触发器$S_d=1$,$R_d=0$),双稳态触发器置位。Q 端又为高电平,$\overline{Q}$端为低电平。周而复始,循环上述过程,在 A、B 两点分别输出宽度受C_1、C_2调制的矩形脉冲,矩形脉冲经低通滤波器得到其平均电压U_0。

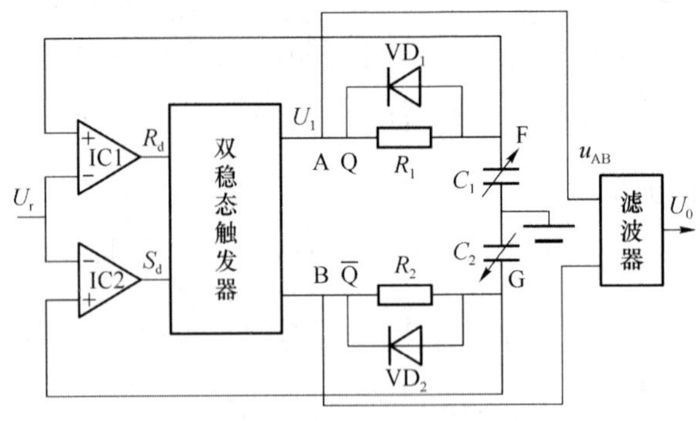

图 3.76 脉冲宽度调制电路

脉冲宽度调制电路电压波形如图 3.77 所示,在图 3.77(a)中,当$C_1=C_2$时,Q 端与$\overline{Q}$端电平脉冲宽度相等,输出电压的平均值为零。在图 3.77(b)中,当$C_1 \neq C_2$时,C_1、C_2的充电时间常数发生变化,设$C_1>C_2$($\tau_1>\tau_2$),C_1的充电速度小于C_2的充电速度,u_A高电平持续时间大于u_B的高电平持续时间。

由图 3.77 的电压波形可知,经过低通滤波器后输出电压的平均值为

$$U_0=\frac{T_1}{T_1+T_2}U_1-\frac{T_2}{T_1+T_2}U_1=\frac{T_1-T_2}{T_1+T_2}U_1 \tag{3.166}$$

式中,T_1、T_2分别为C_1、C_2的充电时间;U_1为触发器输出的高电平。

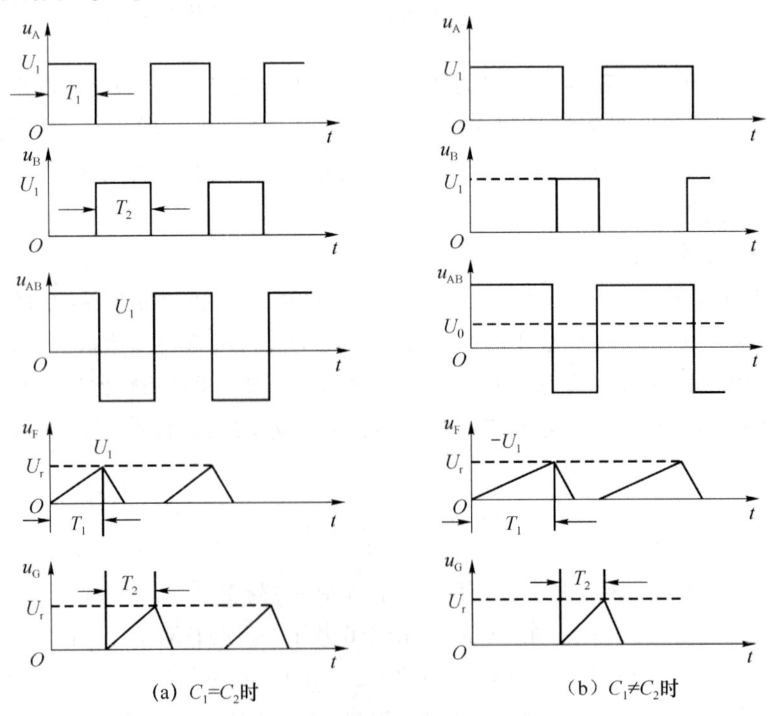

(a) $C_1=C_2$时　　(b) $C_1\neq C_2$时

图 3.77 脉冲宽度调制电路电压波形

C_1充电时，电路为零状态响应。F 点的电压为

$$u_F = U_1(1 - e^{-\frac{t}{R_1C_1}}) \tag{3.167}$$

经过 T_1时间 F 点的电位增加到 U_r，此时有

$$U_r = U_1(1 - e^{-\frac{T_1}{R_1C_1}}) \tag{3.168}$$

经过整理得

$$T_1 = R_1C_1\ln\frac{U_1}{U_1 - U_r} \tag{3.169}$$

同理

$$T_2 = R_2C_2\ln\frac{U_1}{U_1 - U_r} \tag{3.170}$$

将式(3.169)和式(3.170)带入式(3.166)中得

$$U_0 = \frac{C_1 - C_2}{C_1 + C_2}U_1 \tag{3.171}$$

输出电压与传感器电容的差值成正比。

对变极距传感器

$$C_1 = \frac{\varepsilon S}{d - \Delta d},\quad C_2 = \frac{\varepsilon S}{d + \Delta d} \tag{3.172}$$

则

$$U_0 = \frac{C_1 - C_2}{C_1 + C_2}U_1 = \frac{\Delta d}{d}U_1 \tag{3.173}$$

输出电压与极距变化成正比。

对变面积电容传感器

$$C_1 = \frac{\varepsilon(S + \Delta S)}{d},\quad C_2 = \frac{\varepsilon(S - \Delta S)}{d} \tag{3.174}$$

$$U_0 = \frac{C_1 - C_2}{C_1 + C_2}U_1 = \frac{\Delta S}{S}U_1 \tag{3.175}$$

输出电压与面积变化成正比。

脉冲宽度调制电路的特点是它适用于变极板距离以及变面积式差动式电容传感器，并具有线性特性；转换效率高，直流供电，经过低通滤波器就有较大的直流输出，且调宽频率的变化对输出没有影响。

3.3.4　电容式传感器的应用

1. 电容式差压传感器

电容式差压传感器如图 3.78 所示。

金属膜片为动极板，镀金凹型玻璃圆片为定极板。当被测压力通过过滤器及导压介质进入压力腔时，压力差使膜片变形产生位移，该位移使两个电容器电容一增一减。电容量的变化经过测量电路转换成与压力差相对应的电流或电压的变化输出。具体地，当 $P_1 > P_2$ 时，差动电容的值为

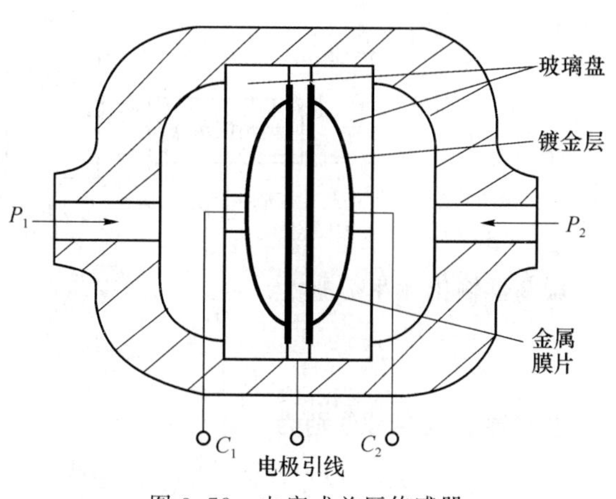

图 3.78　电容式差压传感器

$$C_1 = \frac{\varepsilon S}{d + \Delta d} = C_0 - \Delta C \tag{3.176}$$

$$C_2 = \frac{\varepsilon S}{d - \Delta d} = C_0 + \Delta C \tag{3.177}$$

位移量与压差成正比

$$\Delta d = k_1 \Delta P \tag{3.178}$$

由此可得

$$\frac{C_2 - C_1}{C_1 + C_2} = \frac{\Delta d}{d} = \frac{k_1}{d}\Delta P = k\Delta P \tag{3.179}$$

传感器配以脉宽调制电路可将差压值转换为电压输出,即

$$U_0 = \frac{C_2 - C_1}{C_1 + C_2}U_1 = \frac{\Delta d}{d}U_1 = \frac{k_1}{d}U_1\Delta P \tag{3.180}$$

电容式差压传感器结构简单,灵敏度高,响应速度快(约100 ms),能测量微小压差(0~0.73 Pa)和绝对压力。

2. 差动式电容测厚传感器

差动式电容测厚传感器结构如图3.79所示。传感器上下两个极板与金属板上下表面间构成电容传感器。

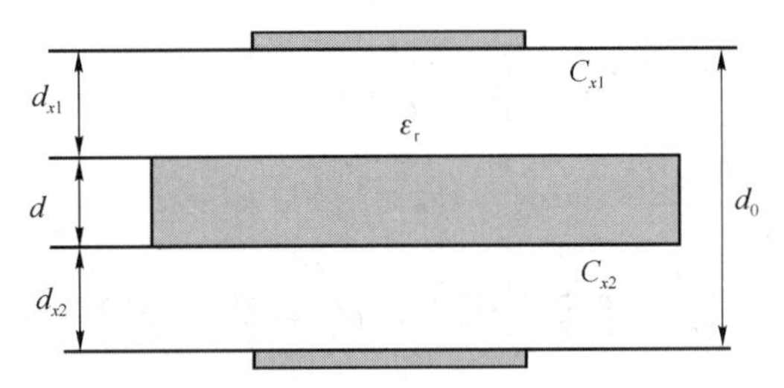

图3.79 差动式电容测厚传感器结构

将电容传感器 C_{x1} 和 C_{x2} 分别接于两个调频振荡器中,调频差动电容式测厚传感器原理如图3.80所示。

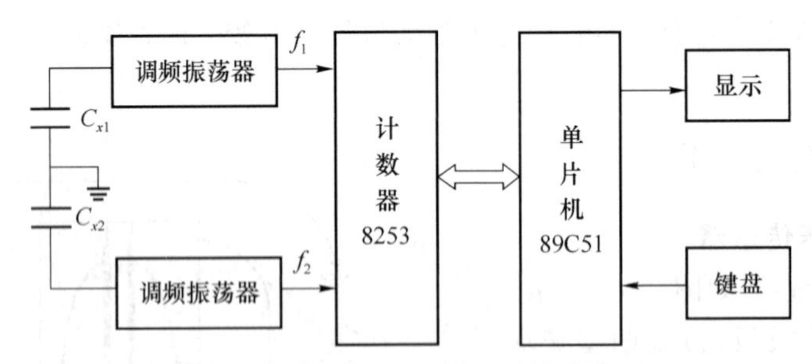

图3.80 调频差动电容式测厚传感器原理

振荡器输出频率分别为

$$f_1 = \frac{1}{2\pi[L(C_{x1} + C_0)]^{\frac{1}{2}}}, \quad f_2 = \frac{1}{2\pi[L(C_{x2} + C_0)]^{\frac{1}{2}}} \tag{3.181}$$

电容器的电容量分别为

$$C_{x1} = \frac{\varepsilon_r A}{d_{x1}}, \quad C_{x2} = \frac{\varepsilon_r A}{d_{x2}} \tag{3.182}$$

将式(3.182)代入式(3.181)得

$$d_{x1}=\frac{4\pi^2\varepsilon_r ALf_1^2}{1-4\pi^2LC_0f_1^2},\quad d_{x2}=\frac{4\pi^2\varepsilon_r ALf_2^2}{1-4\pi^2LC_0f_2^2} \tag{3.183}$$

f_1,f_2送计数器 8253 的计数口,单片机定时 1 秒取 8253 计数器中的计数值,即为 f_1,f_2。由式(3.183)计算得 d_{x1},d_{x2}。

由式 $\delta=d_0-(d_{x1}+d_{x2})$ 计算板厚。

采用电容传感器也可检测加速度、湿度、料位等参数。

思考题与习题

1. 什么叫金属丝的电阻应变效应？怎样利用这种应变效应制成应变片？

2. 什么叫半导体的压阻效应？怎样利用这种应变效应制成半导体应变片？

3. 金属电阻应变片与半导体应变片的工作原理有何区别？各自有何优、缺点？

4. 什么是电阻应变片的横向效应？为什么箔式应变片能减小或消除横向效应？

5. 等截面悬臂梁测力电阻应变传感器,应变片的灵敏系数 $K=2$,未受应变时,应变片的阻值为 120 Ω,当试件受力 F 作用时,应变片的平均应变 $\varepsilon=1\ 000\ \mu m/m$,求：

(1) 如果放一个应变片,应变片的电阻变化量 ΔR 和电阻相对变化量 $\Delta R/R$；

(2) 若在悬臂梁上放置 4 片应变片,组成全臂桥电路,画出传感器布片图,画出对应的电桥电路；

(3) 若电桥的电源电压为 3 V,求电桥的输出电压。

6. 工业用铂电阻测温,为何采用三线制或四线制测温？

7. 简述热敏电阻的温度补偿原理。

8. 简述光敏电阻的工作原理,说明为何光敏电阻不宜做检测元件？

9. 比较自感式传感器与差动变压器的相同点和不同点。

10. 何谓差动变压器的零点残余电压,如何消除它？

11. 高频反射式电涡流传感器测距工作原理是什么？低频透射式涡流传感器测量板厚的工作原理是什么？

12. 试推导差动自感传感器灵敏度,说明它的优点。

13. 根据差动变压器等效电路,推导输出电压表达式。

14. 说明如何选择差动变压器激励电压的频率？

15. 电容式传感器有哪几类,推导出电容变化后的输出公式及灵敏度。

16. 如何改变单极距式电容传感器的非线性？

17. $C_1=C_2=60$ pF,初始极距为 $d=4$ mm,动极板位移 $\Delta d=0.4$ mm,试计算其非线性误差。将差动电容变为单极电容,初始值不变,其非线性误差为多大？

18. 一变面积式平板线位移电容传感器,两极板覆盖的宽度为 4 mm,两极板的间距为 0.3 mm,极板间的介质为空气,试求其静态灵敏度。若极板相对移动 2 mm。求电容变化量？

19. 圆筒电容传感器内筒直径为 d,外筒直径为 D,筒高为 H,内外筒之间气体介电常数为 ε。试证明圆筒电容器电容量为 $C=\dfrac{2\pi\varepsilon H}{\ln\dfrac{D}{d}}$。

第4章　电能量检测装置

电能量检测装置，简称电量检测装置，属于能量变换型传感器，可以在无须外加电源的情况下将被测参量转换为检测装置的输出信号。在这类检测装置中，输出端的电信号能量由被测对象或被测参量中的能量转换而来，将被测的非电量能量转换为电能量输出，一般为电压信号或电流信号。例如热电偶、光电池、压电传感器、磁电传感器等都属于这种类型的传感器。一般来说这类检测装置的输出信号比较弱，需要根据用途采用转换电路将其电能量信号进行放大输出。

4.1　热电偶传感器

热电偶传感器是一种将温度的变化转换为电势变化的传感器，在冶金、电力、石油、化工等工业生产中具有广泛的应用。它的优点是结构简单，动态性能好，测温范围广（－200～2 000 ℃），输出信号便于传输和处理。热电偶有多种规格和型号，可根据精度、测量范围等不同要求选用。

4.1.1　热电偶测温原理

热电偶的工作机理是建立在导体的热电效应上的。将两种不同的金属A和B构成一个闭合回路，当两个接点温度不同时（$T>T_0$），回路中会产生热电势$E_{AB}(T,T_0)$，这种现象被称为热电效应，如图4.1所示。其中，T端为热端（工作端），T_0端为冷端（自由端），A、B为热电极，热电势$E_{AB}(T,T_0)$的大小由两种材料的接触电势和单一材料的温差电势决定。

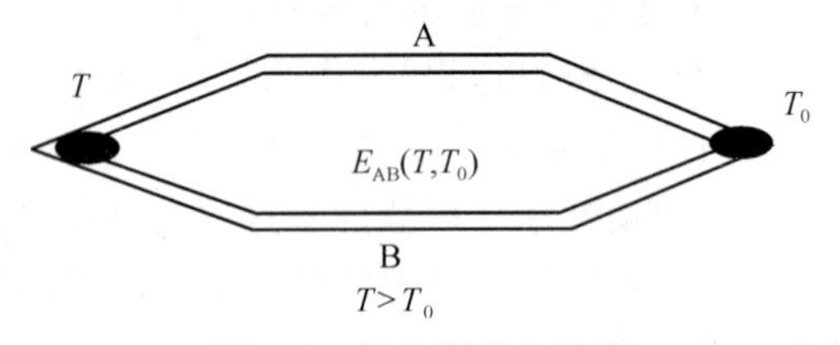

图4.1　热电偶热电效应

1. 接触电势（帕尔帖电势）

热电偶的接触电势如图4.2所示。当两种不同的导体紧密接触时，由于其内部的自由电子密度不同，设$N_A>N_B$，在单位时间内由导体A扩散到导体B的自由电子数要比由导体B扩散到导体A的电子数多。导体A因失去电子带有正电，导体B因得到电子带有负电，这样在A、B接触处形成一定的电位差，被称为接触电势（帕尔帖电势）。这个电势将阻碍电子的进一步扩散，当电子扩散能力与电场的阻力平衡时，接触处的电子扩散达到了动态平衡，接触电势达到一个稳态值。

其大小可表示为

$$e_{AB}(T)=\frac{KT}{e}\ln\frac{N_{AT}}{N_{BT}},\quad e_{AB}(T_0)=\frac{KT_0}{e}\ln\frac{N_{A0}}{N_{B0}} \tag{4.1}$$

式中，N_{AT}、N_{BT}分别为电极A、B的自由电子密度；K为玻耳兹曼常数，$K=1.381\times10^{-23}$ J/K；

e 为电子电荷量，$e=1.602\times10^{-19}$ C；T 与 T_0 为接点的绝对温度(K)。

接触电势的大小与两导体材料的性质及接触点的温度有关。

2. 温差电势

热电偶的温差电势如图 4.3 所示。温差电势是由同一导体的两端因其温度不同而产生的一种热电势。设均质导体 A，$T>T_0$，两端的温度不同，电子能量就不同。高温端的电子能量大，电子从高温端向低温端扩散的数量多，最后达到动态平衡。在导体 A 两端形成一定的电位差，即温差电势(汤姆逊电势)。

其大小为

$$e_A(T,T_0)=\int_{T_0}^{T}\sigma_A\mathrm{d}T,\quad e_B(T,T_0)=\int_{T_0}^{T}\sigma_B\mathrm{d}T \tag{4.2}$$

式中 σ_A、σ_B 为汤姆逊系数(μV/℃)。

温差电势与 A、B 两种材料的性质及两点的温度有关。

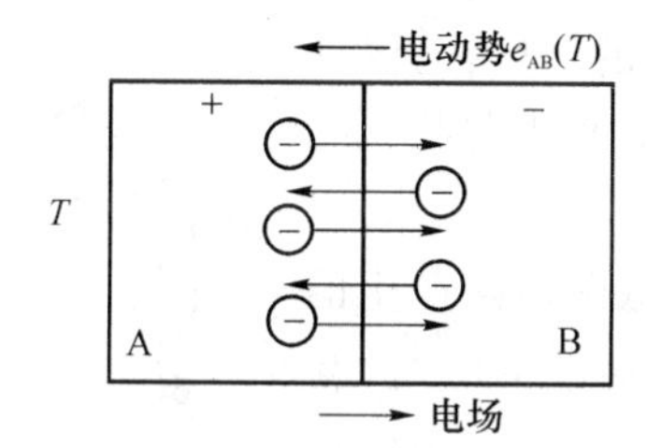

图 4.2　热电偶的接触电势

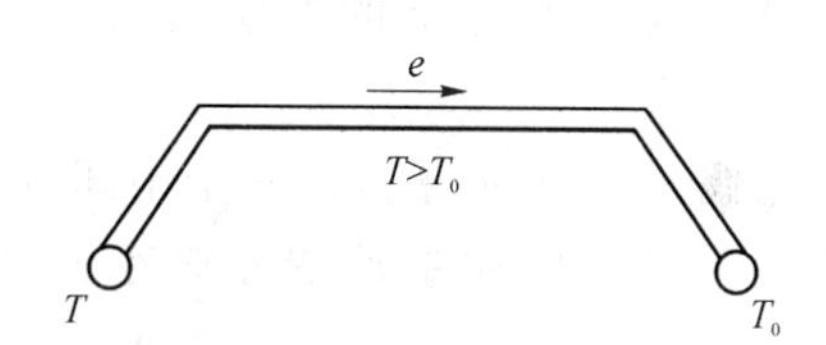

图 4.3　热电偶的温差电势

3. 热电偶回路的热电势

热电偶回路电势分布如图 4.4 所示。可以看出，回路的热电势由两个接触电势 $e_{AB}(T)$ 和 $e_{AB}(T_0)$，两个温差电势 $e_A(T,T_0)$ 和 $e_B(T,T_0)$ 组成。

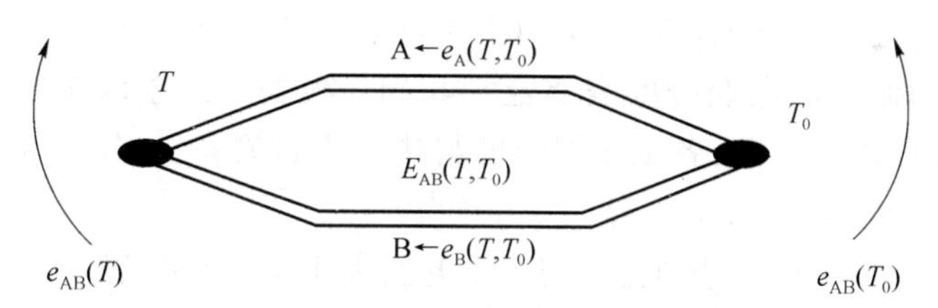

图 4.4　热电偶回路电势分布

按顺时针写出热电偶回路的热电势。

$$\begin{aligned}E_{AB}(T,T_0)&=[e_{AB}(T)-e_{AB}(T_0)]-[e_A(T,T_0)-e_B(T,T_0)]\\&=\frac{KT}{e}\ln\frac{N_A}{N_B}-\frac{KT_0}{e}\ln\frac{N_{A0}}{N_{B0}}-\int_{T_0}^{T}(\sigma_A-\sigma_B)\mathrm{d}T\end{aligned} \tag{4.3}$$

由式(4.3)可以看出：A、B 两个电极材料相同，回路热电势为零；热电偶两个接点的温度相同，回路的热电势为零。

热电偶的热电势只与两导体的材料和两接点的温度有关，当材料确定后，回路的热电势是两个接点温度函数的差值，即

$$E_{AB}(T,T_0)=f(T)-f(T_0) \tag{4.4}$$

当冷端温度固定时，$f(T_0)=C$(常数)，$E_{AB}(T,T_0)$ 为工作端 T 的单值函数，即

$$E_{AB}(T,T_0)=f(T)-C=\varphi(T) \tag{4.5}$$

由于温差电势与接触电势比较数值甚小,可以忽略,所以在工程技术中,可认为热电势近似等于接触电势。

在实际工程应用中,测量出热电偶回路的热电势后,通常不是根据公式计算;而是用查热电偶分度表来确定被测温度。分度表是在冷端(参考端)温度为0 ℃时,通过计量标定实验建立起来的热电势与工作端温度之间的数值对应关系表,测得热电势,查分度表确定温度值。获取热电偶分度表须查阅相关技术资料。

在一些温度测量范围不大,精度要求不高的场合,可以认为热电势与温度成线性关系,根据热电偶热电系数值,确定被测温度。

通过实验发现一些热电定律,这些定律为热电偶实用化测温奠定基础。

4.1.2 热电偶的基本定律

1. 中间温度定律

热电偶的热电势仅取决于热电偶的材料和两个接点的温度,与温度沿热电极的分布及热电极的形状无关。中间温度定律原理如图4.5所示。

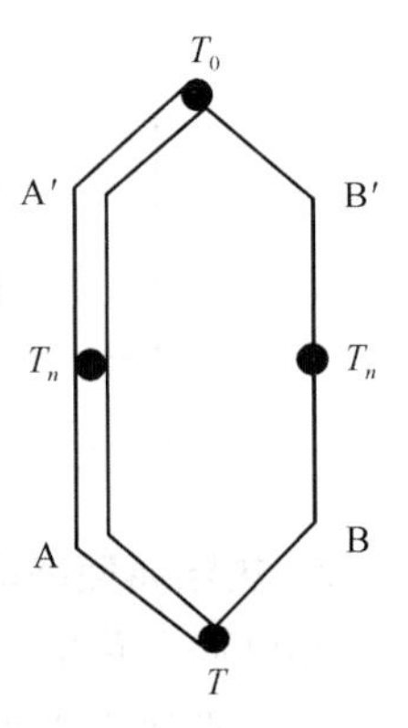

图4.5 中间温度定律原理

在热电偶回路中,如果存在一个中间温度 T_n,则热电偶回路产生的总热电势等于热电偶热端、冷端分别为 T、T_n 时的热电势 $E_{AB}(T,T_n)$ 与同一热电偶热端、冷端分别为 T_n、T_0 所产生的热电势 $E_{AB}(T_n,T_0)$ 的代数和。可表示为

$$E_{AB}(T,T_0)=E_{AB}(T,T_n)+E_{AB}(T_n,T_0) \tag{4.6}$$

在忽略温差电势情况下,中间温度定律证明如下。

$$\begin{aligned}E_{AB}(T,T_n)+E_{AB}(T_n,T_0)&=e_{AB}(T)-e_{AB}(T_n)+e_{AB}(T_n)-e_{AB}(T_0)\\&=e_{AB}(T)-e_{AB}(T_0)=E_{AB}(T,T_0)\end{aligned}$$

中间温度定律为制订热电偶分度表奠定了基础。根据中间温度定律,只需列出冷端温度为0 ℃时,各工作端温度与热电势的关系表(分度表),当冷端温度不为0 ℃时,所产生的热电势按式(4.6)计算。

例:已知用镍铬-镍硅(K型)热电偶测温,热电偶参比端(冷端)温度为30 ℃,测得热电势为28 mV,求热端温度。

实际测量热电偶热电势为 $E(T,30°)=28\ \text{mV}$

查热电偶分度表得 $E(30°,0°)=1.203\ \text{mV}$

根据中间温度定律 $E(T,0°)=28+1.203=29.203\ \text{mV}$

查K型热电偶分度表得 $T=701.5\ ℃$

2. 中间导体定律

热电偶测温,必须在回路中引入测量导线和仪表(放大器、毫伏表等)。当引入导线与仪表后,会不会影响热电势呢?中间导体定律表明,在热电偶回路中,只要接入的第三导体两端温度相同,对回路总的热电势便没有影响。中间导体定律原理如图4.6所示。

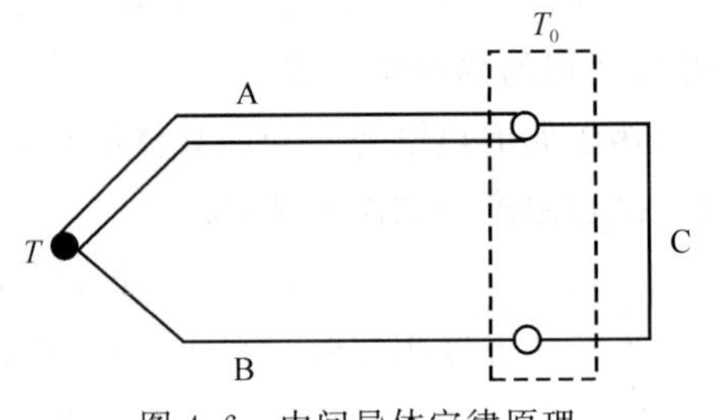

图4.6 中间导体定律原理

中间导体定律证明如下:

回路中的总热电势等于各接点的接触电势之和。

$$E_{ABC}(T,T_0)=e_{AB}(T)+e_{BC}(T_0)+e_{CA}(T_0) \tag{4.7}$$

当 $T=T_0$ 时，有

$$e_{BC}(T_0)+e_{CA}(T_0)=-e_{AB}(T_0) \tag{4.8}$$

$$E_{ABC}(T,T_0)=e_{AB}(T)-e_{AB}(T_0)=E_{AB}(T,T_0) \tag{4.9}$$

3. 标准电极定律

当温度为 T、T_0 时，用导体 A、B 组成热电偶的热电势等于用 A、C 组成热电偶和用 C、B 组成热电偶的热电势代数和。

$$E_{AB}(T,T_0)=E_{AC}(T,T_0)+E_{CB}(T,T_0) \tag{4.10}$$

标准电极 C 用纯铂丝制成，铂的化学性能稳定。求出各种热电极对铂电极的热电势，可以用标准电极定律算出任选两种材料配成热电偶后的热电势值，可大大简化热电偶的选配工作。

在忽略温差电势的情况下，证明如下。

$$E_{AC}(T,T_0)=e_{AC}(T)-e_{AC}(T_0) \tag{4.11}$$

$$E_{CB}(T,T_0)=e_{CB}(T)-e_{CB}(T_0) \tag{4.12}$$

$$\begin{aligned}E_{AC}(T,T_0)+E_{CB}(T,T_0)&=e_{AC}(T)-e_{AC}(T_0)+e_{CB}(T)-e_{CB}(T_0)\\&=\frac{kT}{e}\ln\frac{N_A}{N_C}+\frac{kT}{e}\ln\frac{N_C}{N_B}-\frac{kT_0}{e}\ln\frac{N_A}{N_C}-\frac{kT_0}{e}\ln\frac{N_C}{N_B}\\&=\frac{kT}{e}\ln\frac{N_A}{N_B}-\frac{kT_0}{e}\ln\frac{N_A}{N_B}=e_{AB}(T)-e_{AB}(T_0)\\&=E_{AB}(T,T_0)\end{aligned} \tag{4.13}$$

4.1.3　热电偶的冷端处理和补偿

热电偶测温时，必须固定冷端的温度，其输出的热电势才是热端温度的单值函数。工程上广泛使用的热电偶分度表和根据分度表刻画的测温显示仪表的刻度，都是根据冷端温度为 0 ℃而制作的。若冷端保持 0 ℃，则由测得的热电势值查找相应的分度表，可得到准确的温度值。但在实际应用中，热电偶的两端距离很近，冷端受热源及周围环境的影响，既不为 0 ℃，也不为恒值，引入误差。为此须对冷端进行处理，下面介绍几种冷端处理方法。

1. 补偿导线法

采用与热电偶热电特性相同或相近的补偿导线，将热电偶的原冷端引至温度恒定的新冷端，此方法为补偿导线法。热电特性相同是指在 100 ℃以下的温度范围内，补偿导线产生的热电势等于工作热电偶在此温度范围内产生的热电势，即

$$E_{AB}(T'_0,T_0)=E_{A'B'}(T'_0,T_0) \tag{4.14}$$

其中 T_0 为原冷端，T'_0 为新冷端。

补偿导线分为延长型和补偿型。一般对廉价热电偶，采用延长型，即采用与热电偶热电极相同的材料做补偿导线，直接将热电偶的热电极延长至温度恒定的新冷端，用字母“X”附在热电偶分度表后表示延长型补偿，例如“KX”表示与 K 型热电偶配用的延长线。对贵重金属热电偶，采用补偿型，即采取与热电偶热电特性相同或相近的其他材料做补偿导线，用字母 C 附在热电偶分度表后表示，例如，“SC”表示与 S 型热电偶相配的补偿型补偿导线。常用热电偶补偿导线的型号、线芯材质和绝缘层着色，如表 4.1 所示。

表 4.1　补偿导线的型号、线芯材质和绝缘层着色

补偿导线型号	配用热电偶	补偿导线的线芯材料		绝缘层着色	
		正极	负极		
SC 或 RC	铂铑 10-铂	SPC(铜)	SNC(铜镍)	红	绿
KC	镍铬-镍硅	KPC(铜)	KNC(铜镍)	红	蓝
KX	镍铬-镍硅	KPX(铜镍)	KNX(镍硅)	红	黑
NX	镍铬硅-镍硅	NPS(铜镍)	NNX(镍硅)	红	灰
EX	镍铬-铜镍	EPX(镍铬)	ENX(铜镍)	红	棕
JX	铁-铜镍	JPX(铁)	JNX(铜镍)	红	紫
TX	铜-铜镍	TPX(铜)	TNX(铜镍)	红	白

补偿导线与热电偶连接需要使用热电偶专用连接器。

2. 0 ℃恒温法(冰浴法)

在实验室及精密测量中,通常把冷端放入装满冰水混合物的容器中,以便使冷端温度保持0 ℃。0 ℃恒温法原理如图 4.7 所示,可直接从仪表中读出热电势值,查分度表得出被测点的温度值。

0 ℃恒温法是一种准确度很高的冷端处理方法,但实际使用须冰、水两相共存,一般只适于实验室使用。

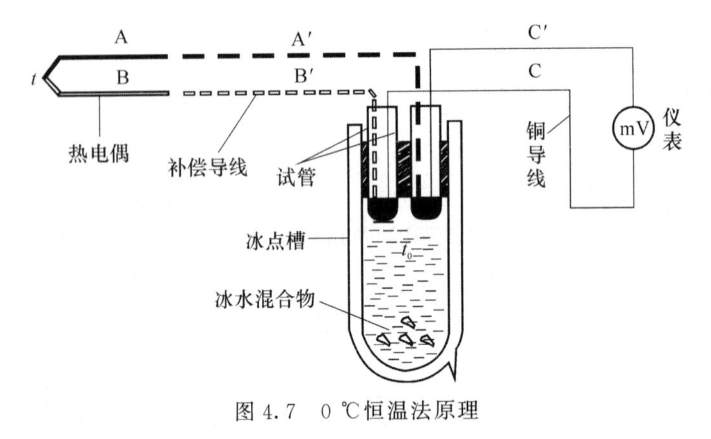

图 4.7　0 ℃恒温法原理

3. 冷端温度修正法

实际使用中,热电偶的冷端往往不是 0 ℃,而是环境温度 T_n,这时测得的热电势值为 $E_{AB}(T,T_n)$,根据中间温度定律

$$E_{AB}(T,0)=E_{AB}(T,T_n)+E_{AB}(T_n,0) \tag{4.15}$$

由测温仪器测量出环境温度 T_n,从分度表中查出 $E_{AB}(T_n,0)$ 的值,然后加上测得的热电势值 $E_{AB}(T,T_n)$,得到 $E_{AB}(T,0)$ 值。查热电偶分度表,得到被测热源的温度 T。

4. 冷端温度自动补偿法(补偿电桥法)

补偿电桥法是利用不平衡电桥产生的不平衡电压作为补偿信号,来自动补偿热电偶测量过程中因参考端温度不为 0 ℃或变化而引起热电势的变化值。补偿电桥法原理如图 4.8

所示。

不平衡电桥由三个电阻温度系数较小的锰铜丝绕制的电阻 R_1、R_2、R_3，电阻温度系数较大的铜丝绕制的电阻 R_{Cu} 和稳压电源组成。补偿电桥铜电阻与热电偶参考端处在同一环境温度。设环境温度为室温 $T_0=20$ ℃，室温时电桥平衡，即

$$R_1R_3 = R_2R_{Cu}, \quad U_{ab} = 0,$$

此时热电偶与不平衡电桥串联回路电势为 $E_{AB}(T,T_0)$。

当冷端温度由 T_0 变化为 $T_0 \pm \Delta T$ 时，依据中间温度定律，热电偶产生热电势为

$$E_{AB}(T,T_0 \pm \Delta T) = E_{AB}(T,T_0) - E_{AB}(T_0 \pm \Delta T,T_0),$$

此时串联回路的总电势为

$$E_{AB}(T,T_0 \pm \Delta T) + U_{ba} = E_{AB}(T,T_0) - E_{AB}(T_0 \pm \Delta T,T_0) + U_{ba},$$

其中 $E_{AB}(T_0 \pm \Delta T,T_0)$ 为误差项，设计不平衡电桥电路，输出不平衡电压 U_{ba} 作为补偿信号，使 $-E_{AB}(T_0 \pm \Delta T,T_0) + U_{ba} \approx 0$ 即可保证串联回路的热电势为 $E_{AB}(T,T_0)$。

补偿原理是不平衡电桥产生的不平衡电压 U_{ba} 作为补偿信号，自动补偿热电偶在测量过程中冷端温度变化而引起的热电势变化值 $E_{AB}(T_0 \pm \Delta T,T_0)$。

具体补偿过程说明如下：

当冷端温度由 T_0 变化为 $T_0+\Delta T$ 时，$\Delta T>0$，热电偶热电势误差项 $E_{AB}(T_0 \pm \Delta T,T_0)>0$，同时与热电偶冷端在同一温度场的铜电阻 R_{Cu} 增加，a 点电位下降，$U_{ba}>0$，使 $-E_{AB}(T_0 \pm \Delta T,T_0)+U_{ba} \approx 0$。

热电偶与不平衡电桥总回路的电势值为 $E_{AB}(T,T_0)$。

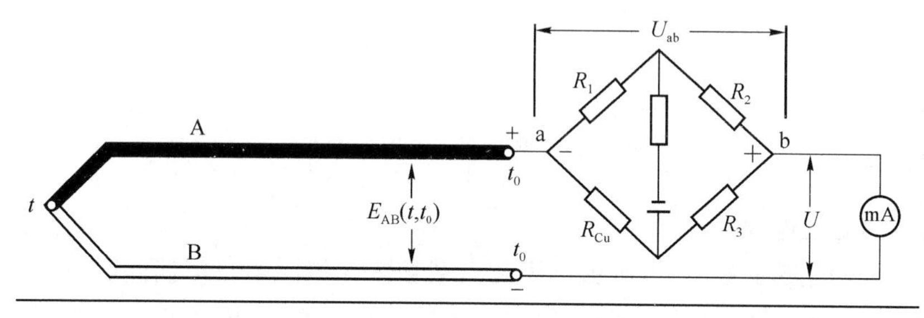

图 4.8　补偿电桥法电路原理

4.1.4　热电偶的实用测温电路

实用热电偶测温电路由热电极、补偿导线、热电势检测仪表组成。常用的检测仪表有毫伏电压表、数字电压表、电位差计等。

1. 测量单点温度的基本电路

由于热电偶产生的热电势很小，一般 1 ℃产生数十微伏电压，所配接的模拟表 M 可为毫伏计或电位差计，读出热电势值，查分度表确定被测温度。多数检测仪表采用数字仪表测量温度，但必须加输入放大电路和模数转换电路，通过放大电路将热电偶输出微弱信号放大，通过模数转换电路将对应热电势的模拟量转换为数字量，根据热电势与温度的关系，微机编程确定被测温度。单点测温电路如图 4.9 所示，图(a)为配接放大器的单点测温电路，图(b)为配接温度变送器的单点测温电路。将热电偶接到温度变送器输入端，通过变送器将温度转换为 4～20 mA 或 1～5 V 标准信号。

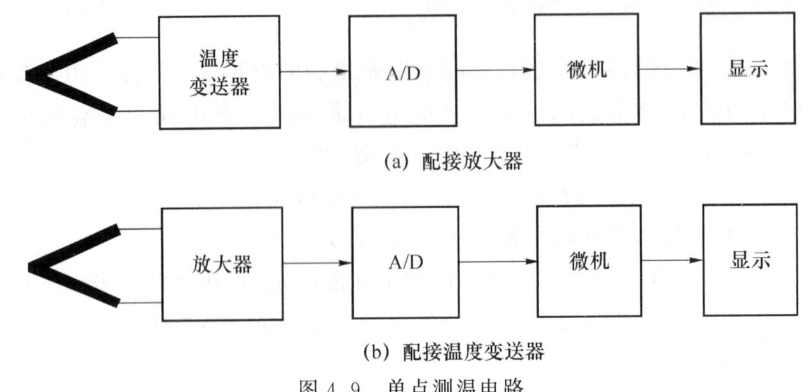

(a) 配接放大器

(b) 配接温度变送器

图 4.9　单点测温电路

2. 测量两点之间的温差

测量两点之间的温差电路如图 4.10 所示。用两只相同型号的热电偶,配用相同的补偿导线,反向串联。产生热电势为

$$E_{\mathrm{T}} = E_{\mathrm{AB}}(T_1, T_0) - E_{\mathrm{AB}}(T_2, T_0) \tag{4.16}$$

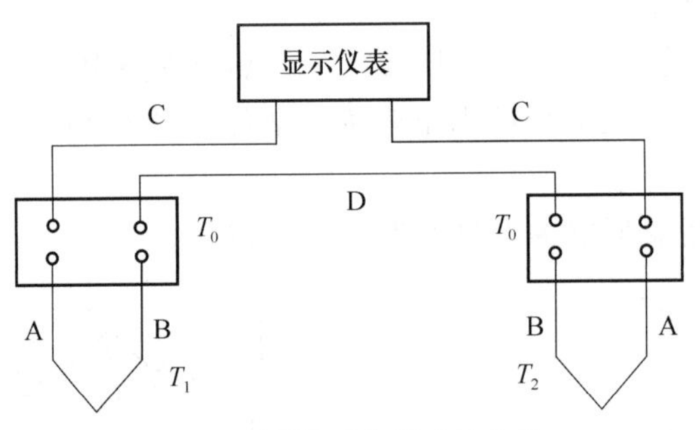

图 4.10　测量两点温度差电路

3. 测量平均温度电路

测量平均温度电路如图 4.11 所示。用几只型号特性相同的热电偶并联在一起,测量它们输出热电势的平均值。优点是仪表的分度表和单独配用一个热电偶时一样,缺点是当有一只热电偶烧毁时不能很快发现。回路的热电势为

$$E_{\mathrm{T}} = \frac{(E_1 + E_2 + E_3)}{3} \tag{4.17}$$

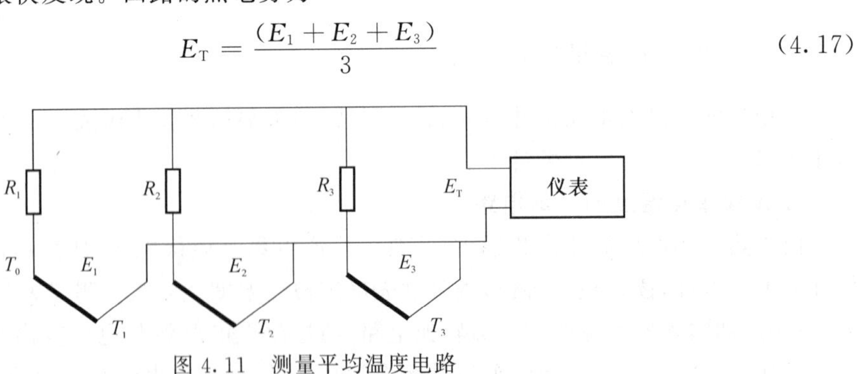

图 4.11　测量平均温度电路

4. 测量温度和电路

测量温度和电路如图 4.12 所示。同类型的热电偶串联,特点是当有一只热电偶烧断时,总的热电势消失,可以立即知道有热电偶烧断。

总的热电势为

$$E_T = E_1 + E_2 + E_3 \tag{4.18}$$

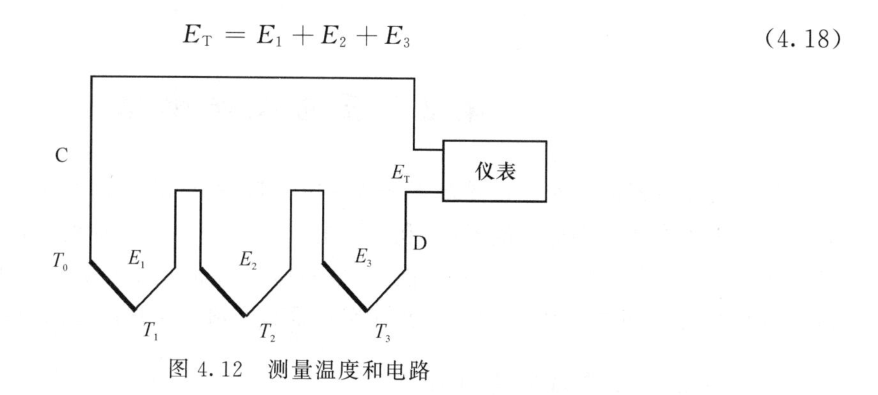

图 4.12　测量温度和电路

5. 实用热电偶测温电路

实用热电偶测温电路如图 4.13 所示。电路具有热电偶传感器断线报警、冷端温度补偿、滤波和信号放大功能，实现将某一范围的温度信号转换为电压信号输出。

100 MΩ 电阻为断线检测电阻，正常工作时，热电偶输出信号送入放大器放大，如果热电偶断线，电源电压经过 100 MΩ 在放大器的同相端产生电压，此电压使运算放大器饱和输出，由此可判断热电偶断线。

10 kΩ 和 10 μF 电容构成低通滤波器，滤除高频干扰信号。

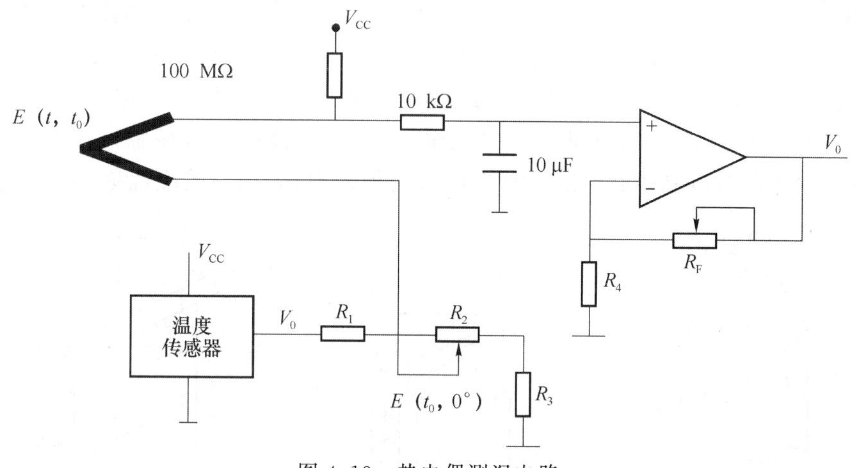

图 4.13　热电偶测温电路

冷端补偿电路由温度传感器及分压电阻 R_1、R_2、R_3 组成。根据热电偶的热电势系数选择温度传感器和分压电阻阻值，使分压电阻 R_2 的分压值 V_{0t} 等于热电偶的冷端修正值，即 $V_{0t} = E_{AB}(T_n, 0)$，T_n 为冷端温度，由热电偶中间温度定律

$$E_{AB}(T,0) = E_{AB}(T,T_n) + E_{AB}(T_n,0) \tag{4.19}$$

加冷端温度补偿热电偶输出为

$$E_{AB}(T,T_n) + V_{0t} = E_{AB}(T,T_n) + E_{AB}(T_n,0) = E_{AB}(T,0) \tag{4.20}$$

可见，冷端温度在某一温度段变化，只要 $V_{0t} = E_{AB}(T_n,0)$，对热电偶输出基本无影响。

$E_{AB}(T,0)$ 送入运算放大器进行同相放大。根据输出信号的要求，确定放大增益大小。放大器的增益为

$$G = 1 + \frac{R_F}{R_4} \tag{4.21}$$

4.2 压电式传感器

压电式传感器的工作原理是基于某些介质材料(石英晶体和压电陶瓷)的压电效应。压电效应分为正压电效应和逆压电效应,利用压电效应实现力与电荷的双向转换。压电传感器具有体积小、重量轻、结构简单、动态性能好等特点,可测量与力相关的物理量,如各种动态力、机械冲击与振动,在声学、医学、力学、宇航等方面都得到了非常广泛的应用。

4.2.1 压电式传感器的工作原理

当某些电介质在受到一定方向的压力或拉力而产生变形时,其内部将发生极化现象,在其表面产生电荷,若去掉外力,它们又重新回到不带电状态,这种能将机械能转换为电能的现象被称为正压电效应。反过来,在电介质两个电极面上加以交流电压,压电元件会产生机械振动,当去掉交流电压时,振动消失,这种能将电能转换为机械能的现象被称为逆压电效应,也称电致伸缩效应。常见的压电材料有石英晶体和压电陶瓷。利用正压电效应可制成引爆器、防盗装置、声控装置、超声波接收器等,利用逆压电效应可制成晶体振荡器、超声波发送器等。

1. 石英晶体的压电效应

石英晶体是单晶体结构,如图4.14所示。图4.14(a)表示了石英晶体的天然结构外形,它是一个正六面体,各个方向的特性是不同的。在图4.14(b)的直角坐标系中有三个轴,x轴经过正六面体的棱线,垂直于光轴,垂直于此轴面上的压电效应最强,被称为电轴;y轴垂直于棱柱面,电场沿x轴作用下,沿该轴方向的机械变形最大,被称为机械轴;z轴垂直于xOy平面,光线沿该轴通过石英晶体时,无折射,在此方向加外力,无压电效应现象,被称为光轴。

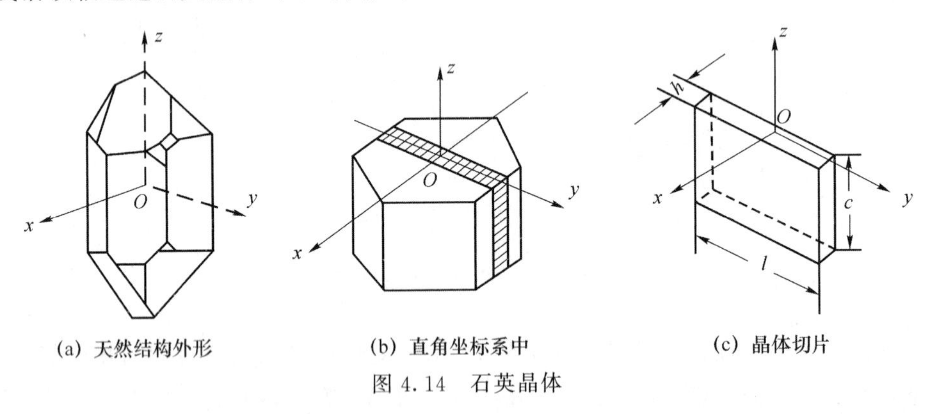

(a) 天然结构外形　　(b) 直角坐标系中　　(c) 晶体切片

图4.14　石英晶体

从石英晶体上沿轴向(x或y)切下薄片,制成图4.14(c)的晶体切片。当沿电轴方向加作用力F_x时,在与电轴x垂直的平面上将产生电荷,其大小为

$$q_x = d_{11} f_x \tag{4.22}$$

式中d_{11}为压电系数(C/N)。

产生的电荷与几何尺寸无关,被称为纵向压电效应。

沿机械轴y方向施加作用力F_y,则仍在与x轴垂直的平面上产生电荷q_x,其大小为

$$q_x = d_{12}\frac{l}{h}F_y = -d_{11}\frac{l}{h}F_y \tag{4.23}$$

式中，d_{12}为 y 轴方向受力的压电系数，$d_{12}=-d_{11}$；l、h 为晶体切片长度和厚度。

从式(4.23)可以看出，沿机械轴方向的力作用在晶体上时，产生的电荷与晶体切片的几何尺寸有关。式中负号说明沿 x 轴的压力所引起的电荷极性与沿 y 轴的压力所引起的电荷极性是相反的。此压电效应为横向压电效应。晶体切片电荷极性与受力方向的关系如图 4.15 所示。

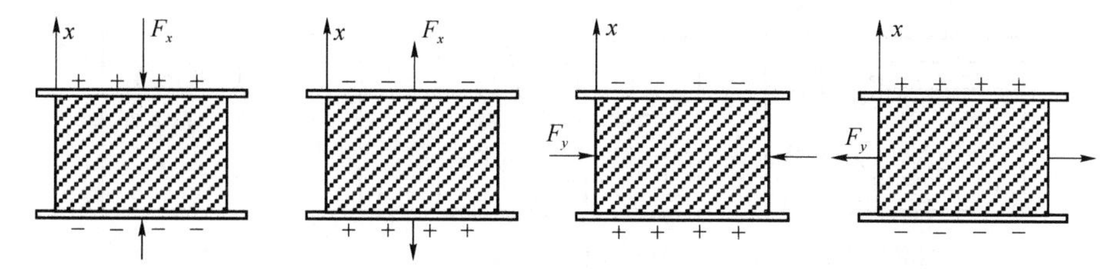

图 4.15　晶体切片电荷极性与受力方向的关系

石英晶体的压电效应结构原理如图 4.16 所示。石英晶体 SiO_2，3 个硅离子 Si^{4+} 离子，6 个氧离子 O^{2-} 两两成对。微观分子结构为一个正六边形，垂直于 x 轴端面有无数个此分子结构。

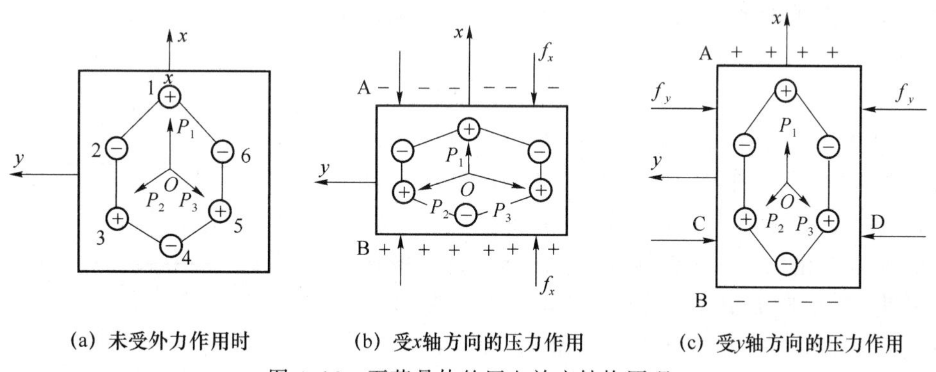

图 4.16　石英晶体的压电效应结构原理

未受外力作用时，正、负离子正好分布在正六边形的顶角上，形成三个互成 120°夹角的电偶极矩 P_1、P_2、P_3，见图 4.16(a)，$P_1+P_2+P_3=0$。正负电荷中心重合，晶体垂直 x 轴表面不产生电荷，呈中性。

受 x 轴方向的压力作用时，晶体沿 x 方向将产生压缩变形，正负离子的相对位置也随之变动，见图 4.16(b)，此时正负电荷重心不再重合，电偶极矩在 x 方向上的分量由于 P_1 的减小和 P_2、P_3 的增加而不等于零，即$(P_1+P_2+P_3)<0$。在 x 轴的正方向出现负电荷，电偶极矩在 y 方向上的分量仍为零，不出现电荷。

受到沿 y 轴方向的压力作用时，晶体产生图 4.16(c)的变形，P_1 增大，P_2、P_3 减小。在垂直于 x 轴正方向出现正电荷，在 y 轴方向上不出现电荷。

沿 z 轴方向施加作用力，晶体在 x 方向和 y 方向所产生的变形完全相同，所以正负电荷中心保持重合，电偶极矩矢量和等于零，这表明沿 z 轴方向施加作用力，晶体不会产生压电效应。当作用力 F_x、F_y的方向相反时，电荷的极性也随之改变。

石英晶体是一种天然晶体,它的介电常数和压电常数的温度稳定性好,固有频率高,多用在校准用的标准传感器或精度很高的传感器中,也用于钟表及微机中的晶振。

2. 压电陶瓷的压电效应

压电陶瓷是人工制造的多晶体压电材料,材料内部的晶粒有许多自发极化的电畴,它有一定的极化方向,从而存在电场。在无外电场作用时,电畴在晶体中杂乱分布,它们的极化效应被相互抵消,压电陶瓷内极化强度为零,因此原始的压电陶瓷呈中性,不具有压电性质。压电陶瓷的极化如图 4.17 所示。

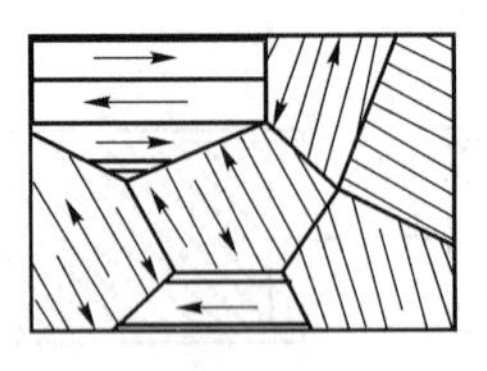

(a) 未极化的陶瓷

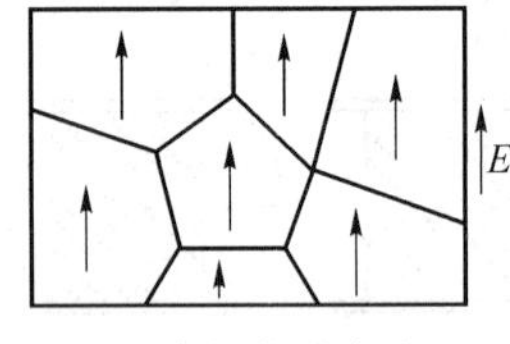

(b) 正在极化的陶瓷

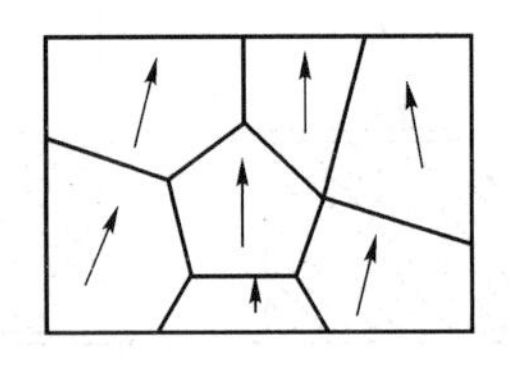

(c) 极化后的陶瓷

图 4.17　压电陶瓷的极化

为了使压电陶瓷具有压电效应,必须进行极化处理。即在一定的温度下对压电陶瓷施加强电场(如 20～30 kV/cm 的直流电场),经过一定时间后电畴的极化方向转向,基本与电场方向一致,见图 4.17(b),极化方向定义为 z 轴。当去掉外电场时,其内部仍存在很强的剩余极化强度,这时的材料具备压电性能,在陶瓷极化的两端出现了束缚电荷,一端为正电荷,一端为负电荷,极化后的电畴结构见图 4.17(c)。由于束缚电荷的作用,在陶瓷片的电极表面吸附一层外界的自由电荷,这些电荷与陶瓷片内的束缚电荷方向相反,数值相等,它起到屏蔽和抵消陶瓷片内极化强度对外作用,因此陶瓷片对外不表现极性。压电陶瓷束缚电荷与自由电子电荷的关系如图 4.18 所示。当压电陶瓷受到外力作用时,电畴的界限发生移动,剩余极化强度将发生变化,吸附在其表面的部分自由电荷被释放。释放的电荷量的大小与外力成正比关系,即

$$q_z = d_{33} f_z \tag{4.24}$$

式中 d_{33} 为压电陶瓷的压电系数。

电极　自由电荷　束缚电荷　自由电荷

图 4.18　压电陶瓷束缚电荷与自由电荷的关系

这种将机械能转变为电能的现象就是压电陶瓷的正压电效应。压电陶瓷具有压电常数高、制作简单,耐高温、耐湿等特点,在检测电子技术、超声波等领域具有广泛应用,如超声波测流速、测距,热释电人体红外报警器等。

4.2.2　压电元件的等效电路及连接方式

1. 压电元件的等效电路

压电元件两电极之间的压电陶瓷或石英晶体为绝缘体,构成一个电容器,其电容量为

$$C_a = \frac{\varepsilon_0 \varepsilon_r S}{h} \tag{4.25}$$

压电传感器的等效电路如图 4.19 所示。压电传感器可等效成一个电荷源与一个电容相并联的电路,见图 4.19(a);也可等效成一个电压源 U 和一个电容相串联的电路,见图 4.19(b)。

产生的电压与电荷的关系为

$$U = \frac{Q}{C_a} \tag{4.26}$$

在测量变化频率较低的参数时，必须保证负载 R_L 具有很大的数值，从而有很大的时间常数 $R_L C_a$，不至于造成较大误差，R_L 要达到数百兆以上，一般其后接前置放大器。

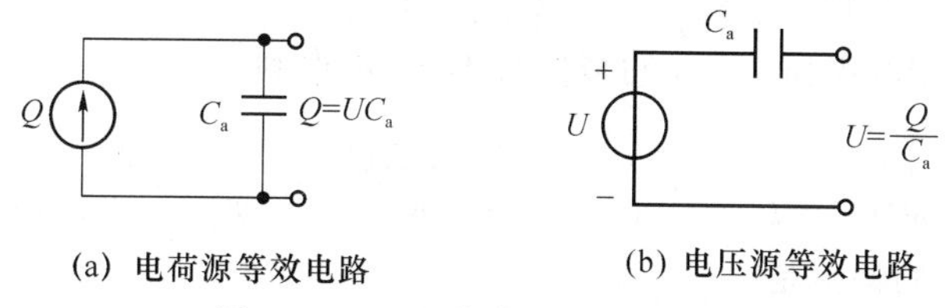

(a) 电荷源等效电路　　(b) 电压源等效电路

图 4.19　压电传感器的等效电路

2. 连接方式

为增大传感器的灵敏度，压电传感器采用多片压电元件，它们的连接有串联和并联，如图 4.20所示。并联方式总电容、电荷、电压与单体电容、电荷、电压关系为

$$C' = nC,\quad U' = U,\quad q' = nq \tag{4.27}$$

输出电荷大，时间常数大，适合测慢变信号，以电荷为输出的场合。

串联方式总电容、电荷、电压与单体电容、电荷、电压关系为

$$C' = \frac{C}{n},\quad U' = nU,\quad q' = q \tag{4.28}$$

输出电压大，电容、时间常数小，适合以电压为输出，高输入阻抗的场合。

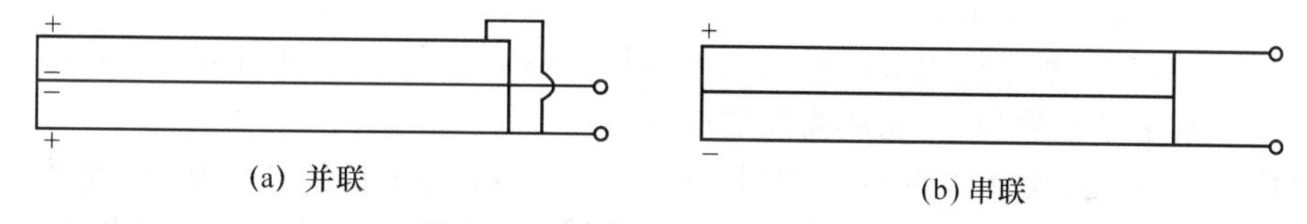

(a) 并联　　(b) 串联

图 4.20　两个压电片的连接方式

4.2.3　压电式传感器的测量电路

由于压电元件的输出信号非常微弱，测量时，须把压电传感器用电缆接于高阻抗的前置放大器。前置放大器有两个作用：一是把传感器的高输出阻抗变换为低输出阻抗，二是放大传感器输出的微弱信号。压电传感器的输出可以是电压，也可以是电荷。因此，实际的测量电路有电压放大器电路和电荷放大器电路。

1. 电压放大器

将压电元件与电压放大器相连，其等效电路如图 4.21 所示。

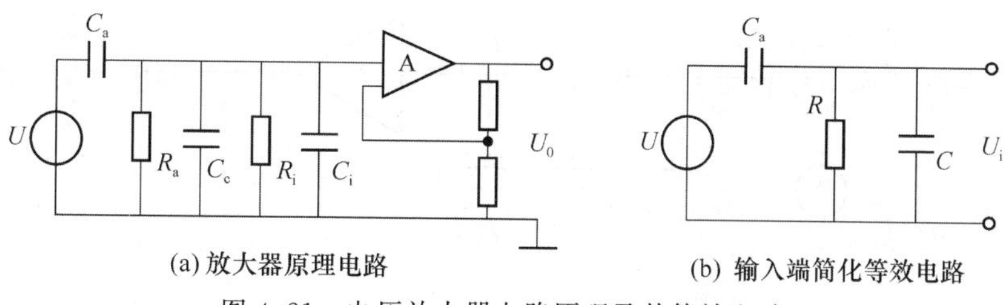

(a) 放大器原理电路　　(b) 输入端简化等效电路

图 4.21　电压放大器电路原理及其等效电路

图中，R_i、C_i 为放大器输入电阻、电容；C_c 为导线电容；R_a、C_a 为传感器电阻、电容。

等效电阻 $R = R_a//R_i$，等效电容 $C = C_i + C_c$。

如果压电元件受到交变力 $f = F_m \sin\omega t$ 的作用，压电元件的压电系数为 d，在力的作用下产生的电压按正弦规律变化，即 $u = \dfrac{q}{C_a} = \dfrac{df}{C_a} = \dfrac{dF_m}{C_a}\sin\omega t$。

送入放大器输入端的电压为 u_i，写成复数形式，则得到

$$\dot{U}_i = \dot{U}\frac{j\omega RC_a}{1+j\omega R(C+C_a)} = \frac{d\dot{F}}{C_a}\times\frac{j\omega RC_a}{1+j\omega R(C+C_a)} = d\dot{F}\frac{j\omega R}{1+j\omega R(C+C_a)} \tag{4.29}$$

输入端的电压 u_i 的幅值是

$$U_{im} = \frac{dF_m\omega R}{\sqrt{1+\omega^2R^2\ (C_a+C_i+C_c)^2}} \tag{4.30}$$

相位差是

$$\varphi = \frac{\pi}{2} - \arctan\omega(C_a+C_c+C_i)R \tag{4.31}$$

此时传感器的灵敏度为

$$K_u = \frac{U_{im}}{F_m} = \frac{d}{\sqrt{\dfrac{1}{\omega^2R^2}+(C_a+C_i+C_c)^2}} \tag{4.32}$$

高频段，$\omega R \gg 1$，$k_u = \dfrac{d}{C_a+C_i+C_c}$ 为定值。

低频段，$1/\omega R$ 较大，灵敏度较小。当作用在压电元件上的力为静态力时，前置放大器上电压为零，原因是电荷会通过放大器的输入电阻和传感器本身的泄露电阻漏掉。从原理上讲压电传感器不宜测量静态物理量，它的高频响应好。

压电传感器与电压放大器配合使用时，第一，电缆不宜过长，否则 C_c 加大，使传感器的电压灵敏度下降；第二，要使电压灵敏度为常数，应使压电片与前置放大器的连接导线为定长，以保证 C_c 不变。

测量低频信号，应增大前置放大器的输入电阻，使测量回路的时间常数增大，保证有较高的灵敏度。

2. 电荷放大器

电荷放大器常作为压电传感器的输入电路，由一个反馈电容 C_f 和高增益运算放大器构成，当略去 R_a 和 R_i 并联电阻后，电荷放大器等效电路如图 4.22 所示。电荷放大器可看作是具有深度电容负反馈的高增益放大器。

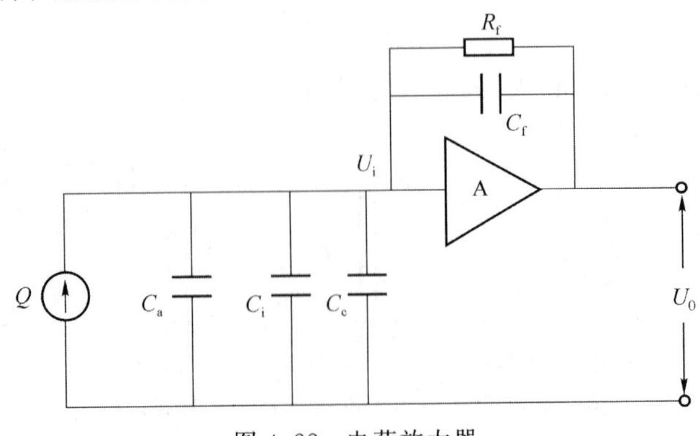

图 4.22 电荷放大器

总电荷
$$Q = Q_i + Q_f$$
反馈电容上电荷为
$$Q_f = (U_i - U_0)C_f = \left(-\frac{U_0}{A} - U_0\right)C_f = -(1+A)\frac{U_0}{A}C_f \tag{4.33}$$
净输入电荷
$$Q_i = CU_i = -C\frac{U_0}{A} \tag{4.34}$$
总电荷
$$Q = -\frac{C+(1+A)C_f}{A}U_0 \tag{4.35}$$
输出电压为
$$U_0 = -\frac{AQ}{C+(1+A)C_f} \approx -\frac{Q}{C_f} \tag{4.36}$$
式中 A 为放大器的开环增益，

电荷放大器的特点是输出电压与电缆电容 C_c 无关，即与电缆长度无关，且与输出电荷成正比。

4.2.4 压电式传感器的应用

1. 压电式加速度传感器

压电式加速度传感器结构如图 4.23 所示。图中压电元件由两片压电片组成，采用并联接法，输出端一端引线接至两压电片中间的金属片上，另一端直接与基座相连。压电片采用压电陶瓷制成。压电片上放一块高比重的金属制成的质量块，用一根弹簧压紧，对压电元件施加预载荷。整个组件装在一个有厚基座的金属壳体中。

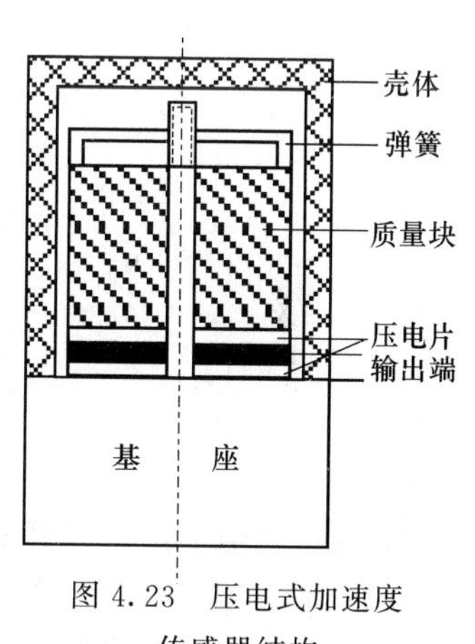

图 4.23 压电式加速度传感器结构

测量时，通过基座底部的螺孔将传感器与试件刚性地固定在一起，传感器感受与试件相同频率的振动。由于弹簧的刚性很大，质量块也感受与试件相同的振动。质量块就有一个正比于加速度的交变力作用在压电片上，由于压电效应，在压电片的两个表面上有电荷产生。传感器的输出电荷(电压)与作用力成正比，即与试件的加速度成正比。传感器输出接到前置放大器后，就可以用测量仪器测出试件的加速度，在放大器中加入积分电路，可以测量试件的振动速度或位移。

压电式加速度传感器工作原理如图 4.24 所示。

图 4.24 压电式加速度传感器工作原理

由图 4.24 可见，可选用较大的 m 和 d 来提高灵敏度；但质量增大将引起传感器固有频率的下降，频带减小，体积、重量加大，构成对被测对象的影响。通常多采用较大压电常数的材料或多片压电片组合的方法来提高灵敏度。

2. 压电引信

压电引信是一种利用钛酸钡压电陶瓷的压电效应制成的军用弹丸启爆装置。它具有瞬发度高,不需要配置电源等优点,常应用于破甲弹上,对提高弹丸的破甲能力起着重要的作用。破甲弹压电引信结构如图4.25所示。

整个引信由压电元件和启爆装置两部分组成。压电元件安装在弹丸的头部,启爆装置设置在弹丸的尾部,通过导线互连。压电引信的原理如图4.26所示。平时电雷管 E 处于短路保险安全状态,压电元件即使受压,其产生的电荷也通过电阻 R 释放掉,不会使电雷管引爆。

弹丸发射后,音信启爆装置解除保险状态,开关S从a处断开与b接通,处于工作状态。当弹丸与装甲目标接触时,碰撞压力使压电元件产生电荷,经过导线传递给电雷管使其启爆,引起弹丸爆炸锥孔炸药爆炸形成的能量使药形罩熔化,形成高温高流速的能量流将坚硬的钢甲穿透,起到摧毁的目的。

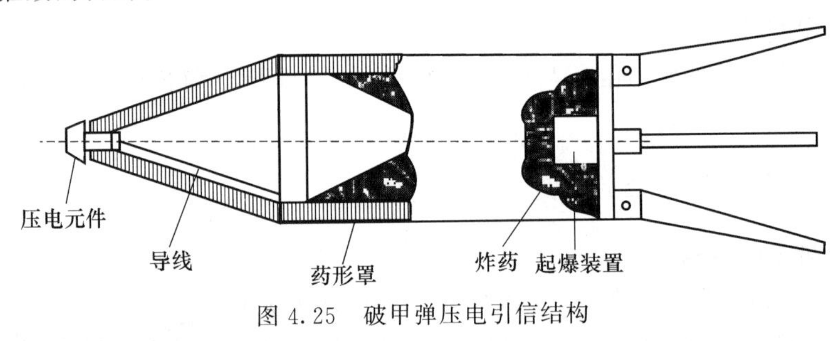

图4.25 破甲弹压电引信结构

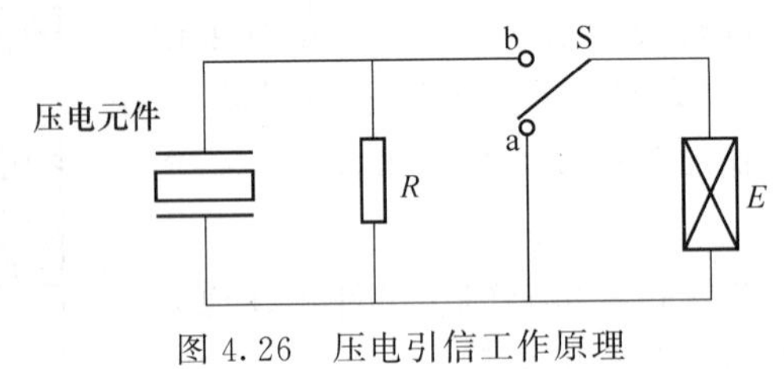

图4.26 压电引信工作原理

3. 压电式玻璃破碎报警器

在银行、宾馆等部门,为了防止盗窃,在玻璃上安放压电式传感器。玻璃受撞击破碎时,产生一定频带宽度的振动信号,通过对此信号放大及带通滤波,将振动信号转换为电信号。振动产生的电信号与设定的阈值电压比较,若大于阈值电压,比较器输出高电平信号。此信号触发电话报警及声光报警。压电式玻璃破碎报警电路如图4.27所示。

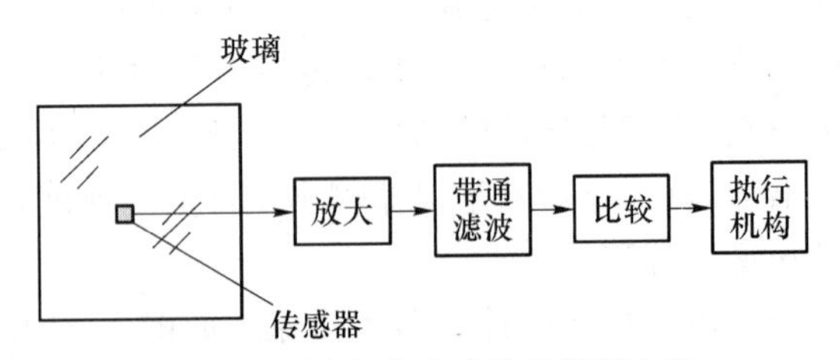

图4.27 压电式玻璃破碎报警电路

4.3 磁电式传感器

磁电式传感器是通过磁电作用将被测量(如振动、位移、速度、转速、磁场强度等)转换成电信号的一种传感器。制作磁电式传感器的材料有导体、半导体、磁性体等，利用导体和磁场的相对运动产生感应电势的电磁感应原理可制成各种磁电感应式传感器；利用半导体材料的霍尔效应可制成霍尔器件。它们的工作原理不完全相同，各有各的特点和应用范围，下面分别加以讨论。

4.3.1　磁电感应式传感器

磁电感应式传感器是利用电磁感应定律，将输入运动速度变换成感应电势输出的装置。它不需要辅助电源，就能将被测对象的机械能转换为易于测量的电信号。由于它有较大的输出功率，故配用电路简单、性能稳定，可应用于转速、振动、扭矩等被测量的测量。

不同类型的磁电感应式传感器实现磁通变化的方法不同，有恒磁通的动圈式与动铁式磁电感应式传感器，有变磁通（变磁阻）的开磁路式或闭磁路式的磁电感应式传感器。

1. 恒磁通磁电感应式传感器

（1）磁电感应式传感器的工作原理

根据法拉第电磁感应定律，N 匝线圈在磁场中做切割磁力线运动或穿过线圈的磁通量变化时，线圈中产生的感应电动势 E 与磁通 φ 的变化率关系如下。

$$E=-N\frac{\mathrm{d}\varphi}{\mathrm{d}t} \tag{4.37}$$

恒磁通磁电感应式传感器如图 4.28 所示。当线圈垂直于磁场方向运动时，线圈相对于磁场的运动速度为 v 或 ω。对于磁场强度为 B 的恒磁通，式(4.37)可写成

$$E=-NBl_{a}v \quad 或 \quad E=-NBS\omega \tag{4.38}$$

式中，B 为磁感应强度(T)；l_a 为每匝线圈的平均长度(m)；S 为线圈的截面积(m^2)。

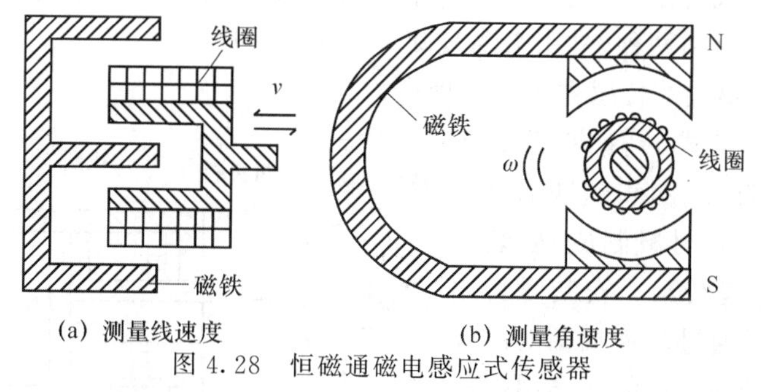

图 4.28　恒磁通磁电感应式传感器

磁电式传感器为结构型传感器，当结构参数 N、B、l_a、S 为定值时，感应电动势与线速度或角速度成正比。

磁电式传感器适于测量动态量，无源积分、微分电路如图 4.29 所示。如果在电路中接入图 4.29(a)的积分电路，感应电势与位移成正比。如果接入图 4.29(b)的微分电路，感应电势与加速度成正比。磁电式传感器可以测量位移或加速度。

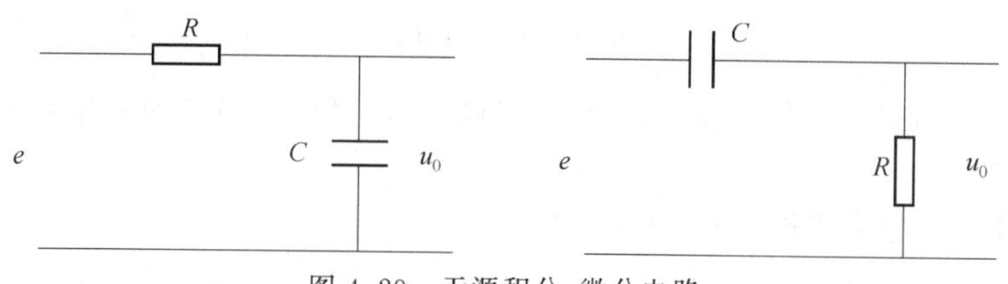

图 4.29　无源积分、微分电路

(2) 恒磁通磁电感应式传感器的结构及要求

恒磁通磁电感应式传感器有两个基本系统：一是产生恒定直流磁场的磁路系统，包括工作气隙和永久磁铁；二是线圈，由它与磁场中的磁通交链产生感应电动势。应合理地选择它们的结构形式、材料和结构尺寸，以满足传感器的基本性能要求。对磁电式传感器的基本要求如下。

① 工作气隙

工作气隙大，一方面线圈窗口面积大，线圈匝数多，传感器灵敏度高；另一方面，磁路的磁感应强度下降，灵敏度下降，气隙磁场不均匀，输出线性度下降。为了使传感器具有较高的灵敏度和较好的线性度，应在保证足够大窗口面积的前提下，尽量减小工作气隙 d，一般取 $d/l_a \approx 1/4$。

② 永久磁铁

永久磁铁是用永久合金材料制成，提供工作气隙磁能能源。为了提高传感器的灵敏度和减小传感器的体积，一般选用具有较大磁能面积(较高矫顽力 H_C、磁感应强度 B)的永磁合金。

③ 线圈组件

线圈组件由线圈和线圈骨架组成。要求线圈组件的厚度小于工作气隙的长度，保证线圈相对永久磁铁运动时，两者之间没有摩擦。

在精度要求较高的场合，线圈中感应电流产生的交变磁场会叠加在恒定工作磁通上，对恒定磁通起消磁作用，需要补偿线圈与工作线圈串联进行补偿。另外当环境温度变化较大时，应采取温度补偿措施。

2. 变磁通磁电感应式传感器

变磁通磁电感应式传感器也被称为变磁阻磁电感应式传感器。变磁阻磁电感应式传感器结构分为开磁路和闭磁路两种，常用来测量旋转物体的转速。

(1) 开磁路磁电感应式传感器工作原理

开磁路磁电感应式转速传感器如图4.30所示。传感器的线圈和磁铁部分静止不动，测量齿轮(导磁材料制成)安装在被测转轴上，随之一起转动。安装时将永久磁铁产生的磁力线通过软铁端部对准齿轮的齿顶，当齿轮旋转时，齿的凹凸引起磁阻的变化，使磁通发生变化，在线圈中感应出交变电动势，其频率等于齿轮的齿数与转速的乘积，即

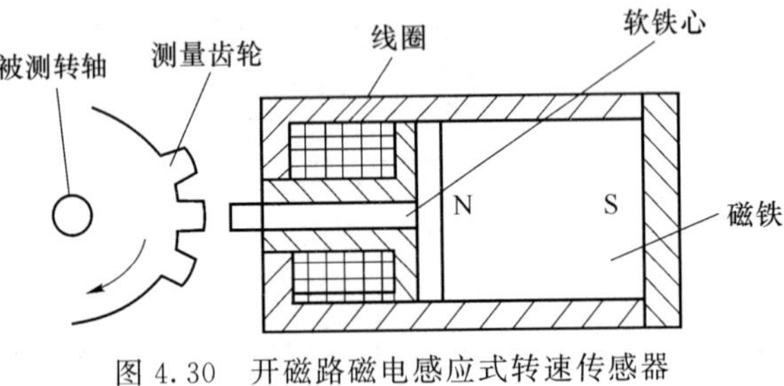

图4.30 开磁路磁电感应式转速传感器

$$f = \frac{Zn}{60} \tag{4.39}$$

当齿数 Z 已知时，测得感应电势的频率 f 就可以知道被测轴的转速 n。

$$n = \frac{60f}{Z}\ \mathrm{r/min} \tag{4.40}$$

开磁路磁电感应式转速传感器结构简单，但输出信号较小，当被测轴振动较大，转速较高时，输出波形失真大。

(2) 闭磁路磁电感应式传感器工作原理

闭磁路磁电感应式转速传感器如图4.31所示。转子2与转轴1固紧，传感器转轴与被测

物相连，转子 2 与定子 5 都是用工业纯铁制成，它们和永久磁铁 3 构成磁路系统。转子 2 和定子 5 的环形端部都均匀铣出等间距的一些齿和槽。测量时，被测物转轴带动转子 2 转动，当定子与转子齿凸凸相对时，气隙最小，磁阻最小，磁通最大；当转子与定子的齿凸凹相对时，气隙最大，磁阻最大，磁通最小。随着转子的转动，磁通周期性地变化，在线圈中感应出近似正弦波的电动势信号，经施密特电路整形变为矩形脉冲信号，送计数器或频率计。测得频率即可算出转速 n。

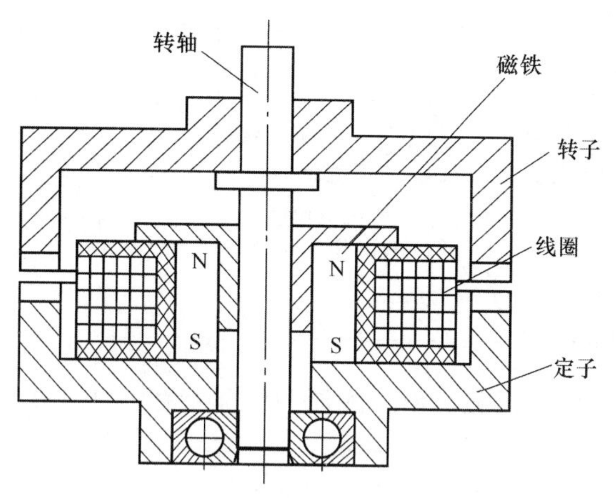

图 4.31　闭磁路磁电感应式转速传感器

3. **磁电感应式传感器的动态特性**

磁电感应式传感器适用于测量动态物理量，因此动态特性是它的主要性能。这种传感器是机电能量变换型传感器，其等效的机械系统如图 4.32 所示，磁电式传感器可等效成 m-c-k 二阶机械系统。图中 v_0 为外壳（被测物）运动速度，v_m 为质量块的运动速度，v 为惯性质量块相对外壳（被测物）运动速度。

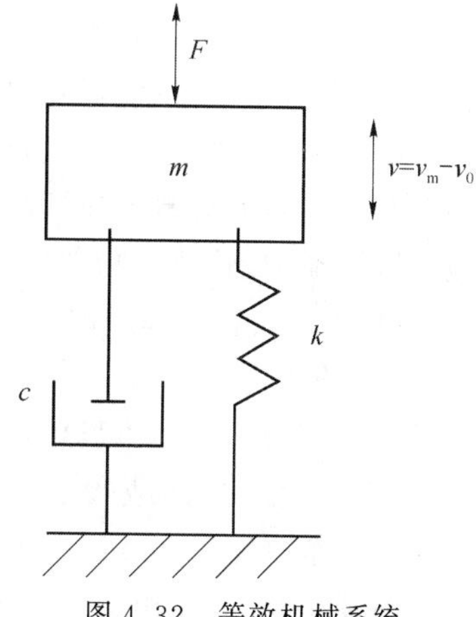

图 4.32　等效机械系统

运动方程为

$$m\frac{\mathrm{d}v_m(t)}{\mathrm{d}t}+cv(t)+k\int v(t)=0 \tag{4.41}$$

$$m\frac{\mathrm{d}v(t)}{\mathrm{d}t}+cv(t)+k\int v(t)=-m\frac{\mathrm{d}v_0(t)}{\mathrm{d}t} \tag{4.42}$$

传递函数为

$$H(S)=-\frac{mS^2}{mS^2+cS+k} \tag{4.43}$$

频域特性为

$$H(\mathrm{j}\omega)=\frac{m\omega^2}{K-m\omega^2+\mathrm{j}C\omega}=\frac{(\omega/\omega_n)^2}{1-(\omega/\omega_n)^2+\mathrm{j}2\zeta(\omega/\omega_n)} \tag{4.44}$$

幅频特性为

$$A_V(\omega)=\frac{(\omega/\omega_n)^2}{\sqrt{[1-(\omega/\omega_n)^2]^2+[2\zeta(\omega/\omega_n)]^2}} \tag{4.45}$$

相频特性为

$$\varphi_V(\omega) = -\arctan\frac{2\zeta(\omega/\omega_n)}{1-(\omega/\omega_n)^2} \tag{4.46}$$

式中,ω 为被测振动角频率;ω_n 为固有角频率,$\omega_n = \sqrt{K/m}$;ξ 为阻尼比,$\xi = c/2\sqrt{mk}$。

磁电感应式速度传感器频率响应特性曲线如图4.33所示。从频率响应特性曲线可以看出,在 $\omega \gg \omega_n$ 的情况下(一般取 ξ=0.5～0.7),$A_V(\omega) \approx 1$,相对速度 $v(t)$ 的大小可作为被测振动速度 $v_0(t)$ 的量度。

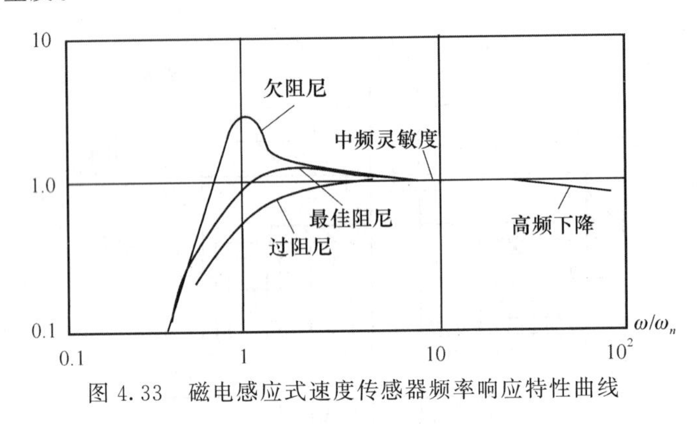

图4.33 磁电感应式速度传感器频率响应特性曲线

4.3.2 霍尔传感器

霍尔传感器是利用霍尔效应原理实现磁电转换,从而将被测物理量转换为电动势的传感器。1879年,霍尔在金属材料中发现霍尔效应,由于金属材料的霍尔效应太弱,未得到实际应用。直到20世纪50年代,随着半导体和制造工艺的发展,人们才利用半导体元件制造出霍尔元件。我国从20世纪70年代开始研究霍尔元件,现在已经能生产各种性能的霍尔元件。由于霍尔传感器具有灵敏度高,线性度好,稳定性高,体积小等优点,它已经被广泛应用于电流、磁场、位移、压力、转速等物理量的测量。

1. 霍尔效应和工作原理

(1) 霍尔效应

将半导体薄片置于磁场中,在薄片控制电极通以电流,在输出电极产生电动势,此现象为霍尔效应。产生的电动势被称为霍尔电势。

(2) 工作原理

从本质上讲,霍尔电势的产生是由于运动载流子受到磁场的作用力 f_L(洛仑兹力),在薄片两侧分别形成电子、正电荷的积累所致。

N型半导体霍尔效应原理如图4.34所示。将一片N型半导体薄片置于磁感应强度为 B 的磁场中,使磁场方向垂直于薄片,在薄片左右两端通过电流 I(控制电流),则半导体载流子(电子)沿着与电流 I 相反的方向运动。电子受到外磁场力 f_L(洛仑兹力)的作用而发生偏转,结果在半导体的后端面上形成电子的积累而带负电荷,前端面因失去电子而带正电荷。在前后端面形成电场,该电场产生的电场力 f_E 阻止电子的继续偏转。当 f_L 与 f_E 相等时,电子积累达到动态平衡。此时,在半导体的前后端之间建立电场,形成的电动势被称为霍尔电势。霍尔电势的大小与激励电流 I 和磁场的磁感应强度 B 成正比,与半导体薄片厚度 d 成反比,即

$$U_H = \frac{R_H}{d}IB = K_H IB \tag{4.47}$$

式中 R_H 为霍尔常数；K_H 为霍尔灵敏系数。

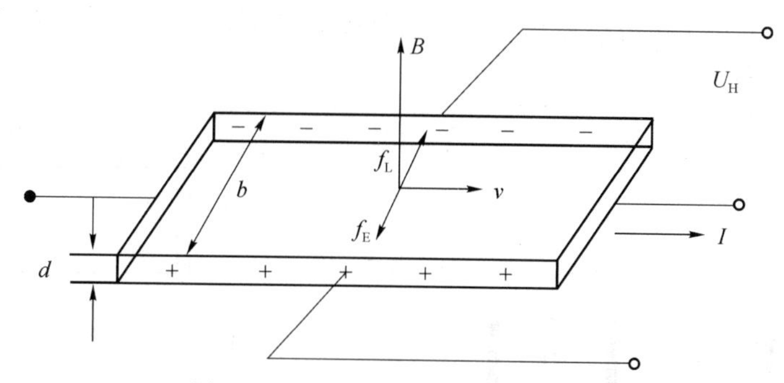

图 4.34　N 型半导体霍尔效应原理

若电子都以速度 v 运动，在磁场 B 的作用下，每个载流子受到的洛仑兹力大小为

$$f_L = evB \tag{4.48}$$

式中，e 为电子的电荷量，$e=1.602\times10^{-19}$ C；v 为电子平均运动速度；B 为磁感应强度。

电子积累所形成的电场强度为

$$E_H = \frac{U_H}{b} \tag{4.49}$$

电场作用与载流子(电子)的力为

$$f_E = eE_H \tag{4.50}$$

电场力与洛仑兹力方向相反，阻碍电荷的积累，当 $f_E=f_L$ 时，电子的积累达到动态平衡。此时

$$E_H = vB \tag{4.51}$$

$$U_H = bvB \tag{4.52}$$

流过霍尔元件的电流为 $I = nevbd$，n 为 N 型半导体的电子浓度单位体积的电子数，b、d 分别为薄片的宽度和厚度。所以

$$v = \frac{I}{bdne} \tag{4.53}$$

将式(4.53)代入式(4.52)中，得

$$U_H = \frac{IB}{ned} = \frac{R_H}{d}\times IB = K_H IB \tag{4.54}$$

$$R_H = \frac{1}{ne},\ K_H = \frac{R_H}{d} \tag{4.55}$$

式中，R_H 为霍尔常数(m^3/C)，由载流材料的性质决定；K_H 为传感器的灵敏度(V/A・T)，它与载流材料的物理性质和几何尺寸有关，表示单位磁感应强度和单位控制电流时的霍尔电势大小。一般载流子电阻率 ρ、磁导率 μ 和霍尔常数 R_H 的关系为

$$R_H = \rho\mu \tag{4.56}$$

由于电子的迁移率大于孔穴的迁移率，因此霍尔元件多用 N 型半导体材料制作。

霍尔元件越薄，K_H 越大，厚度为微米级。虽然金属导体的载流子迁移率大，但其电阻率较低；而绝缘材料电阻率较高，但载流子迁移率很低，两者都不适宜于做霍尔元件。只有半导体材料为最佳材料，目前用得较多的材料有锗、硅、锑化铟、砷化铟、砷化镓等。

2. 霍尔元件的基本测量电路

霍尔元件为一四端型器件，一对控制电极和一对输出电极焊接在霍尔基片上。在基片外

用金属或陶瓷、环氧树脂等封装作为外壳,霍尔元件符号如图4.35所示,基本测量电路如图4.36所示。控制电流I由电压源供给,R_W调节控制电流的大小,R_L为负载电阻,可以是放大器的内阻或指示器内阻。

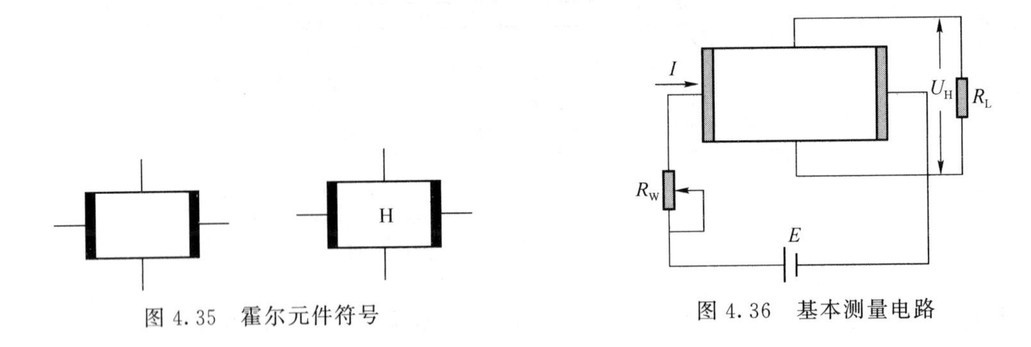

图4.35　霍尔元件符号

图4.36　基本测量电路

霍尔效应建立的时间极短($10^{-12}\sim10^{-14}$ s),频率响应很高。控制电流既可以是直流,也可以是交流。

3. 霍尔元件的主要特性参数

(1) 输入电阻R_i和输出电阻R_0

R_i为控制电极之间的电阻值,R_0为霍尔元件输出电极之间的电阻,单位为欧姆。测量时,应在无外磁场和室温变化的条件下,用欧姆表测量。

(2) 额定激励电流和最大允许控制电流

当霍尔元件通过控制电流使其在空气中产生10 ℃的温升时,对应的控制电流值被称为额定控制电流。元件的最大温升限制所对应的控制电流值被称为最大允许控制电流。由于霍尔电势随着激励电流的增大而增大,所以在实际应用中,在满足温升的条件下,尽可能地选用较大的工作电流。改善霍尔元件的散热条件可以增大最大允许控制电流值。

(3) 不等位电势U_0和不等位电阻r_0

在额定控制电流下,不加外磁场时,霍尔输出电极空载输出电势为不等位电势,单位为mV。不等位电势产生的主要原因是两个霍尔电极没有安装到同一等位面上所致。一般要求不等位电势小于1 mV。

不等位电势U_0与额定控制电流I_0之比,被称为霍尔元件的不等位电阻r_0。

不等位电势的测量可以将霍尔元件经电位器接在直流电源上,调节电位器使控制电流等于额定值I_0,在不加外磁场的条件下,用直流电位差计测得霍尔输出电极间的空载电势值,即为不等位电势U_0。不等位电阻由U_0/I_0求出。

(4) 寄生直流电势

当无外加磁场,霍尔元件通以交流控制电流时,霍尔电极的输出除了交流不等位电势外,还有一个直流电势,被称为寄生直流电势。该电动势是由于霍尔元件的两对电极非完全欧姆接触形成整流效应,以及两个霍尔电极的焊点大小不等、热容量不同引起温差所产生的。因此在霍尔元件制作和安装时,应尽量使电极欧姆接触,并做到有良好的散热条件,散热均匀。

4. 霍尔元件的误差及补偿

由于制造工艺问题和实际使用时存在的各种影响霍尔元件性能的因素,都会影响霍尔元件的精度。这些因素主要包括不等位电势和环境温度变化。

不等位电势是一个主要的零位误差，在制造霍尔元件时，由于制造工艺限制，两个霍尔电极不能完全位于同一等位面上，如图 4.37 所示。因此当有控制电流 I 流过时，即使外加磁感应强度为零，霍尔电极上仍有电势存在，该电势为不等位电势。另外，由于霍尔元件的电阻率不均匀、厚度不均匀及控制电流的端面接触不良，也会产生不等位电势。

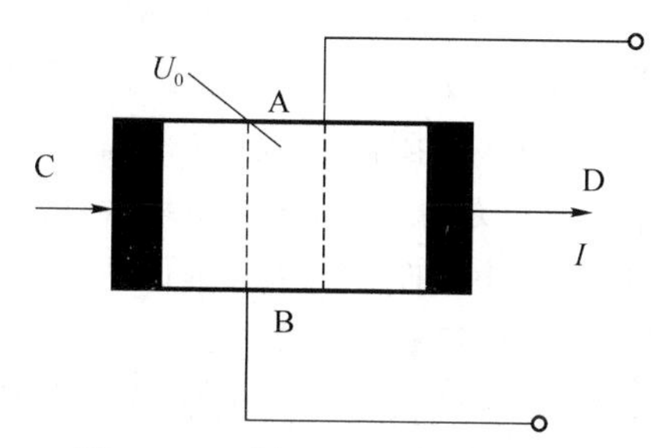

图 4.37　霍尔元件的不等位电势

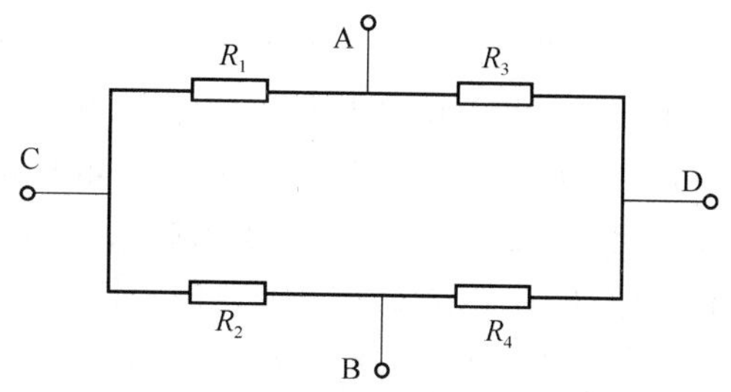

图 4.38　霍尔元件的等效电路

为了减小不等位电势，可以采用电桥平衡原理加以补偿。由于霍尔元件可以等效为一个四臂电桥，如图 4.38 所示。$R_1 \sim R_4$ 为电极间的等效电阻。理想情况下，不等位电势为零，电桥平衡，相当于 $R_1 = R_2 = R_3 = R_4$。如果不等位电势不为零，相当于四臂电阻不全相等，此时应根据霍尔输出电极两点电位的高低，判断应在哪一个桥臂上并联电阻使电桥平衡，从而消除不等位电势。不等位电势补偿电路原理如图 4.39 所示，为了消除不等位电势，一般在阻值较大的桥臂上并联电阻。

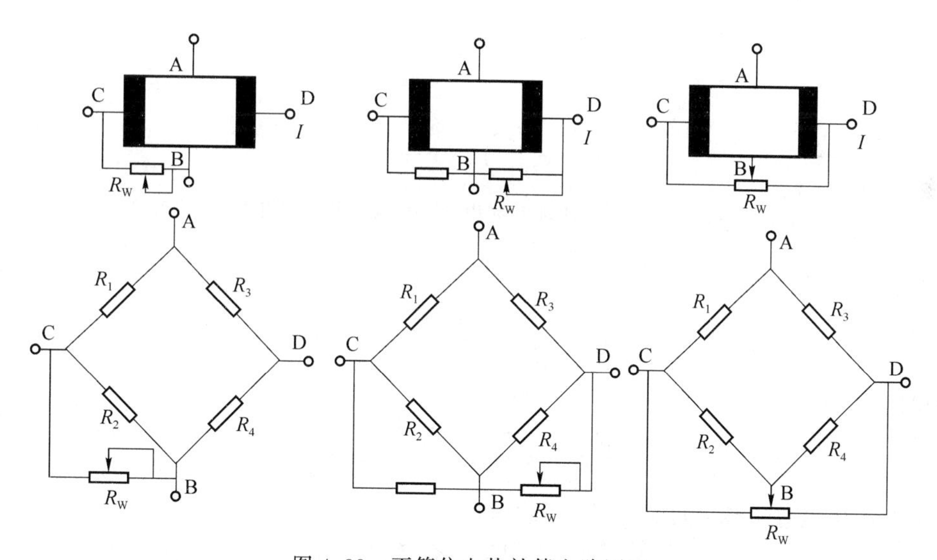

图 4.39　不等位电势补偿电路原理

当温度变化时，霍尔元件的载流子浓度 n、迁移率 μ、电阻率 ρ 及灵敏度 K_H 都将发生变化，致使霍尔电动势变化，产生温度误差。温度误差影响结果使灵敏度系数 K_H 及霍尔元件内阻 R_i（输入和输出电阻）变化。

霍尔元件的灵敏度与温度的关系为

$$K_{Ht} = K_{H0}[1 + \alpha(t - t_0)] = K_{H0}(1 + \alpha\Delta t) \tag{4.57}$$

式中，K_{H0} 为 t_0 时的灵敏度；Δt 为温度变化量；α 为霍尔电势的温度系数。

霍尔元件的内阻与温度的关系为

$$R_{it}=R_{i0}[1+\beta(t-t_0)]=R_{i0}(1+\beta\Delta t) \tag{4.58}$$

式中,R_{i0}为t_0时的内阻;Δt为温度变化量;δ为内阻的温度系数。

由公式$U_H=K_H IB$可知,若恒流源供电,当B、I一定时,K_H变化,U_H变化;若恒压源供电,当B、E一定时,R_i变化,I变化,U_H也变化。

温度补偿的思路是当温度变化时,使$K_H I$这个乘积保持不变。方法是用一个分流电阻R与霍尔元件的控制电极并联,采用恒流源供电。当霍尔元件的输入电阻随着温度的升高而增加时,一方面,霍尔灵敏度增大,使霍尔电势输出有增大趋向;另一方面,其输入电阻增大,旁路分流电阻自动加强分流,减小了控制电流I,使霍尔电势输出有减小趋向,$K_H I$基本保持不变,达到补偿目的。恒流源加并联电阻补偿法温度补偿电路如图 4.40 所示。

当温度为t_0时,元件灵敏度为K_{H0},输入电阻为R_{i0}。当温度为t时,元件灵敏度为K_{Ht},输入电阻为R_{it}。

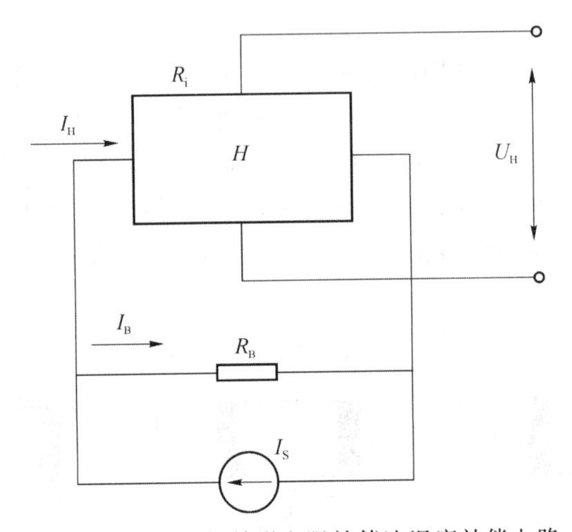

图 4.40　恒流源加并联电阻补偿法温度补偿电路

当温度为t_0时

$$I_{H0}=\frac{R_B I_S}{R_B+R_{i0}} \tag{4.59}$$

当温度为t时

$$I_{Ht}=\frac{R_B}{R_B+R_{it}}I_S=\frac{R_B}{R_B+R_{i0}(1+\beta\Delta T)}I_S \tag{4.60}$$

为了使霍尔电势不随温度而变化,必须保证

$$K_{H0}I_{H0}B=K_{Ht}I_{Ht}B \tag{4.61}$$

将有关式代入式(4.61)得

$$K_{H0}\frac{R_B}{R_B+R_{i0}}I_S B=K_{H0}(1+\alpha\Delta T)\frac{R_B}{R_B+R_{i0}(1+\beta\Delta T)}I_S B \tag{4.62}$$

经整理得

$$R_B=\frac{\beta-\alpha}{\alpha}R_{i0} \tag{4.63}$$

当霍尔元件选定后,它的输入电阻R_{i0}、温度系数β以及霍尔电势温度系数α可以从元件参数手册中查出,由式(4.63)可计算出分流电阻的阻值。输入回路串联电阻补偿和输出回路并联电阻补偿等方法，这里不再赘述。

5. 霍尔元件的类型

霍尔元件有分立型和集成型两大类。其中以集成型应用居多，集成型有线性霍尔元件和开关型霍尔元件两种。它们的根本区别在于集成的处理电路不同，相应的传感器为线性霍尔集成传感器和开关型霍尔集成传感器。

(1) 线性霍尔集成传感器

线性霍尔集成传感器是将霍尔元件、放大器、电压调整、电流放大输出级、失调调整和线性度调整等部分集成到一块芯片上，其特点是输出电压随外磁场强度 B 成线性变化。线性霍尔集成传感器电路结构如图 4.41 所示。

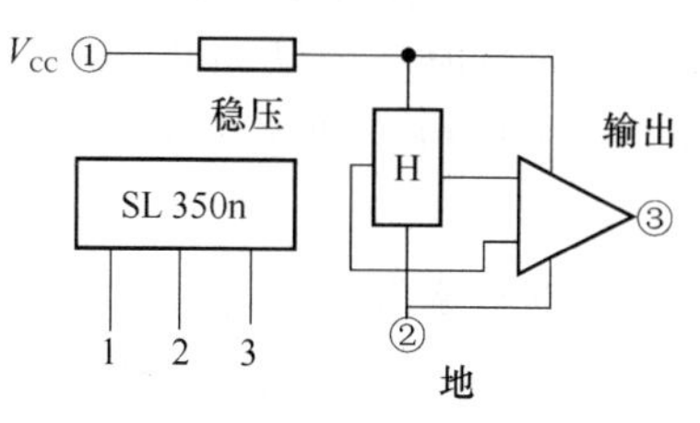

图 4.41　线性霍尔集成传感器电路结构

(2) 开关型霍尔集成传感器

采用硅平面工艺技术将霍尔元件、滞回比较器、放大输出集成在一起，构成开关型霍尔集成传感器，其电路结构如图 4.42 所示。电压基准将由 1 端加入的电压转变为标准电压加在霍尔片上。当外加磁场 B 小于霍尔元件磁场的工作点 B_P 时，霍尔元件的输出电压不足以使滞回比较器翻转，滞回比较器输出低电平，三极管截止，输出高电平；当外加磁场 B 大于霍尔元件磁场的工作点 B_P 时，霍尔元件的输出电压使滞回比较器翻转，滞回比较器输出高电平，三极管导通，输出低电平。若此时外加磁场逐渐减弱，霍尔元件输出并不立刻变为高电平，而是减弱至磁场释放点 B_V，滞回比较器才翻转为低电平，输出端为高电平。

霍尔元件的磁场工作点 B_P 和释放点 B_V 之差是磁感应强度的回差宽度 ΔB。B_P 和 ΔB 是霍尔元件的两个重要参数。B_P 越小，元件的灵敏度越高；ΔB 越大，元件的抗干扰能力越强。

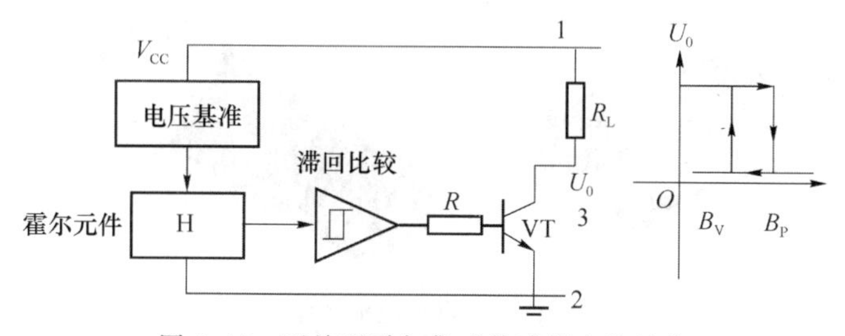

图 4.42　开关型霍尔集成传感器电路结构

6. 霍尔传感器的应用

(1) 霍尔式位移传感器

由公式 $U_H = K_H IB$ 可知，当控制电流 I 恒定时，霍尔电势与磁感应强度 B 成正比，若将霍尔元件放在一个均匀梯度的磁场中移动，磁感应强度 B 与位移 x 成线性关系，则其输出的霍尔电势的变化就可反映霍尔元件的位移，如图 4.43 所示。利用这个原理可对微位移测量。以测量微位移为基础，可以测量许多与微位移有关的非电量，如压力、应变、机械振动、加速度等。理论和实践表明，磁场的梯度越大，灵敏度越高；梯度变化越均匀，霍尔电势与位移的关系越接近线性。

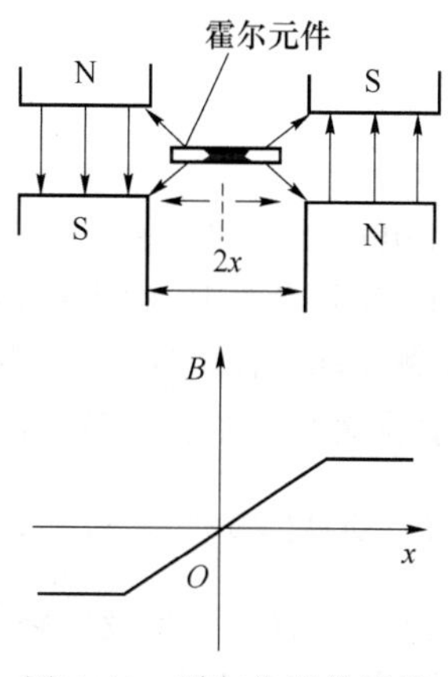

图 4.43　霍尔位移传感器

(2) 霍尔转速传感器

霍尔转速传感器钳形电流表如图 4.44 所示。磁性转盘的输入轴与被测转轴相连,当被测转轴转动时,磁性转盘随之转动,固定在磁性转盘附近的霍尔传感器便可在每一个小磁极通过时产生一个相应的脉冲,检测出单位时间的脉冲数,便可知被测转速。磁性转盘上小磁铁数目的多少决定了传感器测量转速的分辨率。

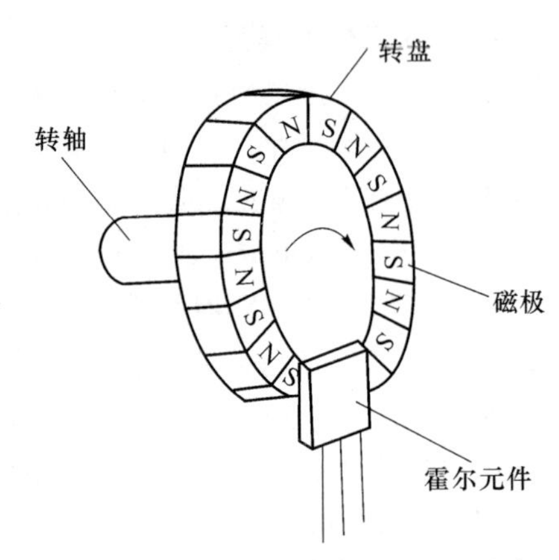

图 4.44 霍尔转速传感器钳形电流表

轴的转速为

$$n = \frac{60f}{Z}\text{r/min} \tag{4.64}$$

式中 Z 为转盘的磁极数。

霍尔转速传感器在车速测量、电子水表水量计量等应用中可作为检测元件。

钳形电流表可测量导线中流过的较大电流,其结构如图 4.45 所示。导线穿过钳形电流表铁芯,当电流流过导线时,将在导线周围产生磁场,磁场大小与流过导线的电流大小成正比,这一磁场可以通过软磁材料来聚集,然后用安装在铁芯端部的霍尔器件进行检测。设磁场磁感应强度与导线电流关系为

$$B = K_{\mathrm{P}} I_{\mathrm{P}} \tag{4.65}$$

霍尔器件产生霍尔电势为

$$U_{\mathrm{H}} = K_{\mathrm{H}} IB = K_{\mathrm{H}} IK_{\mathrm{P}} I_{\mathrm{P}} = KI_{\mathrm{P}} \tag{4.66}$$

图 4.45 钳形电流表结构

霍尔元件还可制成霍尔电流传感器,检测导线中直流电流大小。

4.4 光电池

光电池是一种直接将光能转换为电能的光电器件,它不需要外部电源供电。光电池的种类较多,有硅光电池、硒光电池、氧化亚铜光电池、砷化镓光电池等。常用的光电池是硅光电池,因为它具有稳定性好、光谱范围宽、频率特性好等优点,被广泛应用于太阳能发电、供暖、光照强度检测与控制、高速计数等领域。

4.4.1 光电池的结构和工作原理

光电池结构、外形及电路符号如图 4.46 所示。在 N 型硅片上,用扩散方法掺入一些 P 型杂质而形成一个大面积 PN 结。

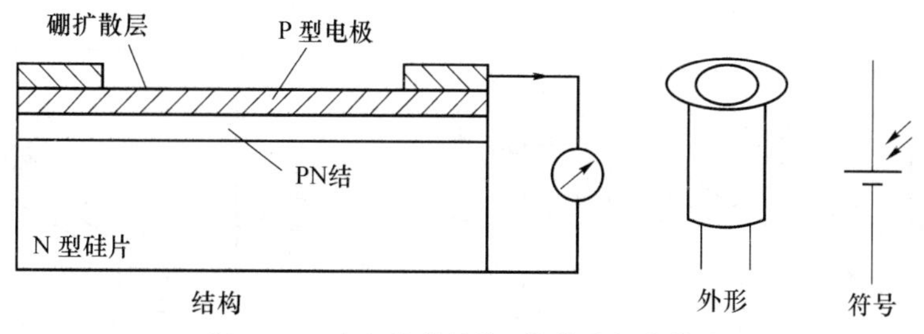

图 4.46　光电池的结构、外形及电路符号

光电池工作原理如图 4.47 所示。光照射到大面积 PN 结的 P 区，当光子能量大于 P 区半导体的禁带宽度时，P 区每吸收一个光子就产生一对光生电子-孔穴对，表面产生诸多光生电子空穴对。由于浓度差，电子向 N 区扩散，到达 PN 结，在结电场的作用下，越过 PN 结到达 N 区，P 区失去电子带正电荷，N 区得到电子带负电荷。此现象为光生伏特效应。

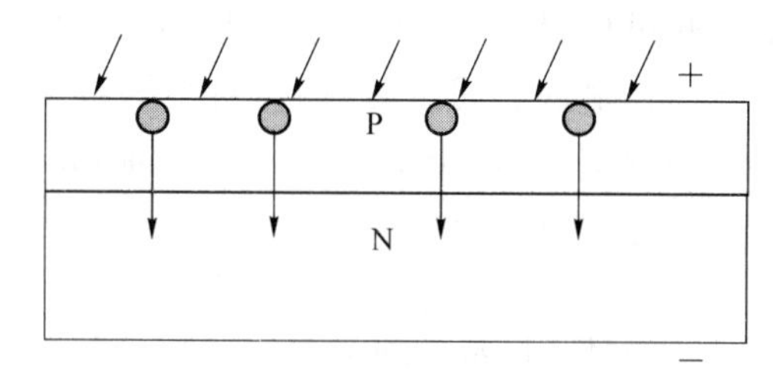

图 4.47　光电池工作原理

光电池开路可输出电压，短路可输出电流。光电池工作状态如图 4.48 所示。

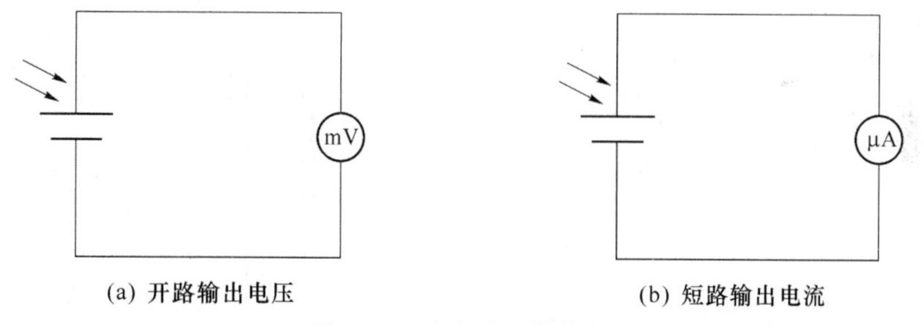

图 4.48　光电池工作状态

4.4.2　光电池的基本特性

1. 光照特性

光电池在不同的光照强度下可产生不同的光电流和光生电动势。硅光电池的光照特性如图 4.49 所示。从曲线可以看出，短路电流在很大范围内与光照强度成线性关系，光电池工作于短路电流状态，可做检测元件。开路电压（负载电阻 R_L 无限大时）与光照度的关系是非线性的，并且当照度在 2 000 lx 时趋于饱和。光电池工作于开路电压状态，可做开关元件。

从实验可知，负载电阻越小，光电流与光照强度的线性关系越好，即光照特性越好。

2. 光谱特性

光电池对不同波长的光，其相对灵敏度是不同的。光电池的相对灵敏度与入射波长的关系被称为光谱特性，也称光谱响应。光电池的光谱特性曲线如图 4.50 所示，其相对灵敏度为

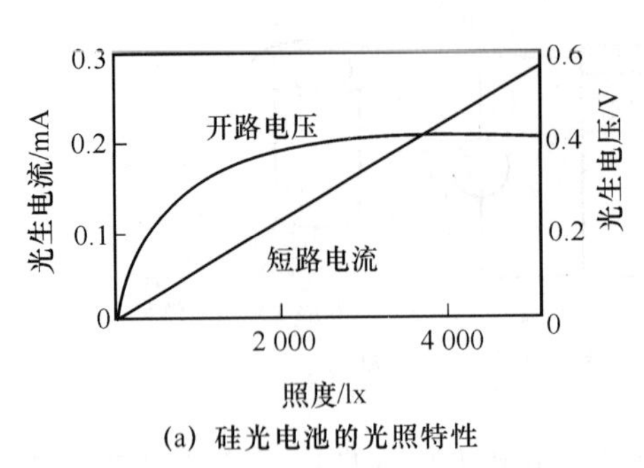

(a) 硅光电池的光照特性

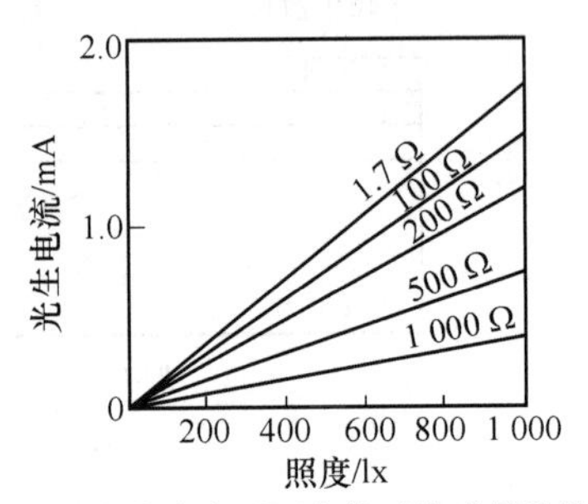

(b) 硅光电池在不同负载下的光照特性

图 4.49 硅光电池的光照特性

$$K_r\% = \frac{I_0}{I_{0\max}} \times 100\% \tag{4.67}$$

从图 4.50 中可以看出,不同材料,其峰值波长不同,硅光电池峰值波长在 800 nm 附近,硒光电池峰值波长在 500 nm 附近。同一种材料,对不同波长的入射光,其相对灵敏度不同,响应电流不同。应根据光源的性质,选择合适的光电池,使光电元件得到较高的相对灵敏度。

3. 频率响应

光电池作为测量、计数、接收元件时,常受到交变(调制光)照射。光电池的频率特性是反映光的交变频率和光电池输出电流的关系,如图 4.51 所示。从曲线可以看出,硅光电池具有很高的频率响应,可广泛应用于高速计数中。

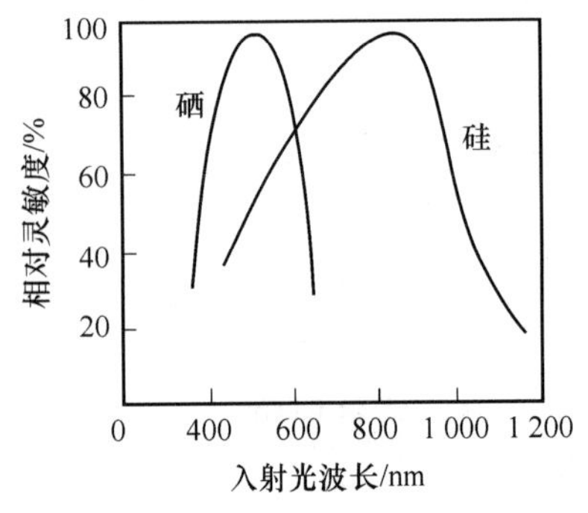

图 4.50 光电池的光谱特性曲线

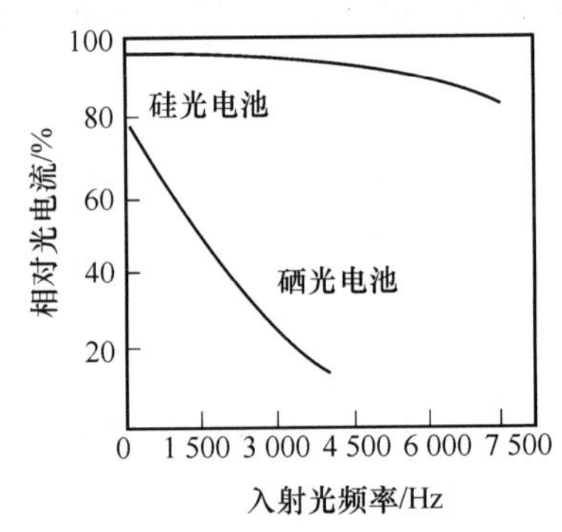

图 4.51 光电池的频率特性

4. 温度特性

光电池的温度特性是指其开路电压和短路电流随温度的变化关系。光电池的温度特性曲线如图 4.52 所示。当温度上升 1 ℃,开路电压约降低 3 mV,短路电流约上升 2×10^{-6} A。由于温度变化影响到测量精度和控制精度等重要指标,因此将光电池作为测量元件使用时,应保证温度恒定或采取温度补偿措施。

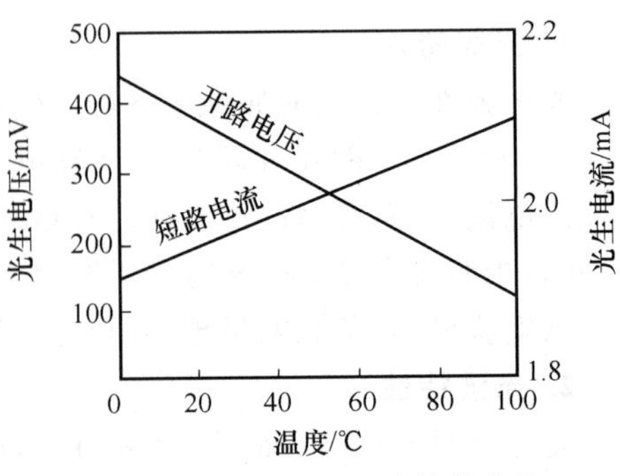

图 4.52 光电池的温度特性曲线

4.4.3　光电池的应用

1. 光电池在自动干手器中应用

自动干手器控制原理如图 4.53 所示。220 V 交流电经过变压器降压、桥式整流、电容滤波,变为 12 V 直流电压供给检测电路。将继电器线圈接于检测电路中三极管的集电极,其常开触点串联在风机和电阻丝的供电回路。手放入干手器时,手遮住灯泡发出的光,光电池不受光照,晶体管基极正偏而导通,继电器吸合。风机和电热丝通电,热风吹出烘手。手干抽出后,灯泡发出光直接照射到光电池上,产生光生电动势,使三极管基射极反偏而截止,继电器释放,从而切断风机和电热丝的电源。

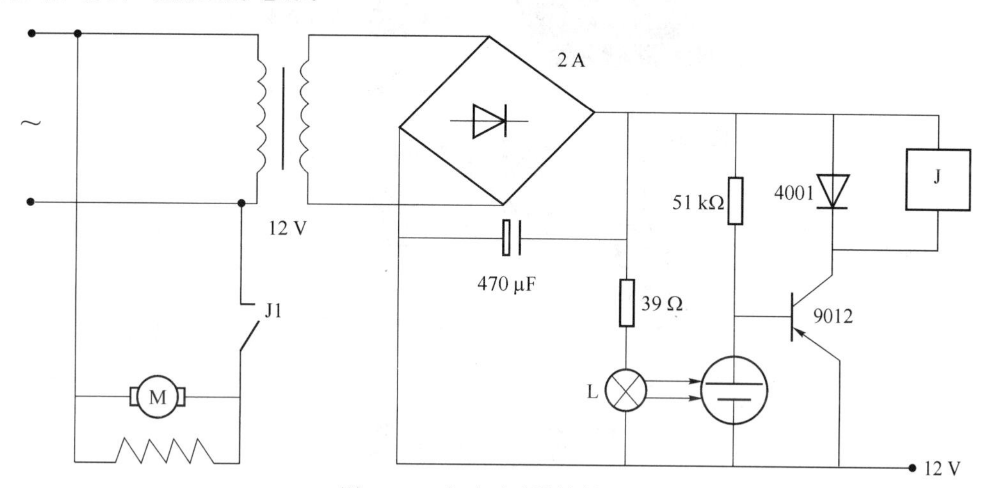

图 4.53　自动干手器控制原理

2. 光电转速传感器

光电数字转速表工作原理如图 4.54 所示。在电机轴上安装一个齿数为 N 的调制盘,在调制盘的一边安装光源,产生恒定的光透过调制盘的齿间隙到达光电池。当被测轴转动带动调制盘转动时,恒定光经调制变为交变光,照射到光电池,转换为相应的电脉冲信号,经放大整形输出矩形脉冲信号,输入数字频率计计数。每分钟转速 n 与脉冲频率 f 关系为

$$n = \frac{60f}{N}\ \text{r/min} \tag{4.68}$$

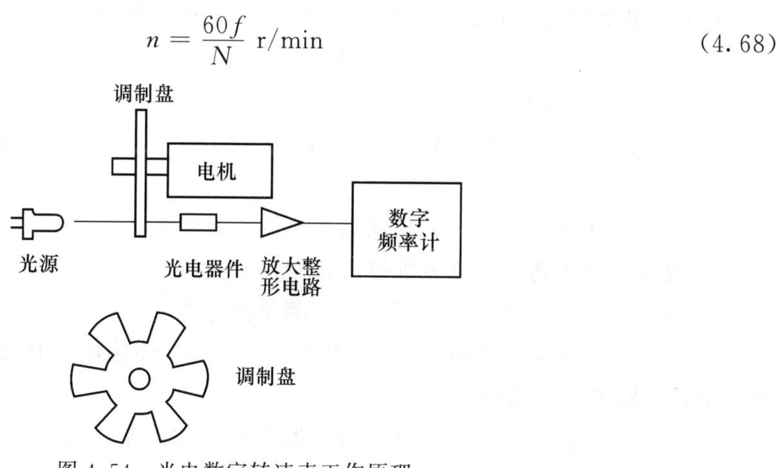

图 4.54　光电数字转速表工作原理

3. 太阳能光伏发电

太阳能光伏发电系统组成如图4.55所示。光电池作为能量转换元件,将光能转换为电能,多晶硅、单晶硅、非晶硅都可以作为光电池材料。由光电池材料制成电池组件,在光照条件下,太阳电池组件产生一定的电动势,通过组件的串并联形成太阳能电池方阵,使得方阵电压达到系统输入电压的要求。再通过充放电控制器对蓄电池进行充电,将由光能转换而来的电能储存起来。晚上,蓄电池组为逆变器提供输入电能,通过逆变器的作用,将直流电转换成交流电,提供交流负载电源。

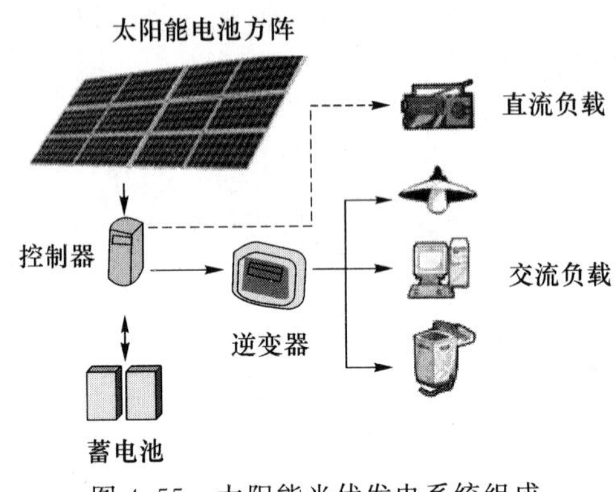

图4.55　太阳能光伏发电系统组成

思考题与习题

1. 简述热电偶的工作原理。

2. 试用热电偶的基本原理,证明热电偶回路的几个基本定律。

3. 为何要对热电偶进行冷端温度补偿?常用的冷端温度补偿方法有哪些?说明冷端补偿导线的作用,电桥法补偿原理。

4. 用热电偶测温,当冷端为 $t_n=20$ ℃时,在热端温度为 t 时测得热电势 $E(t,20)=5.351$ mV,回答以下几个问题。(已知 $E(20,0)=0.113$ mV ,$E(622,0)=5.464$ mV)

(1) 测温时,对补偿导线要求。

(2) 如果要将热电偶最大输出放大到2 V,应加何种放大器,放大倍数为多少?

(3) 为何热电偶传感器可以接各种放大器?

(4) 求实际测量温度。

(5) 如果采用热电偶传感器加放大器加12位A/D加单片机测量温度,定性说明温度测量方法。

5. 纵向与横向压电效应的相同点和不同点有哪些?

6. 说明压电传感器前置放大器的作用。

7. 为何电压输出型压电传感器不宜测量静态力?

8. 在测量高频动态力时,电压输出型压电传感器连接电缆长度为何要定长?而电荷输出型压电传感器连接电缆长度无此要求?

9. 用石英晶体加速度计及电荷放大器测量机器的振动,已知加速度计灵敏度为5 PC/g,电荷放大器灵敏度为50 mV/PC。当机器达到最大加速度值时,相应的输出电压幅值为2 V,

试求该机器的振动加速度。

10. 霍尔元件不等位电势的产生原因及消除方法?

11. 说明霍尔元件温度补偿原理。

12. 说明变磁通磁电传感器测量轴的转速原理。

13. 用霍尔转速传感器测轴的转速,若传感器一周磁计数为 10,5 秒内测得计数值为 100 个,求轴的转速。

14. 在选择光电池作为检测元件时,应注意哪些问题?

第5章　数字检测装置

将被测量直接或间接地转换成数字量的传感器叫作数字检测装置或数字传感器。这类传感器是现代测量技术、计算技术和微电子技术相结合的产物,已经被广泛用于各类检测系统中。数字传感器具有体积小、重量轻、结构紧凑、抗干扰能力强、工作可靠、分辨率高、能避免人工读标尺或曲线图时产生的人为误差等特性,适用于要求高稳定性、高精确度的检测系统。本章主要介绍常用的角度数字编码器、光栅传感器、感应同步器和磁栅等几种数字检测装置。

5.1　角度数字编码器

角度数字编码器是测量位置和角位移最直接有效的检测装置。编码器主要分为码盘式(绝对编码器)和脉冲盘式(增量编码器)两大类,脉冲盘式编码器不能直接输出数字编码,需要增加有关数字电路才能得到数字编码;而码盘式编码器能直接输出某种码制的数码。

5.1.1　绝对式角度数字编码器

绝对式编码器也称盘式编码器,主要由安装在旋转轴上的码盘、窄缝以及安装在码盘两边的光源和光敏元件等组成,其结构如图5.1所示。码盘由玻璃制成,其上刻有许多同心码道,每位码道都按一定编码规律(二进制、十进制、循环码等)分布着透光和不透光部分,即亮区和暗区。对应于亮区和暗区光敏元件输出的信号分别是“1”和“0”,码盘构造如图5.2所示。

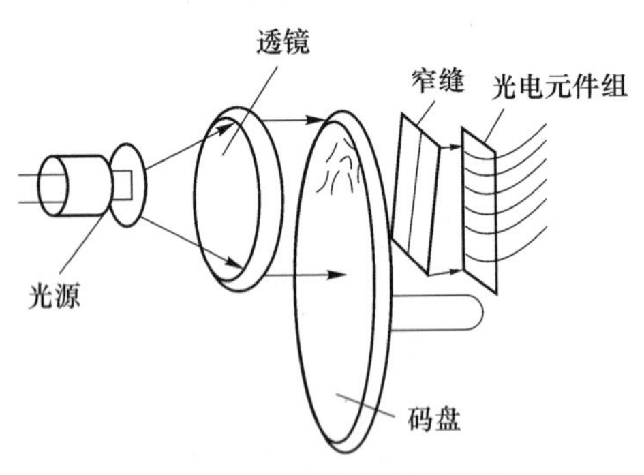

图5.1　绝对式编码器结构

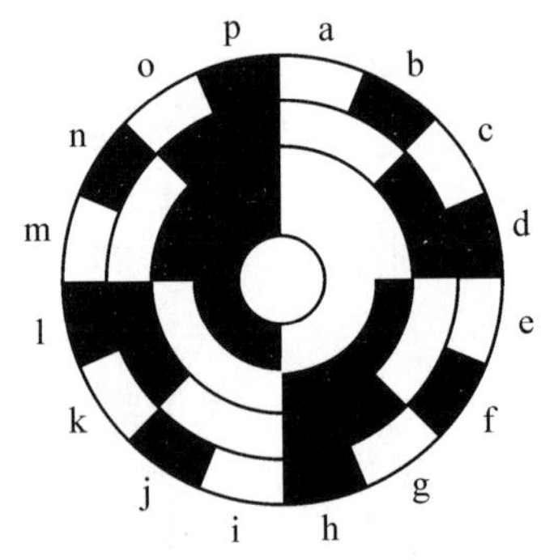

图5.2　码盘构造

图5.2由四个同心码道组成,当来自光源的光束经聚光透镜照射到码盘时,转动码盘,光束经过码盘进行角度编码,再经窄缝射入光电元件。光电元件的排列与码道一一对应,即保证每个码道由一个光电元件负责接收透过的光信号。码盘转至不同位置时,光电元件的输出信号反映了码盘的角位移大小。光路上的窄缝是为了方便取光,提高光电转换效率。

码盘的刻画可采用二进制、十进制、循环码等方式。图5.2采用的是四位二进制方式,实际上是将圆周360°分为 $2^4=16$ 个方位,显然一个方位对应360°/16=22.5°。码道对应的二进制位是内高外低,即最外层为第一位。最内层将整个圆周分为一个亮区和一个暗区,对应着

2^1；次内层将整个圆周分为相间的两个亮区和两个暗区，对应着 2^2；以此类推，最外层对应着 $2^4=16$ 个黑白间隔。进行测量时，每个角度对应一个编码，如零位对应 0000（全黑），第 13 个方位对应 $13=2^0+2^2+2^3$，即二进制位的 1101（左高右低）。只要根据码盘的起始和终止位置，就可以确定角位移。一个 n 位二进制码盘的最小分辨率为 $360°/2^n$。

二进制码盘最大的问题是任何微小的操作，都可能造成读数的粗大误差。对于二进制码，当某一较高位改变时，所有比它低的各位数都要同时改变。如果因为刻画误差导致某一高位提前或延后改变，将造成粗大误差。以图 5.2 码盘为例，当码盘随转轴做逆时针方向旋转时，在某一位置输出本应由数码 0000 转换到 1111（对应十进制 15），因为刻画误差却可能给出数码 1000（对应十进制 8），二者相差极大，被称为粗大误差。

为了消除粗大误差，应用最广泛的方法是采用循环码，循环码、二进制码和十进制数的对应关系如表 5.1 所示。循环码的特点是：它是一种无权码，任何相邻的两个数码间只有一位是变化的，因此码盘如果存在刻画误差，该误差只影响一个码道的读数，产生的误差最多等于最低位的一个分辨率单位。如果 n 较大，这种误差的影响不会太大，不存在粗大误差，能有效克服由于制作和安装不准带来的误差。因此循环码盘得到广泛应用。

表 5.1　循环码、二进制码和十进制数的对照关系

十进制数	二进码	循环码	十进制数	二进码	循环码
0	0000	0000	8	1000	1100
1	0001	0001	9	1001	1101
2	0010	0011	10	1010	1111
3	0011	0010	11	1011	1110
4	0100	0110	12	1100	1010
5	0101	0111	13	1101	1011
6	0110	0101	14	1110	1001
7	0111	0100	15	1111	1000

编码器的精度主要由码盘的精度决定，为了保证精度，码盘的透光和不透光部分必须清晰，边缘必须锐利，以减少光电元件在电平转换时产生的过渡噪声。分辨率只取决于位数，与码盘采用的码制没有关系。

循环码存在的问题是：它是一种无权码，译码相对困难，通常先转换为二进制码，再译码。按照表 5.1，循环码和二进制码的转换关系为

$$\left.\begin{aligned} B_n &= C_n \\ B_i &= C_i \oplus B_{i+1} \end{aligned}\right\} \tag{5.1}$$

式中，C 代表循环码；B 代表二进制码；i 为所在的位数；$\oplus$ 为不进位加，即异或。

使用绝对式编码器时，如果被测转角不超过360°，那么它提供的是转角的绝对值，即从起始位置所转过的角度。在使用过程中如果遇到停电，在恢复供电后的显示值仍然能正确反映当时的角度。当被测角大于360°时，为了仍能得到转角的绝对值，可以用两个或多个码盘与机械减速器配合，扩大角度量程；如果选用两个码盘，两者间的转速为 10∶1，此时测角范围可扩大 10 倍。

5.1.2 增量式角度数字编码器

增量式角度数字编码器也称脉冲盘式编码器,不能直接产生 n 位的数码输出,转动时产生串行光脉冲,用计数器将脉冲数累加就可反映转过的角度。但如果停电,累加的脉冲数就会丢失,因此须有停电记忆措施。

1. 工作原理

增量式角度数字编码器在圆盘上开有相等角距的缝隙,外圈 A 为增量码道,内圈 B 为辨向码道,内、外圈的相邻两缝隙之间错开半条缝宽的距离;另外在内外圈之外的某一径向位置也开有一条缝隙,表示码盘的零位,码盘每转一圈,零位的光敏元件就产生一个脉冲,被称为"零位脉冲"。在开缝圆盘的两边分别安装光源及光敏元件,增量式角度数字编码器原理如图 5.3所示。

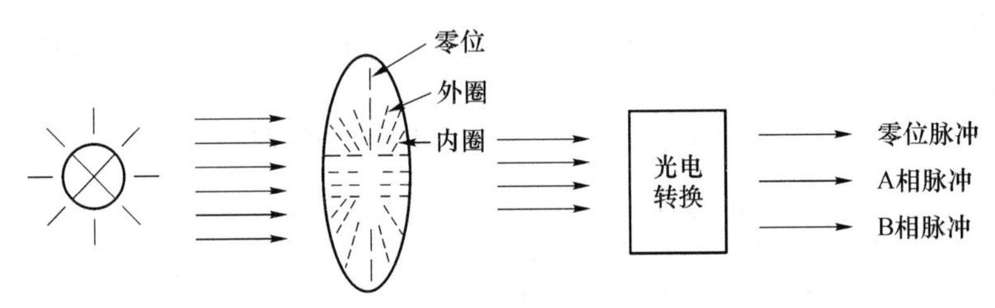

图 5.3 增量式角度数字编码器原理

一种增量式编码器结构如图 5.4 所示,在一个码盘的边缘上开有相等角度的缝隙(分为透明和不透明部分),在开缝码盘两边分别安装光源及光敏元件。当码盘随工作轴一起转动时,每转过一个缝隙就产生一次光线的明暗变化,再经整形放大,可以得到一定幅值和功率的电脉冲输出信号,脉冲数等于转过的缝隙数。如将上述脉冲信号送到计数器中去进行计数,从测得的数码数就能知道码盘转过的角度。

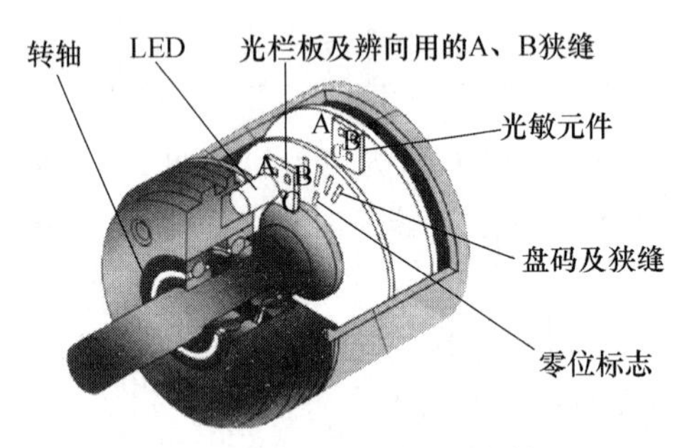

图 5.4 增量式编码器结构

2. 辨向原理

为了判断码盘旋转方向,可以采用辨向电路来实现,如图 5.5 所示,其输出波形如图 5.6 所示。

光敏元件 1 和 2 的输出信号经放大整形后,产生矩形脉冲 P_1 和 P_2,它们分别接到 D 触发器的 D 端和 C 端,D 触发器在 C 脉冲(即 P_2)的上升沿触发。两个矩形脉冲相差 1/4 个周期(或相位差 90°)。码盘正转时,设光敏元件 1 比光敏元件 2 先感光,即脉冲 P_1 的相位超前脉冲 P_2 90°,D 触发器的输出 Q="1",使可逆计数器的加减控制线为高电平,计数器将做加法计数。同时,P_1 和 P_2 又经与门 Y 输出脉冲 P,经延时电路送到可逆计数器的计数输入端,计数器进行加法计数。当反转时，P_2 的相位超前脉冲 P_1 90°，D 触发器输出 Q＝"0"，计数器进行减法计数。设置延时电路的目的是等计数器的加减信号抵达后，再送入计数脉冲，以保证不丢失计数脉冲。零位脉冲接至计数器的复位端，使码盘每转动一圈计数器复位一次。这样，不论是正转还是反转，计数器每次反映的都是相对上次角度的增量，因此被称为增量式编码器。

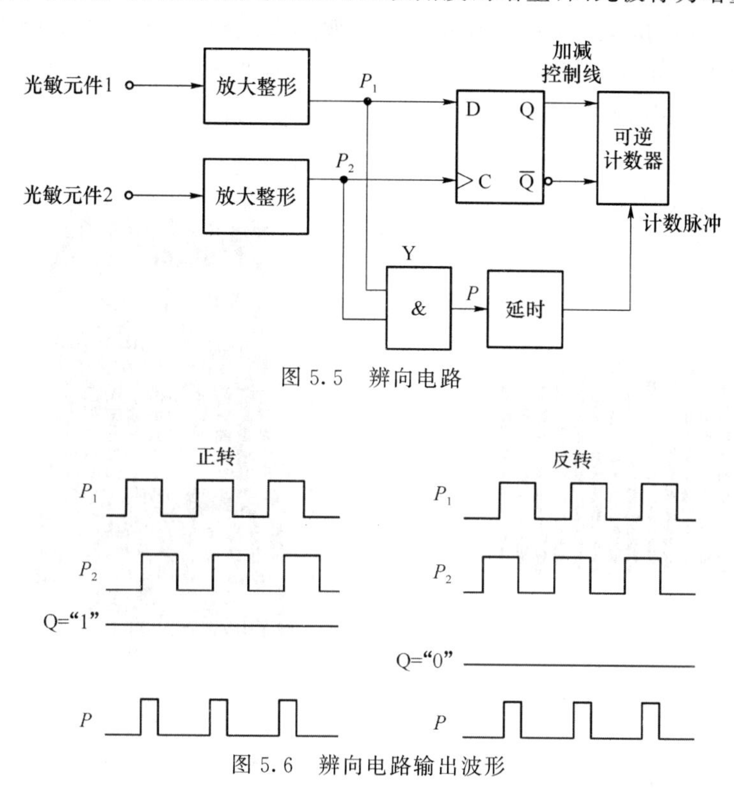

图 5.5　辨向电路

图 5.6　辨向电路输出波形

增量式编码器的最大优点是结构简单。它除了可以直接用于测量角位移外，还常用于测量转轴的转速。如果在给定时间时间内对编码器的输出脉冲进行计数，则可测量平均转速。

5.2　光栅传感器

光栅传感器是根据莫尔条纹原理制成的一种计量光栅，具有精度高、量程大、分辨率高、抗干扰能力强及可实现动态测量等特点，主要用于长度和角度的精密测量以及数控系统的位置检测等，在坐标测量仪和数控机床的伺服系统中具有广泛的应用。

5.2.1　光栅的结构和工作原理

下面以黑白、投射长光栅为例介绍光栅工作原理。

1. 光栅的结构

在一块长条形镀膜玻璃上均匀地刻制许多明暗相间、等间距分布的细条纹——光栅，如图 5.7 所示。图中 a 为栅线宽度，b 为栅线的间距，$a+b=W$ 为光栅的栅距，通常 $a=b$。目前常用的光栅是每毫米宽度上刻 10、25、100、125、250 条线。

2. 光栅的工作原理

两块具有相同栅线宽度和栅距的长光栅叠合在一起,中间留有很小的间隙,并使两光栅之间形成一个很小的夹角 θ,可以看到在近似垂直栅线方向上出现明暗相间的条纹——莫尔条纹,如图5.8所示。在两块光栅栅线重合的地方,透光面积最大,出现亮带(图中的d—d),相邻亮带之间的距离用 B_H 表示;有的地方两块光栅的栅线错开,形成了不透光的暗带(图中f—f)。当光栅的栅线宽度和栅距相等时,亮带和暗带宽度相等,将它们统一称为条纹间距。当夹角 θ 减小时,条纹间距 B_H 增大。莫尔条纹测位移具有以下特点。

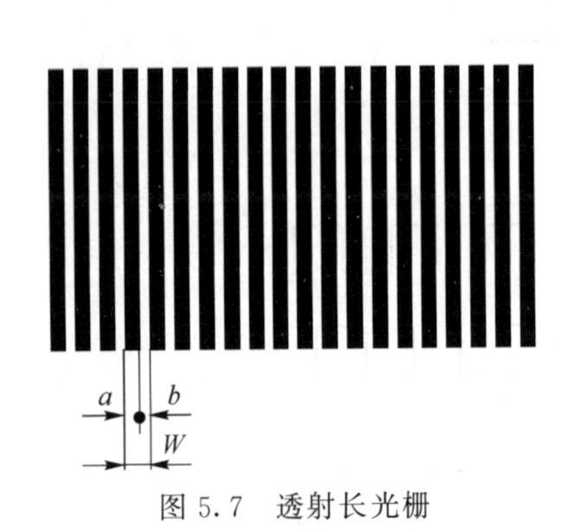

图5.7 透射长光栅

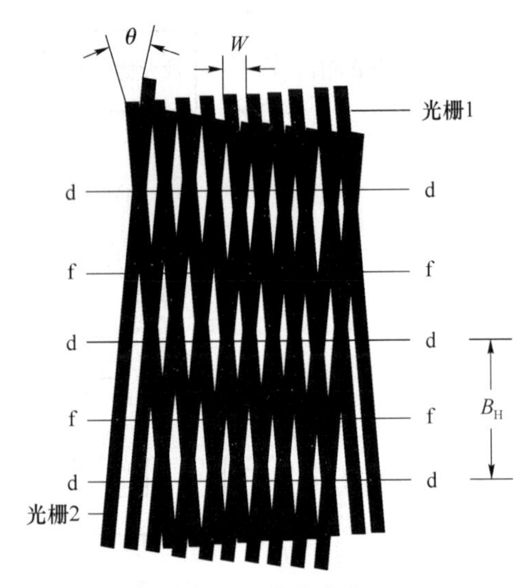

图5.8 莫尔条纹

(1) 位移放大作用

光栅每移动一个栅距 W,莫尔条纹移动一个间距 B_H,设 $a=b=W/2$,在 θ 很小的情况下,由图5.9可得出莫尔条纹的间距 B_H 与两光栅夹角 θ 的关系为

$$B_H=\frac{W/2}{\sin(\theta/2)}\approx\frac{W/2}{\theta/2}=\frac{W}{\theta} \tag{5.2}$$

式中,W 为光栅的栅距;θ 为刻线夹角(rad)。

由此可见,θ 越小,B_H 越大,B_H 相当于把栅距 W 放大了 $1/\theta$ 倍。说明光栅具有位移放大作用,从而提高了测量的灵敏度。

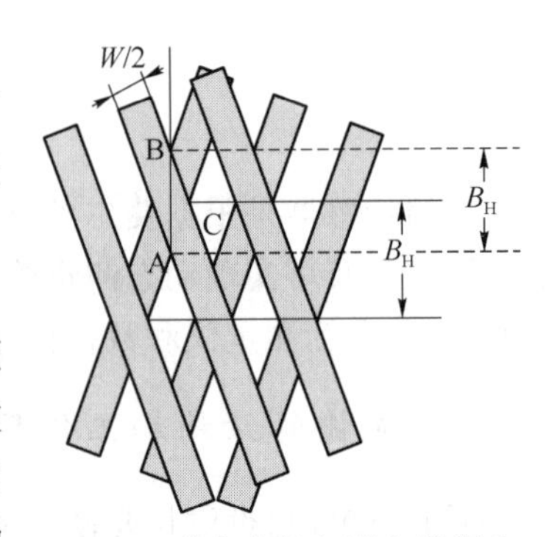

图5.9 莫尔条纹间距与栅距和夹角之间的关系

(2) 莫尔条纹移动方向

光栅每移动一个光栅间距 W,条纹跟着移动一个条纹宽度 B_H。当固定一个光栅时,另一个光栅向右移动,莫尔条纹将向上移动;反之,如果另一个光栅向左移动,莫尔条纹将向下移动。因此,莫尔条纹的移动方向有助于判别光栅的运动方向。

(3) 莫尔条纹的误差平均效应

由于光电元件接收到的是进入它视场的所有光栅刻线总的光能量,是由许多光栅刻线共同作用的结果,这使得个别刻线在加工过程中产生的误差、断线等造成的影响大大

减小。若其中某一刻线的加工误差为 δ_0，根据误差理论，它引起的光栅测量系统的整体误差可表示为

$$\Delta = \pm \frac{\delta_0}{\sqrt{n}} \tag{5.3}$$

式中 n 为光电元件能接收到对应信号的光栅刻线的条数。

利用光栅具有莫尔条纹的特性，可以通过测量莫尔条纹的移动数来测量两光栅的相对移动量，这比直接计数光栅的线纹更容易。由于莫尔条纹是由光栅的大量刻线形成的，对光栅刻线的本身刻画误差有平均抵消作用，因此测量莫尔条纹成为精密测量位移的有效手段。

3. 光栅传感器组成

光栅传感器主要是由光源、透镜、节距相等的光栅付及光电元件等组成，如图 5.10 所示。

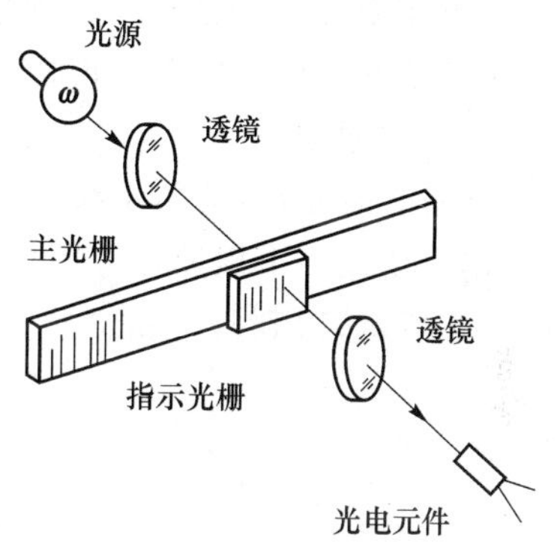

图 5.10　光栅传感器组成

利用光栅的莫尔条纹测量位移，需要两块光栅。长的为主光栅，与运动部件连在一起，它的大小与测量范围一致；短的为指示光栅，固定不动。主光栅与指示光栅之间的距离为

$$d = \frac{W^2}{\lambda} \tag{5.4}$$

式中，W 为光栅栅距；λ 为有效光波长。

当主光栅相对于指示光栅移动时，形成的莫尔条纹亮暗变化的光信号转换成电脉冲信号，并用数字显示，便可测量出主光栅的移动距离。当移动主光栅时，透过光栅付的光将产生明暗相间的变化，这种作用就如闸门一样而形成光闸莫尔条纹。光栅位移与光强、输出电压的关系如图 5.11所示。

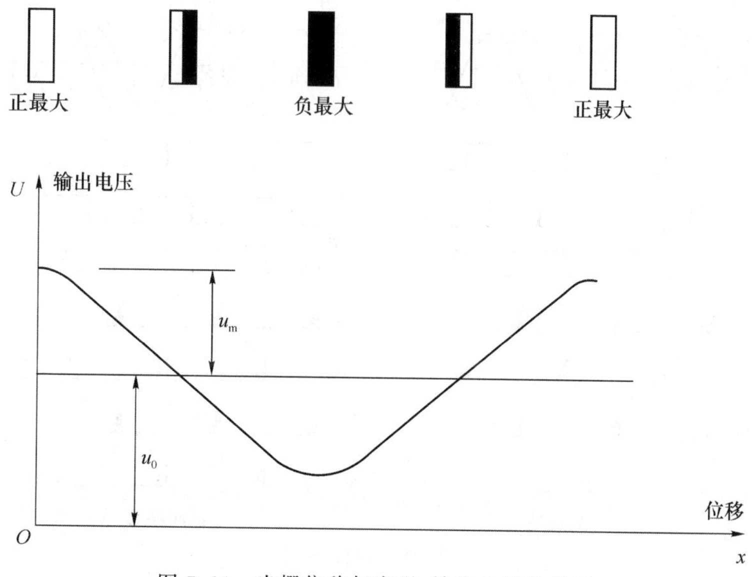

图 5.11　光栅位移与光强、输出电压的关系

光电信号的输出电压 U 可以用光栅位移 x 的正弦函数来表示

$$U = u_0 + u_m \sin\left(\frac{\pi}{2} + \frac{2\pi x}{W}\right) \tag{5.5}$$

式中，u_0，u_m 为输出电压中的平均直流分量和正弦交流分量的幅值；W 为光栅的栅距；x 为光栅位移。

由图5.11可知，当波形重复到原来的相位和幅值时，相当于光栅移动了一个栅距 W，如果光栅相对位移了 N 个栅距，此时位移 $x=NW$。因此，只要记录移动过的莫尔条纹数 N，就可以知道光栅的位移量 x 的值，这就是利用光闸莫尔条纹测量位移的原理。

5.2.2 辨向原理与细分技术

光电转换装置只能产生正弦信号，实现位移大小的确定。为了进一步确定位移方向并提高测量分辨率，须引入辨向和细分技术。

1. 辨向原理

根据前面分析，莫尔条纹每移动一个间距 B_H 对应着光栅移动一个栅距 W，相应输出信号的相位变化一个周期 2π。因此，在相隔 $B_H/4$ 间距的位置上放置两个光电元件1和2，如图5.12所示，得到两个相位差 $\pi/2$ 的正弦信号 u_1 和 u_2，经过整形后得到两个方波信号 u'_1 和 u'_2。

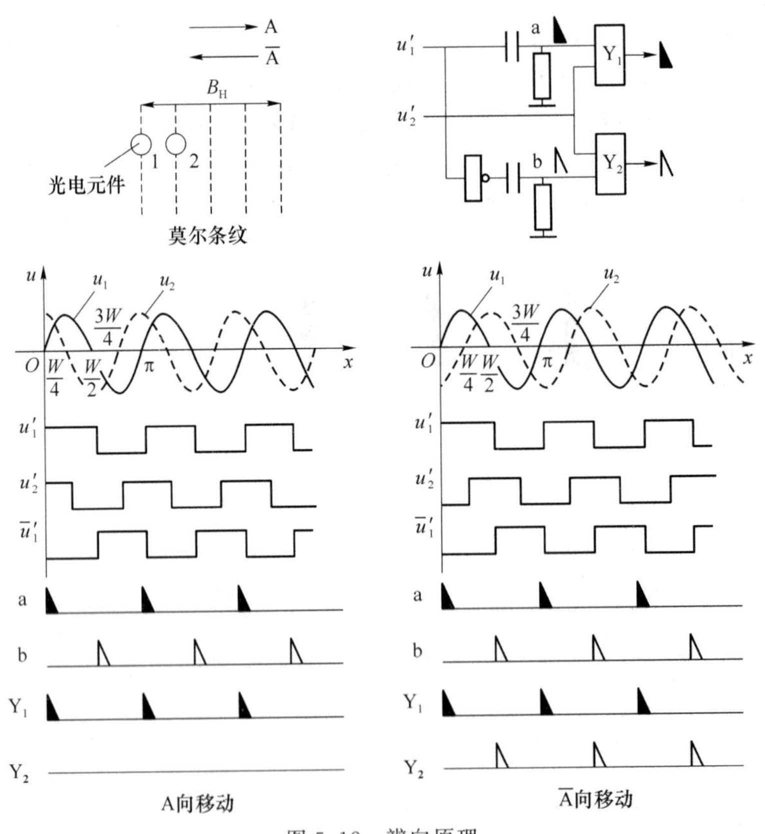

图5.12 辨向原理

从图中波形的对应关系可以看出，当光栅沿A方向移动时，u'_1 经微分电路产生的脉冲正好发生在 u'_2 的“1”电平时，从而经与门 Y_1 输出一个计数脉冲；而 u'_1 经反相并微分后产生的脉冲，则与 u'_2 的“0”电平相遇，与门 Y_2 被阻塞，无脉冲输出。

当光栅沿 $\overline{A}$ 方向移动时，u'_1 的微分脉冲发生在 u'_2 为“0”电平时，与门 Y_1 无脉冲输出；而 u'_1 的反向微分脉冲则发生在 u'_2 的“1”电平时，与门 Y_2 输出一个计数脉冲，则说明 u'_2 的电平状态作为与门的控制信号，用于控制在不同的位移方向时 u'_1 所产生的脉冲输出。因此，可以根据运动方向正确给出加计数脉冲或减计数脉冲，再将其送入可逆计数器，根据脉冲数得出对应的位移量。

2. 细分技术

光栅测量原理是以移过的莫尔条纹数量来确定位移量，其分辨率为光栅的栅距。现代测量不断提出高精度要求，数字读数的最小分辨率也逐步减小。为了提高分辨率，测量比光栅栅距更小的位移量可以采用细分技术。

在莫尔条纹变化的一个周期内插 N 个脉冲，每个计数脉冲代表 W/N 位移量，相应地提高分辨率。细分方法可采用机械或电子方式实现，常用的有倍频细分法和电桥细分法。利用电子方式可以使分辨率提高几百倍甚至更高。

5.2.3 光栅传感器的应用

由于光栅传感器的测量精度高，动态测量范围广，可进行非接触测量，易实现系统的自动化和数字化，在机械工业中得到广泛应用。光栅传感器通常作为测量元件应用于机床定位、长度和角度的测量仪器中，并用于测量速度、加速度、振动等。万能比长仪工作原理如图5.13所示，主光栅和指示光栅之间的透光和遮光效应形成莫尔条纹，当两块光栅相对移动时，便可接收到周期性变化的光通量。由光敏晶体管接收到的原始信号经差分放大、移相电路分相、整形电路整形、倍频电路细分、辨向电路辨向后进入可逆计数器计数，由显示器显示读出。三坐标测量机中光栅部件的工作原理如图5.14所示。

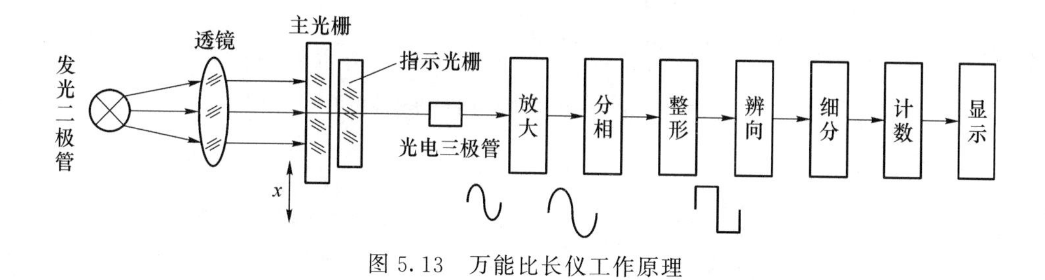

图5.13 万能比长仪工作原理

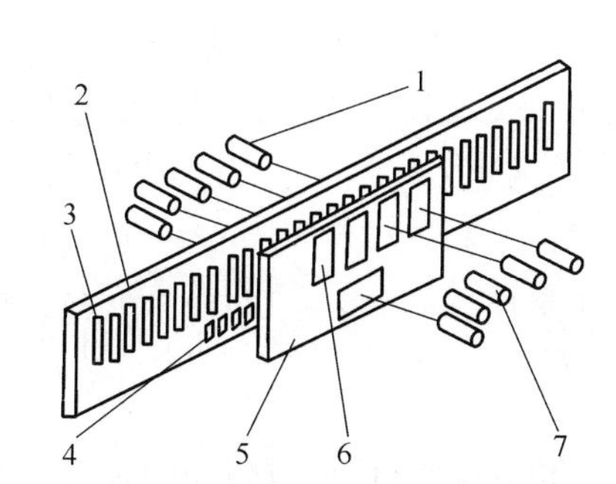

图5.14 三坐标测量机中光栅部件工作原理

1—发光二极管；2—长光栅；3—长光栅刻线；4—零位刻线；5—指示光栅；6—指示光栅刻线；7—光电晶体管。

5.3 感应同步器

感应同步器是利用两个平面形印刷电路绕组的互感随二者相对位置不同而变化测量位移的传感器。根据用途不同,感应同步器可分为旋转式和直线式两种,前者用来检测旋转角度,后者用来检测直线位移。由于它具有测量精度高,受环境影响小,使用寿命长,维护简便,可拼接成各种测量长度并能保持单元精度,抗干扰能力强,工艺性好,成本低等优点,被广泛应用于大型机床和中型机床的定位、数控和数显,也常用于雷达天线定位跟踪和某些仪表的分度装置。

5.3.1 感应同步器的基本结构

无论哪一种感应同步器,其结构都包括固定和运动两部分。这两部分对于旋转式分别称为定子和转子;对于直线式则分别称为定尺和滑尺,其工作原理都是相同的。直线式感应同步器和旋转式感应同步器的结构分别如图 5.15 和图 5.16 所示。

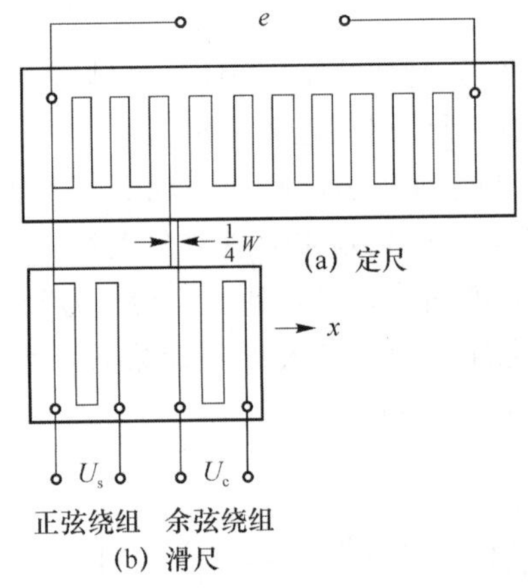

图 5.15 直线式感应同步器结构

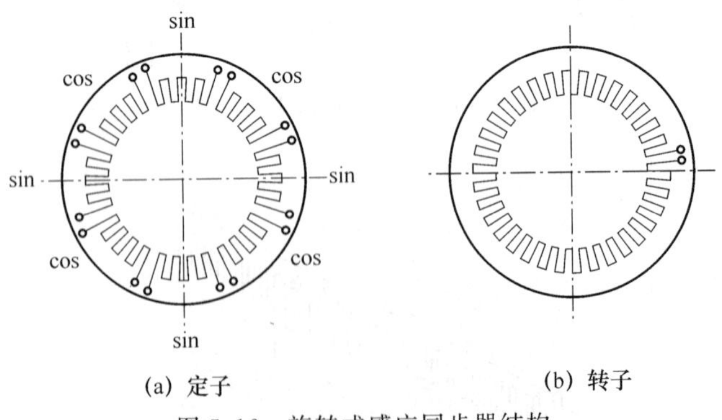

图 5.16 旋转式感应同步器结构

对于直线式感应同步器定尺和滑尺的材料、结构和制造工艺相同,都是由基板、绝缘黏合剂、平面绕组和屏蔽层等部分组成。定尺和滑尺上的绕组均为周期性矩形绕组,定尺绕组的周期定义为定尺的节距 W_1,滑尺绕组的周期定义为滑尺的节距 W_2,通常情况下滑尺和定尺的节距相等,即 $W_1 = W_2 = W$。

5.3.2　感应同步器工作原理

感应同步器的本质是基于电磁感应定律把位移量转换成电量,下面以直线感应同步器为例说明其工作原理。它具有两个平面形的矩形绕组,相当于变压器的一次侧和二次侧绕组。一般情况下,它们都是用印制电路制版方式制成的方齿形平面绕组,其中定尺是平面连续绕组,滑尺分为正弦和余弦两相绕组,断续绕组正弦余弦两部分的间距 $l_1 = \left(\frac{n}{2} + \frac{1}{4}\right)W$。感应同步器通过两个线圈的互感变化来检测其相互间运动的位置,如图 5.17 所示。

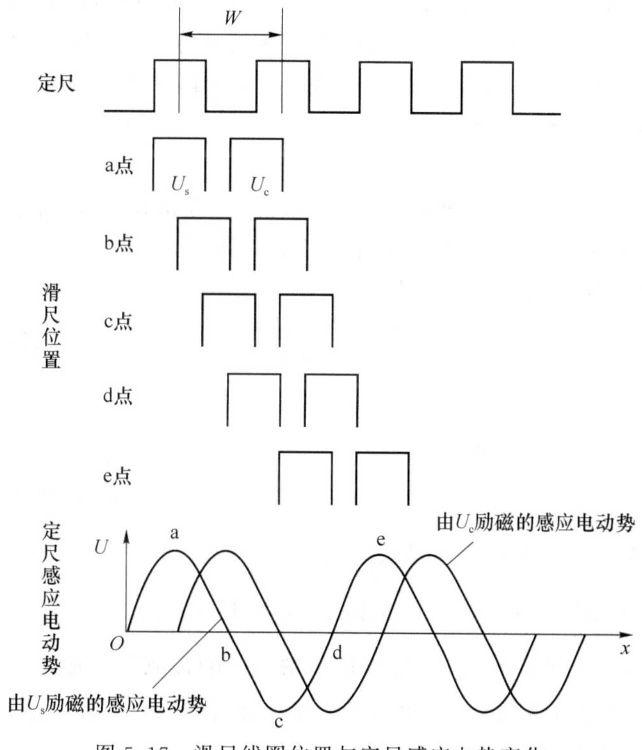

图 5.17　滑尺线圈位置与定尺感应电势变化

若分别给滑尺的正弦或余弦绕组单独供给交流激磁电势,当两个线圈间有相对运动时,根据电磁感应定律,将在定尺中产生感应电势 U。若只给滑尺的正弦绕组供给激磁电势 e_s,当滑尺与定尺处于重叠位置 a 点时,定尺得到的感应电动势为峰值;当滑尺由 a 点向右移动了 $W/4$ 到达 b 点位置时,定尺上的感应电动势逐渐下降到零;当滑尺由 b 点继续向右移动了 $W/4$ 到达 c 点位置时,正好与 a 点位置相距定尺节距的一半,定尺上产生的感应电动势和 a 点位置的大小相同,极性相反;若滑尺继续向右移动 $W/4$ 到达 d 点位置,定尺上的感应电动势从负峰值回到零;滑尺再向右移动 $W/4$ 到达 e 点位置,定尺上产生的感应电动势正好与 a 点位置相同,再继续移动则将重复以上过程。当正弦滑尺绕组上加上激励电压后,定尺输出感应电动势是滑尺和定尺相对位置的余弦函数,即

$$U_s = e_s \cos \frac{2\pi}{W} x = e_s \cos \theta \tag{5.6}$$

同理,有

$$U_c = e_c \sin \frac{2\pi}{W}x = e_s \sin\theta \tag{5.7}$$

对于测量角位移的圆形感应同步器,可视为由直线型围成的辐射状而形成的,其转子相当于单相均匀连续绕组的定尺;而定子相当于滑尺,也有两个正、余弦绕组。当转子相对于定子转动时,转子绕组中也将产生感应电势,此感应电势随转子与定子之间相对角位移而变化。因此其感应电势的变化规律与直线位移的定尺与滑尺间的感应电势规律完全相同。

5.3.3 信号处理方式

对于由感应同步器组成的检测系统,可以采用不同的激磁方式,并对输出信号有不同的处理方法。从激磁方式来说,可分为两大类:一类是以滑尺励磁,由定尺取出感应信号;另一类是以定尺励磁,由滑尺取出感应电势信号。目前在实际应用中多采用第一类方式激磁。从信号处理方式来说,可分为鉴幅、鉴相两种方式。用输出感应电动势的幅值和相位来进行处理,下面以直线感应同步器为例说明。

1. 鉴幅方式

鉴幅方式根据感应电势的幅值来检测机械的位移。在滑尺的正、余弦绕组上同时供给同频率、同相位,但幅值不等的正弦电压进行励磁,其励磁电压为 $e_s = E_m \sin\varphi \sin\omega t$ 和 $e_c = E_m \cos\varphi \sin\omega t$,则在定尺上的感应电势为

$$\begin{aligned} U_0 = U_s + U_c &= -k\omega E_m \sin\varphi \cos\frac{2\pi x}{W}\cos\omega t + k\omega E_m \cos\varphi \sin\frac{2\pi x}{W}\cos\omega t \\ &= -k\omega E_m \cos\omega t(\sin\varphi\cos\theta - \cos\varphi\sin\theta) \\ &= k\omega E_m \cos\omega t \sin(\theta - \varphi) \end{aligned} \tag{5.8}$$

式中 $\theta = \frac{2\pi x}{W}$。设当定、滑尺的原始状态 $\varphi = \theta$ 时,定尺上的感应电动势为零,当滑尺相对定尺有一位移使 θ 有一增量 $\Delta\theta$,则感应电动势的增量为

$$\Delta U = k\omega E_m \cos\omega t \sin\Delta\theta = k\omega E_m \sin\frac{2\pi}{W}x\cos\omega t \tag{5.9}$$

由此可见在位移 x 较小的情况下,感应电动势 ΔU 的幅值与 x 成正比,感应同步器相当于一个调幅器,通过鉴别感应电动势的幅值就可以测出位移量 x 的大小,这就是感应同步器输出电动势鉴幅方式的基本原理。

2. 鉴相方式

鉴相方式根据感应电势的相位来鉴别定尺和滑尺的相对位移。在滑尺的正、余弦绕组上供给频率相同、振幅相等,但相位差90°的交流电压作励磁电压。励磁电压表示为 $e_s = E_m \cos\omega t$ 和 $e_c = E_m \sin\omega t$,由前述可知,这时在定尺上感应电势为

$$\begin{aligned} U = U_s + U_c &= k\omega E_m\left(\sin\frac{2\pi x}{W}\cos\omega t + \cos\frac{2\pi x}{W}\sin\omega t\right) = k\omega E_m \sin\left(\omega t + \frac{2\pi x}{W}\right) \\ &= k\omega E_m \sin(\omega t + \theta) \end{aligned} \tag{5.10}$$

由式(5.10)可知,感应电势的相位角 θ 恰好是定、滑尺的相对位移角,它正比于定尺与滑尺的相对位移 x,所以当 θ 变化时,感应电势随之变化,这就是鉴相方式的理论依据。

5.3.4 感应同步器的应用

感应同步器能实现线位移和角位移的测量,这里主要介绍感应同步器鉴幅位移测量系统

和感应同步器鉴相位移测量系统。在进行位移测量时，水平直线感应同步器精度可达±0.000 1 mm；灵敏度为 0.000 05 mm；重复精度为 0.000 02 mm。下面先介绍感应同步器鉴幅位移测量系统，如图 5.18 所示。

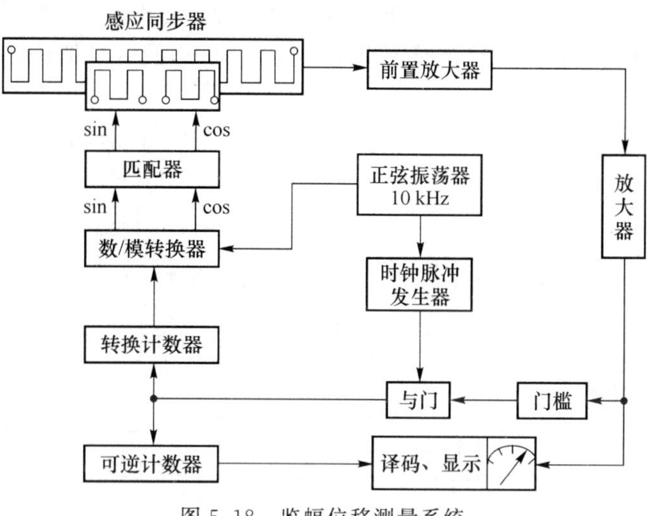

图 5.18　鉴幅位移测量系统

工作原理：由 10 000 周正弦波振荡器产生的正弦电压，经过函数发生器产生幅度为 $E_m\sin\varphi$ 和 $E_m\cos\varphi$ 变化的激磁电压作为滑尺的正、余弦绕组的激磁电压。设工作前系统处于平衡状态，即 $\theta=\varphi$，定尺感应电势 $U=0$。当滑尺相对定尺产生位移 x 时，$\theta=\dfrac{2\pi x}{W}$ 随之发生变化，因为此时 $\theta\neq\varphi$，则有输出电势产生，经前置放大后，电压信号作用到门槛电路上。令滑尺相对定尺每移动一步的位移为 $\Delta x=0.01$ mm，即空间角改变了 $\Delta\theta=\dfrac{2\pi x}{W}\Delta x=\dfrac{360^\circ}{2}\times 0.01=18^\circ$，使定尺输出达到了预先给定的门槛值，门槛电路产生一个脉冲信号，作用到“与门”电路使“与门”打开，并使时钟脉冲通过此“与门”。一方面作用到可逆计数器上，实现位移量的计数，并经过译码器将此位移显示出来；另一方面该时钟脉冲又作用到转换计数器控制相应的电子开关，使函数发生器改变 φ，当 $\theta=\varphi=1.8^\circ$ 时，输出电势为

$$e=kwE_m\cos\omega t\cdot\sin(\theta-\varphi)=0 \tag{5.11}$$

这样，就完成了 0.01 mm 的位移，以后重复上述过程即可实现 $x=\dfrac{T}{2\pi}\sum\varphi$ 的位移测量。

感应同步器鉴相方式数字位移测量装置如图 5.19 所示。脉冲发生器输出频率一定的脉冲序列，经过脉冲-相位变换器进行 N 分频后，输出参考信号方波 θ_0 和指令信号方波 θ_1。参考信号方波 θ_0 经过激磁供电线路，转换成振幅和频率相同而相位差为 90°的正弦、余弦电压，给感应同步器滑尺的正弦、余弦绕组激磁。感应同步器定尺绕组中产生的感应电压，经放大和整形后成为反馈信号方波 θ_2。指令信号 θ_1 和反馈信号 θ_2 同时送给鉴相器，鉴相器既判断 θ_2 和 θ_1 相位差的大小，又判断指令信号的相位超前还是滞后于反馈信号的相位。

假定开始时 $\theta_1=\theta_2$，当感应同步器的滑尺相对定尺平行移动时，将使定尺绕组中的感应电压的相位 θ_2(即反馈信号的相位)发生变化。此时 $\theta_1\neq\theta_2$，由鉴相器判别之后，将有相位差 $\Delta\theta=\theta_2-\theta_1$ 作为误差信号，由鉴相器输出给门电路。此误差信号 $\Delta\theta$ 控制门电路开门的时间，使门电路允许脉冲发生器产生的脉冲通过。通过门电路的脉冲，一方面送给可逆计数器去计

数并显示出来;另一方面作为脉冲-相位变换器的输入脉冲。在此脉冲作用下,脉冲-相位变换器将修改指令信号的相位θ_1,使θ_1随θ_2而变化。当θ_1再次与θ_2相等时,误差信号$\Delta\theta=0$,从而门被关闭。当滑尺相对定尺继续移动时,又有误差信号去控制门电路的开启,门电路又有脉冲输出,供可逆计数器去计数和显示,并继续修改指令信号的相位θ_1,使θ_1和θ_2在新的基础上达到$\theta_1=\theta_2$。因此在滑尺相对定尺连续不断的移动过程中,便可以把位移量准确地用可逆计数器计数和显示出来。

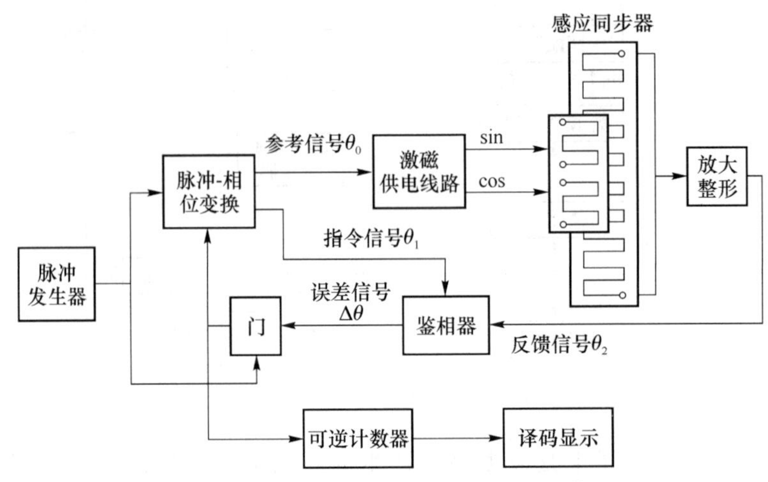

图5.19 感应同步器鉴相数字位移测量装置

5.4 磁栅式传感器

磁栅是一种利用拾磁原理工作的位移测量元件,它由磁体和磁头组成。在磁体上录有等节距的磁信号。测量时,磁头与磁体发生相对位移,在位移过程中,磁头把磁体上的磁信号检测出来并转换成电信号。根据用途,磁栅式传感器可分为长磁栅式和圆磁栅式两种,分别用来测量线位移和角位移。磁栅式传感器具有精度高,制造简单,成本低廉,安装调整使用方便以及对环境条件要求较低等优点,目前已被广泛地用于各类精密机床、数控机床和各种测量仪器中。

5.4.1 磁栅式传感器工作原理

磁栅式传感器由磁栅、磁头和测量电路组成。磁栅是在制成尺形的非金属材料表面上镀一层磁性材料薄膜,并录上间距相等、极性正负交错的磁信号栅条制成的。磁头的作用类似于磁带机的磁头,用来读写磁栅上的磁信号,并转换为电信号。

动态磁头又称速度响应磁头,它由铁镍合金材料制成的铁芯和一组线圈组成,如图5.20(a)所示。只有当磁头和磁栅有相对运动时才有信号输出,输出信号随运动速度变化。为了保证一定幅值的输出,要求磁头以一定速度运动,因此动态磁头不适合长度测量。在图5.20(b)中,动磁头读取信号表明磁铁的磁分子被排列成SN、NS、……状态,磁信号在N、N相重叠处为正且最强,磁信号在S、S重叠处为负最强,图中的W是磁信号节距。当磁头沿着磁栅表面做相对位移时,输出周期性的正弦信号,记录下输出信号的周期数n,便可以测量出位移$s=nW$。

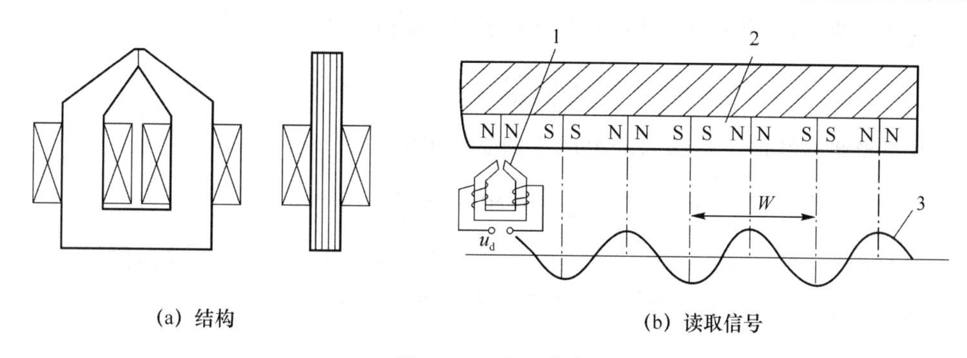

图 5.20　动态磁头

1—动磁头；2—磁栅；3—读出的正弦信号。

静态磁头是一种调制式磁头，又称磁通响应式磁头，它由铁芯和两组线圈组成，它与动态磁头不同之处在于磁头与磁栅之间在没有相对运动时也有信号输出。静态磁头读出信号的原理是磁栅利用它的漏磁通 Φ_0 的变化来产生感应电势，如图 5.21 所示。

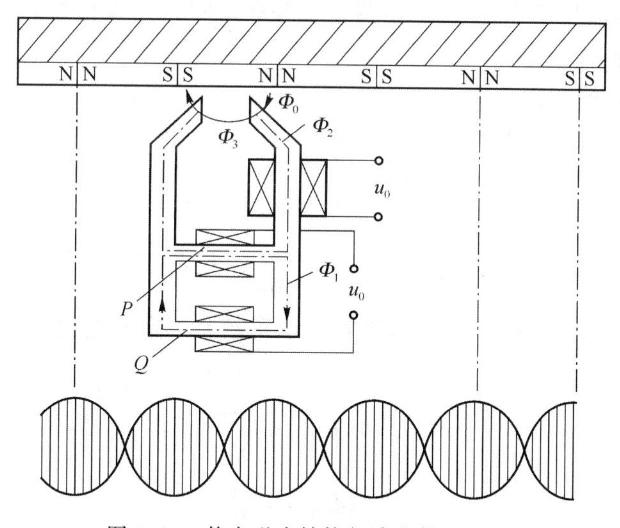

图 5.21　静态磁头结构与读出信号原理

磁栅与磁头间的漏磁通 Φ_0 经磁头分成两部分，一部分 Φ_2 通过磁头的铁芯；另一部分 Φ_3 通过气隙，而气隙磁阻一般认为不变；铁芯 P、Q 两段的磁阻与激磁线圈所产生的激磁磁通 Φ_1 有关，由于铁芯截面积很小，激磁电压变化一个周期铁芯饱和两次，变化两个周期。因此，可以近似地认为通过铁芯的磁通为

$$\Phi_2 = \Phi_0(a_0 + a_2\sin 2\omega t) \tag{5.12}$$

式中，a_0、a_2 为与磁头结构参数有关的常数；ω 为激磁电源电压的角频率。当磁栅与磁头没有运动时，因为 Φ_0 是一常量，输出绕组产生的感应电势为

$$u_0 = N_2\frac{\mathrm{d}\Phi_2}{\mathrm{d}t} = N_2 \cdot \frac{\mathrm{d}}{\mathrm{d}t}[\Phi_0(a_0 + a_2\sin 2t)] = 2N_2\Phi_0 a_2\cos 2\omega t = k\Phi_0\cos 2\omega t \tag{5.13}$$

式中 N_2 为输出绕组匝数。

当磁栅与磁头有相对运动时，因为漏磁通 Φ_0 是磁栅位置的周期函数，磁栅与磁头相对移

动一个节距W,Φ_0就变化一个周期,此时通过铁芯的磁通可以近似为

$$\Phi_2 = \Phi_m \sin\frac{2\pi x}{W}(a_0 + a_2 \sin 2\omega t) \tag{5.14}$$

式中Φ_m为漏磁通的峰值。则输出绕组产生的感应电势为

$$u_0 = N_2 \frac{d\Phi_2}{dt} = k\Phi_m \sin\frac{2\pi x}{W}\cos 2\omega t \tag{5.15}$$

式中x为磁栅磁头相对位移。可见,静态磁头输出信号是一个调制波形,其幅值随x位移成正弦函数变化,它也是调幅波的包络,频率为激磁电压频率的两倍。

5.4.2 信号处理及检测电路

根据磁栅上的读出信号不同,信号的处理方式也不同。动态磁头只有一个磁头和一组绕组,其输出信号为正弦波,信号处理方法也较为简单,只要将输出信号放大整形,然后由计数器记录脉冲数n就可以测量出位移量的大小。但是这种方法测量精度低,不能辨别移动方向。静态磁头在实际应用中是用两个磁头来读出磁栅上的磁信号,它们的间距为$\left(n+\frac{1}{4}\right)W$,其中$n$为正整数,$W$为信号的节距,也就是两个磁头在空间布置成相差90°,其信号处理方式分为鉴幅和鉴相型两种。

1. 鉴幅型信号处理方式

两个磁头输出相差90°,其输出电压分别为

$$u_1 = U_m \sin\frac{2\pi x}{W}\sin 2\omega t \tag{5.16}$$

$$u_2 = U_m \cos\frac{2\pi x}{W}\sin 2\omega t \tag{5.17}$$

式中,U_m为磁头读出信号的幅值;ω为激磁电压角频率。经滤波去高频载波后,可得与位移量x成正比的信号

$$u'_1 = U_m \sin\frac{2\pi x}{W} \tag{5.18}$$

$$u'_2 = U_m \cos\frac{2\pi x}{W} \tag{5.19}$$

将这两个幅值与磁头位置x成比例的信号送辨向和细分电路测出位移x,这种方法被称为鉴幅法。

2. 鉴相型信号处理方式及检测电路

将两磁头之一的激磁电压相移45°(或将输出相移90°),则两个磁头的输出电压分别为

$$u_1 = U_m \sin\frac{2\pi x}{W}\cos 2\omega t \tag{5.20}$$

$$u_2 = U_m \cos\frac{2\pi x}{W}\sin 2\omega t \tag{5.21}$$

再将此两电压相加得总输出电压为

$$u_0 = u_1 + u_2 = U_m \sin\left(\frac{2\pi x}{W} + 2\omega t\right) \tag{5.22}$$

由此可知,输出信号是一个幅值恒定、相位随磁头与磁栅之间相对位移x而变化的信号,这种方法被称为鉴相法。可用鉴相型检测电路读取输出电压值,如图5.22所示。

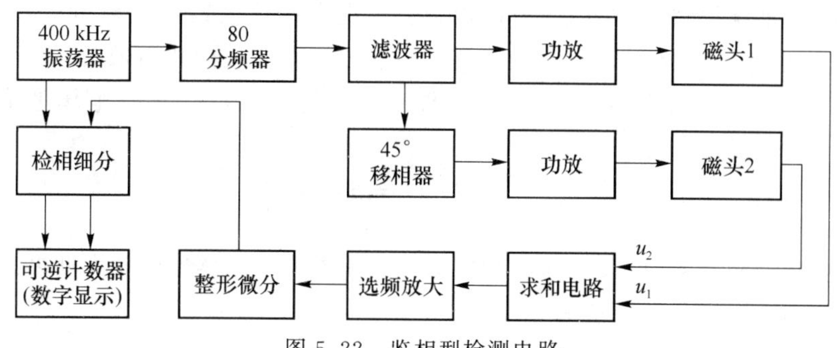

图 5.22　鉴相型检测电路

鉴相型检测电路原理是由 400 kHz 激磁电压经分频得到 5 kHz 的激磁电压，再经滤波、放大送入磁头 1 激磁绕组后产生激磁输出电压 u_1。经滤波后的 5 kHz 信号再经 45°移相器移相后送入功率放大器后，供给磁头 2 的激磁绕组输出电压 u_2。u_1 和 u_2 同时送入求和电路输出 $u = u_1 + u_2 = U_m \sin(\frac{2\pi x}{W} + 2\omega t)$，此电压幅值不变，而相位 $\Phi = \frac{2\pi}{W}x$ 是随位移 x 变化的等幅波，将此电压再送入选频放大器保留 10 kHz（激磁电压的二次谐波），再经整形微分电路后得到与位移 x 值有关的脉冲信号，将其送入到由 400 kHz 控制的检相细分电路进行细分后，进入可逆计数器进行显示。

5.4.3　磁栅式传感器的应用

磁栅式传感器具有以下特点：

(1) 录制方便、成本低廉，发现所录制的磁栅信号不合适可抹去重录；

(2) 使用方便，可以在仪器或机床上安装好以后再录制磁栅信号，因而可避免安装误差；

(3) 可方便录制任意节距的磁栅信号。

磁栅式传感器目前主要有以下两个方面的应用。

(1) 可以作为高精度测量长度和角度的测量仪器。由于采用激光定位录磁，而不需要采用感光、腐蚀等工艺，因而可以得到较高的精度，目前可以做到系统精度为±0.01 mm/m，分辨率可达 1～5 μm。

(2) 可以用于自动化控制系统中的检测元件。例如在三坐标测量机、程控数控机床及高精度重、中型机床控制系统中的测量装置中均得到了应用。

5.5　容栅式传感器

容栅式传感器是一类新型变面积原理的电容式传感器，它与其他大位移传感器（如光栅、磁栅、感应同步器）相比，具有结构简单、体积小、能耗低、适应环境能力强、测量精度高等优点，现已成功地应用在量具、量仪、机床数显装置等器件上。随着测量技术向精密化、高速化、自动化、集成化、智能化、经济化、非接触化和多功能化方向的发展，容栅式传感器的应用将越来越广泛。

5.5.1　容栅式传感器结构及工作原理

容栅式传感器分为长容栅传感器和圆容栅传感器两种。长容栅传感器结构如图 5.23 所示,它由定栅尺和动栅尺组成(一般用敷铜板制造),在定栅尺上蚀刻反射电极和屏蔽电极,在动栅尺上蚀刻发射电极和接收电极。当定栅尺和动栅尺的栅板面相对放置,平行安装,其间留有间隔时,就形成一对并联连接的电容(即容栅)。忽略边缘效应,根据电场理论其最大电容量为

$$C_{\max} = n\frac{\varepsilon ab}{\delta} \tag{5.23}$$

式中,n 为动栅尺栅极片数;ε 为动栅尺和定栅尺间介质的介电常数;δ 为动栅尺和定栅尺间的间距;a,b 分别为栅极片的长度和宽度。

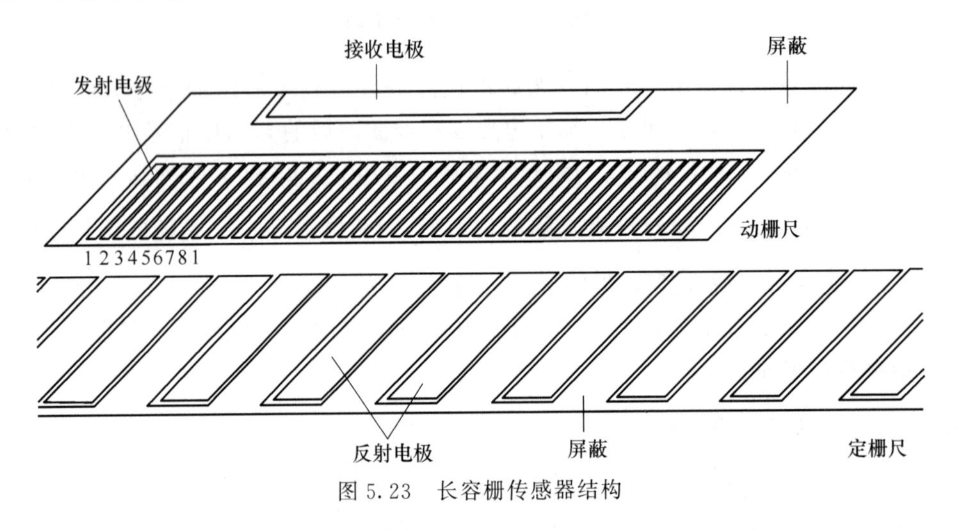

图 5.23 长容栅传感器结构

长容栅传感器最小电容量的理论值为 0,实际上为固定电容 C_0(容栅固有电容)。当动栅尺沿 x 方向平行于定栅尺移动时,每对电容的相结遮盖长度 a 将由大到小、由小到大地周期性变化。电容量值也随之相应周期性变化。电容量与遮盖长度关系曲线如图 5.24 所示,图中 W 为反射电极的极距,经电路处理后可测得线性位移。

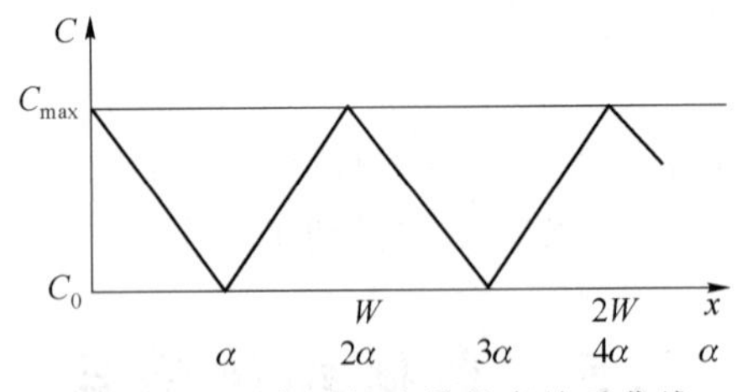

图 5.24 电容量与遮盖长度关系曲线

圆容栅传感器结构如图 5.25 所示。它由同轴安装的定子 1 和转子 2 组成,在它们的内、外柱面上分别刻制一系列宽度相等的齿和槽,当转子旋转时就形成了一个可变电容器,当定子、转子齿面相对时电容量最大,错开时电容量最小。转角 α 与电容量 C 的关系曲线如图 5.26 所示。其工作原理与长容栅相同,最大电容量为

$$C_{\max} = n\frac{\varepsilon\alpha(r_2^2 - r_1^2)}{2\delta} \tag{5.24}$$

式中,r_1,r_2 分别为圆盘上栅极片的外半径和内半径;α 为齿或槽所对应的圆心角。

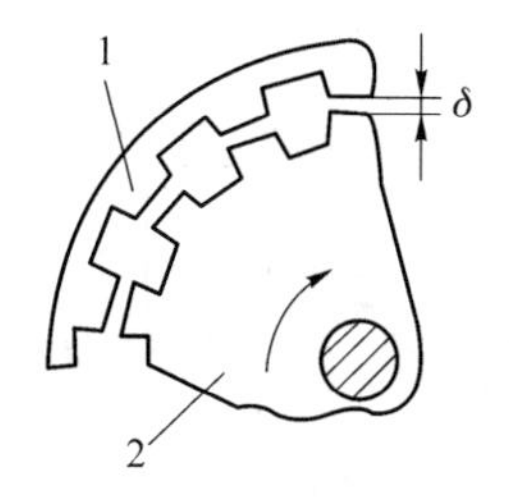

图 5.25　圆容栅传感器结构

1—定子；2—转子。

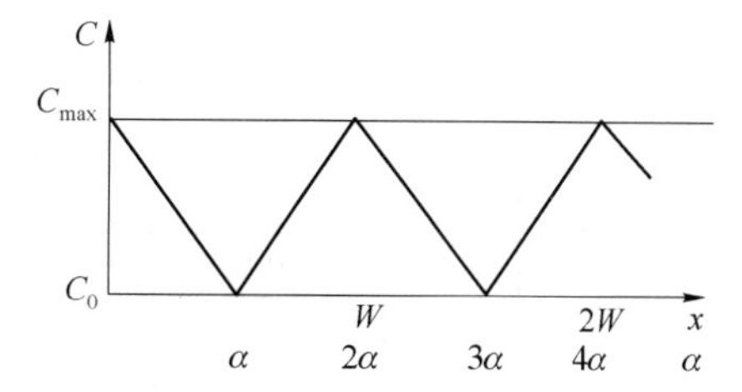

图 5.26　转角 α 与电容量 C 的关系曲线

5.5.2　容栅式传感器的特点

与其他电容式传感器一样，容栅式传感器各极间的电容值很小，一般为几皮法到几十皮法，形成的阻抗值很大，具有以下特点：

(1) 能量低，极板间静电力小，能耗小，因此适用于输入能量低，要求耗能低的测量场合，如用电池供电的测量场合；

(2) 动态响应快，其输出信号与输入位移的响应快；

(3) 能在高温，恶劣环境下工作。

但容栅式传感器有电容值小，阻抗大，易受引线、接地、外壳等外界干扰，对后续放大器要求很高等缺点，为了避免其缺点，常用的处理方法如下。

(1) 提高电源频率。由于阻抗是频率的倒数，频率的提高使容抗值下降，所以给容栅式传感器供电的信号一般先进行高频调制。

(2) 采用高输入阻抗运放作放大器，以减小在放大环节的信号衰减。

(3) 采用带通或选频放大技术，对信号频率进行放大而滤去低频信号。

(4) 采用屏蔽，将传感器和测量电路装在屏蔽壳体中，减少寄生电容和外界干扰影响。

(5) 提高工作电容值，在极板间加入介电常数高的绝缘材料，并减少极板间的间距。

(6) 减小极板厚度，增大极板宽度，以削弱极板的边缘效应和非线性误差。

5.5.3　容栅式传感器信号处理方式

容栅式传感器测量电路主要有鉴幅式测量电路和鉴相式测量电路两种形式。下面以长容栅传感器为例说明这两种信号处理方式。

1. 鉴幅式信号处理

鉴幅式测量系统如图 5.27 所示。图中 A、B 为动栅尺上的两组电极片，P 为定栅尺上的一片电极片，它们之间构成差动电容器 C_A 和 C_B。动栅尺上的两组电极片各由 4 片小电极片组成，在位置 a 时，一组为小电极片 1～4，另一组为 5～8，分别给两组电极片加以同频、等幅、反相的矩形交变电压 U_{m1} 和 U_{m2}。当电极片 P 在初始位置 ($x=0$)，即 A 和 B 两组电极片的中间位置时，测量转换系统输出初始电压 $U_{m0}=(U_1+U_2)/2$，U_1、U_2 为参考直流电压。由于此时加在 A、B 电极片上的交变电压 U_{m1} 和 U_{m2} 是同频、等幅、反相的，通过电容耦合在电极片 P 上产生电荷并保持不变，因而输出电压 U_{m0} 不发生变化。当电极片 P 相对于电极片组 A、B 有位移 x 时，电极片 P 上的电荷量发生变化，输出交变电压经测量转换系统输出 U_m，此时通过电子开关 S_1、S_2 改变 U_{m1} 和 U_{m2} 的值，最终使电极片 P 上所产生的电荷变化为 0，即

$$(U_m-U_1)C_A+(U_m-U_2)C_B=0 \tag{5.25}$$

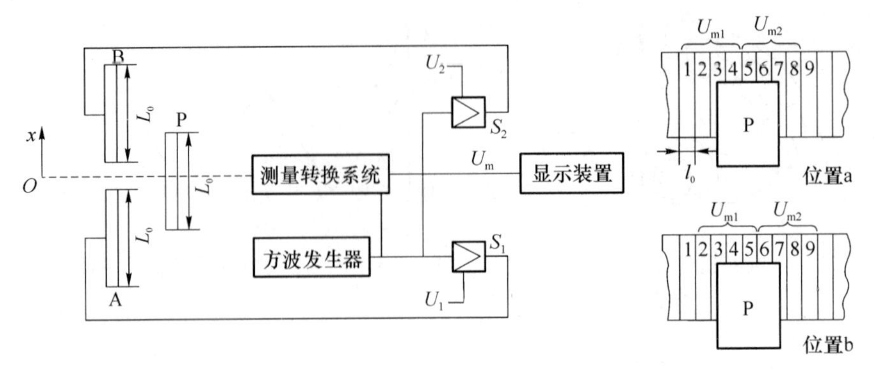

图 5.27　鉴幅式测量系统

当位移 x 使电极片 P 和 B 的遮盖长度增加且 $|x| \leqslant L_0/2$ 时

$$C_A = C_0(1-2x/L_0) \tag{5.26}$$

$$C_B = C_0(1+2x/L_0) \tag{5.27}$$

式中，C_0 为初始位置时的电容；L_0 为电极片 P 的宽度。将式(5.26)和式(5.27)代入式(5.25)可得

$$U_m = \frac{1}{2}(U_1+U_2) + \frac{1}{L_0}(U_2-U_1)x \tag{5.28}$$

当相对位移 $|x| \geqslant l_0$（小电极片间距）时，由控制电路自动改变小电极片组的接线（如图 5.27 位置 b 所示），这时电极片组 A 由小电极片 2～5 构成，加电压 U_{m1}；电极片组 B 由小电极片 6～9 构成，加电压 U_{m2}。这样，在电极片 P 相对移动的过程中能始终保证与不在的小电极片形成差动电容器，输出与位移成线性关系的电压信号。

2. 鉴相式信号处理

容栅式传感器动栅尺上的发射电极片 E 每 8 片一组，将 8 个等幅、同频、相位依次相差 $\pi/4$ 的方波电压 $U_1 \sim U_8$ 分别加在电极片上。通过对方波电压信号进行谐波分析可知，方波由基波与高次谐波之和组成，故可用正弦波进行讨论。鉴相式测量系统如图 5.28 所示，设动栅尺相对于定栅尺的初始位置及各小发射电极所加激励电压相位如图 5.28(a)所示，且各发射电极片与反射电极片(或称中间电极片)M 全遮蔽时的电容均为 C_0。当位移 $x \leqslant l_0$（发射电极片宽度）时(见 5.28(b))，在反射电极片 M 上的感应电荷为

$$\begin{aligned} Q_M &= -C_0U_m\frac{x}{l_0}\sin(\omega t-\frac{\pi}{2}) - C_0U_m\sin(\omega t) - C_0U_m\sin(\omega t+\frac{\pi}{4}) - C_0U_m\frac{l_0-x}{l_0}\sin(\omega t+\frac{\pi}{2}) \\ &= -C_0U_m\left[\left(1-\frac{2x}{l_0}\right)\cos\omega t + \left(2\cos\frac{\pi}{4}+1\right)\sin\omega t\right] \end{aligned} \tag{5.29}$$

式中，U_m 为发射电极激励信号基波电压幅值；ω 为发射电极激励信号基波电压频率。

设 $a = 1-\dfrac{2x}{l_0}$，$b = 2\cos\dfrac{\pi}{4}+1$，则式(5.29)可改写为

$$\begin{aligned} Q_M &= -C_0U_m(a\cos\omega t + b\sin\omega t) = -C_0U_m\sqrt{a^2+b^2}\left(\frac{a}{\sqrt{a^2+b^2}}\cos\omega t + \frac{b}{\sqrt{a^2+b^2}}\sin\omega t\right) \\ &= -C_0U_m\sqrt{a^2+b^2}\sin(\omega t+\theta) \end{aligned} \tag{5.30}$$

式中 $\theta = \arctan \frac{a}{b} = \arctan \frac{1-\frac{2x}{l_0}}{2\cos\frac{\pi}{4}+1}$。

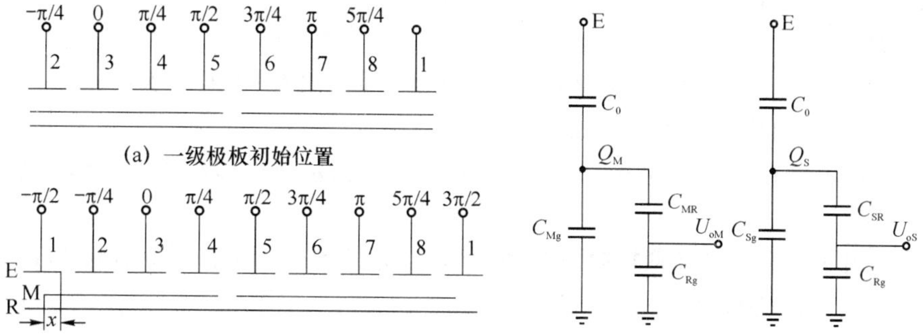

(a) 一级极板初始位置

(b) 动尺定尺相对位移为x时

(c) 一级极板等效电路

图 5.28　鉴相式测量系统

图 5.28(c)为发射极片 E、反射极片 M、接收极 R 和屏蔽极 S 之间的电容的等效电路。图中 C_{MR}、C_{SR} 分别为 M 极片、S 极对 R 极的电容；C_{Mg}、C_{Rg}、C_{Sg} 分别为 M 极片、R 极、S 极对公共端的电容，且 $C_{Sg} = KC_{Mg}$，K 为与屏蔽极 S 结构尺寸有关的常量。由图 5.28 可知

$$Q_M = Q_{MR} + Q_{Mg} = C_{MR}(U_M - U_{oM}) + C_{Mg}U_M$$

$$C_{Rg}U_{oM} = C_{MR}(U_M - U_{oM})$$

$$Q_M = C_{SR}(U_R - U_{oS}) + C_{Sg}U_S$$

$$C_{Rg}U_{oS} = C_{SR}(U_S - U_{oS})$$

设 $C_{Mg} = C_{Sg}$，则在接收极 R 上的感应电压为

$$U_R = U_{oM} - U_{oS}$$

因为 $C_{Mg} \gg C_{Rg}$，且 $Q_M = Q_S$，所以有

$$U_R = K_0 \sin(\omega t + \theta),\qquad \theta = \arctan \frac{1-\frac{2x}{l_0}}{2.414\ 2} \tag{5.31}$$

式中，K_0 为感应电压幅值，它与激励电压幅值、C_{Mg}、C_0、l_0 及 x 有关，当 x 较小时，近似为一常数。

由式(5.31)可知，感应电压 U_R 的相位角与被测位移近似成线性关系。通常采用相位跟踪测量法测出相位角 θ，即可测出位移 x。

5.5.4　容栅式传感器的应用

目前，容栅式传感器主要应用于量具、量仪和机床数显装置。如角位移容栅传感器已在电子数显千分尺及机床分度盘中应用，线位移容栅传感器已在电子数显卡尺、数显深度尺、数显高度尺、机床数显标尺中应用。随着对容栅传感器研究的不断深入，其应用领域将会不断扩展，将会有更多的容栅传感器系列产品在仪器仪表中应用，实现产品的升级换代，如容栅式数显沟槽测量仪、容栅式棱角度错边量检测仪等。

思考题与习题

1. 编码器中二进制码与循环码各有何特点？说明它们相互转换的原理。

2. 光栅莫尔条纹是怎么产生的?它具有什么特点?

3. 一个 8 位光电码盘的最小分辨率是多少?如果要求每个最小分辨率对应的码盘圆弧长度至少为 0.01 mm,则码盘半径应有多大?

4. 设某循环码盘的初始位置为"0000",利用该循环码盘测得结果为"0110",其实际转过的角度是多少?

5. 已知某计量光栅的栅线密度为 100 线/mm,栅线夹角 $\theta=0.1°$。求:

(1) 该光栅形成的莫尔条纹间距是多少?

(2) 若采用该光栅测量线位移,已知指示光栅上的莫尔条纹移动了 15 条,则被测位移为多少?

(3) 若采用四只光敏二极管接收莫尔条纹信号,并且光敏二极管响应时间为 10^{-6} s,问此时光栅允许最快的运动速度 v 是多少?

6. 光栅传感器是如何实现位移测量的?

7. 简述直线感应同步器的工作原理。

8. 简述磁栅传感器的工作原理及其组成部分。

9. 简述长容栅传感器结构和工作原理。

10. 容栅传感器有哪些特点?共信号处理方式有哪些?

11. 简要介绍主要的 MEMS 制造技术。

12. 什么是微传感器?微传感器有何特点?

第6章 现代检测装置

随着材料科学、物理学、光学及微加工技术的发展，新出现了一类现代检测装置，该类装置在非接触、多功能、集成化等方面具有区别于传统检测装置的明显特征。本章主要介绍CCD图像传感器、光纤传感器、红外传感器、核辐射传感器及微型传感器等现代检测装置。

6.1 CCD图像传感器

电荷耦合器件(Charge Coupled Device，CCD)是一种在20世纪70年代初问世的新型半导体器件，利用CCD作为转换器件的传感器被称为CCD传感器，又称CCD图像传感器。CCD器件有两个特点：一是它在半导体硅片上制有成百上千个(甚至数百万个)光敏元，它们按线阵或面阵有规则地排列，当物体通过物镜成像于半导体硅平面上时，这些光敏元就产生与照在它们上面的光强成正比的光生电荷；二是它具有自扫描能力，即将光敏元上产生的光生电荷依次有规则地串行输出，输出的幅值与对应的光敏元上的电荷量成正比。CCD器件由于具有集成度高、分辨率高、固体化、低功耗和自扫描等一系列优点，在固体图像传感、信息存储和处理等方面得到了广泛的应用。

6.1.1 CCD的结构及工作原理

电荷耦合器件分为线阵器件和面阵器件两种，其基本组成部分是MOS光敏元列阵和读出移位寄存器。

1. CCD的MOS光敏元结构

MOS(Metal Oxide Semiconductor)光敏元的结构及势阱如图6.1所示，它以P型(或N型)半导体为衬底，上面覆盖一层厚度约120 nm的SiO_2，再在SiO_2表面依次沉积一层金属而构成MOS电容转移器件。这样一个MOS结构被称为一个光敏元或一个像素。将MOS阵列加上输入/输出结构就构成了CCD器件。

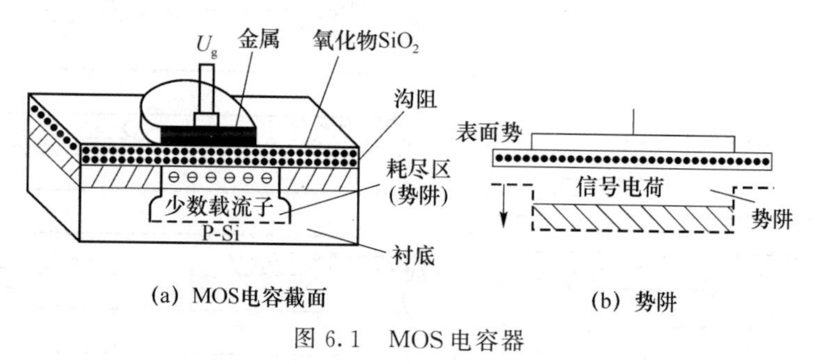

(a) MOS电容截面　　(b) 势阱

图6.1 MOS电容器

由半导体的原理可知，当在金属电极上施加一正电压时，在电场的作用下，电极下面的P型硅区里的空穴将被赶尽，从而形成耗尽区。也就是说，对带负电的电子而言，这个耗尽区是一个势能很低的区域,被称为电子的势阱,简称“势阱”,这是蓄积电荷的场所。如果此时有光线入射到半导体硅片上,在光子的作用下,半导体硅片上就形成电子和空穴,由此产生的光生电子(少数载流子)被附近的势阱所吸收(或称俘获),而同时产生的空穴(多数载流子)则被电场排斥出耗尽区进入衬底。此时势阱内所吸收的光生电子数量与入射到势阱附近的光强成正比。这样一个MOS结构元被称为MOS光敏元或一个像素;一个势阱所收集的若干光生电荷被称为一个电荷包。

CCD最基本的结构是一系列彼此非常靠近的、相互独立的MOS电容器,它们按线阵或面阵有规则地排列,且用同一半导体衬底制成,衬底上面覆盖一层氧化物,并在其上制作许多互相绝缘的金属电极,各电极按三相(也有二相和四相)配线方式连接。如果在金属电极上施加一正电压,则在这半导体硅片上形成几百个或几千个相互独立的势阱。如果照射在这些光敏上的是一幅明暗起伏的图像,则会在这些光敏元上感生出一幅与光照强度相对应的光生电荷图像。这就是电荷耦合器件光电效应的基本原理。

2. 读出移位寄存器

读出移位过程实质上是CCD电荷转移过程,相邻电极之间仅间隔极小的距离,保证相邻势阱耦合及电荷转移,对于可移动的信号电荷都力图向表面势大的位置移动。为保证信号电荷按确定方向和路线转移,在各电极上所加的电压严格满足相位要求,下面以三相时钟脉冲控制方式为例说明电荷定向转移的过程。三相CCD时钟电压与信号电荷转换的关系如图6.2所示,把MOS光敏元电极分成三组,在其上面分别施加三个相位不同的控制电压Φ_1、Φ_2、Φ_3,见图6.2(b),控制电压Φ_1、Φ_2、Φ_3的波形见图6.2(a)。当$t=t_1$时,Φ_1相处于高电平,Φ_2、Φ_3相处于低电平,在电极1、4下面出现势阱,存储了电荷。当$t=t_2$时,Φ_2相也处于高电平,电极2、5下面出现势阱。由于相邻电极之间的间隙很小,电极1、2及4、5下面的势阱相互耦合,使电极1、4下的电荷向电极2、5下面的势阱转移。随着Φ_1电压下降,电极1、4下面的势阱相应变浅。在$t=t_3$时,有更多的电荷转移到电极2、5下面的势阱内。在$t=t_4$时,只有Φ_2处于高电平,信号电荷全部转移到电极2、5下面的势阱内。随着控制脉冲的变化,信号电荷便从CCD的一端转移到终端,实现了信号电荷的转移和输出。

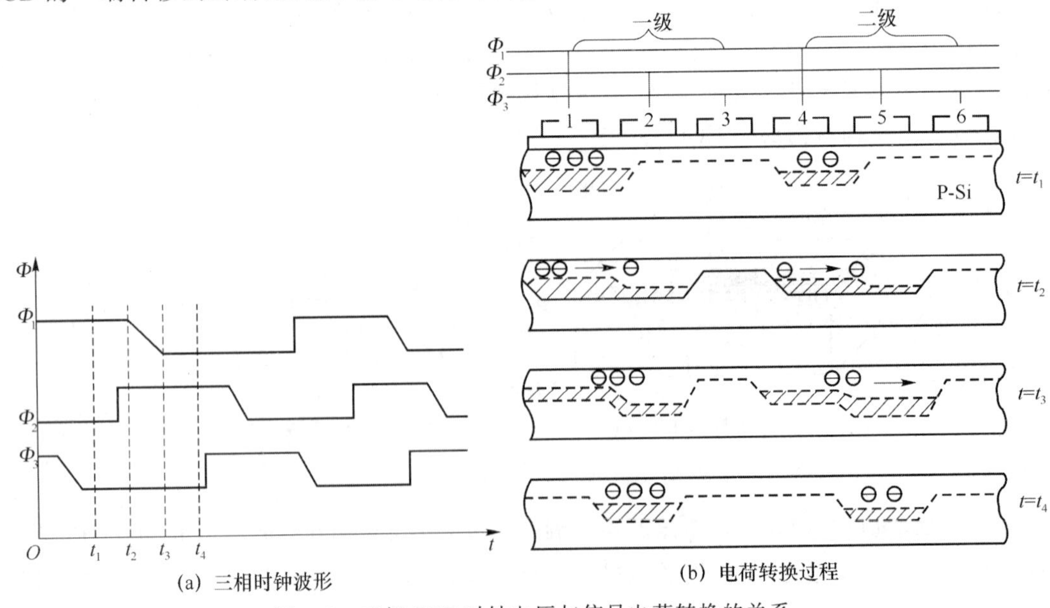

图6.2　三相CCD时钟电压与信号电荷转换的关系

电荷耦合图像传感器从结构上讲可以分为两类：一类是用于获取线图像的线阵CCD；另一类是用于获取面图像的面阵CCD。线阵CCD目前主要应用于产品外部尺寸非接触检测、产品表面质量评定、传真和光学文字识别技术等方面；面阵CCD主要应用于摄像领域。目前，在绝大多数领域里，面阵CCD已取代了普通的光导摄像管。对于线阵CCD，它可以直接接收一维光信息，为了得到二维图像，必须用扫描的方法来实现。面阵CCD图像传感器的感光单元为二维矩阵排列，能直接检测二维平面图像。

6.1.2 CCD图像传感器的特性参数

CCD器件的性能参数包括灵敏度、分辨力、信噪比、光谱响应等，CCD器件性能的优劣可由上述参数来衡量。

1. 光电转换特性

CCD图像传感器的光转换特性如图6.3所示。图中x轴表示曝光量，y轴表示电荷输出，Q_{SAT}表示饱和输出电荷，Q_{DARK}表示暗电荷输出，E_S表示饱和曝光量。

由图6.3可以看出，输出电荷与曝光量之间有一线性工作区域，在曝光量不饱和时，输出电荷正比于曝光量E，当曝光量达到饱和曝光量E_S后，输出电荷达到饱和值Q_{SAT}，并不随曝光量增加而增加。曝光量等于光强乘以积分时间，即

$$E = HT_{int} \tag{6.1}$$

式中，H为光强；T_{int}为积分时间，即起始脉冲的周期。

暗电荷输出为无光照射时CCD的输出电荷。一只良好的CCD传感器应具有低的暗电荷输出。

2. 灵敏度和灵敏度不均性

CCD传感器的灵敏度(量子效率)标志着器件光敏区的光电转换效率，用在一定光谱范围内单位曝光量下器件输出的电流或电压表示。实际上，图6.3中CCD光电转换特性曲线的斜率就是灵敏度。

$$S = Q_{SAT}/E_S \tag{6.2}$$

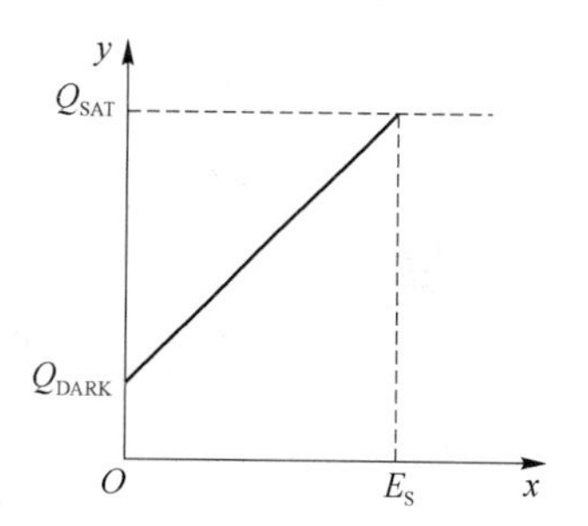

图6.3 CCD光电转换特性

理想情况下，CCD器件受均匀光照时，输出信号幅度完全一样。实际上，由于半导体材料不均匀和工艺条件因素的影响，在均匀光照下，CCD器件的输出幅度会出现不均匀现象，通常用NU值表示其不均匀性，定义如下：

$$\text{NU} = \pm \frac{\text{输出最大值} - \text{输出最小值}}{\text{输出最大值} + \text{输出最小值}} \times 100\% \tag{6.3}$$

显然，器件工作时，应把工作点选择在光电转换特性曲线的线性区域内(可通过调整光强或积分时间来控制)且工作点接近饱和点，但最大光强又不进入饱和区，这样NU值减小，均匀性增加，提高了光电转换精度。

3. 光谱响应特性

CCD对于不同波长的光的响应是不同的。光谱响应特性表示CCD对于各种单色光的相对响应能力，其中响应最大的波长为峰值响应波长。通常把响应度等于峰值响应50%所对应的波长范围称为波长响应范围。CCD光谱响应曲线如图6.4所示。CCD器件的光谱响应范围基本上是由使用的材料性质不同决定的，但是也与器件的光敏元结构和所选用的电极材料

有密切关系。目前,大多数 CCD 器件的光谱响应范围为 400～1 100 nm。

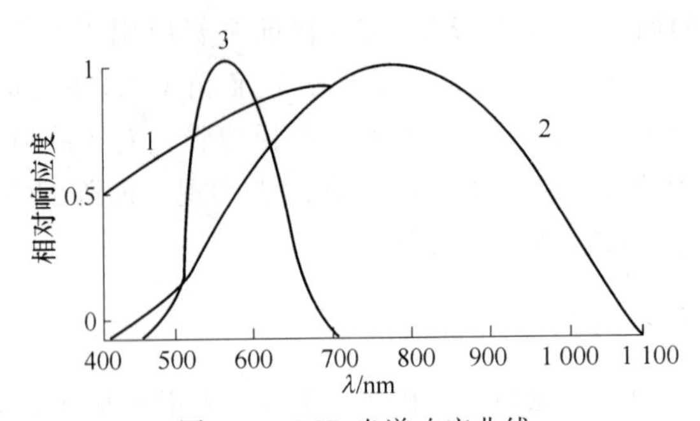

图 6.4　CCD 光谱响应曲线

1—光电二极管像源;2—光电 MOS 管像源;3—人眼。

6.1.3　CCD 图像传感器的应用

1. 微小尺寸检测

微小尺寸检测通常指对细丝、微隙或小孔的尺寸进行检测。一般采用激光衍射方法,当激光照射细丝或小孔时,会产生衍射图像,用线型光敏列阵图像传感器对衍射图像进行接收,测出暗纹的间距,即可算出细丝或小孔的尺寸。细丝直径检测系统如图 6.5 所示,当 He-Ne 激光器照射到细丝时,满足远场条件,如果 $L \gg a^2/\lambda$,会得到衍射图像,衍射图像暗纹的间距为

$$d = \frac{L\lambda}{a} \tag{6.4}$$

式中,L 为细丝掉线阵 CCD 图像传感器的距离;λ 为入射激光波长;a 为被测细丝直径。

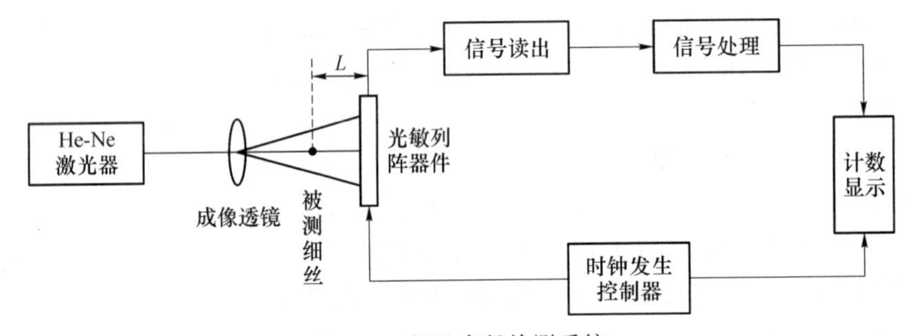

图 6.5　细丝直径检测系统

图像传感器将衍射光强信号转换为脉冲电信号,根据两个幅值为极小值之间的脉冲数 N 和线型列阵光敏图像传感器光敏单元的间距 l,可计算出衍射图像暗纹之间的间距为

$$d = Nl \tag{6.5}$$

根据式(6.4)和式(6.5)可推导出被测细丝直径为

$$a = \frac{L\lambda}{d} = \frac{L\lambda}{Nl} \tag{6.6}$$

2. CCD 在 BGA 管脚三维尺寸测量中的应用

20 世纪 70 年代,荷兰飞利浦公司推出一种新的安装技术——表面安装技术(Surface Mount Technology,SMT),其原理是将元器件与焊膏贴在印刷板上(不通过穿孔),再经焊接

将元器件固定在印制板上。

球栅阵列(Ball Grid Array,BGA)芯片是一种典型的应用 SMT 的集成电路芯片,其管脚均匀地分布在芯片的底面。这样,在芯片体积不变的情况下可大幅度地增加管脚的数量,BGA 实物如图 6.6 所示。在安装时要求管脚具有很高的位置精度。如果管脚三维尺寸误差较大,特别是在高度方向,将造成管脚顶点不共面;安装时个别管脚和线路板接触不良会导致漏接、虚接。美国 RVSI(Robotic Vision System, Inc.)公司针对 BGA 管脚三维尺寸测量,生产出一种基于单光束三角成像法的单点离线测量设备。这种设备每次只能测量一根管脚,测量速度慢,无法实现在线测量。另外,整套测量系统还要求精度很高的机械定位装置,对成百根管脚的 BGA 芯片测量需大量的时间;而应用激光线结构光传感器,结合光学图像的拆分、合成技术,通过对分立点图像的实时处理和分析,一次可测得 BGA 芯片一排管脚的三维尺寸。通过步进电机驱动工作台做单向位移运动,让芯片每排管脚依次通过测量系统,完成对整块芯片管脚三维尺寸的在线测量。

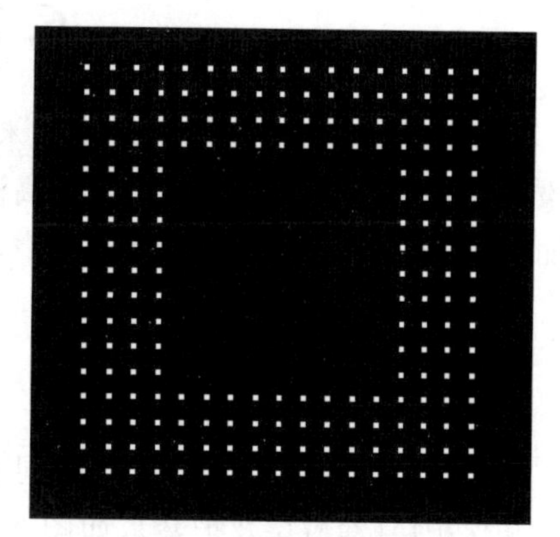

图 6.6　BGA 实物图

三维在线测量系统原理如图 6.7 所示。半导体激光器 LD 的光经光束准直和单向扩束器后形成激光线光源,照射到 BGA 芯片的管脚上。被照亮的一排 BGA 芯片管脚经两套由成像物镜和 CCD 摄像机组成的摄像系统采集,形成互成一定角度的图像。将这两幅图像经图像采集卡采集到计算机内存进行图像运算。利用摄像机透视变换模型及坐标变换关系,计算出芯片引线顶点的高度方向和纵向的二维尺寸。将芯片所在的工作台用步进电极带动做单向运动,实现扫描测量;同时,根据步进电极的驱动脉冲数,获得引线顶点的横向尺寸,从而实现三维尺寸的测量。另外,工作台导轨的直线度误差,以及由于电机的振动而引起的工作台跳动都会造成测量误差,尤其是在引线的高度方向。为此,引入电容测微仪,实时监测工作台的位置变动,有效地进行动态误差补偿。

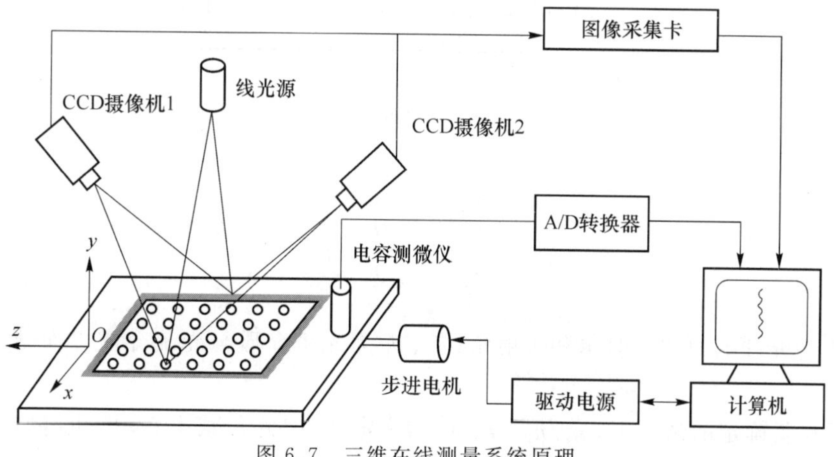

图 6.7　三维在线测量系统原理

6.2 光纤传感器

光纤传感器是随着光导纤维技术的发展而出现的新型传感器,由于它具有灵敏度高、电绝缘性能好、抗电磁干扰、耐腐蚀、耐高温、体积小、重量轻等优点,因而被广泛应用于位移、速度、加速度、压力、温度、液位、流量、水声、电流、磁场、放射性射线等物理量的测量。

6.2.1 光纤

1. 光纤及其传光原理

光纤是一种多层介质结构的同心圆柱体,包括纤芯、包层和保护层(涂敷层及护套),如图 6.8 所示。纤芯由高度透明的材料制成,是光波的主要传输通道;纤芯主要成分为 SiO_2,并掺入微量的 GeO_2、P_2O_5 以提高材料的光折射率;纤芯直径为 5～75 μm。包层可以是一层、二层或多层结构,总直径约为 100～200 μm;包层材料主要也是 SiO_2,掺入了微量的 B_2O_3、纤芯或 SiF_4 以降低包层对光的折射率;包层的折射率略小于纤芯,以保证入射到光纤内的光波集中在纤芯内传输。保护层保护光纤不受水汽的侵蚀和机械擦伤;同时又增加光纤的柔韧性,起着延长光纤寿命的作用。护套采用不同颜色的塑料管套,一方面起保护作用,另一方面以颜色区分多条光纤。许多根单条光纤组成光缆。

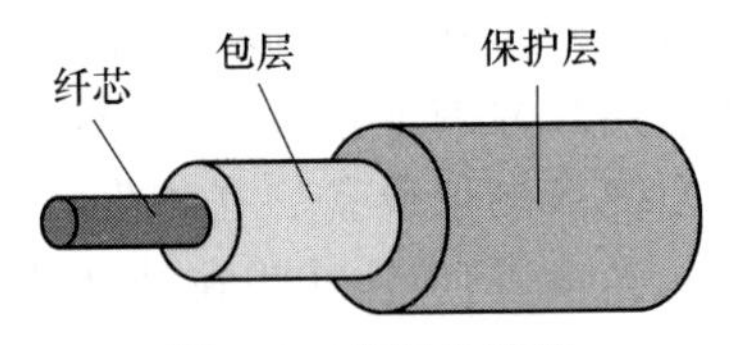

图 6.8 光纤的结构

光在同一种介质中是沿直线传输的,如图 6.9 所示。当光线以不同的角度入射到光纤端面时,在端面发生折射进入光纤后,又入射到折射率 n_1(较大)的光密介质(纤芯)与折射率 n_2(较小)的光疏介质(包层)的交界面,光线在该处有一部分透射到光疏介质,一部分反射回光密介质。根据折射定理有

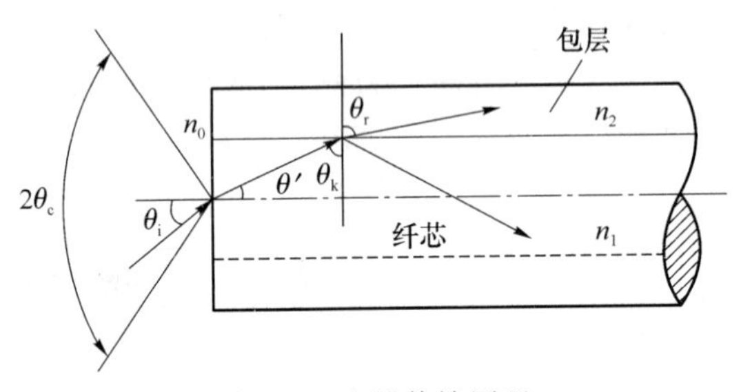

图 6.9 光纤传输原理

$$\frac{\sin\theta_k}{\sin\theta_r}=\frac{n_2}{n_1} \tag{6.7}$$

$$\frac{\sin\theta_i}{\sin\theta'}=\frac{n_1}{n_0} \tag{6.8}$$

式中,θ_i、θ' 为光纤端面的入射角和折射角;θ_k、θ_r 为光密介质与光疏介质界面处的入射角和折射角。

在光纤材料确定的情况下,n_2/n_1、n_1/n_0 均为定值,因此若减小 θ_i,θ' 也将减小;相应地,若 θ_k 将增大,则 θ_r 也增大。当 θ_i 达到 θ_c 使折射角 $\theta_r=90°$时,即折射光沿界面方向传播,称此时的入射角 θ_c 为临界角。所以有

$$\sin\theta_c = \frac{n_1}{n_0}\sin\theta' = \frac{n_1}{n_0}\cos\theta_k = \frac{n_1}{n_0}\sqrt{1-\left(\frac{n_2}{n_1}\sin\theta_r\right)^2} \tag{6.9}$$

当 $\theta_r = 90°$ 时

$$\sin\theta_c = \frac{1}{n_0}\sqrt{n_1^2 - n_2^2} \tag{6.10}$$

外界介质一般为空气，$n_0 = 1$，所以有

$$\theta_c = \arcsin\sqrt{n_1^2 - n_2^2} \tag{6.11}$$

当入射角 θ_i 小于临界角 θ_c 时，光线就不会透过其界面而全部反射到光密介质内部，即发生全反射。全反射条件为

$$\theta_i < \theta_c \tag{6.12}$$

在满足全反射的条件下，光线就不会射出纤芯，而是在纤芯和包层界面不断地产生全反射向前传播，最后从光纤的另一端面射出。光的全反射是光纤传感器工作的基础。

2. 光纤的主要特性

(1) 数值孔径

由式(6.11)可知 θ_c 是出现全反射的临界角，且某种光纤临界入射角的大小是由光纤本身的性质——折射率 n_1、n_2 所决定的，与光纤的几何尺寸无关。光纤光学中把 $\sin\theta_c$ 定义为光纤的数值孔径，即

$$\sin\theta_c = \sqrt{n_1^2 - n_2^2} \tag{6.13}$$

数值孔径是光纤的一个重要参数，它能反映光纤的集光能力，光纤的 NA 越大，表明它可以在较大的入射角范围内输入全反射光，集光能力越强，光纤与光源的耦合越容易，且保证实现全反射向前传播。即在光纤端面，无论光源的发射功率多大，只有 $2\theta_c$ 张角内的入射光才能被光纤接收、传播。如果入射角超出这个范围，进入光纤的光线将会进入包层而散失(产生漏光)。但 NA 越大，光信号的畸变就越大，所以要适当选择 NA 的大小。石英光纤的 NA=0.2～0.4，对应的 θ_c 为 11.5°～23.5°

(2) 光纤模式

光纤模式是指光波在光纤中的传播途径和方式。对于不同入射角的光线，在界面反射的次数是不同的，传递的光波间的干涉也是不同的，这就是传播模式不同。一般总希望光纤信号的模式数量要少，以减小信号畸变的可能。

光纤分为单模光纤和多模光纤。单模光纤直径较小(2～12 μm)，只能传输一种模式。其优点是信号畸变小、信息容量大、线性好、灵敏度高；缺点是纤芯较小，制造、连接、耦合较困难。多模光纤直径较大(50～100 μm)，传输模式不止一种，其缺点是性能较差；优点是纤芯面积较大，制造、连接、耦合容易。

(3) 传输损耗

光信号在光纤中的传播不可避免地存在损耗。光纤传输损耗主要有材料吸收损耗(因材料密度及浓度不均匀引起)、散射损耗(因光纤拉制时粗细不均匀引起)及光波导弯曲损耗(因光纤在使用中可能发生弯曲引起)。

6.2.2 光纤传感器的组成

温度、压力、电场、磁场、振动等外界因素作用于光纤时，会引起光纤中传输的光波特征参量(振幅、相位、频率、偏振态等)发生变化，只要测出这些参量随外界因素的变化关系，就可以

确定对应物理量的变化大小,这就是光纤传感器的基本工作原理。要构成光纤传感器,除光导纤维外,还必须有光源和光探测器。

1. 光源

为了保证光纤传感器的性能,必须对光源的结构与特性有一定的要求。一般要求光源的体积尽量小,以利于它与光纤耦合;光源发出的光波长应合适,以便减少光在光纤中传输的损失;光源要有足够的亮度,以便提高传感器的输出信号。另外还要求光源稳定性好,噪声小,安装方便和寿命长等。

光纤传感器使用的光源种类很多,按照光的相干性可分为相干光和非相干光。非相干光源有白炽光、发光二极管;相干光源包括各种激光器,如氦氖激光器、半导体激光二极管等。

光源与光纤耦合时,总是希望在光纤的另一端得到尽可能大的光功率,它与光源的光强、波长及光源发光面积等有关,也与光纤的粗细、数值孔径有关。

2. 光探测器

光探测器的作用是把传送到接收端的光信号转换成电信号,以便作进一步的处理。它和光源的作用相反,常用的光探测器有光敏二极管、光敏晶体管及光电倍增管等。

在光纤传感器中,光探测器的性能好坏既影响被测物理量的变换准确度,又关系到光探测接收系统的质量,它的线性度、灵敏度、带宽等参数直接影响传感器的总体性能。

6.2.3 光纤传感器分类

光纤传感器按照光纤在传感器中的作用分为功能型和非功能型两种。

(1) 功能型光纤传感器

光纤传感器的基本结构原理如图6.10所示,图(a)为功能型光纤传感器,这种类型主要使用单模光纤。光纤不仅起传光作用,又是敏感元件,即光纤本身同时具有传、感两种功能。功能型光纤传感器是利用光纤本身的传输特性受被测物理量的作用而发生变化,使光纤中波导光的属性(光强、相位、偏振态、波长等)被调制这一特点而构成的一类传感器。其中有光强调制型、相位调制型、偏振态调制型和波长调制型等多种,典型例子有:利用光纤在高电场下的泡克耳效应的光纤电压传感器,利用光纤法拉第效应的光纤电流传感器,利用光纤微弯效应的光纤位移(压力)传感器等。功能型传感器的特点是:由于光纤本身是敏感元件,因此加长光纤的长度可以得到很高的灵敏度;尤其是利用各种干涉技术对光的相位变化进行测量的光纤传感器具有极高的灵敏度,这类传感器的缺点是技术难度大,结构复杂,调整较困难。

(2) 非功能型光纤传感器

非功能型光纤传感器中,光纤不是敏感元件,它是在光纤的端面或在两根光纤中间放置光学材料、机械式或光学式的敏感元件来感受被测物理量的变化,从而使透射光或反射光强度随之发生变化。在这种情况下,光纤只是作为光的传输回路,如图6.10(b)、(c)所示。为了得到较大的受光量和传输的光功率,使用的光纤主要是数值孔径和芯径大的阶跃型多模光纤。这类光纤传感器的特点是结构简单、可靠,技术上易实现,应用前景广阔,但其灵敏度、测量精度一般低于功能型光纤传感器。

在非功能型光纤传感器中,也有并不需要外加敏感元件的情况,光纤把测量对象所辐射、反射的光信号传播到光电元件,如图6.10(d)所示。这种光纤传感器也被称为探针型光纤传感器,该类传感器通常使用单模光纤或多模光纤。典型的例子有光纤激光多普勒速度传感器、光纤辐射温度传感器和光纤液位传感器等,其特点是非接触式测量,而且具有较高的精度。

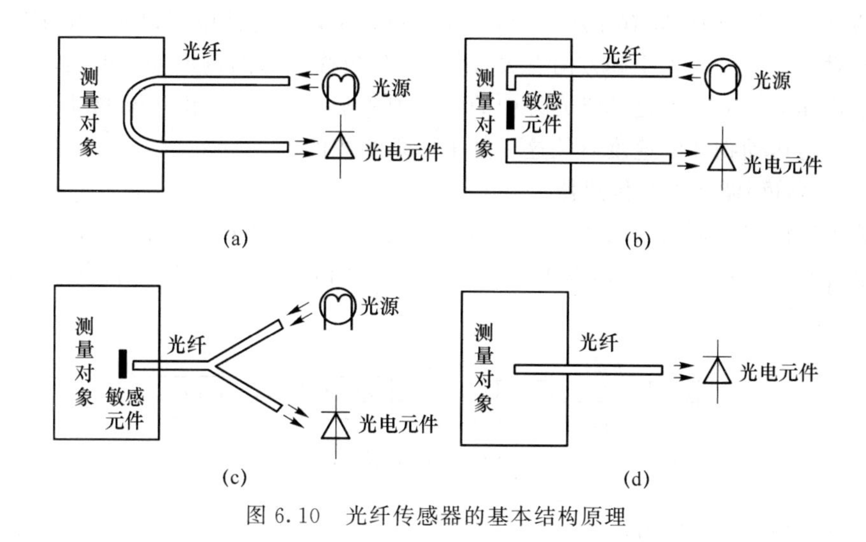

图 6.10　光纤传感器的基本结构原理

6.2.4　光纤传感器的工作原理

（1）光纤传感器的基本原理

光纤传感器的基本原理是将光源入射的光束经由光纤送入调制区，在调制区内，外界被测参数与进入调制区的光相互作用，使光的光学性质，如光的强度、波长（颜色）、频率、相位、偏振态等发生变化，成为被调制的信号光，再经光纤送入光敏器件、解调器而获得被测参数。

（2）强度调制光纤传感器

利用外界因素改变光纤中光的强度，通过测量光纤中光强的变化来测量外界被测参数的原理被称为强度调制原理，如图 6.11 所示。某恒定光源发出的强度为 P_i 的光注入传感头，在传感头内，光在被测信号 F 的作用下其光强发生变化，使得输出光强 P_o 的包络线与 F 形状一样，光电探测器测出的输出电流 I_o 也作同样的调制，经信号处理电路检测出调制信号，这样就得到了被测信号。

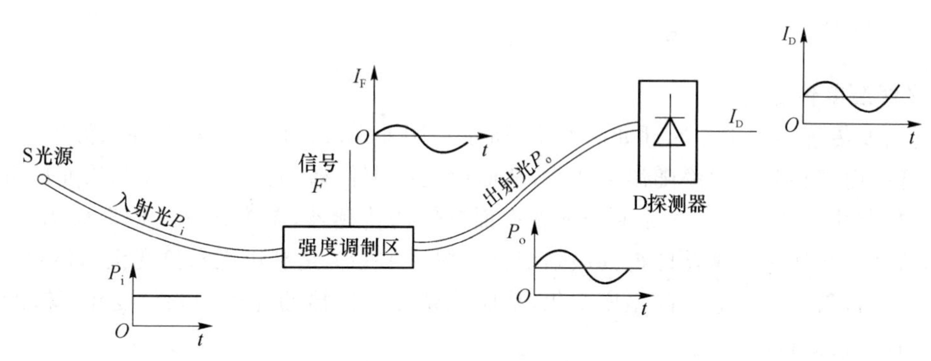

图 6.11　强度调制原理

（3）频率调制光纤传感器

光纤传感器中的频率调制就是利用外界因素改变光纤中光的频率，通过测量光的频率变化来测量外界被测参数，光的频率调制是由多普勒效应引起的。多普勒效应，简单地讲，就是光的频率与光接收器和光源之间的运动状态有关，当它们之间是相对静止时，接收到的光频率为光的振荡频率;当它们之间有相对运动时,接收到的光频率与其振荡频率发生了频移。频移的大小与相对运动速度的大小和方向有关,测量这个频移就能测量出物体的运动速度。光纤传感器测量物体的运动速度是基于光纤中的光入射到运动物体上,由运动物体反射或散射的光发生的频移与运动物体的速度有关这一基本原理制成的。

(4) 波长(颜色)调制光纤传感器

光纤传感器的波长调制就是利用外界因素改变光纤中光能量的波长分布(光谱分布),通过检测光谱分布来测量被测参数,由于波长与颜色直接相关,所以波长调制也称颜色调制,其原理如图 6.12 所示。

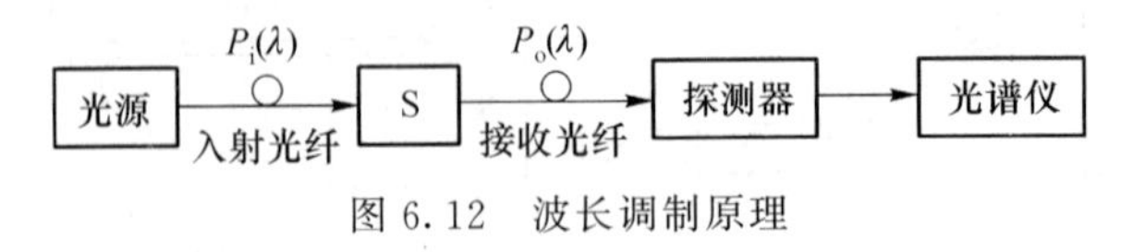

图 6.12 波长调制原理

(5) 相位调制光纤传感器

相位调制光纤传感器是通过被测能量场的作用,使光纤内传播的光波相位发生变化,再利用干涉测量技术把相位变化转换为光强度变化,从而检测出待测的物理量。

光纤中光波的相位由光纤波导的物理长度、折射率及其分布、波导横向几何尺寸所决定。一般来说,压力、张力、温度等外界物理量能直接改变上述三个波导参数,产生相位变化,实现光纤的相位调制。但是,目前各类光探测器都不能感知光波相位的变化,必须采用光的干涉技术将相位变化转变为光强变化,才能实现对外界物理量的检测。因此,光纤传感器中的相位调制技术包括产生光波相位变化的物理机制和光的干涉技术,与其他调制方法相比,由于采用干涉技术而具有很高的相位调制灵敏度。

(6) 偏振态调制光纤传感器

偏振态调制光纤传感器的原理是利用外界因素改变光的偏振特性,通过检测光的偏振态的变化来检测各种物理量。在光纤传感器中,偏振态调制主要基于人为旋光现象和人为双折射,如法拉第磁光效应、克尔电光效应和弹光效应等。

6.2.5 光纤传感器的应用

1. 光纤温度传感器

光纤温度传感器的工作原理如图 6.13 所示。图 6.13(a)是利用光振幅随温度变化的传感器,光纤的内芯径和折射率随温度变化,从而使光纤中传播的光由于路线不均而向外散射,导致光振幅变化。图 6.13(b) 是利用光偏振面旋转的传感器,单模光纤的偏振面随温度变化而旋转,这种旋转通过检偏器即得到振幅变化。图 6.13(c) 是利用光相位变化的传感器,单模光纤的长度、折射率和内芯径随温度变化,从而使光纤中传播的光产生相位变化,该相位变化通过干涉仪即得到振幅变化。

2. 光纤图像传感器

光纤图像是由数目众多的光纤组成一个图像单元,典型数目为 0.3 万～10 万股,每一股光纤的直径约为 10 μm,光纤图像传输原理如图 6.14 所示。在光纤的两端,所有光纤都是按同一规律整齐排列的。投影在光纤束一端的图像被分解成许多像素,每一个像素(包含图像的亮度与颜色信息) 通过一根光纤单独传送,因此,整个图像作为一组亮度与颜色不同的光点传送,并在另一端重建原图像。

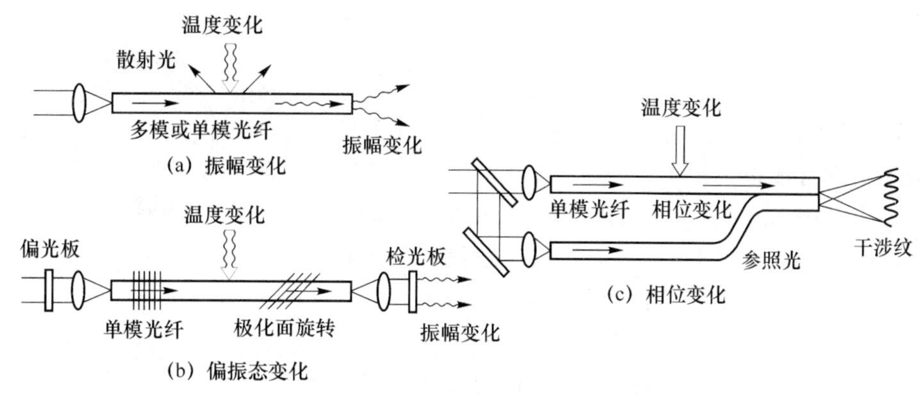

图6.13 光纤温度传感器的工作原理

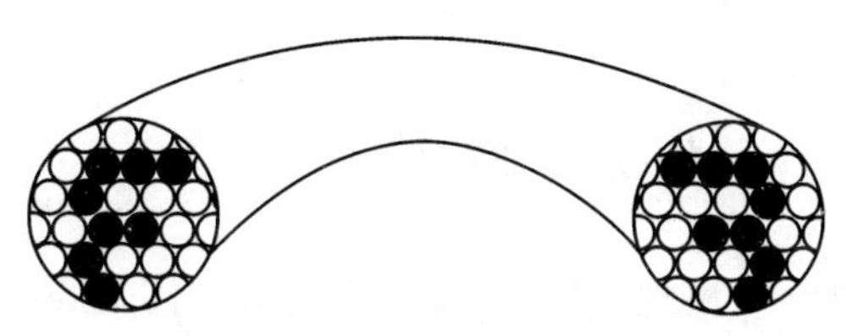

图6.14 光纤图像传输原理

工业用内窥镜用于检查系统的内部结构，它采用光纤图像传感器，将探头放入系统内部，通过光束的传输在系统外部可以观察监视，工业用内窥镜原理如图6.15所示。光源发出的光通过传光束照射到被测物体上，通过物镜和传像束把内部图像传送出来，以便观察、照相或通过传像束送入CCD，将图像信号转换成电信号，送入微机进行处理，可在屏幕上显示和打印观测结果。

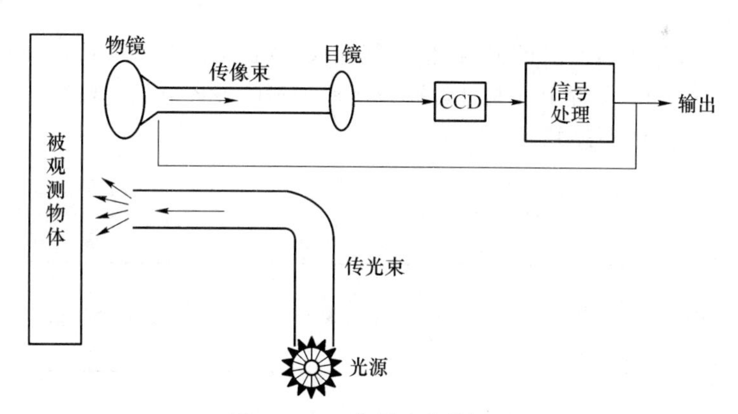

图6.15 工业用内窥镜原理

3. 光纤旋涡式流量传感器

将一根多模光纤垂直地装入管道，当液体或气体流经与其垂直的光纤时，光纤受到流体涡流的作用而振动，振动的频率与流速有关。测出光纤振动的频率就可确定液体的流速。光纤旋涡流量传感器结构如图6.16所示。

当流体运动受到一个垂直于流动方向的非流线体阻碍时，根据流体力学原理，在某些条件下，在非流线体的下游两侧产生有规则的旋涡，其旋涡的频率 f 与流体的流速 v 之间的关系可

表示为

$$f = S_t \frac{v}{d}, \tag{6.14}$$

式中，d 为光纤直径；S_t 为斯托劳哈尔系数，它是一个与流体有关的无量纲常数。

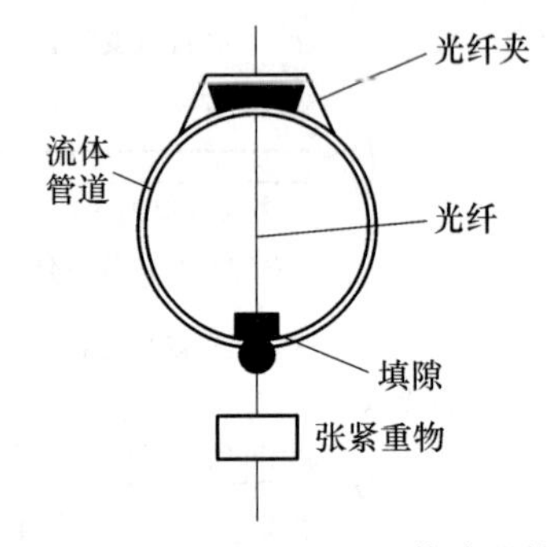

图 6.16　光纤旋涡式流量传感器结构

在多模光纤中，光以多种模式进行传输，在光纤的输出端，各模式的光形成干涉图样——光斑。一根没有外界扰动的光纤所产生的干涉图样是稳定的，当光纤受到外界扰动时，干涉图样明暗相间的斑纹或斑点发生移动。如果外界扰动是流体的漩涡引起的，那么干涉图样斑纹或斑点就会随着振动的周期变化来回移动，测出斑纹或斑点的移动，即可获得对应的振动频率信号，根据式(6.14)可推算出流体的流速。

6.3　红外传感器

近年来，红外光电器件大量出现，以大规模集成电路为代表的微电子技术的发展，使红外传感的发射、接收和控制电路高度集成化，大大提高了红外传感的可靠性。红外传感技术已越来越被人们所利用，如在军事上有热成像系统、搜索跟踪系统、红外辐射计、警戒系统等；在航空航天系统中有人造卫星的遥感遥测、红外研究天体的演化；医学上有红外诊断、红外测温和辅助治疗等。

6.3.1　工作原理

1. 红外辐射

红外辐射是一种人眼看不见的光线，俗称红外线，波长范围为 0.76～1 000 μm，对应频率为 $4\times10^{14}\sim3\times10^{11}$ Hz，工程上通常把红外线所所占据的波段分成近红外、中红外、远红外和极远红外四个部分，如图 6.17 所示。

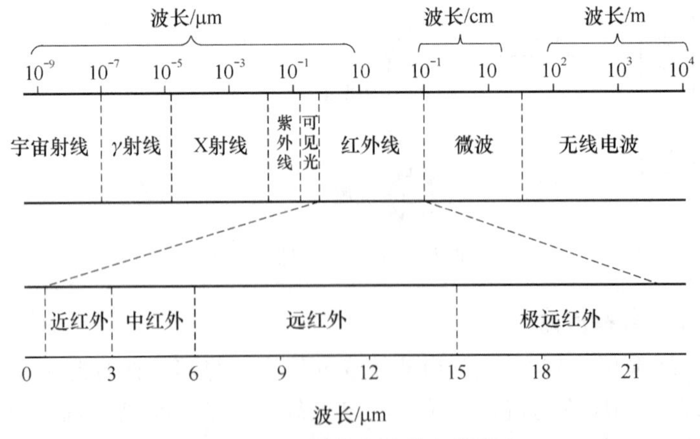

图 6.17　红外线在波谱中的位置

红外辐射的物理本质是热辐射，任何物体的温度只要高于绝对零度，就会向外部空间以红外线的方式辐射能量。物体的温度越高，辐射出来的红外线越多，辐射的能量就越强(辐射能正比于温度的4次方)；另外，红外线被物体吸收后将转化成热能。

红外线作为电磁波的一种形式，红外辐射和所有的电磁波一样，是以波的形式在空间直线传播的，具有电磁波的一般特性，如反射、折射、散射、干涉和吸收等。红外线不具有无线电遥控那样穿过遮挡物去控制被控对象的能力，红外线的辐射距离一般为几米到几十米。红外线在真空中的传播速度等于波的频率与波长的乘积。

红外线有以下特点：

(1) 红外线易于产生，容易接收；

(2) 采用红外发光二极管，结构简单，易于小型化，且成本低；

(3) 红外线调制简单，依靠调制信号编码可实现多路控制；

(4) 红外线不能通过遮挡物，不会产生信号串扰等误动作；

(5) 功率消耗小，反应速度快；

(6) 对环境无污染，对人、物无损害；

(7) 抗干扰能力强。

2. 红外探测器

红外传感器是利用红外辐射实现相关物理量测量的一种传感器，一般由光学系统、探测器、信号调理电路及显示单元等组成。红外探测器是红外传感器的核心，是利用红外辐射与物质相互作用所呈现的物理效应来探测红外辐射的。红外探测器的种类很多，按探测机理的不同可分为热探测器和光子探测器两大类。

(1) 热探测器

热探测器的工作原理是利用红外辐射的热效应，探测器的敏感元件吸收辐射能后引起温度升高，进而使某些物理参数发生相应变化，通过测量物理参数的变化来确定探测器所吸收的红外辐射。与光子探测器相比，热探测器的峰值探测率低，响应时间长。热探测器的主要优点是响应波段宽，响应范围可扩展至整个红外区域，可以在常温下工作，使用方便，应用广泛。热探测器主要有四类：热释电型、热敏电阻型、热电阻型和气体型。

热释电型探测器在热探测器中探测率最高，频率响应最宽。它是根据热释电效应制成的，即电石、水晶、酒石酸钾钠、钛酸钡等晶体受热产生温度变化时，其原子排列将发生变化，晶体自然极化，在其表面产生电荷的现象。用此效应制成的“铁电体”，其极化强度(单位面积上的电荷)与温度有关。当红外辐射照射到已经极化的铁电体薄片表面上时，薄片温度升高，使其极化强度降低，表面电荷减少，相当于释放一部分电荷，所以被称为热释电型传感器。如果将负载电阻与铁电体薄片相连，则负载电阻上产生一个电信号输出。输出信号的强弱取决于薄片温度变化的快慢，从而反映出入射红外辐射的强弱，热释电型红外传感器的电压响应率正比于入射光辐射率变化的速率。

(2) 光子探测器

光子探测器的工作原理是利用入射光辐射的光子流与探测器材料中的电子相互作用，从而改变电子的能量状态，引起各种电学现象——光子效应。

光子探测器有内光电和外光电探测器两种，后者又分为光电导、光生伏特和光磁电探测器三种。光子探测器的主要特点是灵敏度高，响应速度快，具有较高的响应频率；但探测波段较窄，一般须在低温下工作。

(3) 热释电探测器和光子探测器的比较

光子探测器在吸收红外能量后，直接产生电效应；热释电探测器在吸收红外能量后，首先产生温度变化,再产生电效应,温度变化引起的电效应与材料特性有关。

光子探测器的灵敏度高,响应速度快;但二者都会受到光波波长的影响,光子探测器的灵敏度依赖于本身温度,要保持高灵敏度,必须将光子探测器冷却至较低的温度,通常采用的冷却剂为液氮。热释电探测器的特点刚好相反,一般没有光子探测器那么高的灵敏度,响应速度也较慢;但在室温下就有足够好的性能,因此不需要低温冷却,而且热释电探测器的响应频段宽(不受波长的影响),响应范围可以扩展到整个红外区域。

6.3.2 红外传感器的应用

1. 红外辐射测温

红外测温可实现远距离和非接触测温,特别适合于高速运动物体、带电体、高压及高温物体的温度测量,具有反应速度快、灵敏度高、测温范围广等特点。

全辐射红外测温依据斯蒂芬-玻耳兹曼定律

$$W = \varepsilon\sigma T^4, \tag{6.15}$$

式中,W 为物体的全波辐射出射度单位面积所发射的辐射功率;ε 为物体表面的法向比辐射率;σ 为斯蒂芬-玻耳兹曼常数;T 为物体的绝对温度(K)。

一般物体的 ε 为 0~1,$\varepsilon=1$ 的物体叫作黑体。式(6.15)表明,物体的温度越高,辐射功率越大。只要知道物体的温度和比辐射率,就可以算出它所发射的辐射功率;反之,如果测量出物体所发射的辐射功率,就可以确定物体的温度。

红外辐射测温仪原理如图 6.18 所示,它由光学系统、调制器、红外探测器、放大器和指示器等部分组成。

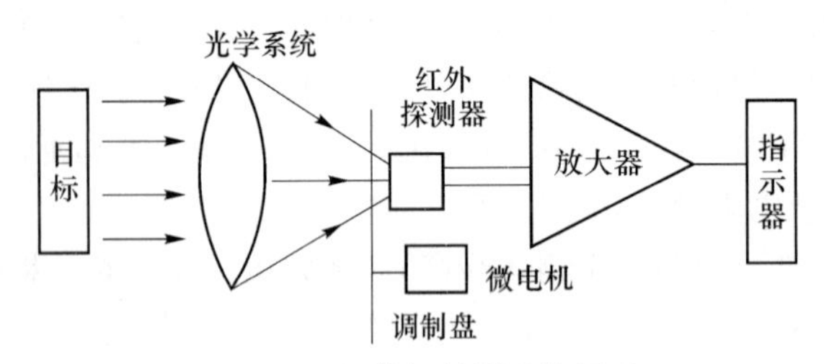

图 6.18 红外辐射测温仪原理

光学系统可以是透射式的或反射式的。透射式光学系统的部件是用红外光学材料制成的,根据红外波长选择光学材料。一般测量高温(700 ℃以上)仪器,有用波段主要在 0.76~3 μm的近红外区,可选用一般光学玻璃或石英等材料。测量中温(100~700 ℃)仪器,有用波段主要在 3~5 μm 的中红外区,多采用氟化镁、氧化镁等热压光学材料。测量低温(100 ℃以下)仪器,有用波段主要在 5~14 μm 的中远红外波段,多采用锗、硅、热压硫化锌等材料。一般还在镜片表面蒸镀红外增透层,一方面滤掉不需要的波段,另一方面增大有用波段的透射率。反射式光学系统多采用凹面玻璃反射镜,表面镀金、铝或镍铬等在红外波段反射率很高的材料。

调制器就是把红外辐射调制成交变辐射的装置,一般是用微电机带动一个齿轮盘或等距离孔盘,通过齿轮盘或带孔盘旋转,切割入射辐射从而使投射到红外探测器上的辐射信号成交变的。因为系统对交变信号处理比较容易,并能取得较高的信噪比。

红外探测器是接收目标辐射并将其转换为电信号的器件,选用哪种探测器要根据目标辐射的波段与能量等实际情况确定。

2. 红外分析仪

红外分析仪是根据物质的红外吸收特性来进行工作的。许多化合物的分子在红外波段都有吸收带，而且物质的分子不同，吸收带所在的波长和吸收的强弱也不相同，根据吸收带分布的情况和吸收的强弱，可以识别物质分子的类型，从而得出物质的组成及百分比。

根据不同的目的与要求，红外分析仪可设计成多种不同的形式，例如红外水分分析仪、红外气体分析仪、红外分光光度计、红外光谱仪等。下面以纸张水分分析仪来说明。

水的红外吸收谱如图 6.19 所示，可以看出，水在近红外光谱区有 3 个特征吸收波长，即 1.45 μm、1.94 μm 和 2.95 μm，它们的吸收强度是不同的，这 3 个波长分别适用于不同湿度物体的测量。纸张近红外光谱曲线如图 6.20 所示，在 1.45 μm 及 1.94 μm 附近除了水的吸收峰外，均无其他特征吸收存在，不会引入不必要的干扰。因此一般选用 1.45 μm 及 1.94 μm 作为纸张水分的测试波长，在纸张成品端宜采用 1.94 μm，而湿端宜用 1.45 μm。

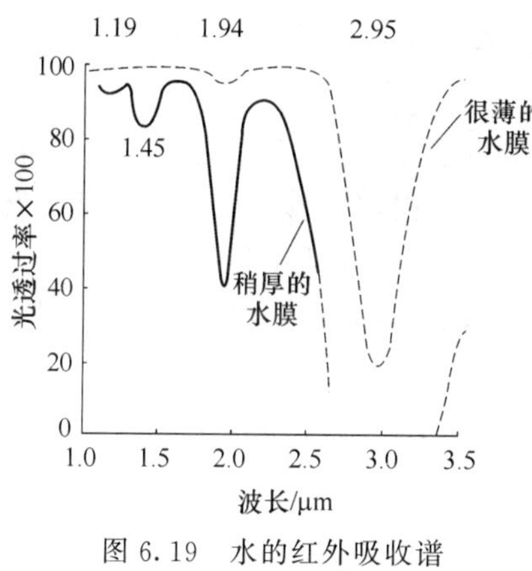

图 6.19　水的红外吸收谱

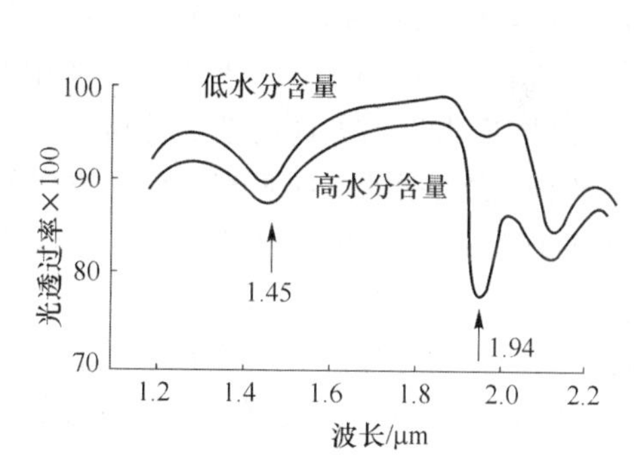

图 6.20　纸张近红外光谱曲线

当一束光通过物体后，光强要衰减，其入射光强符合 Lambert-Beer 定律，即

$$I = I_0 \exp\left[-\left(\sum_{i=1}^{n} a_{\lambda i} c_i + b\right)x\right] \tag{6.16}$$

式中，I 为出射光强；I_0 为入射光强；x 为物体厚度；c_i 为成分 i 的厚度；b 为与波长无关的散射系数；$a_{\lambda i}$ 为波长 λ 的光对成分 i 的吸收系数。

利用这一关系可以测得透射光强相对于入射光强的变化，从而推出各组分的浓度含量。从式(6.16)还可以看出，如果仅用一个波长来测量物质中某一成分的含量，那么其他成分的吸收会影响测量精度；尤其是纸张水分的在线测量，除了纸张内部其他成分的干扰外，还有光源起伏、探测器件老化、光学表面的污染、灰尘等外部因素的影响。为了解决这一问题，可以引入一路参考光束，使干扰因素对参考光束和测量光束的影响相同，这样通过两者的比值可以除去上述干扰。

6.4　超声波传感器

超声波传感器是一种以超声波为检测手段的新型传感器，广泛应用于超声探测、超声清洗、汽车的倒车雷达等方面。超声波具有聚束、定向、反射及透射等特性。

6.4.1 超声检测的物理基础

振动在弹性介质内的传播被称为波动,其频率为 $16\sim2\times10^4$ Hz,低于 16 Hz 的机械波为次声波;能为人耳所闻的机械波为声波;高于 2×10^4 Hz 的机械波为超声波;频率为 $3\times10^8\sim3\times10^{10}$ Hz 的波为微波。声波的频率界限如图 6.21 所示。

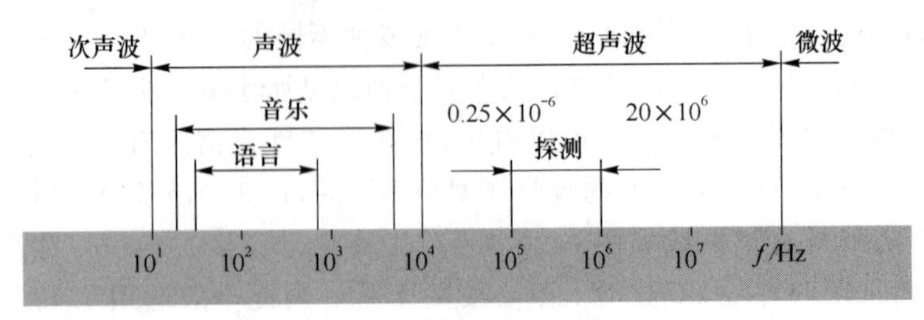

图 6.21 声波的频率界限

当超声波由一种介质入射到另一种介质时,由于在两种介质中的传播速度不同,在介质界面上会产生反射、折射和波形转换等现象。

声源在介质中的施力方向与波在介质中的传播方向不同,声波的波形也不同。通常有:

① 纵波:质点振动方向与波的传播方向一致的波,它能在固体、液体和气体介质中传播。

② 横波:质点振动方向垂直于传播方向的波,它只能在固体介质中传播。

③ 表面波:质点的振动介于横波与纵波之间,随着介质表面传播,其振幅随深度增加而迅速衰减的波,表面波只在固体的表面传播。

超声波的传播速度与介质密度和弹性特性有关。超声波在气体和液体中传播时,由于不存在剪切应力,所以没有纵波的传播,其传输速度 c 为

$$c=\sqrt{\frac{1}{\rho B_a}} \tag{6.17}$$

式中,ρ 为介质的密度;B_a 为绝对压缩系数。且 ρ、B_a 都是温度的函数,使超声波在介质中的传播速度随温度的变化而变化。

在固体中,纵波、横波及其表面波三者的声速有一定的关系,通常可认为横波声速为纵波的一半,表面波声速为横波声速的 90%。气体中纵波声速为 344 m/s,液体中纵波声速为 900~1 900 m/s。

声波从一种介质传播到另一种介质,在两个介质的分界面上一部分声波被反射,另一部分透射过界面,在另一种介质内部继续传播。这样的两种情况被称为声波的反射和折射,如图 6.22 所示。

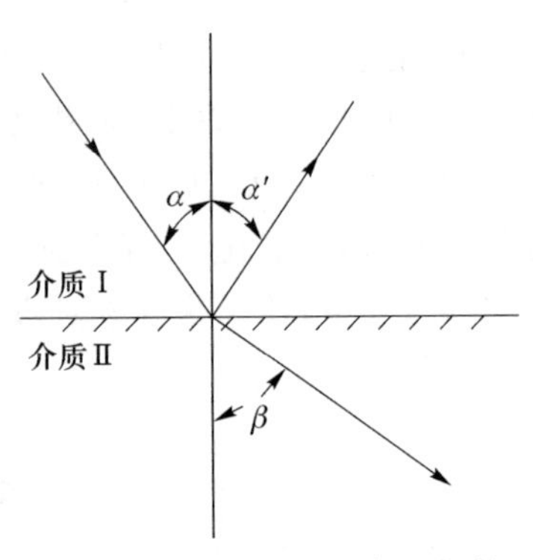

图 6.22 超声波的反射和折射

由物理学知,当波在界面上产生反射时,入射角 α 的正弦与反射角 α' 的正弦之比等于波速之比。当波在界面处产生折射时,入射角 α 的正弦与折射角 β 的正弦之比,等于入射波在第一介质中的波速 c_1 与折射波在第二介质中的波速 c_2 之比,即

$$\frac{\sin\alpha}{\sin\beta}=\frac{c_1}{c_2} \tag{6.18}$$

声波在介质中传播时，随着传播距离的增加，能量逐渐衰减，其衰减程度与声波的扩散、散射及吸收等因素有关。其声压和声强的衰减规律为

$$P_x = P_0 e^{-\alpha x} \tag{6.19}$$

$$I_x = I_0 e^{-2\alpha x} \tag{6.20}$$

式中，P_x、I_x 分别为距声源 x 处的声压和声强；x 为声波与声源间的距离；α 为衰减系数，单位为 Np/cm。

声波在介质中传播时，能量的衰减决定于声波的扩散、散射和吸收。在理想介质中，声波的衰减仅来自声波的扩散，即随着声波传输距离的增加而引起声能的减弱。散射衰减是指超声波在介质中传播时，固体介质中的颗粒界面或流体介质中的悬浮粒子使声波产生散射，其中一部分声能不再沿原来的传播方向运动而形成散射。散射衰减与散射粒子的形状、尺寸、数量、介质的性质和散射粒子的性质有关。吸收衰减是由于介质黏滞性，使超声波在介质中传播时造成质点间的内摩擦，从而使一部分声能转换为热能，通过热传导进行热交换，导致声能的损耗。

6.4.2　超声波传感器原理

利用超声波在超声场中的物理特性和各种效应而研制的装置被称为超声波换能器、探测器或传感器。超声波探头按其工作原理可分为压电式、磁致伸缩式、电磁式等，其中以压电式最为常用。

压电式超声波探头的常用材料是压电晶体和压电陶瓷，这种传感器被统称为压电式超声波探头。它是利用压电材料的压电效应来工作的：逆压电效应将高频电信号转换成高频机械振动，从而产生超声波，可以作为发射探头；而正压电效应是将超声振动波转换成电信号，可作为接收探头。

超声波探头结构如图 6.23 所示，它主要由压电晶片、吸收块（阻尼块）、保护膜、导电螺杆、接线片及金属壳等组成。压电晶片多为圆片型，厚度为 δ。超声波频率 f 与其厚度 δ 成反比。压电晶片的两面镀有银层，做导电的极板。阻尼块的作用是降低晶片的机械品质，吸收声能量。如果没有阻尼块，当激励的电脉冲信号停止时，晶片会继续振荡，加长超声波的脉冲宽度，使分辨率变差。

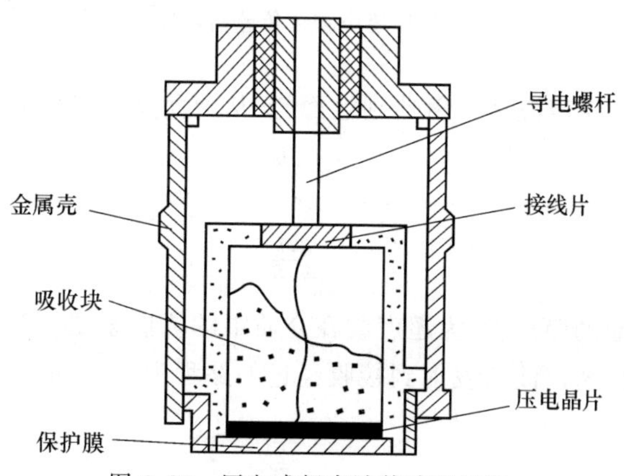

图 6.23　压电式超声波传感器结构

6.4.3 超声波传感器应用

1. 超声波物位传感器

超声波物位传感器是利用超声波在两种介质分界面上的反射特性而制成的。如果从发射超声脉冲开始,到接收换能器接收到反射波为止的这个时间间隔为已知,即可求出分界面的位置,利用这种方法可以对物位进行测量。根据发射和接收换能器的功能,传感器又可分为单换能器和双换能器。单换能器的传感器发射和接收超声波使用同一个换能器,而双换能器的传感器发射和接收各由一个换能器担任。

几种超声物位传感器的原理结构如图 6.24 所示。超声波发射和接收换能器可设置在液体介质中,让超声波在液体介质中传播,见图 6.24(a)。由于超声波在液体中衰减比较小,所以即使发射的超声脉冲幅度较小也可以传播。超声波发射和接收换能器也可以安装在液面的上方,让超声波在空气中传播,见图 6.24(b)。这种方式便于安装和维修,但超声波在空气中的衰减比较厉害。

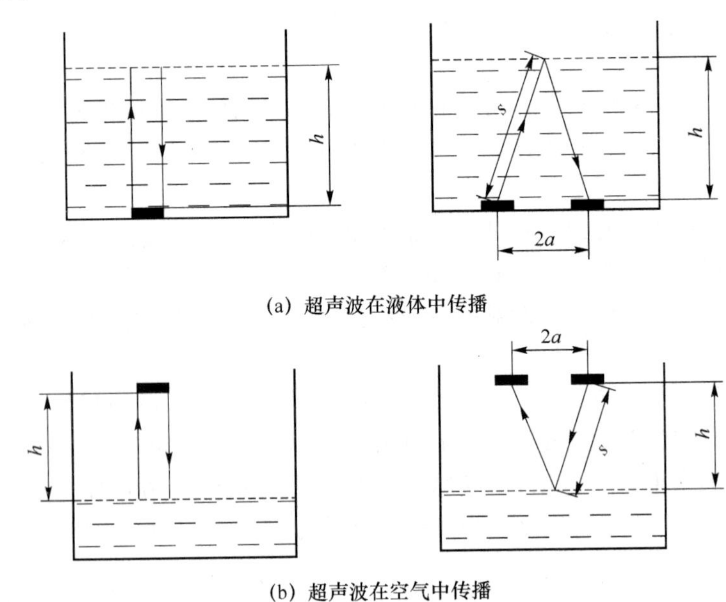

(a) 超声波在液体中传播

(b) 超声波在空气中传播

图 6.24 几种超声物位传感器的原理结构

对于单换能器来说,超声波从发射器到液面,又从液面反射到换能器的时间为

$$t = \frac{2h}{c} \tag{6.21}$$

则

$$h = \frac{ct}{2} \tag{6.22}$$

式中,h 为换能器据液面的距离;c 为超声波在介质中的传播速度。

对于双换能器来说,超声波从发射到接收经过的路程为 $2s$,而

$$s = \frac{ct}{2} \tag{6.23}$$

因此液位高度为

$$h = \sqrt{s^2 - a^2} \tag{6.24}$$

式中，s 为超声波从反射点到换能器的距离；a 为两换能器间距一半。

从式(6.21)至式(6.24)可以看出，只要测得超声波脉冲从发射到接收的时间间隔，便可以求得待测的物位。

超声物位传感器具有精度高和使用寿命长的特点，但若液体中有气泡或液面发生波动，便会产生较大的误差，在一般使用条件下，它的测量误差为±0.1%，检测物位的范围为 $10^{-2} \sim 10^4$ m。

2. 超声波流量传感器

超声波流量传感器的测定方法是多样的，如传播时间差法、传播速度变化法、波速移动法、多普勒效应法、流动听声法等；但目前应用较广的主要是超声波传播时间差法。

超声波在流体传播时，在静止流体和流动流体中的传播速度是不同的，利用这一特点可以求出流体的速度；再根据管道流体的截面积，便可知道流体的流量。

如果在流体中设置两个超声传感器，它们既可以发射超声波，又可以接收超声波，一个装在上游，一个装在下游，距离为 L，如图 6.25 所示。设顺流方向的传播时间为 t_1，逆流方向的传播时间为 t_2，流体静止时的超声波传播速度为 c，流体流动速度为 v，则

$$t_1 = \frac{L}{c + v} \tag{6.25}$$

$$t_2 = \frac{L}{c - v} \tag{6.26}$$

一般来说，流体的流速远小于超声波在流体中的传播速度，因此超声波传播时间差为

$$\Delta t = t_2 - t_1 = \frac{2Lv}{c^2 - v^2} \tag{6.27}$$

由于 $c \gg v$，从式(6.27)便可得到流体的流速，即

$$v = \frac{c^2}{2L}\Delta t \tag{6.28}$$

在实际应用中，超声波传感器安装在管道的外部，从管道的外面透过管壁发射和接收超声波，而不会给管道内流动的流体带来影响，如图 6.26 所示。

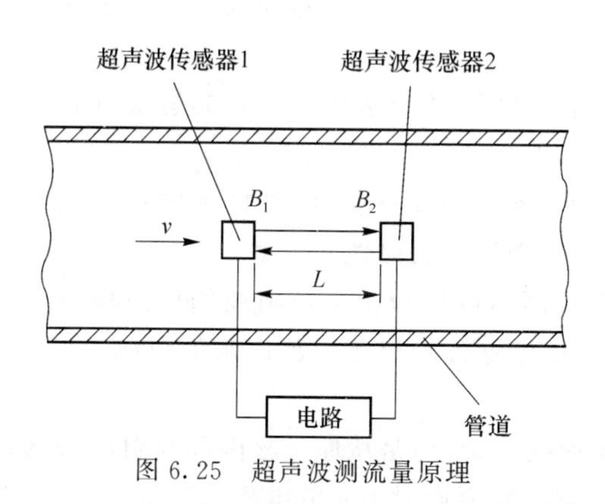

图 6.25　超声波测流量原理

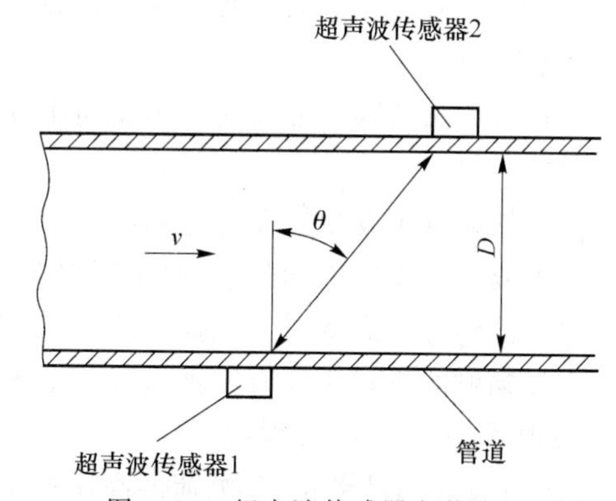

图 6.26　超声波传感器安装位置

此时超声波的传播时间将由式(6.29)及式(6.30)确定。

$$t_1 = \frac{\dfrac{D}{\cos\theta}}{c + v\sin\theta} \tag{6.29}$$

$$t_2 = \frac{\frac{D}{\cos\theta}}{c - v\sin\theta} \tag{6.30}$$

超声波流量传感器具有不阻碍流体流动的特点,可测的流体种类很多,不论是非导电的流体、高黏度的流体,还是浆状流体,只要能传输超声波的流体都可以进行测量。超声波流量计可用来对自来水、工业用水、农业用水等进行测量,还适用于下水道、农业灌渠、河流等流速的测量。

6.5 核辐射传感器

核辐射传感器利用放射性同位素来进行测量,是基于被测物质对射线的吸收、反射、散射或射线对被测物质的电离激发作用而进行工作的传感器。核辐射传感器一般由放射源、探测器及信号转换电路组成,可用来测量物质的密度、厚度,分析气体成分、探测物质内部结构等。

6.5.1 核辐射传感器的物理基础

常用α、β、γ和X射线作为核辐射传感器的核辐射源,产生这些射线的物质通常被称为放射线同位素。凡原子序数相同而原子质量不同的元素,在元素周期表中占同一位置的被称为同位素。原子自发产生核结构变化的现象为核衰变,具有核衰变性质的同位素为放射性同位素。放射性同位素的放射性衰变规律为

$$J = J_0 e^{-\lambda t} \tag{6.31}$$

式中,J、J_0分别为t和t_0时刻的辐射强度;λ为衰变常数。

元素衰变的速度取决于λ的量值,λ越大,衰变越快,习惯上常用与λ有关的另一个常数——半衰期τ来表示衰变的快慢。放射性元素从N_0个原子衰变到$N_0/2$个原子所经历的时间为半衰期。

$$\tau = \frac{\ln 2}{\lambda} = \frac{0.693}{\lambda} \tag{6.32}$$

式中,τ与λ一样是不受任何外界作用影响的而且和时间无关的恒量,不同放射性元素的半衰期τ是不同的。

核辐射传感器除了要求使用半衰期比较长的同位素外,还要求放射出来的射线具有一定的辐射量。

原子核成分不发生自动变化的同位素为稳定同位素。原子序数在83以下的每一种元素都有一个或几个稳定的同位素,原子序数在83以上的则只有放射性同位素。

放射性同位素衰变时,放射出具有一定能量和较高速度的粒子束或射线的放射现象为核辐射。核辐射的方式主要有四种:α辐射、β辐射、γ辐射和X辐射等。放出来的射线主要有α射线、β射线、γ射线和X射线。

α、β射线分别是带正、负电荷的高速粒子流;γ射线不带电,是从原子核内部放射出来的以光速运动的粒子流;X射线是原子核外的内层电子被激发而放射出来的电磁波能量。

核辐射强度以指数规律随时间而衰减,通常以单位时间内发生衰变的次数表示放射性的强弱。辐射强度单位用Ci(居里)表示:1 Ci的辐射强度等于放射源每秒有3.7×10^{10}个核发生衰变。Ci的单位太大,在检测仪表中常用mCi或μCi作为计量单位,1 Ci$=10^3$ mCi$=10^6$ μCi。核衰变中,辐射粒子具有的能量在原子物理中使用电子伏特(eV)作单位,1 eV是1

个电子在 1 V 电压作用下被加速所获得的能量数值。

具有一定能量的带电粒子在穿透物质时，在它们经过的路程上会产生电离作用，形成许多粒子对。电离作用是带电粒子和物质相互作用的主要形式，一个离子在每厘米路程上生成粒子对的数目为比电离。带电粒子在物质中穿行时，能量耗尽前所经过的直线距离为射程。

α 粒子由于能量、质量和电荷大，故电离作用强，但射程较短。β 粒子质量小，电离能力比同样能量的 α 粒子要弱。由于 α 粒子易于散射，所以其行程是弯弯曲曲的。γ 粒子几乎没有直接电离的可能。

在辐射的电离作用下，每秒钟产生的离子对总数，即粒子对形成的频率为

$$f_0 = \frac{1}{2} \cdot \frac{E}{E_d} CJ \tag{6.33}$$

式中，E 为带电粒子的能量；E_d 为离子对的能量；J 为辐射源的强度；C 为辐射强度为 1 居里时，每秒钟放射出的粒子数。

α、β、γ 射线在穿透物质时，由于电磁场的作用，原子中的电子会产生共振。振动的电子形成向周围散射的电磁波源，在其穿透过程中一部分粒子被散射掉，因此，粒子或射线的能量将式(6.39)衰减。

$$J = J_0 e^{-U_m \rho H} \tag{6.34}$$

式中，J_0、J 分别为射线穿透物质前、后的辐射强度；H 为穿透物质的厚度；ρ 为物质的密度；U_m 为物质的质量吸收系数。

三种射线中，γ 射线的穿透能力最强，β 射线次之，α 射线最弱。因此，γ 射线的穿透厚度比 β、α 都要大得多。

β 射线的散射作用表现得最为突出。当 β 射线穿透物质时，容易改变其运动方向而产生散射现象。当产生相反散射时，更容易产生反射。反射的大小取决于散射物质的性质和强度。β 射线的散射随物质原子序数的增大而加大。当原子序数增大到极限情况时，投射到反射物质上的粒子几乎全被反射回来。反射大小与反射物质的厚度关系如下：

$$J_h = J_m (1 - e^{-\mu_h H}) \tag{6.35}$$

式中，J_h 为反射物质厚度为 H (mm)时，放射线被反射的强度；J_m 为当 H 趋向无穷大时的反射强度，J_m 与原子序数有关；μ_h 为辐射能量的系数。由式(6.34)和式(6.35)可知，当 J_0、U_m、J_m、μ_h 等已知后，只要测出 J 和 J_h，就可求出其穿透厚度 H。

6.5.2　核辐射传感器

核辐射与物质的相互作用是核辐射传感器检测物理量的基础。利用电离、吸收和反射作用以及 α、β、γ 和 X 射线的特性可以检测多种物理量。常用电离室、气体放电计数管、闪烁计数器和半导体检测核辐射强度，分析气体及鉴别各种粒子等。

1. 电离室

电离室结构及输出特性如图 6.27 所示。在电离室的两侧设有互相绝缘的两块平行极板，对其加上极化电压 E，使二极板之间形成电场。当有粒子或射线将二极板间空气分子电离成正、负离子时，带电离子在电场作用下形成电离电流，于是在外接电阻 R 上变形成压降。电流 I 与气体的电离程度成正比，电离程度又正比于射线的辐射强度，因此，测量此压降值即可得到核辐射的强度。电离室主要用于探测 α、β 射线。

随着电离室外加电压增大，电流趋于饱和，一般工作在饱和区，输出电流与外加电压无关，

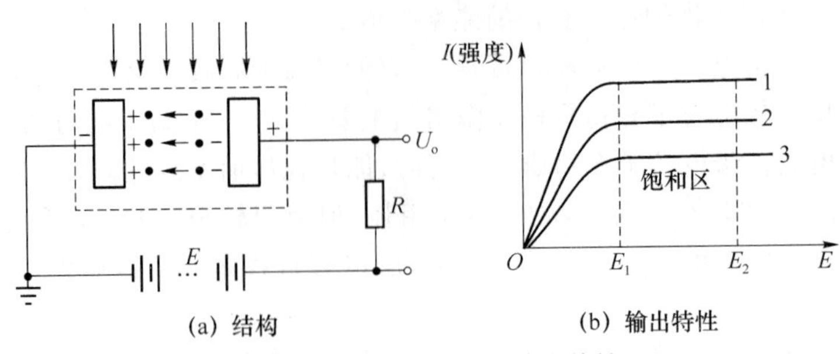

图 6.27　电离室结构及输出特性

输出只正比于射线到电离室的辐射强度。α、β、γ 电离室不能通用,不同粒子在相同条件下效率相差很大。电离室的窗口直径为 1 mm 左右,由于 γ 射线不直接产生电离,因而只能利用它的反射电子和增加室内气压来提高 γ 光子与物质作用的有效性。γ 射线的电离室必须封闭。

电离室具有坚固、稳定、成本低、寿命长等优点,但输出电流很小。

2. 气体放电计数器(盖格计数器)

气体放电计数管结构与特性曲线如图 6.28 所示。在图 6.28(a)中,计数管的阴极为金属筒或涂有导电层的玻璃圆筒;计数管的中心有一根金属丝并与管子绝缘,它是计数管的阳极,金属丝一般为钨丝或钼丝,并在圆筒与金属丝之间加上电压。计数管内充有氩、氮等气体。

当核辐射进入计数管后,管内气体被电离。当负粒子在电场作用下加速向阳极运动时,由于碰撞气体产生次级电子,次级电子又碰撞气体分子,产生新的次级电子。这样次级电子急剧倍增产生“雪崩”现象,使阳极放电。放电后,由于雪崩产生的电子都被中和,阳极被许多正离子包围着,这些正离子被称为“正离子鞘”。正离子鞘的形成,使阳极附近的电场下降,直到不再产生粒子增值,原始电离的放大过程停止。由于电场的作用,正离子鞘向阴极移动,在串联电阻 R 上产生脉冲电压,其大小正比于正离子鞘的总电荷,与初始电离无关。由于正离子鞘到达阴极时得到一定的动能,能从阴极打出次级电子,又由于此时阳极附近的电场已恢复,又一次产生次级电子和正离子鞘,于是又一次产生脉冲电压,因而周而复始便产生连续放电。

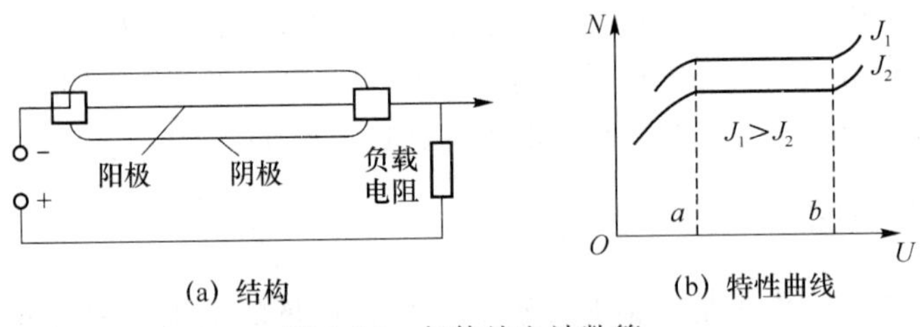

图 6.28　气体放电计数管

在图 6.28(b)的特性曲线中,J_1、J_2 代表入射的辐射强度,$J_1 > J_2$,在相同外电压 U 时,不同辐射强度将得到不同的脉冲数 N。入射的核辐射强度越高,计数管内产生的脉冲数 N 越大。气体放电管常用于探测 β 粒子和 γ 射线的辐射量(强度)。

3. 闪烁计数器

闪烁计数器组成如图 6.29 所示,闪烁计数器由闪烁晶体和光电倍增管两大部分组成。闪烁晶体是一种受激发光物质,常有气体、液体和固体三种,分有机和无机两大类。有机闪烁器的特点是发光时间常数小,只有配备分辨力高的光电倍增管才能获得 10^{-10} s 的分辨时间,并且容易制成较大的体积,常用于探测 β 粒子。无机闪烁晶体的特点是对入射粒子的阻止本领大，发光效率高，有很高的探测效率，常用于探测 γ 射线。

当核辐射进入闪烁晶体时，晶体原子受激发出微弱的闪光，透过晶体射到光电倍增管的光电阴极上，经过 N 级倍增后，在倍增管的阳极上形成脉冲电流，经输出处理电路，可得到与核辐射量有关的电信号，送到指示仪表或记录器显示。

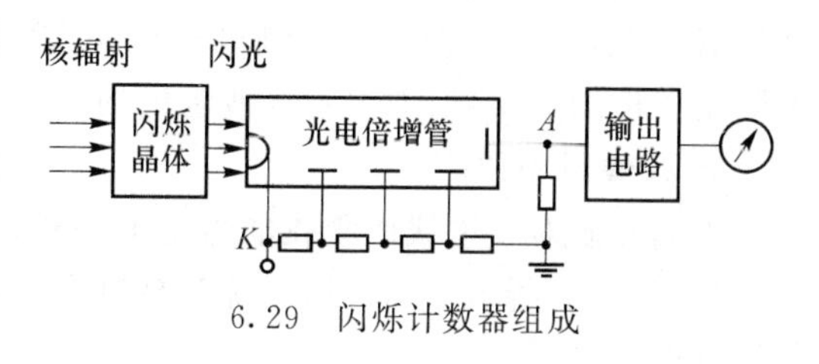

6.29　闪烁计数器组成

6.5.3　核辐射传感器的应用

1. 核辐射流量计

核辐射流量计可以检测气体或液体在管道中的流量，其工作原理如图 6.30 所示。若测量天然气体流量，在气流管壁上装有两个活动电极，其一的内侧面涂覆有放射性物质构成电离室。当气体流经电极间时，由于核辐射使被测气体电离，产生电离电流；电离子一部分被流动的气体带出电离室，随着气流的增加，带出电离室的电离子数增加，电离电流也随之减小。当外电场一定，辐射强度恒定时，离子迁移率基本是固定的。因此，它可以比较准确地测出气体流量。为了精确地测量，可以配用差动电路。

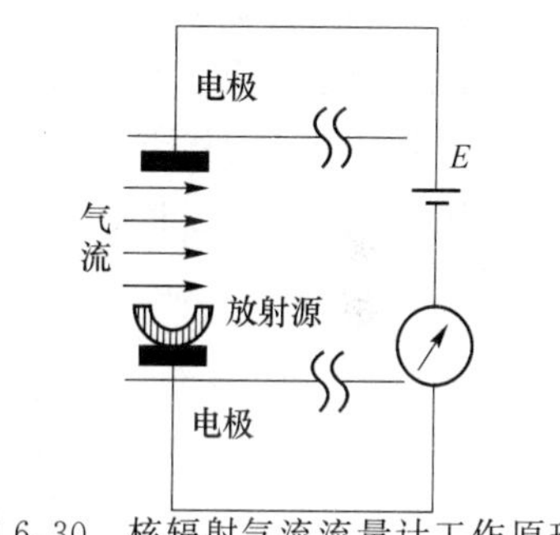

图 6.30　核辐射气流流量计工作原理

若在流动的液体中掺入少量的放射性物质，也可以运用放射性同位素跟踪法求取液体流量。

2. 核辐射测厚仪

核辐射测厚仪是利用射线的散射与物质厚度的关系来测量物质厚度的。利用差动和平衡变换原理测量镀锡层的厚度测量仪，如图 6.31 所示。

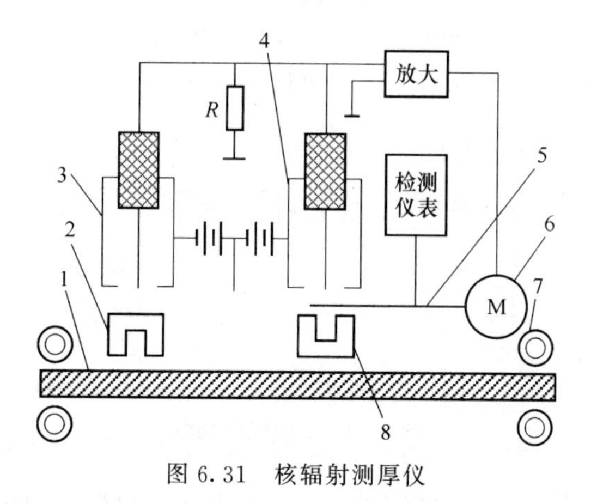

图 6.31　核辐射测厚仪

图中 3、4 为两个电离室，电离室外壳加上极性相反的电压，形成相反的栅极电流，使电阻 R 上的压降正比于两电离室辐射强度的差值。电离室 3 的辐射强度取决于辐射源 2 的放射线经镀锡层后的反向散射，电离室 4 的辐射强度取决于 8 的辐射线经挡板 5 位置的调制程度。

利用 R 上的电压,经放大后控制电机转动,以此带动挡板 5 位移,使电极电流相等。用检测仪表测出挡板的位移量,即可测量镀锡层的厚度。

3. 核辐射物位计

不同介质对 γ 射线的吸收能力是不一样,固体吸收最强,液体次之,气体最弱。核辐射物位计如图 6.32 所示。如核辐射源和被测介质一定,则被测介质高度 H 与穿过被测介质后的射线强度 J 的关系为

$$H=\frac{1}{\mu}\ln J_0+\frac{1}{\mu}\ln J \tag{6.36}$$

式中,J_0、J 分别为穿过被测介质前、后的射线强度;μ 为被测介质的吸收系数。

探测器将穿过被测介质的 J 值检测出来,并通过仪表显示 H 值。

目前用于测量物位的核辐射同位素有 $^{60}\mathrm{Co}$ 及 $^{137}\mathrm{Cs}$,因为它们能发射出很强的 γ 射线,半衰期较长。γ 射线物位计一般用于冶金、化工和玻璃工业中的物位测量,有定点监视型、跟踪型、透过型、照射型和多线源型等。

γ 射线物位计的优点是:①可以实现非接触式测量;②不受被测介质温度、压力、流速等状态的限制;③能测量比重差很小的两层介质的界面位移;④适宜测量液体、粉粒体和块状介质的位置。

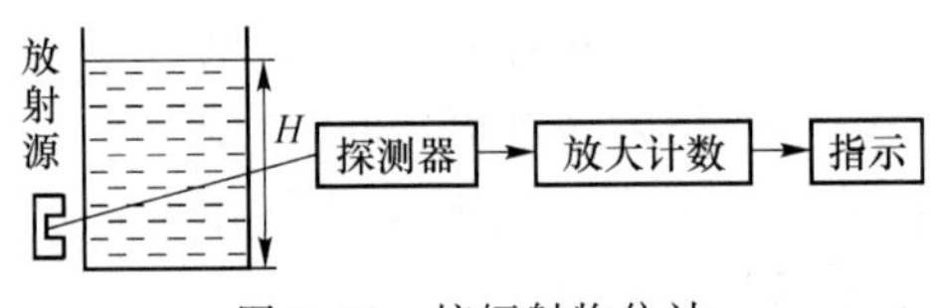

图 6.32 核辐射物位计

4. 核辐射探伤

γ 射线探伤如图 6.33 所示。在图 6.33(a)中,放射源放在平行管道内,沿着平行管道焊缝与探测器同步移动。当管道焊缝质量存在问题时,穿过管道的 γ 射线会产生突变。探测器将接收到信号经过放大后送入记录仪。图 6.33(b)为其特性曲线,横坐标表示放射源移动的距离;纵坐标表示与放射强度成正比的电压信号,图中两突变波形表示管道内焊缝在该两部位存在大小不同的缺陷。上述方法也可用于探测块状铸件内部缺陷。

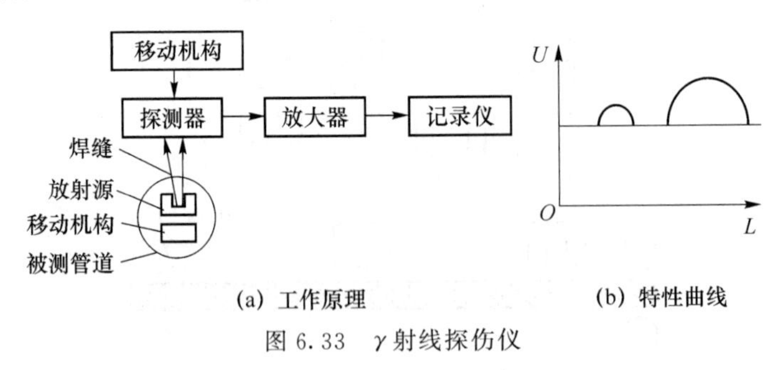

图 6.33 γ 射线探伤仪

为了提高测量效率,用上述方法探伤时,常选用闪烁计数器作为探测器,并在其前面加设 γ 射线准直器。准直器用铅制成,通过上面的细长直孔使探测器检测的信号更为清晰。

除了上述用途外,核辐射技术还可用来制作核辐射式称重仪、温度计、检漏仪及继电器等检测仪表与器件。

6.6　微型传感器

6.6.1　MEMS 技术与微型传感器

微机电系统(Micro Electro-Mechanical System,MEMS),在欧洲和日本又被称为微系统(Micro System)和微机械(Micro Machine),是当今高科技发展的热点之一。1994 年原联邦德国教研部(BMBF)给出了微系统的定义——若将传感器、信号处理器和执行器以微型化的结构形式集成一个完整的系统,而该系统具有“敏感”“决定”和“反应”的能力。

微传感器的一个突出特征就是其敏感结构的尺寸非常微小,典型尺寸在 μm 或亚 μm 级。微传感器的体积只有传统传感器的几十分之一乃至几百分之一;质量从 kg 级下降到几十 g 乃至几 g。微型传感器敏感结构所应用的材料首选硅,包括单晶硅、多晶硅、非晶硅和硅蓝宝石等。除了硅材料外,在微传感器中应用较多的材料还有:化合物半导体材料、石英晶体材料、熔融石英材料、精密陶瓷材料、压电陶瓷材料、薄膜材料、形状记忆合金材料、智能材料和复合材料等。

由于在微型传感器中采用了大量的新材料(非金属),因此必须采用相应的加工工艺,这就是微机械加工工艺,其核心是利用上述材料制成层与层之间差别较大的微小的三维敏感结构。通常认为微机械加工工艺主要内容包括:硅微机械加工工艺、LIGA 技术(X 射线深层光刻电铸成形、塑铸)和特种精密机械加工技术。这三种技术互为补充,为微型传感器的主体结构加工和表面加工提供了必要的制造工艺。

在硅微型传感器中,主要有以下几项关键工艺技术。

(1) 薄膜技术

在微型结构中利用各种材料制作成薄膜,如可作为敏感膜、介质膜和导电膜等。

(2) 光刻技术

光刻技术是把设计好的图形转换到硅片上的一种技术,这些图形是微型传感器的各个零件及其组成部分。光刻技术包括紫外线光刻、X 射线光刻、电子束光刻和离子束光刻等。

(3) 腐蚀技术

腐蚀技术是形成硅微机械结构的重要手段,包括各向异性腐蚀技术、电化学腐蚀技术、等离子腐蚀技术和牺牲层技术。

(4) 键合技术

键合技术是指在微机械加工中,在不使用黏结剂的情况下,将分别制作的硅部件连接在一起的技术,主要包括:硅-硅直接键合技术 SDB(Silicon Direct Bonding),即在 1 000 ℃的高温条件下依靠原子间的力把两个平坦的硅面直接键合在一起而形成一个整体;静电键合技术主要用于硅和玻璃之间的键合,即在 400 ℃下,在硅与玻璃之间施加电压产生静电引力,使两者键合成一个整体。

LIGA 技术由深度同步辐射 X 射线光刻、电铸制模和注模复制三个主要工艺步骤组成。首先,使用强大的同步加速度产生的 X 射线,通过掩模照射,将部件的图形深深刻在光敏聚合物层上,经过处理,在光敏聚合物上留下了部件的立体模型;然后,使用电场将金属迁移到由上述光刻过程所形成的模型中,这样得到一个金属结构;最后,以该金属结构作为微型模型将其他材料成形为所需要的结构与部件。

LIGA技术可以实现高深宽比的三维微结构,可在硅、聚合物、陶瓷以及金属材料上加工制作。

LIGA技术的局限性是只能制成没有活动部件的微结构和部件。近年来创造发展了"牺牲层"LIGA技术,可以制作含有活动部件的微机械结构。

在微型传感器中,特种精密机械加工技术主要用于精密定位、精密机械切割技术等。制造硅微机械传感器时,把多个芯片制作在一个基片上,因此,需要将每个芯片用分离切割技术分割开来,以避免损伤和残余应力。

随着MEMS技术的迅速发展,作为微机电系统构成部分的微型传感器也得到了长足的发展。微型传感器是尺寸微型化了的传感器,但随着系统尺寸的变化,它的结构、材料、特性乃至所依据的物理作用原理均可能发生变化。与一般传感器比较,微型传感器具有以下特点。

(1) 空间占有率小。对被测对象的影响少,能在不扰乱周围环境,接近自然的状态下获取信息。

(2) 灵敏度高,响应速度快。由于惯性、热容量极小,仅用极少的能量即可产生动作或温度变化。分辨率,响应快,灵敏度高,能实时地把握局部的运动状态。

(3) 便于集成化和多功能化。能提高系统的集成密度,可以用多种传感器的集合体把握微小部位的综合状态量;也可以把信号处理电路和驱动电路与传感元件集成于一体,提高系统的性能,并实现智能化和多功能化。

(4) 可靠性提高。可通过集成构成伺服系统,用零位法检测;还能实现自诊断、自校正功能。把半导体微加工技术应用于微传感器的制作,能避免因组装引起的特性偏差。与集成电路集成在一起可以解决寄生电容和导线过多的问题。

(5) 消耗电力小,节省资源和能量。

(6) 价格低廉。能将多个传感器制作在一起且无须组装,可以在一块晶片上同时制作几个传感器,大大降低了材料和制造成本。

与各种类型的常规传感器一样,微型传感器根据不同的作用原理可制成不同的种类,具有不同的用途。

6.6.2 硅电容式集成压力传感器

硅电容式集成压力传感器结构如图6.34所示,核心部件是一个对压力敏感的电容器C_p和固定的参考电容C_{ref}。敏感电容C_p位于感压硅膜片上,参考电容C_{ref}位于压力敏感区之外。感应的方形硅膜片采用化学腐蚀法制作在硅芯片上,硅芯片的上、下两侧用静电键合技术分别与硼硅酸玻璃固接在一起,形成有一定间隙的电容器C_p和C_{ref}。

当硅膜片感受压力p的作用变形时,导致C_p变化,C_p的表达式为

$$C_p=\iint\limits_S \frac{\varepsilon}{\delta_0-\omega(p,x,y)}\mathrm{d}S=\frac{\varepsilon_r\varepsilon_0}{\delta_0}\iint\limits_S \frac{\mathrm{d}x\mathrm{d}y}{\left[1-\dfrac{\omega(p,x,y)}{\delta_0}\right]} \tag{6.37}$$

式中,S为感应膜片的面积(m^2);δ_0为压力$p=0$时,固定极板与活动极板(感压膜片)间的距离(m);ε_r为固定极板与活动极板间介质的相对介电常数;ε_0为真空中的介电常数,$\varepsilon_0=\dfrac{10^{-9}}{4\pi\times 9}$ F/m;$\omega(p,x,y)$为方形膜片在压力作用下的法向位移(m)。

考虑到周边固支的方形膜片,在均匀压力p的作用下,小挠度变形时方平膜片的法向位移为

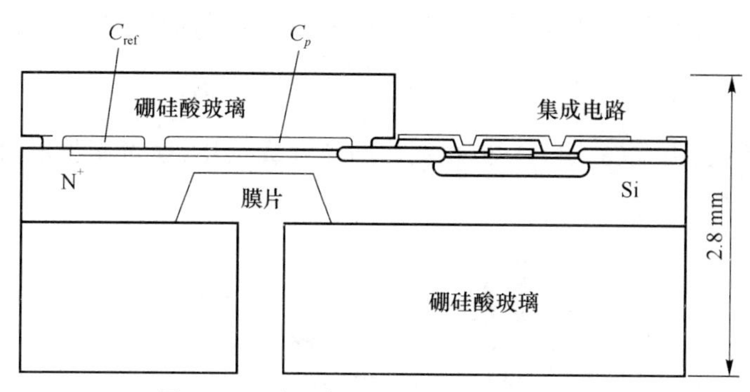

图 6.34　硅电容式集成压力传感器结构

$$\omega(p,x,y)=\overline{W}_{S,\max}H\left(\frac{x^2}{A^2}-1\right)^2\left(\frac{y^2}{A^2}-1\right)^2 \tag{6.38}$$

$$\overline{W}_{S,\max}=\frac{49p(1-\mu^2)}{192E}\left(\frac{A}{H}\right)^4$$

式中，$\overline{W}_{S,\max}$ 为方形平膜片的最大法向位移与其厚度的比值；A 为方形平膜片的半边长(m)；H 为方形平膜片的厚度(m)；E 为材料的弹性模量(Pa)；μ 为材料的泊松比。

对于硅电容式集成压力传感器，方膜片敏感元件结构半边长可设计为 $A=10^{-3}$ m，其厚度主要由压力测量范围和所需要的灵敏度来确定。例如，对于 $0\sim10^5$ Pa 的测量范围，膜厚 H 的设计约为 20×10^{-6} m，电容的初始间隙 δ_0 约为10^{-6} m。这样的敏感结构，其初始电容约为 $C_{p0}=\frac{\varepsilon S}{d}=\frac{10^{-9}}{4\pi\times9}\cdot\frac{1\times10^{-6}}{1\times10^{-6}}$ pF ≈8.84 pF，该值非常小，故其改变量 $\Delta C_{p0}=C_p-C_{p0}$ 将更小。

因此，硅电容式微机械压力传感器必须将敏感电容器和参考电容与后续的信号处理电路尽可能靠近或制作在一块硅片上，才有实用价值。图 6.34 的硅电容式集成压力传感器就是按这样的思路设计、制作的。压力敏感电容 C_p、参考电容 C_{ref} 与测量电路制作在一块硅片上，构成集成式硅电容式压力传感器。该传感器采用的差动方案的优点主要是测量电路对杂散电容和环境温度的变化不敏感；缺点是对过载、随机振动的干扰几乎没有抑制作用。

6.6.3　压阻式微型流量传感器

利用半导体材料的压阻效应测量流量的原理是：利用流体在流动过程中产生的黏滞力或流体通道进出口之间的压力差，带动传感器中敏感元件运动或产生变形，这种运动或变形引起上面的压敏电阻产生阻值的变化，通过检测这种阻值的变化来测量流体的速度和流量。基于流体黏滞力的微型流量计结构如图 6.35 所示。当有流体流入时，流体在流动过程中受到障碍物作用时，由于流体的黏滞作用，会在平行于流动方向上产生黏滞力。

$$F_v=K_1lv\eta \tag{6.39}$$

式中，l 为障碍物长度；v 为流体流速；η 为流体黏滞度；K_1 为比例系数，与障碍物形状有关。

配置有压敏电阻的悬臂梁构件在黏滞力 F_v 的作用下发生形变，产生的表面应力。

$$\sigma=\frac{6F_vl_b}{bh^2} \tag{6.40}$$

式中，l_b 为悬臂梁长度；b 为梁的根部宽度；h 为梁的根部厚度。

表面应力 σ 引起梁的压敏电阻受拉伸或压缩,所产生阻值的相对变化为

$$\frac{\Delta R}{R}=K_2\sigma=K_2\frac{6K_1 lv\eta l_b}{bh^2}=Kv \tag{6.41}$$

式中,K_2 为比例系数,由式(6.41)可知,电阻率与流速成正比,通过测量电阻率的变化就可得到流速。

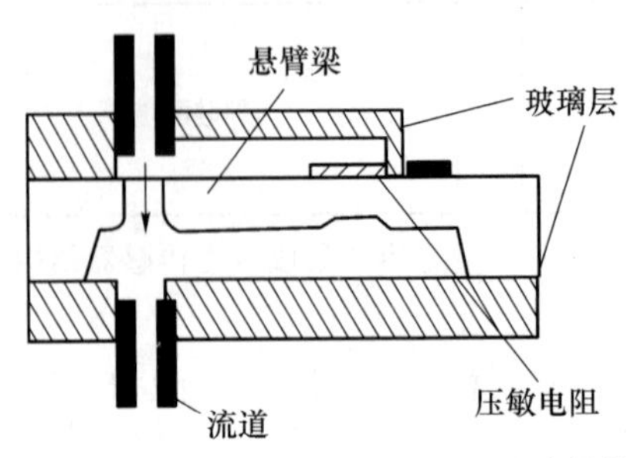

图 6.35 基于黏滞力的微型流量计结构

6.6.4 电感式微型传感器

电感式微型传感器的典型应用是微型磁通门式磁强计,工作原理如图 6.36 所示。其主要是由绕向相反的一对激励线圈和检测线圈组成,磁芯工作在饱和状态。当没有磁场作用时,在激励线圈中通以正弦交变电流信号,由于两磁芯上的线圈绕向相向,则在磁芯中的磁通量大小相等,方向相反,在检测线圈中无感应电动势产生。当放入磁场中,由于磁场叠加的结果,使两个磁芯对称性受到破坏,从而在检测线圈中产生感应电动势,通过测量该感应电动势即可得到磁场的强弱。经对感应电动势信号的二次谐波分量进行分析可得

$$E_s=16\times10^{-8}\frac{\mu W_s fSH_s\sin(2\omega t)}{H_m}H_e \tag{6.42}$$

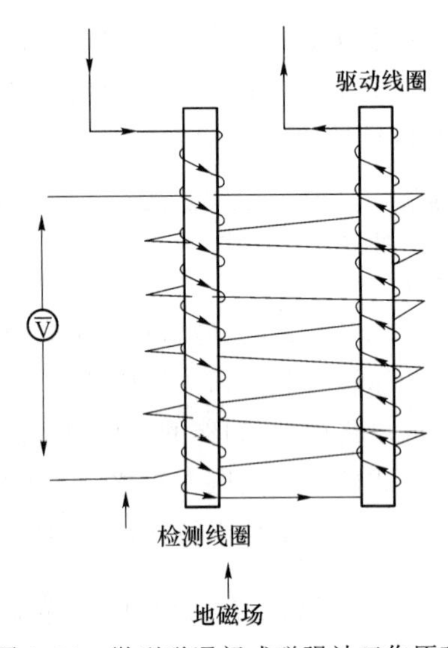

图 6.36 微型磁通门式磁强计工作原理

式中,μ 为传感器磁芯的有效相对动态磁导率(H/m);W_s 为测量线圈匝数;f 为激励磁场频率;S 为磁芯截面积;H_s 为磁芯饱和磁场强度(A/m);H_m 为激励磁场强度(A/m);H_e 为被测磁场强度(A/m)。

微型磁通门式磁强计如图 6.37 所示,其中螺线管线圈有两种类型。一种是使用各向异性腐蚀法在硅片上制作一凹槽,并用电子束光刻直接在槽内制作金属线圈,然后用电镀工艺制作棒状磁芯;另一种是将整个螺线管线圈制作在衬底上,而且也可将传感器的接口电路与线圈集成在一块芯片上,接口电路采用 CMOS 工艺制造,具有包括磁芯的激励和信号检测的完整功能。磁芯尺寸为 2.3 mm×0.5 mm×4 μm。为减小后续热处理对磁芯性能的影响,在磁芯材料中加入了钡元素。热处理后磁芯的有效磁导率达到了 1 000,线圈匝线为 24~100 不等。传感器以 3 MHz 的频率激励,在-100~+100 μT 的磁场范围内,灵敏度最高可达2 700 V/T,分辨率为 4×10^{-8} T。

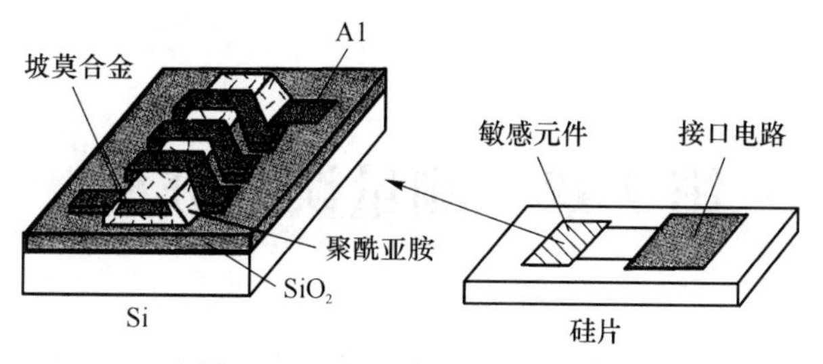

图 6.37　微型磁通门式磁强计

思考题与习题

1. 什么叫 CCD 势阱？简述 CCD 的电荷转移过程。

2. 简述 CCD 的结构及工作原理。

3. 计算一块氧化铁被加热到 100 ℃时，能辐射出多少瓦能量？铁块的表面积为0.9 m^2，铁块的辐射率在 100 ℃时为 0.09。

4. 简述超声波传感器测量流量的工作原理，并推导出数学表达式。

5. 用超声波或光脉冲信号，由从对象反射回来的脉冲时间进行距离检测，若空气中的声速为 340 m/s，软钢中纵波的声速为 5 900 m/s，光的速度为 3×10^8 m/s，求这三种情况下1 ms往复时间对应的距离。根据计算结果，比较采用光脉冲所需要系统的信号处理速度要比采用超声波脉冲时的系统速度快几倍？根据计算的结果，讨论利用脉冲往复时间测距时，采用超声波和光波各有什么特点？

6. 用超声波液位计测储油罐液位，超声换能器固定在罐底壁外，采取自发射自接收的方式测量。超声换能器自罐底发出的超声波脉冲，通过罐壁、液体，向液面传去，到达液面即反射回来，又被该换能器所接收。设在被测液体中的声速为 1 000 m/s，液面高度为 H，则超声波在液体中的往返传播时间为 t，计数电路所计的数字 $N=243$，振荡器的频率为 50 kHz，求液面高度 H。

7. 什么是放射性同位素？辐射强度与什么有关系？

8. 简要介绍主要的 MEMS 制造技术。

9. 什么是微传感器？微传感器有何特点？

第7章　测量误差分析

采用检测装置进行测量时，观察到的指示值（测量值）与被测量的真实值（真值）之间不可避免地存在差异，这在数值上表现为误差，被称为测量误差。为充分认识并不断减小测量误差，提高测量的精确度，有必要对测量过程中存在的误差进行分析和研究。本章首先介绍测量误差的基本概念，然后分析测量误差的来源及处理方法，目的是通过寻找产生误差的原因，认识其规律和性质，寻求减小测量误差的途径和方法，以获得尽可能接近真值的测量结果，并且掌握测量结果的正确表达方法。

7.1　测量误差的基本概念

7.1.1　测量误差及研究的意义和内容

在测量过程中，测量误差的产生是由于所选用的测试设备或实验手段不够完善，周围环境中存在各种干扰因素，以及检测技术水平的限制等原因。随着科学技术的日益发展和人们认识水平的不断提高，可以将测量误差控制得越来越小，但真值永远难以测量得到，测量误差自始至终存在于一切测量之中。

显然，测量误差的存在不可避免会影响人们对客观事物本质及其运动状态认识的精确性，为此有必要对测量误差进行更深入的研究，以寻求使测量误差尽量减小的方法并准确地判断测量结果的可靠程度。因此无论在理论还是实践中，研究各种参数检测过程中出现的测量误差都有现实意义。

(1) 有助于正确认识误差的性质，分析误差产生的原因，以利于寻求减少误差产生的途径。

(2) 有助于正确处理实验数据，合理选择并优化计算方法，以便在一定的条件下获得更精密、准确、可靠的测量结果。

(3) 有助于不断完善并设计新的检测装置及试验用的仪器仪表，选择更加合适的测量条件，优化测量方法，从而能够尽量在较经济的条件下得到预期的测量结果。

研究测量误差可以从两大类问题来考虑：第一类问题为基本测量问题，第二类问题为检测装置标定（包括静态标定和动态标定）问题。

第一类问题：直接测量某个参数值时，除了获得测量值外，有时还要通过多次测量得到多个测量值，然后计算平均值得到被测量的最佳估计值，并计算标准偏差，估计误差范围等；间接测量时，根据已知函数关系由直接测量值求出未知量的间接测量值，并根据各个误差分量及其函数关系求出总的误差范围；当测量结果中既有随机误差，又有系统误差时，由误差合成方法求出综合误差等。

第二类问题：对传感器、仪器仪表和检测装置需要获取整个量程范围内的静态和动态转换关系（数学模型）及其全量程内的最大误差范围，通常被称为标定或检定。传感器输入、输出变量之间的关系如图 7.1 所示，静态标定的任务有两个：(1) 在输入、输出值都处于静态条件下，根据不同的输入 x_i 获得输出值 y_i，求出静态数学模型，即 $y=f(x)$ 函数关系，也就是拟合方程式(曲线拟合与回归分析)，当然理想的是线性关系；(2) 以这个方程式为标准，通过实验数据计算静态特性的性能指标(质量指标)。动态标定的任务是根据动态条件测得的数据，求出传感器的动态数学模型(可以是微分方程、传递函数、状态方程等)。

图 7.1　传感器输入、输出变量之间的关系

上述讨论是基于传感器的转换关系为确定性关系，如果是相关关系，就要用到最小二乘法等处理方法。更深入的多输入参数传感器特性的研究等问题请参考有关文献。

7.1.2　测量误差的来源

在实际测量过程中，误差产生的原因是多方面的，首先必须对误差的来源进行认真的分析，然后才能采取相应的措施，降低误差对测量结果的影响。一般而言，误差产生的来源主要可以分为以下四个方面。

(1) 测量设备方面——设备误差

由于测量所使用的仪器仪表、量具或辅助部件等附件不准确所引起的误差为设备误差，如光栅尺的刻画误差。

(2) 测量方法方面——方法误差

由于测量方法不完善所引起的误差，如定义不严密以及在测量结果表达式中没有反映出其影响因素，而在实际测量中的原理和方法上起作用的这些因素所引起的并未能得到补偿或修正的误差为方法误差，如恒压源电桥非线性误差，铂电阻测温，电桥导线电阻的误差。

(3) 测量环境方面——环境误差

由于实际测量工作的环境和条件与规定的标准测量状态不一致而引起测量装置或被测量本身的状态变化所造成的误差为环境误差，如温度、大气压力、湿度、电源电压、电磁场等因素引起的误差。超声波测量流体流量，温度对超声波声速影响所造成的误差都属于环境误差。

(4) 测量人员方面——人员误差

由于测量人员的分辨能力、反应速度、感觉器官差异、情绪变化等心理或固有习惯(读数的偏大或偏小等)、操作经验等引起的误差为人员误差。

7.1.3　主要的名词术语

下面介绍本章涉及的主要名词术语。

(1) 等精度测量：在同一条件下进行的重复多次测量为等精度测量。

(2) 非等精度测量：对测量结果精确度有影响的一切条件如果不能完全维持不变的情况下进行的多次测量为非等精度测量。

(3) 真值：被测量的真实量值为真值。真值是客观存在的，一般是无法通过测量知道的；但在某些特定情况下，真值又是可知的，如直角为 90°，冰水混合溶液温度为 0 ℃等。在实际的测量和计量工作中，常使用“约定真值”和“相对真值”。约定真值是国际公认的用科学技术最高水平所复现的单位基准，如国际计量局保存的米原器和千克原器等。相对真值也被称作实际值,是在实际测量过程中能够满足规定精确度的情况下,用来代替真值使用的值。

(4) 实际值:也被称为相对真值。误差理论指出,在排除系统误差和粗大误差的前提下,当测量次数接近无限多次时,测量结果的算术平均值很接近于真值,因而可将它视为被测量的真值。但是实际测量次数是有限的,故按有限测量次数得到的算术平均值只是统计平均值的近似值。因此,通常把这实际有限次数测量的算术平均值或用精确度更高一级的标准测量器具所测得的值视为相对真值,也称实际值。

(5) 示值:由测量器具所指示出来的被测量的数值,也称指示值或测量值。

(6) 测量误差:测量值(示值)与被测量的真值(实际值)之间的差值。

(7) 标称值:测量器具上标注的量值,即所标出的刻度数值所代表的量值。如砝码上标出1 kg,仪表上刻度0,1,2,…,20 mA等。考虑到测量误差,在给出标称值的同时,应给出它的误差范围或精确度等级。

(8) 精度:反映仪器测量结果与真实值之间接近程度的综合性技术指标。由于涉及真值的绝对不可测知问题,所以精度是一个定性概念。测量结果精度高低的定量表达是由精度等级或不确定度和置信概率表达确定的。

(9) 精度等级:用来表达检测装置在整个量程范围精确度高低的一个可以量化表示的参数。GB 776—76《测量指示仪表通用技术条件》规定为0.1、0.3、0.5、1.0、1.5、2.5、5.0等7个等级。

(10) 不确定度:也被称为测量不确定度,用来说明测量结果(测量值)不确定的程度,是表征测量结果分散性的一个参数。通常采用扩展不确定度,符号为U,其数值恒为正,表达时在前面冠以±符号,即$\pm U$,因此U是表征一定置信概率的置信区间的半宽。

(11) 置信概率:表征测量结果可信赖程度的一个参数。可解释为测量结果处在数学期望附近一个置信区间内的置信概率,或测量结果附近一个置信区间内出现数学期望的置信概率有多大。

(12) 直接测量与间接测量:需要通过某些间接方法从其他直接测量结果中获得某个参数的测量结果为间接测量。例如,当需要测量印刷电路板中某处的电流,但又不能通过切断线路将电流表串联进去。于是,可以通过直接测量方法测得电流回路中某个电阻的欧姆值和电压值,再由欧姆定律计算得到电流的间接测量值。然后,还要计算间接测量误差,采用误差合成方法将各个直接测量误差进行综合,得到间接测量的总误差。

7.1.4 测量误差表示方法

在实际测量中,通常将测量误差表示为绝对误差、相对误差、引用误差和容许(允许)误差等,下面分别加以介绍。

1. 绝对误差

被测量的测量值和真值之差为绝对误差,通常可以用式(7.1)表示。

$$\Delta x = x - A_0 \tag{7.1}$$

式中,Δx为绝对误差;x为测量值;A_0为被测量的真值。

由式(7.1)计算绝对误差,涉及真值A_0,因为通过任何测量得到的测量值与客观实际总有差异。为了使用需要和方便,在实际工作中常采用真值的替代方法,这样在某些特定情况下,真值又被认为是可知的。

(1) 理论真值:理论可以证明的或定义的真值,例如,平面三角形的三个内角之和为180°,

半圆(或直径)所对的圆周角是直角,直角等于 90°。

(2) 约定真值:国际计量大会的决议已定义了长度、质量、时间、电流强度、热力学温度、发光强度及物质的量等七大基本单位。凡是满足国际计量大会规定条件复现出的值即为约定真值。

(3) 相对真值:将有限次数测量的算术平均值视为相对真值,也可将具有更高一级准确度等级的标准测量器具所测得的值作为较低一级准确度等级测量器具的相对真值来计算绝对误差。

绝对误差是一个有单位的物理量,且是一个有理数。

在实际工作中,常用到修正值 C,其定义为

$$C = A_0 - x = -\Delta x \tag{7.2}$$

测量仪器的修正值一般是通过标准计量部门检定后给出,将测量值加上修正值后可以基本消除系统误差。

2. 相对误差

对于相同的被测量,仅由绝对误差就可以比较测量质量;但对于不同的被测量以及不同的物理量,绝对误差就难以比较和评定其测量质量,而采用相对误差来评定就较为方便实用。

定义绝对误差与被测量约定值之比为相对误差。相对误差是无量纲的数,一般用百分数表示,其表达式为

$$\gamma = \frac{\Delta x}{R} \times 100\% = \frac{x - R}{R} \times 100\% \tag{7.3}$$

式中 γ 为相对误差。

在实际应用中,相对误差有三种表达形式。

(1) 实际相对误差

绝对误差与高一级测量装置实际测量值之比为实际相对误差。

$$\gamma_A = \frac{\Delta x}{A} \times 100\% \tag{7.4}$$

(2) 示值相对误差

绝对误差与测量装置示值之比为示值相对误差。

$$\gamma_x = \frac{\Delta x}{x} \times 100\% \tag{7.5}$$

(3) 引用(满度)相对误差

$$\gamma_m = \frac{\Delta x}{x_m} \times 100\% \tag{7.6}$$

式中 x_m 为仪表的满量程值。

3. 最大引用相对误差

由于在仪器仪表测量范围内,各点测量值的绝对误差 Δx 是不相同的,为此,引入最大引用误差的概念。仪表的最大引用误差是指在规定条件下,当被测量平稳增加或减少时,在仪表全量程内所测得各示值绝对误差的绝对值最大者与满量程 x_m 的比值之百分数,即

$$\gamma_{max} = \frac{|\Delta|_{max}}{x_m} \times 100\% \tag{7.7}$$

仪器仪表的最大引用误差不能超过它给出的准确度等级的百分数,即

$$\gamma_{max} \leqslant a\% \tag{7.8}$$

式中 a 为仪器的准确度等级。

例:某一测温仪表,测量范围为 0~100 ℃,最大绝对误差为 0.1 ℃,确定仪表的精度等级。

仪表最大引用相对误差为 0.1%,依据 $\gamma_{max} \leqslant a\%$,仪表的精度等级可确定为 0.3 级。

4. 容许(允许)误差

容许误差是指测量仪器在使用条件下可能产生的最大测量误差范围,与绝对误差的量纲一致,计算表达式为

$$\pm(x\alpha\% + x_m\beta\% + n\text{ 个字}) \tag{7.9}$$

式中,x 为测量值;x_m 为量程值;α 为误差的相对项系数;β 为误差的固定项系数。

公式中"n 个字"表示的是数字显示表在给定量程下分辨力的 n 倍,即最末位数字所代表的被测量量值的 n 倍。

通常仪器仪表的准确度等级由式(7.10)决定。

$$a = \alpha + \beta \tag{7.10}$$

7.1.5 测量误差的分类

根据测量误差的性质及产生的原因,测量误差可以分为以下三类。

1. 系统误差

在同一测量条件下,对同一被测参数进行多次重复测量,误差的数值大小和符号都相同或按照某个确定规律变化,被称为系统误差。其中绝对值和符号固定不变的为恒值系统误差,按某个规律变化的为变值系统误差。由于系统误差是固定的或按确定规律变化的,所以是可以对其进行修正的。

系统误差主要是由于测量装置本身在位移中变形、初始状态偏离或电源电压下降等原因造成的有规律的误差。一般可以通过实验的方法找到系统误差的变化规律及产生的原因,从而能够对测量结果加以修正,或者采取一定的措施,如改善测量条件和改进测量方法等,使系统误差减小或消除,得到更加准确的测量结果。因此,系统误差是可以预测的,也是可以消除的。

2. 随机误差

在同一测量条件下,多次测量同一被测量时,误差的数值大小在一定范围内随机变化,符号的变化也不可预见,被称为随机误差。

随机误差是由于测量过程中许多独立的、微小的偶然因素(如仪器仪表中传动部件的间隙和摩擦,振动或冲击等干扰,温度或湿度变化干扰,交流电源或电磁场变化等)所引起的综合结果,表现为具有随机性,随机误差使得测量数据存在分散性。

随机误差的特点是其误差数值大小和符号就其个体而言是没有规律的,以随机方式出现;但就其总体而言,服从统计规律。实践表明,大多数情况下,随机误差的统计特性服从正态分布,另外还有三角分布、梯形分布、均匀分布等。了解它的分布特性,能够对误差可能的大小范围及测量结果的可靠性等做出估计。

3. 粗大误差

与前述两种误差相比较,粗大误差(疏忽误差)在数值上比较大,超过正常条件下的系统误差和随机误差,明显歪曲了测量结果。含有粗大误差的测量值应该属于错误的测量值,一般被称为坏值,正常的测量结果中不应含有坏值,须根据一定的规则加以判断后剔除。但不应该主观随便除去,必须根据统计检验方法的某些准则判断哪个测量值是坏值,然后科学地舍弃。

粗大误差可能是由于人为的操作失误产生，包括观测者粗心大意导致操作不当或读数错误等。另外，测量设备突然出现异常或测量条件突然变化引起仪器产生不易察觉的故障，以及异常的或很大的外界干扰等因素都可能导致粗大误差的产生。

一般而言，对于测量结果的处理，首先，判断并剔除粗大误差；然后，由于研究的误差项通常只有系统误差和随机误差两种，所以在评价测量结果时通常采用系统误差与随机误差来衡量。

7.1.6　测量不确定度与置信概率

测量不确定度是与测量误差结果相联系的参数，用来定量地表征合理赋予被测量之值的分散性。从词义上理解，“不确定度”意味着对测量结果的可信性、有效性怀疑或不肯定的程度。

实际上，由于测量不完善和人们认识的不足，所得的被测量之值具有分散性是必然的，即多次测得的结果不是同一值，而是以一定的概率分散在某个区域内的多个值。这是因为，不仅测量中存在的随机因素将产生不确定度，而且，不完全的系统修正也同样存在不确定度。虽然客观存在的系统误差是一个相对确定的值，但由于人们无法完全认知或掌握它，而只能认为它是以某种概率分布于某区域内的，且这种概率分布本身也具有分散性。即使经过对已确定的系统误差的修正后，测量结果仍只是被测量值的一个估计值，测量不确定度正是一个说明被测量值分散性的参数。

不确定度这个术语虽然在测量领域已经被广泛使用，但表示方法各不相同。早在1978年国际计量大会(CIPM)就责成国际计量局(BIPM)协同各国的国家计量标准局制订一个表述不确定度的指导文件。1993年，以国际标准化组织(ISO)等7个国际组织的名义制订了一个新的指导性文件，即《测量不确定度表示指南》(GUM)。为此，国际上有了普遍承认的表征测量结果质量的概念。我国于1999年颁布了适合我国国情的《测量不确定度评定与表示》的技术规范(JJF 1059—1999)，其内容原则上采用了《测量不确定度表示指南》的基本方法，从而可以与国际接轨，有利于国际的交流与合作。

测量不确定度是判定测量结果可信度的依据，具体来说，测量不确定度是对测量结果质量的定量表达，测量结果的可用性很大程度上取决于其不确定度的大小。所以，测量结果必须附有不确定度评定及说明才是完整并有意义的。

不确定度的进一步解释：由于真值不可测知，因此无法根据式(7.1)将绝对误差计算出来。于是可以估计一个上界U(扩展不确定度)，使得

$$|\Delta x| = |x - A_0| \leqslant U \tag{7.11}$$

也就是估计出来一个误差界限，再用概率(置信概率)给出U的可信程度，来表征估计的U有多大把握。显然，对于同一个测量问题，估计的U值越小，置信概率就越小；估计的U值越大，置信概率就越大。一般置信概率可取68%、95%、99%、99.5%、99.73%等，要根据具体要求和测量问题的重要性而定。不确定度解决了测量值分散性特征的定量表达问题，指明了测量值在某个范围内取值的可能性，这个范围的大小由测量不确定度表征，是具有一定置信概率的置信区间的半宽。

不确定度依据其评定方法可分为A类不确定度和B类不确定度，以及合成不确定度和扩展不确定度，解释如下。

A类不确定度：用统计方法评定的分量，用u_A表示，由一系列重复观测值计算得到。

B类不确定度:用非统计方法评定的分量,用 u_B 表示,根据有关信息来评定,需要了解测量仪器的技术资料、检定证书和操作使用经验等。要根据实际情况,对测量值的分布做出科学的假设。

合成不确定度:若测量结果的不确定度是由若干A类不确定度分量和若干B类不确定度分量决定的,按照各分量的独立性或相关性计算的合成不确定度,用 u_C 表示。

扩展不确定度:为合理地把置信概率扩大,使得更多测量值包含于合成不确定度量值包括的分布区间内。扩大了置信概率后的不确定度为扩展不确定度,用 U 表示。

对正态分布的误差而言,合成标准不确定度的置信概率只有68%。若要给出较高的置信概率,需要采用扩展不确定度 U,它是合成不确定度的倍数,即 $U=ku_C$。如果 $k=2$,置信概率为95%;$k=3$,置信概率为99.7%。大多数情况下,推荐使用扩展不确定度,一般将合成不确定度扩大3倍,取 $k=3$。

这里要特别注意的是测量不确定度与测量误差的区别。测量不确定度表征合理赋予被测量值的分散性,是通过对测量过程的分析和评定得出的一个区间。测量误差是表明测量结果偏离真值的差值,指测量值与算术平均值之差,或测量值与标准值(用更高一级准确度等级仪器的测量值)的偏差。一个(经过修正的)测量结果可能非常接近于真值(测量误差很小),但由于认识不足,人们赋予测量不确定度较大,即赋予测量值较大的分散性,认为测量值可能在一个较大的区间内取值。

7.1.7 测量误差与测量不确定度的关系

在测量领域,测量误差与测量不确定度是误差理论和精度理论中两个重要的基本概念。两者的共同点在于都是用来评定仪器仪表的测量结果(测量数据)的质量或测量水平高低的重要技术指标。不同点在于,测量误差是以真值为中心,是评估测量结果与真值偏离程度的技术指标;而测量不确定度是以测量值为中心,估计真值与测量结果偏离程度的技术指标。测量误差与测量不确定度的关系如图7.2所示。用一种形象的方式表示出了标准误差(标准差)σ、标准不确定度 u、真值 R,以及测量结果估计值 $\overline{m}$ 等各个特征量之间的关系。可以看出,测量误差的表达含义是测量结果 $\overline{m}$ 落在真值 R 附近围绕的范围为 σ。测量不确定度表达的含义是真值 R 在测量结果估计值 $\overline{m}$ 附近围绕的范围为 u。测量误差是一个理论上的概念,是按照误差的特征和性质进行分类的,在具体分类和计算过程中有时不容易掌握,尤其是关于真值的计算结果。而测量不确定度不按照性质分类,不管影响测量不确定度的来源与性质,只考虑影响结果的评定方法,从而简化了分类,便于计算。

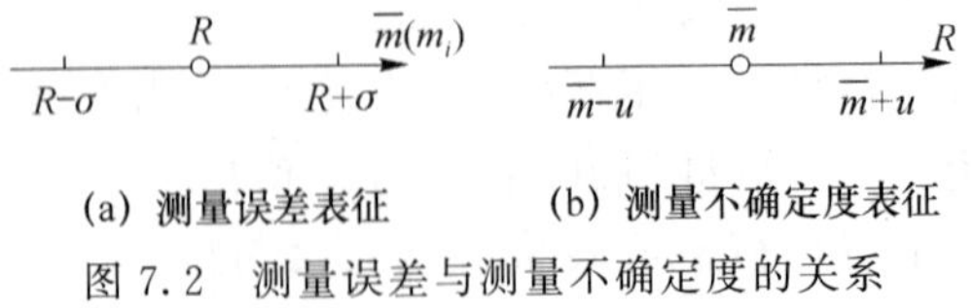

$R-\sigma$ R $R+\sigma$ $\overline{m}(m_i)$

$\overline{m}-u$ $\overline{m}$ $\overline{m}+u$ R

(a) 测量误差表征 (b) 测量不确定度表征

图7.2 测量误差与测量不确定度的关系

7.1.8 误差公理及测量结果的报告

在实际测量中,由于测量装置的不准确,测量方法不完善,测量程序不规范以及测量环境等因数的综合影响,导致测量结果在一定程度上偏离被测量的真值,产生测量误差。测量误差不可避免地存在于一切测量过程之中,也就是说“一切测量都存在误差”,这是误差公理。人们对测量误差进行学习和研究，目的就是分析误差产生的原因及其性质，寻求其中的规律，进而找出减小误差的方法，以获得尽可能接近真值的测量结果。

根据误差公理，可以说测量结果的数量表达只是被测量真值的一个近似值，或称估计值。在任何一次完整的测量过程结束时，应该给出测量单位、被测量的估计值及其不确定度和相应的置信概率。于是，对于直接测量结果的完整表示应该为

$$y = \hat{x} \pm U \text{ (测量单位)}, (p=0.68、0.95 \text{ 或 } 0.99) \tag{7.12}$$

式中，y 为测量结果；$\hat{x}$ 为估计值；U 为扩展不确定度；p 为置信概率。

对测量准确度要求较高时，采用同等条件下多次独立重复测量的方法得到一个测量列，$x_i (i=1,2,\cdots,n)$，取测量列的算术平均值作为最佳估计值，测量结果表示为

$$y = \bar{x} \pm \bar{U}_{\mathrm{m}} \text{ (测量单位)}, (p=0.68、0.95 \text{ 或 } 0.99) \tag{7.13}$$

式中，$\bar{x}$ 为测量列的算术平均值；$\bar{U}_{\mathrm{m}}$ 为相应的不确定度。

采用单次测量或在测量列中任取一个测量值作为估计值，这个估计值就是测量仪器的测量显示值，测量结果为

$$y = x_i \pm U_i \text{ (测量单位)}, (p=0.68、0.95 \text{ 或 } 0.99) \tag{7.14}$$

式中，x_i 为单次测量值或测量列中任意一个测量值；U_i 为相应的不确定度。

还应说明两点：

(1) 标注测量单位只能出现一次，并列于表达式或表达结果后；

(2) 估计值的有效数字位数应该与相应的不确定度有效数字位数相适应。

进一步说明，在实际测量工作中，用准确度作定性描述，用不确定度作定量描述。例如，在测量单位相同的条件下，甲仪器的准确度高，其不确定度为 0.5%；乙仪器的准确度低，其不确定度为 1.0%；置信概率均为 0.99。另外，准确度等级是为了区分准确度高低的一个参数，例如，甲仪器的准确度等级为 0.5；乙仪器的准确度等级为 1.0。

对于间接测量的结果表达要考虑误差的传递问题。设 y 为间接测量值，$x_1, x_2, \cdots, x_n$ 为独立的直接测量值，它们之间满足关系式

$$y = f(x_1, x_2, \cdots, x_n) \tag{7.15}$$

式中 $x_1, x_2, \cdots, x_n$ 测量结果分别为

$$x_1 = \bar{x}_1 \pm U_1$$
$$x_2 = \bar{x}_2 \pm U_2$$
$$\cdots$$
$$x_n = \bar{x}_n \pm U_n$$

则 y 的测量结果表达为

$$y = \bar{y} \pm U_y \tag{7.16}$$

式中，$\bar{y} = f(\bar{x}_1, \bar{x}_2, \cdots, \bar{x}_n)$；$U_y = \sqrt{\left(\frac{\partial f}{\partial x_1}\right)^2 U_1^2 + \left(\frac{\partial f}{\partial x_2}\right)^2 U_2^2 + \cdots + \left(\frac{\partial f}{\partial x_n}\right)^2 U_n^2}$。

7.2 随机误差的处理

7.2.1 随机误差的特征和概率分布

随机误差是由一些偶然因素引起的，如电磁干扰、温度波动等。一般就随机误差的个体而

言,其大小和正负都无法预测;而就随机误差的总体而言,则具有统计规律性,服从某种概率分布。随机误差的概率分布有正态分布、均匀分布、t分布、反正弦分布、梯形分布、三角分布等。绝大多数随机误差服从图7.3的正态分布,其特点如下。

(1) 随机误差的对称性:绝对值相等的正误差与负误差出现的次数相等。

(2) 随机误差的单峰性:绝对值小的误差比绝对值大的误差出现的次数多。

(3) 随机误差的有界性:在一定的测量条件下,随机误差的绝对值不会超过一定界限。

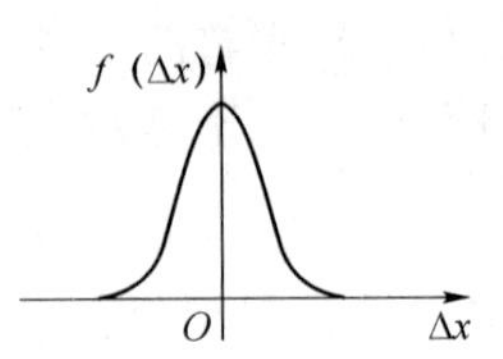

图7.3 正态分布概率密度曲线

(4) 随机误差的抵偿性:当测量次数增加时,随机误差的代数和趋向于零。

其概率密度函数为

$$y(\Delta x_i)=\frac{1}{\sigma\sqrt{2\pi}}e^{\frac{-\Delta x_i^2}{2\sigma^2}}=\frac{1}{\sigma\sqrt{2\pi}}e^{\frac{-(x_i-A_0)^2}{2\sigma^2}} \tag{7.17}$$

式中,Δx为绝对误差表示的随机误差,为测量值与真值之差;σ^2和σ分别为方差和标准差。

由于多次测量结果的算数平均值可代替真值,如果确定了测量的算数平均值$\bar{x}$与标准差σ,正态分布曲线就可以确定。现在需要解决的是在已知一组被测量后如何估算$\bar{x}$及σ。

7.2.2 算术平均值和剩余误差(残余误差)

在不考虑系统误差和粗大误差的前提下,对被测量作多次测量,由于各种随机因素的影响,即便在同样条件下,各次测量值均有一定的差异。设测量序列$x_1,x_2,\cdots,x_n$,则用绝对误差表示的随机误差列Δx_i为

$$\Delta x_i=x_i-A_0(i=1,2,3,\cdots,n) \tag{7.18}$$

将式(7.18)两边求和得

$$\sum_{i=1}^{n}\Delta x_i=\sum_{i=1}^{n}x_i-nA_0 \tag{7.19}$$

或

$$\frac{\sum_{i=1}^{n}\Delta x_i}{n}=\frac{\sum_{i=1}^{n}x_i}{n}-A_0 \tag{7.20}$$

由正态分布的抵偿特性,当n为无限值时,有

$$\lim_{n\to\infty}\frac{\sum_{i=1}^{n}\Delta x_i}{n}=0 \tag{7.21}$$

故由式(7.20)有

$$\lim_{n\to\infty}\frac{1}{n}\sum_{i=1}^{n}x_i\to A_0 \tag{7.22}$$

求得的是数学期望,当n为有限值时,测量值序列的算术平均值为

$$\bar{x}=\frac{1}{n}\sum_{i=1}^{n}x_i \tag{7.23}$$

式中$\bar{x}$为测量值序列的算术平均值。

式(7.22)和(7.23)表明,若无系统误差存在,当测量次数n无限增大时,测量值的算术平

均值与真值无限接近。因此可以说，在等精度测量中，算术平均值是被测量的真值最可信赖的值。

由此可见，如果能够对某一被测量进行无限次测量，就可以得到不受随机误差影响的测量结果，或者影响很小，可以忽略不计。但由于实际测量都是有限次测量，处理时只能把算术平均值作为被测量的真值的最佳近似值，于是有剩余误差(残余误差)表达式

$$\gamma_i = x_i - \bar{x}(i = 1,2,3,\cdots,n) \tag{7.24}$$

式中 γ_i 为剩余误差。

剩余误差有两个性质：一个是剩余误差的代数和为零，即

$$\sum_{i=1}^{n}\gamma_i = \sum_{i=1}^{n}x_i - \sum_{i=1}^{n}\bar{x} = n\bar{x} - n\bar{x} = 0 \tag{7.25}$$

利用剩余误差的这一性质，可以检验计算的剩余误差和算术平均值是否准确。

另一个是剩余误差的平方和为最小，即

$$\sum_{i=1}^{n}\gamma_i^2 = \min \tag{7.26}$$

这是最小二乘法原理，在实验数据处理中常常用到。

7.2.3　随机误差的方差和标准差

使用算术平均值 $\bar{x}$ 时，还需要对所计算值的准确程度进行评估，说明测量数据相对于算术平均值的离散程度，即用 $\bar{x}$ 代替真值 A_0 产生的误差有多大。由概率论可知标准差 σ(均方根误差)能够表征测量值相对于其中心位置数学期望的离散程度。因此，标准差的大小表征测量列的离散程度，若标准差 σ 的值小，则表明较小的误差所占比重大，较大的误差所占比重小，测量结果的可靠性高；反之就低。

1. 测量列中单次测量值的标准差

由于随机误差的存在，测量列中各个测得值一般是不相同的，而是围绕测量列的算术平均值有一定的分散，为了说明这些测量值的分散性，需要用一个量化标准来评定。对于等精度无限测量列，方差和标准差分别为

$$\sigma^2 = \frac{\sum_{i=1}^{n}\Delta x_i^2}{n} = \frac{\sum_{i=1}^{n}(x_i - A_0)^2}{n} \tag{7.27}$$

$$\sigma = \sqrt{\frac{1}{n}\sum_{i=1}^{n}\Delta x_i^2} = \sqrt{\frac{1}{n}\sum_{i=1}^{n}(x_i - A_0)^2} \tag{7.28}$$

按式(7.28)计算标准差需要已知真值，且测量次数 n 要足够大，因此，式(7.27)、式(7.28)只能是理论计算公式。而在实际测量中，测量次数 n 是有限的，根据贝塞尔(Bessel)法则，由算术平均值作为被测量的真值的最佳近似值，相应的采用剩余误差代替测量误差，则有方差和标准差分别为

$$\hat{\sigma}^2 = \frac{1}{(n-1)}\sum_{i=1}^{n}(x_i - \bar{x})^2 = \frac{1}{(n-1)}\sum_{i=1}^{n}\gamma_i^2 \tag{7.29}$$

$$\hat{\sigma} = \sqrt{\frac{1}{(n-1)}\sum_{i=1}^{n}(x_i - \bar{x})^2} = \sqrt{\frac{1}{(n-1)}\sum_{i=1}^{n}\gamma_i^2} \tag{7.30}$$

式(7.30)为样本标准偏差，简称样本标准差，也称贝塞尔公式，证明如下：

由测量值与真值之差 $\Delta x_i = x_i - A_0$，测量值与算术平均值之差 $\gamma_i = x_i - \bar{x}$，若令 $\varepsilon = \bar{x} - A_0$，则有

$$\Delta x_i = \gamma_i + \varepsilon$$

故

$$\sum_{i=1}^{n} \Delta x_i^2 = \sum_{i=1}^{n} (\gamma_i + \varepsilon)^2 = \sum_{i=1}^{n} \gamma_i^2 + n\varepsilon^2 + 2\varepsilon \sum_{i=1}^{n} \gamma_i$$

根据随机误差的抵偿性，当 $n \to \infty$ 时，有 $\sum_{i=1}^{n} \gamma_i = 0$，故

$$\sum_{i=1}^{n} \Delta x_i^2 = \sum_{i=1}^{n} \gamma_i^2 + n\varepsilon^2 \tag{7.31}$$

又因

$$\begin{aligned}
\varepsilon^2 &= (\Delta x_i - \gamma_i)^2 = (\bar{x} - A_0)^2 = \left(\frac{1}{n}\sum_{i=1}^{n} x_i - A_0\right)^2 = \frac{1}{n^2}\left(\sum_{i=1}^{n} x_i - nA_0\right)^2 \\
&= \frac{1}{n^2}\left(\sum_{i=1}^{n} x_i - \sum_{i=1}^{n} A_0\right)^2 = \frac{1}{n^2}\sum_{i=1}^{n} (x_i - A_0)^2 \\
&= \frac{1}{n^2}\sum_{i=1}^{n} \Delta x_i^2 = \frac{1}{n}\sigma^2
\end{aligned} \tag{7.32}$$

将式(7.32)代入式(7.27)和式(7.31)得

$$n\sigma^2 = \sum_{i=1}^{n} \gamma_i^2 + \sigma^2 \tag{7.33}$$

因此可以得到

$$\hat{\sigma} = \sqrt{\frac{1}{n-1}\sum_{i=1}^{n} \gamma_i^2} = \sqrt{\frac{1}{n-1}\sum_{i=1}^{n} (x_i - \bar{x})^2} \tag{7.34}$$

式(7.34)即为贝塞尔公式，为强调与式(7.28)的不同，式(7.32)的标准差表示为 $\hat{\sigma}$。

2. 测量列算术平均值的标准差

如果在相同条件下，对同一个量值作 j 组重复的系列测量，每一组测量 n 次，则可求出 j 个算术平均值，分别为 $\bar{m}_1, \bar{m}_2, \cdots, \bar{m}_j$。由于随机误差的存在且 n 不足够大，各个算术平均值都是对真值的估计值，会存在差异，并围绕被测量的真值形成一个有分散性的算术平均值离散数列。其分散性的表征可由算术平均值的标准差表示，即 $\hat{\sigma}_{\bar{m}}$，可由式(7.35)求出。

$$\hat{\sigma}_{\bar{m}} = \frac{1}{\sqrt{n}}\hat{\sigma} = \sqrt{\frac{1}{n(n-1)}\sum_{i=1}^{n} \gamma_i^2} = \sqrt{\frac{1}{n(n-1)}\sum_{i=1}^{n} (m_i - \bar{m})^2} \tag{7.35}$$

证明如下：

由已知算术平均值计算式 $\bar{m} = \dfrac{m_1 + m_2 + \cdots + m_n}{n}$

取方差 $D(\bar{m}) = \dfrac{1}{n^2}[D(m_1) + D(m_2) + \cdots + D(m_n)]$

因 $D(m_1) = D(m_2) = \cdots = D(m_n) = D(m)$

故有 $D(\bar{m}) = \dfrac{1}{n^2} nD(m) = \dfrac{1}{n}D(m)$

所以 $\hat{\sigma}_{\bar{m}}^2 = \dfrac{1}{n}\hat{\sigma}^2$

取正得算术平方根

$$\hat{\sigma}_{\bar{m}} = \frac{1}{\sqrt{n}}\hat{\sigma} \tag{7.36}$$

由此可知算术平均值的标准差是单次测量标准差的 $\frac{1}{\sqrt{n}}$ 倍，测量次数 n 越大，算术平均值越趋近于真值。同时也看到，$\hat{\sigma}_{\bar{m}}$ 随着 n 的增大，开始减小比较明显，当 n 较大时，减小的程度越来越小。这是因为按 $\frac{1}{\sqrt{n}}$ 的规律减小比 n 增加的速度慢。考虑到时间和成本，一般取 $n=10\sim20$。若要进一步提高测量准确度，应该在适当增加测量次数的同时，选择更高准确度的测量仪器，采用更合理的测量方法，更好地控制测量条件等。

7.2.4　测量的极限误差

极限误差也称最大误差，是随机误差的最大取值范围。极限误差可以用来确定被测量接近其真值的程度，表征测量仪器的准确度，通常要求仪器仪表的测量误差绝对值应该比极限误差范围小，由此确定测量仪器的准确度等级。

首先，考虑置信区间，通常用符号 $\pm\Delta$（或 $-\Delta\sim+\Delta$）表示，而与极限误差对应的置信区间为 $\pm\Delta_{\max}$。由于正态分布随机变量的重要特征可由标准差 σ 表征，故置信区间常以 σ 的倍数来表示，即 $\pm\Delta=\pm t\sigma$，其中 t 为置信系数。

然后，由置信概率表征随机误差在置信区间范围内取值的概率，可以表示为

$$p = \int_{-\Delta}^{+\Delta} p(\Delta)\mathrm{d}\Delta = \int_{-\Delta}^{+\Delta} \frac{1}{\sigma\sqrt{2\pi}}\mathrm{e}^{\frac{-\Delta^2}{2\sigma^2}}\mathrm{d}\Delta \tag{7.37}$$

式中 p 为置信概率。

将 $\pm t\sigma=\pm\Delta$ 带入式(7.37)，经变换可以得到

$$p = \frac{2}{\sqrt{2\pi}}\int_0^t \mathrm{e}^{\frac{-t^2}{2}}\mathrm{d}t = 2\varphi(t) \tag{7.38}$$

函数 $\varphi(t)$ 为概率积分，不同 t 值下的 $\varphi(t)$ 可以通过查表得到，表 7.1 给出了几个典型的置信概率。

表 7.1　正态分布下的置信概率

t	$t\sigma$	$p=2\varphi(t)$
0	0	0
0.67	0.67σ	0.497 2
1	σ	0.682 7
2	2σ	0.954 4
3	3σ	0.997 3
4	4σ	0.999 9

另外，由置信水平（显著性水平）S 表示随机变量（误差）在置信区间以外的概率。由概率论知识可知，随机误差正态分布曲线下的全部面积相当于全部误差出现的概率，即

$$\int_{-\infty}^{+\infty} \frac{1}{\sigma\sqrt{2\pi}} e^{\frac{-\Delta^2}{2\sigma^2}} d\Delta = 1 \tag{7.39}$$

因此置信水平可以表示为 $S=1-P=1-2\varphi(t)$。

由表7.1可以看出,若 $\Delta_{max}=\pm\sigma$,即 $t=1$,查表得 $p=68.27\%$,表明曲线所包围的面积为68.27%。这个事实说明:当对某一参数进行了 n 次测量之后,偶然误差的数值在 $-\sigma\sim+\sigma$ 的测量值比例为68.27%,而剩下31.73%的测量值与真值之差均超过 $\pm\sigma$,这就是标准差的物理意义。同时可以看到,随着 t 的增大,超出 $\pm\Delta$ 的概率减小很快,如当 $\Delta_{max}=\pm3\sigma$ 时,$P=99.73\%$,即随机误差落在 $\pm3\sigma$ 范围内的概率达99.73%以上,落在 $\pm3\sigma$ 范围以外的机会相当小,仅在0.3%以内。因此,工程测量常用 $\pm3\sigma$ 估计随机误差的范围,超过 3σ 的值作为疏忽误差处理,即取 $\pm3\sigma$ 为极限误差。当然在实际测量中,有时也可以取其他 t 值来表示测量的极限误差。因此,若已知测量的标准差,选定置信系数后,便可求得极限误差。

7.2.5 不等精度直接测量的数据处理

前面讨论的内容均属于等精度测量,一般的测量基本属于这种类型。在一些科学实验中,在不同的测量条件下,对同一被测量使用不同的测量工具、不同的测试方法、不同的测量次数等,这就是不等精度测量。对于不等精度测量,计算最后测量结果及其标准差不能采用前面提及的等精度测量的计算公式,须推导新的计算公式。如何根据每组的测量结果及误差去求得全体测量的结果及误差呢?

1. 权的概念

在等精度测量中,各个测量值可认为同样可信,采用所有测量值的算术平均值作为最佳测量结果,它具有最小的标准差,是真值的最佳估计值。而在不等精度测量中,由于各组的测量次数不同,或测量工具和方法的不同,各组测量不是等精度的,即各组的测量结果及误差的可信程度是不一样的,因而不能简单地取各测量结果的算术平均值作为最后测量结果。标准差或方差小的,或是测量次数多的测量列理应比测量次数少的测量列具有较大的可靠性与可信程度。显然,在计算最后测量结果时,应该让可靠程度高的测量结果在最后结果中占的比重大一些;反之占比重小一些。为了衡量这种可靠性或可信程度,需要引进"权"的概念,常用符号 w 表示。权就是测量值可靠性或可信程度的数值化表示,可信程度越大,权值就越大。

既然测量结果的权表明了测量的可靠程度,权的大小往往也根据这一原则来确定。例如,在测量中,测量方法越完善,测量仪器准确度越高,测量者经验越丰富,所得测量结果的权值越大。而在测量条件和测量者水平相同的情况下,往往根据测量的次数确定权的大小。重复测量次数越多,其可靠程度显然越大,此时完全可以用测量的次数来确定权的大小,即 $w_i=n_i$。

2. 加权算术平均值及其标准差

若对同一被测量进行 j 组不等精度测量,得到 j 组测量结果,各组测量列的算术平均值为 $\overline{m}_i$ $(i=1,2,\cdots,j)$,相应各组测量列的权为 w_i,则 j 组测量列全体的平均值就被称为加权算术平均值 M,可由式(7.40)表示。

$$M = \frac{w_1\overline{m}_1 + w_2\overline{m}_2 + \cdots + w_j\overline{m}_j}{w_1 + w_2 + \cdots + w_j} = \frac{\sum_{i=1}^{j} w_i\overline{m}_i}{\sum_{i=1}^{j} w_i} \tag{7.40}$$

由式(7.40)可知,如果 $w_1=w_2=\cdots=w_j$,则为等精度测量,式(7.40)的结果为等精度测

量的算术平均值。而由权的定义可知,加权平均值的标准差可定义为(具体推导过程省略)

$$\hat{\sigma}_M = \hat{\sigma}_{\overline{m}_i} \sqrt{\frac{w_i}{\sum_{i=1}^{j} w_i}} = \frac{\sigma}{\sqrt{\sum_{i=1}^{j} w_i}} \tag{7.41}$$

式中 σ 为已知单位权测得值的标准差。

7.3　系统误差的分析

除随机误差之外,系统误差也不可忽视,在某些情况下,系统误差会比随机误差大一个数量级,而且不易发现,多次重复测量又不能减小它对测量结果的影响。因此这种情况下,系统误差对测量结果的影响更大。

7.3.1　系统误差的性质及分类

系统误差是一种恒定不变的或按一定规律变化的误差,在多次重复测量同一量值时,不具有抵偿性。一般而言,系统误差具有以下几个特点。

(1) 确定性:系统误差是固定不变的,或是一个确定性的(非随机性质)时间函数,服从确定的函数规律。

(2) 重现性:若测量条件完全相同,重复测量时系统误差可以重复出现。

(3) 可修正性:由于系统误差的重现性,决定了它的可修正性。

总之,系统误差反映了测量结果与真值之间存在的固定误差,有时不易被发现,因此对它的研究就显得很重要了。

按系统误差出现的规律分类,通常可以将系统误差分为以下四种。

(1) 不变的系统误差:在重复测量中误差大小和符号都固定不变的系统误差。

(2) 线性变化的系统误差:在整个测量过程中,误差值随测量次数或测量时间的增加而成比例地增加(或减少)的系统误差。这种误差主要是由误差积累而产生的,常与测量时间 t 成线性关系。例如,工作电池的电压会随使用时间的加长而缓慢降低,从而将引起测量系统产生线性系统误差。

(3) 周期性变化的系统误差:在测量过程中,误差大小和符号均按一定周期有规律地发生变化的误差。例如,仪表指针的回转中心与刻度盘中心不重合,则称指针在任一转角引起的误差为周期性系统误差。

(4) 复杂规律变化的系统误差:在整个测量过程中,误差是按确定的但复杂的规律变化,被称为复杂系统误差,这种变化规律通常无法用简单的数学方程式表示。例如,微安表的指针偏转角与偏转力矩不能严格保持线性关系,而表盘仍采用均匀刻度时所产生的误差。

7.3.2　系统误差的判别

系统误差的存在往往会严重影响测量结果,因此必须消除系统误差的影响,才能有效提高测量的准确度。为了消除或减小系统误差,首先要判别是否存在系统误差,然后再设法消除。在测量过程中系统误差产生的原因是复杂的,发现和判断它的方法有很多种,但目前还没有适用于发现各种系统误差的普遍方法。下面介绍几种用于发现某些系统误差的常用方法。

1. 实验对比法

实验对比法通过改变产生系统误差的条件,在不同条件下测量以发现系统误差,这种方法适用于发现不变的系统误差。例如,使用某仪表测量时,由于仪表存在固定系统误差,即使进行多次重复测量也不能发现这一误差;如果用更高一级准确度等级的测量仪表进行同样的测试,通过对比便能发现它的系统误差。

2. 残余误差观察法

根据测量列各个残余误差的大小和符号的变化规律,直接由误差数据或误差曲线来判断有无系统误差,这种方法主要适用于发现有规律变化的系统误差。通常将测量列的残余误差做出散点图像,如图7.4所示。若残余误差大体上是正负相同的,且无显著变化规律,则可认为不存在系统误差,见图7.4(a);若残余误差数值有规律地递增或递减,且在测量开始和结束时误差符号相反,则可认为存在线性的系统误差,见图7.4(b);若残余误差数值有规律地由正变负,再由负变正,且循环交替重复变化,则可认为存在周期性变化的系统误差,见图7.4(c);若发现残余误差的变化规律如图7.4(d)所示,则认为可能同时存在线性系统误差和周期性系统误差。

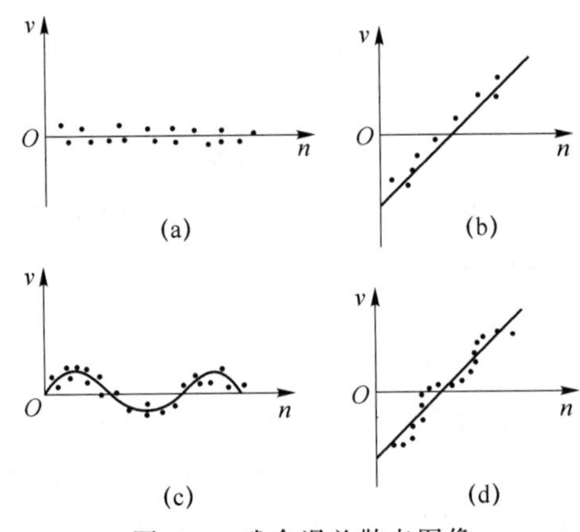

图7.4 残余误差散点图像

3. 马利科夫判据

当测量次数较多时,将测量列的前 k 个残余误差之和减去测量列后 $(n-k)$ 个残余误差之和,若其差值接近于零,说明不存在变化的系统误差。若其差值显著不为零,则认为测量列存在变化的系统误差。这种方法适用于发现线性系统误差。

$$e=\sum_{i=1}^{k}\gamma_i-\sum_{j=k+1}^{n}\gamma_j \tag{7.42}$$

式中,e 为差值;γ 为残余误差;n 为测量次数,若 n 为偶数,取 $k=\frac{n}{2}$,若 n 为奇数,$k=\frac{n+1}{2}$。

4. 阿卑-赫梅特判据

该方法是把残余误差 γ_i 按测量先后顺序排列,并依次两两相乘,然后取和的绝对值,若

$$d=\left|\sum_{i=1}^{n-1}\gamma_i\gamma_{i+1}\right|>\sqrt{n-1}\ \sigma^2 \tag{7.43}$$

则可以认为存在周期性系统误差,利用该判据能有效发现周期性系统误差。

7.3.3　系统误差的消除与削弱

消除系统误差最根本的方法是在测量前就找出产生系统误差的原因，这要求操作人员详细分析测量过程中可能产生系统误差的环节，并在测量前将误差从产生根源上予以消除。而在测量过程中可以采取适当的测量方法和读数方法消除或削弱系统误差。

1. 不变的系统误差消除法

对不变的系统误差，通常可以采用以下几种方法消除。

(1) 代替法(置换法)

代替法是指在一定测量条件下选择一个大小适当并可调的已知标准量去代替被测量，并使仪表的指示值保持原值不变，此时该标准量即为被测量的数值。代替法在阻抗、频率等许多电参数的精密测量方法中获得广泛的应用。图7.5是代替法的一个实例。被测量电阻 R_X 接入电桥a、b两端，人为调节电阻 R_2，使电桥处于平衡状态后，再用标准电阻 R_N 代替 R_X，然后调节 R_N，使电桥恢复平衡状态，这时 R_N 的值便为被测电阻 R_X。

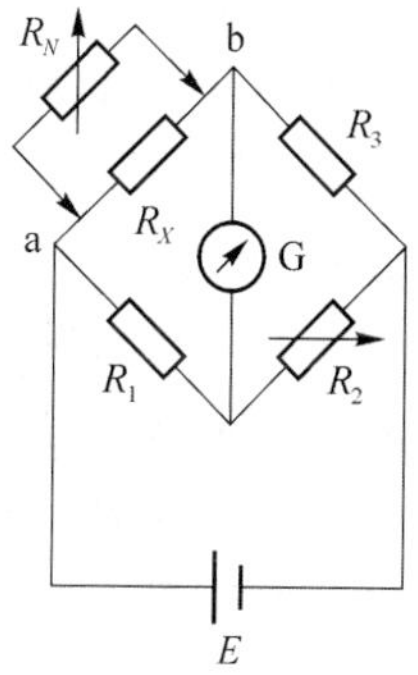

图7.5　代替法实例

(2) 交换法

交换法根据误差产生的原因，将引起系统误差的某些条件相互交换，保持其他条件不变，以消除系统误差。例如，利用等臂天平称量时，如果天平两臂 l_1 和 l_2 存在长度误差，则 $l_1 \neq l_2$。测量时先将被称物A放于天平左边，砝码B放于天平右边，两边平衡后有

$$A = \frac{l_2}{l_1}B \tag{7.44}$$

将A、B交换位置后，由于 $l_1 \neq l_2$，砝码为C，于是有

$$A = \frac{l_1}{l_2}C \tag{7.45}$$

因此可以得到

$$A = \sqrt{BC} \approx \frac{B+C}{2} \tag{7.46}$$

由式(7.46)可见，采用交换法取两次测量平均值，可消除由于天平两臂不等而引起的系统误差。

2. 线性系统误差消除法

消除线性系统误差的较好方法是对称法，也称等距读数法。随着时间的变化，被测量作线性变化，若选定某时刻为中点，则对称于此点的系统误差算术平均值均相等。利用这一特点，可将被测量对称安排，取各对称点两次或多次读数的算术平均值作为测量值，即可以消除这个系统误差。

例如，利用电位差计测量未知电阻时，可采用对称法测量，如国7.6所示。图中附加标准电阻 R 为已知，待测量电阻为 R_X。

若工作电流 i 恒定，只要测出 R_X 和 R_N 上的电压降就可得 R_X 值。

$$R_X = \frac{U_X}{U_N}R_N \tag{7.47}$$

由于 U_X 和 U_N 不是同一时刻测得，随着时间的推移，电池 E 不断下降，电流也随之下降，

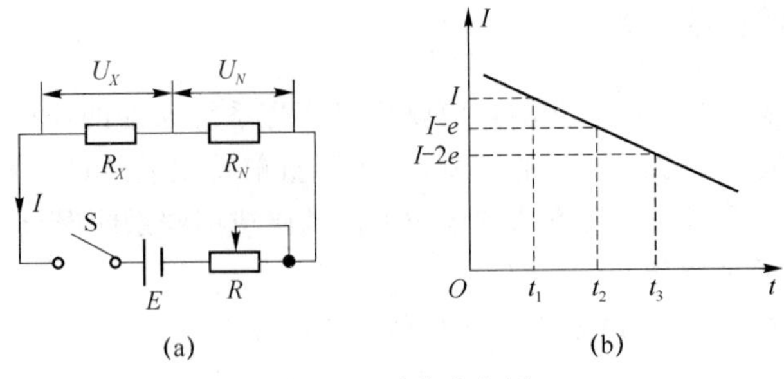

图7.6　对称法实例

见图7.6(b)。如果仍按照式(7.47)计算将会引入误差。

如果按照对称观测法进行测量,取等距的时间间隔 $\Delta t=t_2-t_1=t_3-t_2$,相应的电流变化量为 e。在 t_1、t_2、t_3时刻,按 U_X、U_N、U_X的顺序进行测量。

在 t_1时刻测得 R_X上的压降为 $U_1=i_1R_X=iR_X$。

在 t_2时刻测得 R_N上的压降为 $U_2=i_2R_N=(i-e)R_N$。

在 t_3时刻测得 R_X上的压降为 $U_3=i_3R_X=(i-2e)R_X$。

解此方程组可得

$$R_X=\frac{U_1+U_3}{2U_2}R_N \tag{7.48}$$

式(7.48)中 R_X的值已不受测量过程中电流变化量 e 的影响,从而消除了由此引起的线性系统误差。

3. 周期性系统误差的消除

对于周期性系统误差可采用半周期法消除。在测量中,每隔半个周期进行一次测量,取两次读数的平均值作为测量值,便可消除周期性系统误差。这是由于如果误差是周期性变化的,经过半个周期后,误差会改变符号,取两次测量的平均值便可消除周期性系统误差。

7.4　粗大误差的剔除

粗大误差的数值都比较大,往往会对测量结果产生明显的歪曲。在测量过程中,产生粗大误差的原因是多方面的,如工作人员的粗心大意读错、记错数据,或因仪器及工作条件的突然变化而造成明显的错误等。一旦发现含有粗大误差的测量值(也称坏值),应将其从测量结果中舍弃。严格说来,在测量过程中原始数据必须实事求是地记录,并注明有关情况。在整理数据时,再舍弃有明显错误的数据;而在判别某个测量值序列中是否含有粗大误差时要特别慎重,应作充分的分析和研究。那么如何科学地判别粗大误差,正确舍弃坏值呢?一般可以根据判别准则予以确定。通常用来判别粗大误差的准则有莱以特准则、格罗布斯准则、狄克松准则、罗曼诺夫斯基准则等。本节主要介绍比较常用的莱以特准则和格罗布斯准则。

7.4.1　莱以特准则

莱以特准则也称 3σ 准则,对于某一测量值序列,若只含有随机误差,根据随机误差的正态分布规律,其残差落在 3σ 以外的概率不到0.3%。据此莱以特准则认为凡剩余误差大于3倍标准偏差的可以认为是粗大误差,它所对应的测量值就是坏值,应予以舍弃,可表示如下。

$$|\gamma_i| > 3\sigma \tag{7.49}$$

式中 γ_i 是坏值的残余误差。

需要注意的是在舍弃坏值后，剩下的测量值应该重新计算算术平均值和标准偏差，再用莱以特准则鉴别各个测量值，判断是否有新的坏值出现。直到无新的坏值时为止，此时所有测量值的残差均在 3σ 范围之内。

莱以特准则是最简单常用的判别粗大误差的准则，但它只是一个近似的准则，是建立在重复测量次数趋于无穷大的前提下。因此当测量次数有限，特别是测量次数较小时，此准则不是很可靠。

7.4.2　格拉布斯准测

格拉布斯准则也是根据随机变量正态分布理论建立的，但它考虑了测量次数 n 以及标准差本身有误差的影响等。理论上比较严谨，使用也较方便。

格拉布斯准则为：凡剩余误差大于格拉布斯鉴别值的误差被认为是粗大误差，应予以舍弃，可表示为

$$|\gamma_i| = |x_i - \bar{x}| > g(n,a)\sigma \tag{7.50}$$

式中，$g(n,a)$ 为格拉布斯准则判别系数，它与测量次数 n 及显著性水平 a（一般取0.05或0.01）有关。格拉布斯准则的判别系数如表7.2所示。

表7.2　格拉布斯准则判别系数

n	a		n	a	
	0.05	0.01		0.05	0.01
	$g(n, a)$			$g(n, a)$	
3	1.15	1.16	17	2.48	2.78
4	1.46	1.49	18	2.50	2.82
5	1.67	1.75	19	2.53	2.85
6	1.82	1.94	20	2.56	2.88
7	1.94	2.10	21	2.58	2.91
8	2.03	2.22	22	2.60	2.94
9	2.11	2.32	23	2.62	2.96
10	2.18	2.41	24	2.64	2.99
11	2.23	2.48	25	2.66	3.01
12	2.28	2.55	30	2.74	3.10
13	2.33	2.61	35	2.81	3.18
14	2.37	2.66	40	2.87	3.24
15	2.41	2.70	50	2.96	3.34
16	2.44	2.75	100	3.17	3.59

例：对某一轴的直径进行等精度测量9次，得到数据记录与计算结果如表7.3所示，求测量结果。

表 7.3 测量数据记录与计算结果

序号	m_i	$\gamma_i - m_i - \overline{m}$	$(m_i - \overline{m})^2$
1	24.74	−0.01	0.000 1
2	24.76	0.01	0.000 1
3	24.73	−0.02	0.000 4
4	24.80	0.05	0.002 5
5	24.75	0	0
6	24.73	−0.02	0.000 4
7	24.74	−0.01	0.000 1
8	24.75	0	0
9	24.76	0.01	0.000 1

求算数平均值

$$\bar{x} = \frac{\sum_{i=1}^{n} x_i}{n} = \frac{222.76}{9} = 24.751\,1 \approx 24.75 \text{ mm}$$

1. 求残余误差

$$\gamma_i = x_i - \bar{x}$$

2. 判断系统误差

根据残余误差观察法,由表 7.3 可以看出误差符号大体正负相同,且无显著变化规律,判断该测量数列存在无规律变化的系统误差。

3. 求标准差

$$\sigma = \sqrt{\sigma_{\bar{x}}^2 + \sigma_{\Delta}^2} = \sqrt{\frac{\sum_{i=1}^{n}(x_i - \bar{x})^2}{n(n-1)} + \left(\frac{\Delta}{\sqrt{3}}\right)^2} = \sqrt{\frac{0.003\,7}{9 \times 8} + \left(\frac{0.02}{\sqrt{3}}\right)^2} = 0.013\,59 \approx 0.014$$

4. 判断粗大误差

采用格拉布斯准则判断

$$g(n,\alpha)\sigma = g(9,0.05)\sigma = 2.11 \times 0.014 \approx 0.03$$

$$|\gamma_4| = |x_4 - \bar{x}| = |24.80 - 24.75| = 0.05 > 0.03$$

其他测量点残余误差均小于 0.03。判断测量列是否存在粗大误差,将 x_4 去掉后,重新计算,如表 7.4 所示。

表 7.4 整理后的测量数据记录与计算结果

序号	m_i	$\gamma_i = m_i - \overline{m}$	$(m_i - \overline{m})^2$
1	24.74	−0.005	0.000 025
2	24.76	0.015	0.000 225
3	24.73	−0.015	0.000 225
4	24.75	0.005	0.000 025
5	24.73	−0.015	0.000 225
6	24.74	−0.005	0.000 025
7	24.75	0.005	0.000 025
8	24.76	0.015	0.000 225

5. 再求一次算数平均值、残余误差、标准差，判断粗大误差

$$\bar{x}=\frac{\sum_{i=1}^{n}x_i}{n}=\frac{197.96}{8}=24.745\text{ mm}$$

$$\sigma=\sqrt{\sigma_{\bar{x}}^2+\sigma_{\Delta}^2}=\sqrt{\frac{\sum_{i=1}^{n}(x_i-\bar{x})^2}{n(n-1)}+\left(\frac{\Delta}{\sqrt{3}}\right)^2}=\sqrt{\frac{0.001}{8\times 7}+\left(\frac{0.02}{\sqrt{3}}\right)^2}=0.01296\approx 0.013$$

$$|\gamma_2|=|x_2-\bar{x}|=|24.76-24.745|=0.015<g(8,0.05)=20.3\times 0.013=0.026$$

$$|\gamma_3|=|x_3-\bar{x}|=|24.73-24.745|=0.015<g(8,0.05)=20.3\times 0.013=0.026$$

测量结果

$$x=\bar{x}\pm\sigma=24.745\pm 0.013\text{ mm}(P=0.683)$$

7.5　误差合成与误差分配

一般来说，测量装置由多个环节组成，总误差就是各个环节单项误差共同作用的综合结果。误差合成是指按一定的规则将各个单项误差综合起来，求出测量装置的总误差。通常测量中，可能存在多个系统误差、随机误差和粗大误差。当粗大误差剔除后，决定测量准确度的就是系统误差和随机误差，在误差合成中主要讨论随机误差合成，系统误差合成以及随机误差与系统误差合成三种。

误差分配是指以给定测量结果的总允许误差为前提，通过合理地分配给测量装置各个环节的单项误差，包括选择测量方案和测量仪器等，使得合成的总误差小于给定的总允许误差。例如，采用间接测量时，若给定间接测量的总允许误差，要求确定各个直接测量值的误差，就是误差分配问题。

7.5.1　随机误差合成

设测量中有 q 个彼此独立的随机误差，它们的标准差分别为 $\sigma_1,\sigma_2,\cdots,\sigma_q$，按方和根合成方法为

$$\sigma=\sqrt{\sigma_1^2+\sigma_2^2+\cdots+\sigma_q^2}=\sqrt{\sum_{i=1}^{q}\sigma_i^2}\tag{7.51}$$

若 q 个随机误差是相关的，则总随机误差的标准差为

$$\sigma=\sqrt{\sum_{i=1}^{q}\sigma_i^2+2\sum_{1<i<j<q}\rho_{ij}\sigma_i\sigma_j}\tag{7.52}$$

式(7.52)中，ρ_{ij} 是第 i 个与第 j 个随机误差间的相关系数，其取值介于±1之间，即

$$-1\leqslant\rho_{ij}\leqslant 1\tag{7.53}$$

在实际测量中，如果各个彼此独立的随机误差的极限误差为 $\Delta_1,\Delta_2,\cdots,\Delta_q$，也可按方和根法合成，合成后的总极限误差为

$$\Delta=\sqrt{\Delta_1^2+\Delta_2^2+\cdots+\Delta_q^2}=\sqrt{\sum_{i=1}^{q}\Delta_i^2}\tag{7.54}$$

若 q 个相关的随机误差为正态分布，则总随机误差的极限误差为

$$\Delta = \sqrt{\sum_{i=1}^{q}\Delta_i^2 + 2\sum_{1<i<j<q}\rho_{ij}\Delta_i\Delta_j} \tag{7.55}$$

7.5.2 系统误差合成

根据对系统误差的掌握程度,可以将它分成已定系统误差和未定系统误差两类。由于这两种系统误差的特征不同,其合成方法也不相同。

1. 已定系统误差的合成

对于大小和方向均已确定的已定系统误差,设被测量有 r 个已定系统误差,分别为 ε_1,ε_2,…,ε_r,则总的系统误差为

$$\varepsilon = \varepsilon_1 + \varepsilon_2 + \cdots + \varepsilon_r = \sum_{i=1}^{r}\varepsilon_i \tag{7.56}$$

若误差个数 r 较大时,可以按方和根法合成。

$$\varepsilon = \sqrt{\varepsilon_1^2 + \varepsilon_2^2 + \cdots + \varepsilon_r^2} = \sqrt{\sum_{i=1}^{r}\varepsilon_i^2} \tag{7.57}$$

2. 未定系统误差的合成

通常对于未定系统误差,可以大致估计出单个未定系统误差的最大误差范围 $\pm e$,然后进行合成。

设有 s 个未定系统误差,它们的极限误差分别为 e_1,e_2,…,e_s,则总的未定系统误差可按以下两种方法进行合成。

(1) 绝对值和法

$$e = e_1 + e_2 + \cdots + e_s = \sum_{i=1}^{s}e_i \tag{7.58}$$

此方法简单方便,合成后总的极限误差可靠性高。但把所有的误差看成是同方向叠加,相互不能抵消,致使最后误差的估值偏大,特别是误差项数较大时,偏大的程度更突出,因此它一般适合在误差项数较小时使用。

(2) 方和根法

$$e = \sqrt{e_1^2 + e_2^2 + \cdots + e_r^2} = \sqrt{\sum_{i=1}^{r}e_i^2} \tag{7.59}$$

在各分项误差均为正态分布时,此方法计算结果较符合实际情况。但分项误差也会存在同方向叠加而不能抵消的情况,因此估计值也会偏大。

7.5.3 系统误差与随机误差合成

以上讨论了各种相同性质的误差合成,但在实际测量中存在各种不同性质的系统误差和随机误差,将它们合成,以求得测量结果的总误差。

若测量结果有 q 个单项随机误差,r 个单项已定系统误差和 s 个单项未定系统误差,它们的误差值或极限误差分别为

$$\Delta_1, \Delta_2, \cdots, \Delta q$$

$$\varepsilon_1, \varepsilon_2, \cdots, \varepsilon_r$$

$$e_1, e_2, \cdots, e_s$$

则测量结果总的合成极限误差为

$$\Delta_{总} = \sum_{i=1}^{r}\varepsilon_i \pm \sqrt{\sum_{i=1}^{s}e_i^2 + \sum_{i=1}^{q}\Delta_i^2} \tag{7.60}$$

7.5.4　误差分配

本节通过举例来讲解误差分配的有关概念和应用方法。

为测量一圆柱体的体积，通过测量圆柱直径 D 和高度 h，根据函数式

$$V = \frac{\pi D^2}{4}h \tag{7.61}$$

间接求得圆柱体的体积 V。若已经给定测量体积的相对误差为 1.0%，试对直径 D 和高度 h 测量环节进行误差分配。

已知：$D=18$ mm，$h=46$ mm，$\pi=3.141\ 6$，代入式(7.61)可计算出体积为 $V=11\ 705.6\ \text{mm}^3$，而给定测量体积的绝对误差为

$$\Delta_V = V \times 1.0\% = 11\ 705.6\ \text{mm}^3 \times 1.0\% = 117.056\ \text{mm}^3$$

因为测量项有两项，即 $n=2$。按照等作用原则分配误差，可分别计算出 D 和 h 的极限误差为

$$\Delta_D = \frac{\Delta_V}{\sqrt{n}} \cdot \frac{1}{\frac{\partial V}{\partial D}} = \frac{\Delta_V}{\sqrt{n}} \cdot \frac{2}{\pi D h} = \frac{117.056}{\sqrt{2}} \times \frac{2}{\pi \times 18 \times 46} = 0.063\ 65\ \text{mm}$$

$$\Delta_h == \frac{\Delta_V}{\sqrt{n}} \cdot \frac{1}{\frac{\partial V}{\partial h}} = \frac{\Delta_V}{\sqrt{n}} \cdot \frac{4}{\pi D^2} = \frac{117.056}{\sqrt{2}} \times \frac{4}{\pi \times 18^2} = 0.325\ 3\ \text{mm}$$

由此可知，按照等作用原则对 D 测量环节所分配的极限误差小，而对 h 测量环节所分配的误差大。于是，测 D 选用分度值为 0.01 mm 的千分尺，在 0～20 mm 量程范围内极限误差为±0.013 mm，测 h 选用分度值为 0.10 mm 的游标卡尺，在 0～50 mm 量程范围内极限误差为±0.150 mm。选择时，通过查表得到各种量具在量程范围内的极限误差。用这两种量具测量的体积极限误差合成为

$$\Delta_V = \pm\sqrt{\left(\frac{\partial V}{\partial D}\right)^2 \Delta_D^2 + \left(\frac{\partial V}{\partial h}\right)^2 \Delta_h^2} = \pm\sqrt{\left(\frac{\pi D h}{2}\right)^2 \Delta_D^2 + \left(\frac{\pi D^2}{4}\right)^2 \Delta_h^2}$$

$$= \pm\sqrt{\left(\frac{\pi D h}{2}\right)^2 \times 0.013^2 + \left(\frac{\pi D^2}{4}\right)^2 \times 0.15^2} = \pm 41.748\ \text{mm}^3$$

因为　$|\Delta_V| = 41.748\ \text{mm}^3 < 117.056\ \text{mm}^3$

显然，上述量具选择不够合理，需要进行调整。

改用分度值为 0.05 mm 的游标卡尺，在 0～50 mm 量程范围内极限误差为±0.08 mm。测量 D 和 h 时共用，这时测量 D 的极限误差虽然会超出按等作用原则分配的允许误差，但可以从测量 h 允许误差的多余部分得到补偿。调整后，测量体积的极限误差合成为

$$\Delta_V = \pm\sqrt{\left(\frac{\pi D h}{2}\right)^2 \times 0.08^2 + \left(\frac{\pi D^2}{4}\right)^2 \times 0.08^2} = \pm 106.022\ 6\ \text{mm}^3$$

因为 $|\Delta_V| = 106.022\ 6\ \text{mm}^3 < 117.056\ \text{mm}^3$ 仍满足要求。故调整以后，用一把分度值为 0.05 mm 的游标卡尺就可以完成任务。

7.6 测量不确定度评定

根据现代计量学观点,计量或测量结果的可信程度需要通过分析和评定来确定。在使用传统方法进行评定时,首先,因为测量误差是表明测量结果偏离真值的差值,而真值客观存在但人们无法准确得到,所以严格意义上的误差也无法得到。其次,在不同的国家,不同的领域或不同的人员对测量误差评定的方法往往各不相同。这些原因导致了不同的测量结果之间缺乏可比性,因此需要用测量不确定度来统一评价测量结果。测量不确定度的评定就是要决定测量结果的不确定程度,并给出相应的置信概率,即合理地给出测量结果可能的取值范围以及落在该范围的概率,并提供测量不确定度评定报告。

7.6.1 不确定度评定步骤

测量不确定度评定主要步骤如下。

(1) 测量过程描述:包括采用的检测装置,必须的实验准备,安装调试方法,取样测试步骤,实验数据采集,数据处理方法,以及要求的环境条件等。

(2) 确定影响因素:找出所有影响测量不确定度的影响量,原则上,测量不确定度的影响因素既不能遗漏,也不能重复计算。

(3) 建立数学模型:由数学模型描述输入输出关系。通过建模找出关于被测量 y 的所有影响测量不确定度的因素 $x_i(i=1,2,\cdots,n)$,建立满足测量不确定度评定所需的数学模型 $y=f(x_1,x_2,\cdots,x_i,\cdots,x_n)$。

(4) 不确定度 A 类和 B 类评定:按照测量数据的性质分类,符合统计规律的为 A 类不确定度,不符合统计规律的为 B 类不确定度。A 类评定的主要方法是计算出测量数据列的平均值标准差,进而得到 A 类不确定度分量 u_{Ai}。B 类评定方法需要了解测量仪器、技术资料、测量方法、检定证书等,进而分类评定 B 类不确定度分量 u_{Bj}。

(5) 合成不确定度评定:根据合成定理,将 u_{Ai} 和 u_{Bj} 各个分量求平方和的正算术平方根或采用绝对值合成等方法。对于非线性模型或各变量具有相关性的情况,还要考虑采用线性化或分段合成方法以及增加相关项等。

(6) 确定置信因子:根据测量值分布的情况不同,所要求的置信概率 P 不同和对测量不确定度评定的具体要求不同,分别采用不同的方式来确定置信因子 k。

(7) 扩展不确定度评定:确定扩展不确定度一般由置信因子 k 乘以合成不确定度,即由公式 $U=ku_C$ 计算得到。

(8) 测量不确定度的报告:给出的测量结果中应包括不确定度评定以及置信概率。不确定度评定一般由不确定度 A 类和 B 类评定、合成不确定度以及如何由合成不确定度得到扩展不确定度等。

7.6.2 不确定度 A 类评定和 B 类评定

1. A 类不确定度评定

A 类不确定度评定采用统计分析的方法对由重复测量引起的不确定度分量进行评定。采用统计分析的方法是为了通过有限的观测结果来评定出需要进行无限多次测量才能得到的概率密度分布规律。因此,用统计分析的方法确定不确定度分量 u_A 等同于由一系列观测值计

算标准差 σ，得到 A 类标准不确定度 $u_A=\sigma$。也就是说，如果测量误差主要来源于随机因素，具有统计规律，不确定度的评定采用标准差或其倍数，这样表示测量不确定度被称为测量标准不确定度。在实际应用中，如果不加以说明，一般称测量标准不确定度为测量不确定度，甚至简称为不确定度。

对于单因素 A 类评定，其方法是对被测量进行等精度独立多次重复测量，计算这一系列测量值的算术平均值作为被测量的最佳估计值，以算术平均值的标准差作为测量结果的标准差 σ。具体应该在同样条件下，对被测量 y 进行独立重复观测 n 次，任意一次观测值为 x_i，组成测量列 $x_1, x_2, \cdots, x_i, \cdots, x_n$，对其求算术平均值为

$$\bar{x}=\frac{1}{n}\sum_{i=1}^{n}x_i \tag{7.62}$$

由贝塞尔(Bessel)公式计算单次测量的标准差如下。

$$\sigma(x_i)=\sqrt{\frac{1}{n-1}\sum_{i=1}^{n}(x_i-\bar{x})^2} \tag{7.63}$$

若只存在随机误差，系统误差已消除或可以忽略不计，则 n 个观测值都分布在数学期望附近，可取任意一个单次观测值 x_i 作为估计值，单次测量的 A 类评定标准不确定度由式(7.63)计算。

如果取 n 次观测值的算术平均值作为估计值，要比单次观测值更靠近数学期望。随着测量次数的增多，算术平均值越来越收敛于数学期望值，这个算术平均值被认为是测量结果的最佳估计值。这时测量结果的标准不确定度为算术平均值 $\bar{x}$ 的标准差，或称为测量列算术平均值的标准差。

$$u_A=u_A(\bar{x})=\sigma(\bar{x})=\frac{\sigma(x_i)}{\sqrt{n}}=\sqrt{\frac{1}{n(n-1)}\sum_{i=1}^{n}(x_i-\bar{x})^2} \tag{7.64}$$

观测次数 n 充分多，才能使 A 类不确定度的评定可靠，一般认为 n 应大于 6。但也要视实际情况而定，当 A 类不确定度分量对合成标准不确定度的贡献较大时，n 不宜太小；反之，n 小一些关系也不大。

对于多因素 A 类不确定度评定，首先确定各个因素的标准不确定度 $u_{Ai}(x_i)$ 及其对 y 的测量不确定度分量 $u_{Ai}(y)$，计算式为

$$u_{Ai}(y)=c_i u_{Ai}(x_i)=\frac{\partial y}{\partial x_i}u_{Ai}(x_i) \tag{7.65}$$

式中 c_i 为灵敏系数，它可由数学模型的输出量 y 对输入量 x_i 求偏导数得到，也可以由测量实验得到，在数值上等于当输入量 x_i 变化一个单位量时，被测量 y 的变化量。

分别求得 A 类不确定度各个分量后，再由式(7.66)合成。

$$u_A=\sqrt{\sum_{i=1}^{n}u_{Ai}^2(y)} \tag{7.66}$$

2. B 类不确定度的评定

将测量中凡是不符合统计规律的不确定度统称为 B 类不确定度，记为 u_B。B 类不确定度评定借助于可能影响测量值的信息进行科学的评定，这些信息包括仪器说明书、计量检定报告、以前的测量数据和测量方法及有关的资料等。对于测量不确定度的 B 类分量评定方法有以下几种情况：

(1) 取自有关资料所给出的测量不确定度 u_m,且为标准差的 k 倍,其不确定度分量为 $u_B=\frac{u_m}{k}$;

(2) 如果测量值 m 落在区间 $(m-a,m+a)$ 内的概率为 1,在区间内各处出现的机会相等时,m 服从均匀分布,其不确定度为分量为 $u_B=\frac{u_m}{\sqrt{3}}$;

(3) 当 m 受到两个独立且均匀分布的因素影响时,m 在区间 $(m-a,m+a)$ 内服从三角分布,其不确定度分量为 $u_B=\frac{u_m}{\sqrt{6}}$;

(4) 当 m 在区间 $(m-a,m+a)$ 内服从反正弦分布,其不确定度分量为 $u_B=\frac{u_m}{\sqrt{2}}$。

在 B 类不确定度评定中,首先要解决的问题是如何考虑其概率分布。根据"中心极限定理",尽管被测量的值 m_i 的概率分布是任意的,但只要测量次数足够多,其算术平均值的概率分布为近似正态分布。如果被测量受多个相互独立的随机量的影响,这些影响量变化的概率分布各不相同,但每个变量影响均很小时,被测量的随机变化将服从正态分布。如果被测量既受随机影响,又受系统影响,而对影响量缺乏任何其他信息的情况下,一般假设为均匀分布。有些情况下,可采用同行的共识,如微波测量中的失配误差为反正弦分布等。B 类不确定度评定的可靠性取决于可利用信息的质量,在可能的情况下应尽量充分利用长期实际观测的值来估计其概率分布。在已知某些信息的情况下,评定 B 类不确定度有以下几种方法。

(1) 当测量仪器检定证书上给出准确度等级时,可按检定系统或检定规程所规定的该级别的最大允许误差进行评定。假定最大允许误差为 $\pm A$,一般采用均匀分布得到示值允许误差引起的标准不确定度分量。

$$u_B=\frac{A}{\sqrt{3}} \tag{7.67}$$

例如,电工仪表若给出仪器准确度等级为 a,则 $A=X_m\times a\%$,式中 X_m 为量程。

(2) 采用几种常用仪器单次测量值的 B 类标准差为

$$\sigma_B=\frac{u_m}{C} \tag{7.68}$$

式中,C 为置信系数;u_m 为已知的测量不确定度。在最大允许误差范围内,对于正态分布,$C=\sqrt{9}=3$;对于三角分布,$C=\sqrt{6}$;对于均匀分布,$C=\sqrt{3}$。常用仪器的误差分布和 C 取值如表 7.5所示。

表 7.5 常用仪器的误差分布和 C 取值

仪器名称	米尺	游标卡尺	千分尺	物理天平	秒表
误差分布	正态分布	均匀分布	正态分布	正态分布	正态分布
C	3	$\sqrt{3}$	3	3	3

(3)如果仪器的测量误差在最大允许误差范围内出现的概率都相等(如长度块规在一定温度范围内由于热胀冷缩导致的长度值变化),就为均匀分布。介于正态分布和均匀分布之间可用三角分布来描述。

(4)各种分布的 B 类标准差 σ_B 以及各置信区间相应的概率 P 有很大不同,如表 7.6 所示。因此,不能笼统地说测量误差落在标准差范围内的概率为 68.3%,落在两倍标准差范围内的概率为 95.5%。在合成标准不确定度时,要注意区分不同的分布。

表 7.6　三种分布的标准差和相应的概率

分布	标准差 σ	$P(\sigma)$	$P(2\sigma)$	$P(3\sigma)$
正态分布	$u_m/3$	0.683	0.955	0.997
三角分布	$u_m/\sqrt{6}$	0.758	0.966	1
均匀分布	$u_m/\sqrt{3}$	0.577	1	1

另外,测量结果中由测量仪器引入的不确定度可根据该仪器的最大允许误差按 B 类评定方法评定。一般用 u_m 表示仪器所产生的最大允许误差(最大测量误差范围),它可从仪器说明书中得到,是表征同一类规格型号的合格仪器产品在正常使用条件下,一次测量可能产生的最大误差。一般而言,u_m 基本上与仪器最小刻度对应的物理量在同一数量级,它包含仪器的系统误差,也包含环境影响以及测量者在测试中可能出现的变化(包括随机性)对测量结果的影响。

对于由测量者估读或估算产生的不确定度分量用 u_e 表示。对于有刻度的仪器仪表,通常 u_e 为最小刻度的十分之几,小于 u_m(最大允许误差已包含测量者正确使用仪器的估算误差)。例如,估读螺旋测微器最小刻度的十分之一为 0.001 mm,小于其最大允许误差0.004 mm;估读钢板尺最小刻度的十分之一为 0.1 mm,小于其最大允许误差 0.15 mm。但有时 u_e 会大于 u_m,例如,用电子秒表测量几分钟的时间,测量者在计时判断上会有 0.1～0.2 s 的误差;而电子秒表的稳定性为 5～10 秒/天,显然仪器的最大允许误差小得可以忽略。在用拉伸法测金属丝杨氏模量实验中,由于难以对准金属丝被轧头夹住的位置,钢丝长度的估算误差可达±(1～2)mm 。在暗室中做几何光学实验,进行长度测量时,长度的估算误差也可达±(1～2)mm 。

如果 u_m 和 u_e 彼此无关,可将它们合成。

$$u_B = \sqrt{u_m^2 + u_e^2} \tag{7.69}$$

u_m 和 u_e 中,若某个量小于另一量的三分之一,平方后将小一个数量级,可以忽略不计。一般而言,u_e 比 u_m 小。

接下来,对 j 个 B 类不确定度分量,由式(7.70)合成。

$$u_B(y) = \sqrt{\sum_{i=1}^{j} {u_{Bi}}^2(y)} \tag{7.70}$$

需要进一步指出的是,A 类和 B 类不确定度是表示两种不同的不确定度评定方法,基本含义是对测量分散性的表征,不能把它划分为随机误差和系统误差。不确定度与随机误差和系统误差的分类不存在对应关系。无论是用 A 类评定方法还是用 B 类评定方法,只是评定的对象和方法不同,其分别得到的不确定度分量都具有同等地位。

7.6.3　合成不确定度与扩展不确定度评定

若测量结果的不确定程度是由若干 A 类不确定度分量 u_{Ai} 和若干 B 类不确定度分量 u_{Bj} 决定的,也就是说这些 A 类和 B 类不确定度分量综合影响测量结果,那么可以合成一个完整的不确定度,即合成不确定度,用u_C表示。

根据合成定理,如果数学模型为线性模型,并且各输入量x_i彼此间独立无关时,合成标准不确定度采用方和根计算方法,即各个局部的标准不确定度分量平方和的正的算术平方根。这种合成方法通常被称为几何合成法。

$$u_C = \sqrt{\sum_i u_{Ai}^2 + \sum_j {u_{Bj}}^2} \tag{7.71}$$

在误差分量项数较少时,分量之间出现相互抵消的概率很小,此时,应从最不利的情况考虑,采用绝对值合成比较妥当。于是可得

$$u_C = \sum_i |u_{Ai}| + \sum_j |u_{Bj}| \tag{7.72}$$

当数学模型为非线性模型时,应考虑各分量的独立性、相关性及高阶项。若非线性不很明显,式(7.72)仍可近似成立。当各输入量之间存在相关性时,还要考虑它们之间的协方差,在合成标准不确定度的表达式中加入相关项。

另外,也可以将A类标准差σ_A和B类标准差σ_B合成得到置信概率$P=0.68$的合成标准不确定度。

$$u_C = \sqrt{\sigma_A^2 + {\sigma_B}^2} \quad P = 0.68 \tag{7.73}$$

这表明符合正态分布的测量列中某次测量值与平均值之差落在$[-\sigma,\sigma]$的概率为68.3%;落在$[-2\sigma,2\sigma]$的概率为95.55%;落在$[-3\sigma,3\sigma]$的概率为99.73%,所以仪器的最大允许误差规定为$u_m=3\sigma$。不同的分布在相同范围内的置信概率有所不同。不明确这一点,在合成不确定度的A类分量和B类分量时,就无法给出正确的置信概率和置信区间。

在实际工作中,常常忽略不同分布的差别(有时也不清楚是什么分布),而把u_m当成均匀分布,取置信因子$C=\sqrt{3}$,这样得到一种较为保守的公式。

$$u_{0.95} = \sqrt{\sigma_A^2 + u_B^2} \quad P \geqslant 0.95 \tag{7.74}$$

扩展不确定度:对正态分布的误差而言,合成标准不确定度的置信概率只有68%,即68%的测量值落在合成标准不确定度u_C确定的范围之内。在测量中要求给出较高的置信概率时,为合理地把置信概率扩大,使得更多测量值包含于不确定度包括的分布区间内,需要引入置信因子k。这是根据被测量y的分布情况不同,所要求的置信概率P不同和对测量不确定度评定的具体要求不同,分别采用不同的方式来确定置信因子k。扩大了置信概率后的不确定度被称为扩展不确定度,用U表示,它是合成不确定度的倍数,即$U=ku_C$。例如,取$k=3$,$U=3u_C$,这时的置信概率为99.7%。

7.6.4 测量不确定度评定应用举例

1. 测量任务

在某电子设备的生产中,需要使用300 Ω的电阻,设计要求其最大允许误差应在±1.0%以内。为此,对选用的电阻进行测量,以确定其电阻值是否满足使用要求。

2. 测量方法

用一台数字多用表对被测电阻器的电阻值进行直接测量。

3. 测量仪器选择

使用数字多用表一台,型号MS8217,可自动或手动调整量程,经检定合格并在有效期内,用该数字多用表测量电阻的技术指标如下。

最大显示：4 000

电阻挡量程为：0.1～400.0 Ω；4 kΩ；40 kΩ；400 kΩ；4 MΩ；40 MΩ

最大允许误差为：±(0.5%+2 个字)；即(0.5%×读数+2×最低位数值)

测量时所用挡的满量程值选为 400.0 Ω，最低位显示数值及单位为 0.1 Ω；当环境温度为(5～28)℃时，温度系数的影响可忽略。

4. 实测记录

在室温(22±1)℃下，测量值为电阻值，采用数字多用表的手动电阻挡，0.1～400 Ω 量程，显示值为 R_i(i=1,2,…,10)。即测量次数 n=10，实际测量记录如表 7.7 所示。

表 7.7　实际测量记录

序号	1	2	3	4	5	6	7	8	9	10
测量值	300.2	299.7	300.1	300.4	299.8	300.0	299.6	300.3	299.9	300.2

5. 测量不确定度评定

(1) 计算平均值为：300.02 Ω

(2) 不确定度 A 类分量评定

由单次实测值作为测量结果的标准差为 0.265 8 Ω，故标准不确定度分量 u_A 为 0.265 8 Ω。

如果取算术平均值作为测量结果，标准差为 $0.265\ 8/\sqrt{n}=0.084$ Ω。

(3) 不确定度 B 类分量评定

根据数字多用表的技术指标，确定其最大允许误差区间的半宽为 $u_m=0.5\%R_i+2\times0.1$ Ω。

取单次测量结果 R_1 作为测量结果，则 $u_m=0.5\%\times300.2+2\times0.1=1.701\ \Omega\approx1.70\ \Omega$。

取算术平均值作为测量结果，则 $u_m=0.5\%\times300.02+2\times0.1=1.700\ 1\ \Omega\approx1.70\ \Omega$。

设测量值在该区间内为均匀分布(矩形分布)，不确定度分量为 $u_B=u_m/\sqrt{3}=1.70/1.732=0.981\ 5\ \Omega$。

(4) 合成标准不确定度

由于上述 A 类和 B 类不确定度分量之间不相关，所以合成标准不确定度为

$$u_C=\sqrt{0.265\ 8^2+0.981\ 5^2}=1.016\ 85\text{（单次实测值作为测量结果）}$$

$$u_C=\sqrt{0.084^2+0.981\ 5^2}=0.985\text{（取算术平均值作为测量结果）}$$

(5) 扩展不确定度评定

取置信因子 k=3，故扩展不确定度 U 为

$U=ku_C=3\times1.016\ 85=3.05$ Ω(单次实测值作为测量结果)

$U=ku_C=3\times0.985=2.955$ Ω(取算术平均值作为测量结果)

6. 测量结果报告

单次实测值作为测量结果得到被测电阻器的电阻值 R=(300.2±3.05)Ω，扩展不确定度 U=3.05 Ω，置信因子 k=3，置信概率为 99%。故取单次测量值作为测量结果可能不可靠。

取算术平均值作为测量结果得到被测电阻器的电阻值 R=(300.02±2.955)Ω，扩展不确定度 U=2.955 Ω，置信因子 k=3，置信概率为 99%。可见，取算术平均值作为测量结果可以满足最大允许误差在±1.0%以内的要求，故该电阻器可用于某电子设备的生产。

7.7 数据处理的基本方法

7.7.1 有效数字和数据舍入规则

1. 有效数字

测量结果和数据处理中确定保留几位有效数字,是一个很重要问题。测量结果既然包含误差,说明测量值实际就是一个近似数,在记录测量结果或者进行数据运算时取多少有效数字位,应该以测量能达到的准确度为依据。如果认为测量结果中小数点后的位数越多,数据就越准确;或者运算的结果中,保留的位数越多,准确度就越高,这都是片面的。

在测量结果中,最末一位有效数字取到哪一位是由测量准确度决定的,即有效数字位数应与测量准确度等级是同一量级的。因此测量结果保留到最末一位数字的原则是不准确的,只能作为参考数值,而倒数第二位数字应是准确的。于是,最后给出的测量结果应该是这样决定的,例如用0.01 mm分辨力的千分尺测量一个长度,测量结果读出值为6.532 mm,显然小数点后第二位数字已经是不准确的,而第三位数字更不准确,此时只应保留小数点后第二位数字,即写成6.53,为三位有效数字。

2. 数据舍入规则

对于位数很多的近似数,当有效位数确定后,其后面多余的数字应舍去,而保留的有效数字最末一位数字应按下面的舍入规则进行凑整。

(1) 若舍去部分的数值小于保留部分末位的半个单位,则末位不变。

例:将下列数据舍入到小数点第二位

1.234 8→1.23(因为0.004 8<0.005)

5.624 99→5.62(因为0.004 99<0.005)

(2) 若舍去部分的数值大于保留部分末位的半个单位,则末位加1。

1.235 21→1.24(因为0.005 21>0.005)

5.625 01→5.63(因为0.005 01>0.005)

(3) 若舍去部分的数值等于保留部分末位的半个单位,则末位凑成偶数,即末位为偶数时不变,末位为奇数时加1。

1.235 0→1.24(因为0.005 0=0.005,且3为奇数)

5.625 00→5.62(因为0.005 00=0.005,且2为偶数)

5.605 00→5.60(0认为是偶数)

由于数字舍入引起的误差被称为舍入误差,按上述规则进行数字舍入所产生的舍入误差不超过保留数字最末位的半个单位。必须指出,这种舍入规则的第3条可以保证在大量运算时,其舍入误差的均值趋于零。这就避免了过去采用的四舍五入规则,由于舍入误差的累积而产生系统误差;也避免了舍去的数字见5就入,使舍入误差成为随机误差的问题。

3. 数据运算规则

在近似数运算中,为了保证最后结果有尽可能高的准确度,所有参与运算的数据在有效数字后可多保留一位数字作为参考数字(安全数字)。以下建议可作为参考:

(1) 在加减运算时，各运算数据以小数位数最少的数据位数为准，其余各数据可多取一位小数，但最后结果应与小数位数最少的数据小数位相同；

(2) 在乘除运算时，各运算数据应以有效位数最少的数据为准，其余各数据要比有效位数最少的数据位数多取一位数字，而最后结果应与有效位数最少的数据位数相同；

(3) 在平方或开方运算时，平方相当于乘法运算，开方是平方的逆运算，故可以按照乘除法运算处理；

(4) 在对数运算时，n 位有效数字的数据应该用 n 或 $n+1$ 位对数表，以免损失精度；

(5) 三角函数运算中，所取函数值的位数应随角度误差的减小而增多。

7.7.2　最小二乘法原理及应用

最小二乘法原理给出了数据处理的一条法则，在最小二乘法意义下所获得的最佳结果(最可信赖值)应使残余误差平方和具有最小值。作为数据处理手段，最小二乘法在实验曲线的拟合、组合测量的数据处理等方面得到广泛的应用。

在检测中常常会遇到为了确定 t 个未知量(被测量) $X_1, X_2, \cdots, X_t$ 的估计量 $x_1, x_2, \cdots, x_t$ 的问题。首先分别测量 n 个直接测量的量 $Y_1, Y_2, \cdots, Y_n$，得到测量数据 $m_1, m_2, \cdots, m_n$。设被测量与直接测量的函数关系为

$$\begin{aligned} Y_1 &= f_1(X_1, X_2, \cdots, X_t) \\ Y_2 &= f_2(X_1, X_2, \cdots, X_t) \\ &\cdots \\ Y_n &= f_n(X_1, X_2, \cdots, X_t) \end{aligned} \tag{7.75}$$

若 $n=t$，则可直接求得未知量。但由于测量数据不可避免地包含一定的测量误差，所求得的结果(估计量)也必然包含一定的误差。通常，为了提高测量结果的准确度，会适当增加测量次数，以便利用抵偿性减小随机误差的影响，因此在实际检测过程中通常会出现 $n>t$。显然此时不能直接由式(7.75)求解 $x_1, x_2, \cdots, x_t$。应该如何处理测量数据从而得到最可信赖的结果呢？最小二乘法给出了解决问题的途径。设直接测量的量 $Y_1, Y_2, \cdots, Y_n$ 的估计量分别为 $y_1, y_2, \cdots, y_n$，则有

$$\begin{aligned} y_1 &= f_1(x_1, x_2, \cdots, x_t) \\ y_2 &= f_2(x_1, x_2, \cdots, x_t) \\ &\cdots \\ y_n &= f_n(x_1, x_2, \cdots, x_t) \end{aligned} \tag{7.76}$$

因此，可以得到误差方程

$$\begin{aligned} \gamma_1 &= m_1 - y_1 = m_1 - f_1(X_1, X_2, \cdots, X_t) \\ \gamma_2 &= m_2 - y_2 = m_2 - f_2(X_1, X_2, \cdots, X_t) \\ &\cdots \\ \gamma_n &= m_n - y_n = m_n - f_n(X_1, X_2, \cdots, X_t) \end{aligned} \tag{7.77}$$

如果测量数据 $m_1, m_2, \cdots, m_n$ 的误差相互独立，并排除了系统误差且服从正态分布，设此时它们的标准差分别为 $\sigma_1, \sigma_2, \cdots, \sigma_n$，那么测量结果 $m_1, m_2, \cdots, m_n$ 出现在相应真值附近区域内的概率可分别表示为

$$
\begin{aligned}
P_1 &= \frac{1}{\sigma_1\sqrt{2\pi}}e^{-\frac{\delta_1^2}{2\sigma_1^2}}d\delta_1 \\
P_2 &= \frac{1}{\sigma_2\sqrt{2\pi}}e^{-\frac{\delta_2^2}{2\sigma_2^2}}d\delta_2 \\
&\cdots \\
P_n &= \frac{1}{\sigma_n\sqrt{2\pi}}e^{-\frac{\delta_n^2}{2\sigma_n^2}}d\delta_n
\end{aligned}
\tag{7.78}
$$

因此,各测量数据同时出现在相应区域 $d\delta_1, d\delta_2, \cdots, d\delta_n$ 内的概率可表示为

$$
P = P_1P_2\cdots P_n = \frac{1}{\sigma_1\sigma_2\cdots\sigma_n(\sqrt{2\pi})^n}e^{-\left(\frac{\delta_1^2}{2\sigma_1^2}+\frac{\delta_2^2}{2\sigma_2^2}+\cdots+\frac{\delta_n^2}{2\sigma_n^2}\right)}d\delta_1\cdot d\delta_2\cdot\cdots\cdot d\delta_n \tag{7.79}
$$

若使得 $m_1, m_2, \cdots, m_n$ 同时出现的概率 P 最大,即可确定待求量的最可信赖值。而由式(7.79)可以看出,要使 P 最大,应该满足

$$
\frac{\delta_1^2}{\sigma_1^2}+\frac{\delta_2^2}{\sigma_2^2}+\cdots+\frac{\delta_n^2}{\sigma_n^2} = 最小 \tag{7.80}
$$

如果以残余误差的形式表示,则为

$$
\frac{\gamma_1^2}{\sigma_1^2}+\frac{\gamma_2^2}{\sigma_2^2}+\cdots+\frac{\gamma_n^2}{\sigma_n^2} = 最小 \tag{7.81}
$$

对于不等精度测量,可表示为

$$
p_1\gamma_1^2+p_2\gamma_2^2+\cdots+p_n\gamma_n^2 = 最小 \tag{7.82}
$$

对于等精度测量,则可简化为

$$
\gamma_1^2+\gamma_2^2+\cdots+\gamma_n^2 = 最小 \tag{7.83}
$$

这表明,测量结果的最可信赖值应该在(加权)残余误差平方和为最小的情况下求出,这就是最小二乘法原理。

7.7.3 测量数据处理举例

从事研究工作、新产品开发、仪器仪表或电子产品的生产与检测过程中,常常要利用仪器设备进行直接测量,不仅在某一点获取多个数据,而且还要在不同的点进行测量,以便求得准确而有代表性的特征参数或特性曲线,进而求得研究对象的数学模型。为了保证在一定置信概率 P 的前提下,求得满意的测量结果,通常测量的数据个数 n 由置信概率决定。例如,$P=0.95$,要取得测量数据20个以上,一般取22～25个;$P=0.997\,3$,则对应取得测试数据的个数为 $n=370$ 或大于370个。在做测试实验时,最好有2～3人配合进行,有操作的,有读表记录的,也有作辅助工作的。若由计算机或智能仪器存储记录数据,也最好有主、辅两位操作人员。这无论从计量测试工作要求上,还是从可靠性、安全规程方面来考虑都是必要的。

1. 等精度直接测量数据处理

等精度直接测量数据处理的内容主要包括:计算测量列的平均值、剩余误差、方差、标准偏差、消除数据中的系统误差和粗大误差(坏值),求得最后测量结果、获得统计公式及描绘特性曲线等。所有这些对于实际的科研工作、新产品试制与测试及实验研究等都具有直接的指导意义。

直接测量实验数据处理步骤要点如下。

(1) 整理实验数据、列表并求算术平均值

设测量数据个数为 n，测量值为 m_i，求被测未知量的算术平均值

$$\overline{m}=\frac{1}{n}\sum_{i=1}^{n}m_i,\ i=1,2,\cdots,n \tag{7.84}$$

(2) 计算剩余误差

$$\gamma_i=m_i-\overline{m} \tag{7.85}$$

(3) 计算测量值的方差和标准差

首先计算测量值的方差，然后根据贝塞尔(Bessel)公式求得测量值的标准偏差(简称标准差)$\hat{\sigma}$。方差为

$$\hat{\sigma}^2=\frac{1}{(n-1)}\sum_{i=1}^{n}(m_i-\overline{m})^2 \tag{7.86}$$

即

$$\hat{\sigma}^2=\frac{1}{(n-1)}\sum_{i=1}^{n}\gamma_i^2 \tag{7.87}$$

依照式(7.86)和式(7.87)，可由式(7.88)计算标准差，即

$$\hat{\sigma}=\sqrt{\frac{1}{(n-1)}\sum_{i=1}^{n}(x_i-\bar{x})^2} \tag{7.88}$$

或者

$$\hat{\sigma}=\sqrt{\frac{1}{(n-1)}\sum_{i=1}^{n}\gamma_i^2} \tag{7.89}$$

式(7.88)即贝塞尔公式。式(7.88)中的 $\hat{\sigma}$ 为测量值标准偏差，也被称作样本标准差。设所进行直接测量的总体方差和标准差分别为 σ^2 和 σ，可写为

$$\sigma^2=\hat{\sigma}^2,\quad \sigma=\hat{\sigma}$$

(4)剔除坏值

根据莱以特准则判断不可信赖值，即剔除坏值。

凡是符合

$$|m_i-\overline{m}|=|\gamma_i|>3\sigma \tag{7.90}$$

的对应测量值 x_i，应予剔除。如果无坏值剔除，就可以直接进入步骤(6)。

(5)每次只剔除一个，再重复步骤(2)～(4)

按步骤(2)～(4)重新计算和判别坏值，并计算有效测量数据个数 n' 和新的平均值$\overline{m'}$、剩余误差 γ'_i、方差 $\hat{\sigma'}^2$ 及标准差 $\hat{\sigma'}$，这些计算表达式为

$$n'=n-B,$$

式中 B 为坏值个数。

$$\overline{m'}=\frac{1}{n'}\sum_{i=1}^{n'}m_i \tag{7.91}$$

$$\gamma_i{}'=m_i-\overline{m'} \tag{7.92}$$

$$\sigma'^2=\hat{\sigma'}^2=\frac{1}{(n'-1)}\sum_{i=1}^{n'}(m_i-\overline{m'})^2 \tag{7.93}$$

$$\sigma'=\hat{\sigma'}=\sqrt{\frac{1}{(n'-1)}\sum_{i=1}^{n'}(m_i-\overline{m'})^2} \tag{7.94}$$

(6)判别线性累积系统误差和周期性系统误差

用马利科夫准则和阿卑-赫梅特判据判别有无线性累积系统误差和周期性系统误差。

马利科夫准则:测量值个数即样本个数分别为偶数或奇数时,取

$$e = \left(\sum_{i=1}^{\frac{n}{2}} \gamma_i - \sum_{i=\frac{n}{2}+1}^{n} \gamma_i\right) \tag{7.95}$$

或

$$e = \left(\sum_{i=1}^{\frac{n-1}{2}} \gamma_i - \sum_{i=\frac{n+3}{2}}^{n} \gamma_i\right) \tag{7.96}$$

若 $e \approx 0$,不存在线性累积误差;否则存在线性累积误差。

阿卑-赫梅特准则:

$$d = \left|\sum_{i=1}^{n-1} \gamma_i \gamma_{i+1}\right| < \sqrt{n-1}\,\hat{\sigma}^2 \tag{7.97}$$

则认为无周期性系统误差存在;否则存在周期性系统误差。

若式(7.95)、式(7.96)和式(7.97)不满足条件,应校正测量结果;若满足条件,可按式(7.98)计算随机不确定度,即极限误差。

$$\lambda = K\hat{\sigma'} = K\sigma' \tag{7.98}$$

式中 K 值由误差分布特性和置信区间决定。

(7)由测量值(样本)的标准差求算术平均值的标准偏差

$$\sigma_{\bar{m}} = \hat{\sigma}_{\bar{m}} = \frac{\hat{\sigma'}}{\sqrt{n'}} = \sqrt{\frac{1}{n'(n'-1)}\sum_{i=1}^{n'}(m_i - \overline{m'})^2} \tag{7.99}$$

若坏值个数 $B=0$,则有式(7.100)。

$$\sigma_{\bar{m}} = \hat{\sigma}_{\bar{m}} = \frac{\hat{\sigma}}{\sqrt{n}} = \sqrt{\frac{1}{n(n-1)}\sum_{i=1}^{n}(m_i - \bar{m})^2} \tag{7.100}$$

若测量数据个数 $n>20$,可按正态分布计算测量值的不确定度与测量列算术平均值的不确定度,测量值的不确定度表示为

$$U = K\hat{\sigma} \quad (B \neq 0 \text{ 为 } K\hat{\sigma'}) \tag{7.101}$$

测量列算术平均值的不确定度表示为

$$U_{\bar{m}} = K\hat{\sigma}_{\bar{m}} \tag{7.102}$$

式(7.101)和式(7.102)中,通常取 K 为1~3,由置信区间和分布特性(正态分布或t分布等)决定。

当 $n \leqslant 20$,可按t分布或实际的概率分布计算出不确定度。

表示最后测量结果

$$y = m \pm U\ (P=0.99) \tag{7.103}$$

或者

$$y = \bar{m} \pm U_{\bar{m}}\ (P=0.99) \tag{7.104}$$

2. 非等精度测量数据处理

对于非等精度测量,一般要求作 L 组数据,每组获取 n_j 个测量数据,总计测量数据个数为

$n = n_1 + n_2 + \cdots + n_j + \cdots + n_L$。

（1）求加权平均值

$$\overline{m}_w = \frac{1}{\sum_{j=1}^{L} w_j} \sum_{j=1}^{L} w_j \overline{m}_j \tag{7.105}$$

式中 $\overline{m}_j$ 为各组测量数据平均值。这里取 $n = \sum_{j=1}^{L} n_j$ 而

$$w_1 + w_2 + \cdots + w_L = \sum_{j=1}^{L} w_j = n \tag{7.106}$$

即权重系数 w_j 的值与 n_j 的值相等，$\overline{m}_w$ 值接近权重系数 w_j 值大的 $\overline{m}_j$。

（2）求广义剩余误差和广义标准差

广义剩余误差和广义标准差分别为

$$w_j \gamma_i = w_j (\overline{m}_j - \overline{m}_w), \quad j = 1, 2, \cdots, L \tag{7.107}$$

和

$$\sigma_{\overline{m}_w} = \hat{\sigma}_{\overline{m}_w} = \sqrt{\frac{\sum_{j=1}^{L} w_j \gamma_i^2}{(L-1)\sum_{j=1}^{L} w_j}} \tag{7.108}$$

3. 检测装置特性曲线的获取

数学中的最小二乘法原理指出:剩余误差最小的测量值为最可信赖值。这一原理的数学表达式的形式可写为

$$\sum_{j=1}^{L} w_j \gamma_j = \sum_{j=1}^{L} w_j (\overline{m}_j - \overline{m}_w) = 0 \tag{7.109}$$

$$\sum_{j=1}^{L} w_j \gamma_i^2 = \sum_{j=1}^{L} w_j (\overline{m}_j - \overline{m}_w)^2 = \min \tag{7.110}$$

式(7.108)为广义表达形式，既适于非等精度测量，又适于等精度测量。对于后一种情况，测量值仅为一组数据，于是 $w_j = 1$，$\overline{m}_j = m_i$，$\overline{m}_w = \overline{m}$，$i = j = n$，式(7.109)和(7.110)变为

$$\sum_{i=1}^{n} \gamma_i = \sum_{i=1}^{n} (m_i - \overline{m}) = 0 \tag{7.111}$$

$$\sum_{i=1}^{n} \gamma_i^2 = \sum_{i=1}^{n} (m_i - \overline{m})^2 = \min \tag{7.112}$$

依据上述最小二乘法原理，对实验数据可作线性或非线性回归分析，也就是拟合方程式，得到以数理统计学为依据的经验公式。这就解决了本章开始提到的第二类问题:求测量装置的静态数学模型问题。

例如，某检测装置的静态数学模型为线性方程，通过获取测量数据对 $y_i, x_i (i=1,2\cdots,n)$，由最小二乘法求出线性方程中的 K 和 b。根据前面的误差分析可知求得的只是估计值，所以表示为 $\hat{K}$、$\hat{b}$。设线性方程为

$$y = \hat{K}x + \hat{b} \tag{7.113}$$

由剩余误差方程

$$\gamma_i = y_i - (\hat{K}x_i + \hat{b}) \tag{7.114}$$

据式(7.112),剩余误差平方和

$$\sum_{i=1}^{n}\gamma_i^2=\sum_{i=1}^{n}[y_i-(\hat{K}x_i+\hat{b})]^2=\min \tag{7.115}$$

对式(7.115)分别求取关于$\hat{K}$、$\hat{b}$的微商并令其值等于零。

$$\frac{\partial(\sum_{i=1}^{n}\gamma_i^2)}{\partial\hat{K}}=-2\sum_{i=1}^{n}x_i[y_i-(\hat{K}x_i+\hat{b})]=0 \tag{7.116}$$

$$\frac{\partial(\sum_{i=1}^{n}\gamma_i^2)}{\partial\hat{b}}=-2\sum_{i=1}^{n}[y_i-(\hat{K}x_i+\hat{b})]=0 \tag{7.117}$$

化简式(7.116)和式(7.117),得正规方程

$$\sum_{i=1}^{n}x_i[y_i-(\hat{K}x_i+\hat{b})]=0$$

$$\sum_{i=1}^{n}[y_i-(\hat{K}x_i+\hat{b})]=0$$

解出$\hat{K}$、$\hat{b}$

$$\hat{K}=\frac{n\sum_{i=1}^{n}x_iy_i-\sum_{i=1}^{n}x_i\sum_{i=1}^{n}y_i}{n\sum_{i=1}^{n}x_i^2-(\sum_{i=1}^{n}x_i)^2} \tag{7.118}$$

$$\hat{b}=\frac{\sum_{i=1}^{n}x_i^2\sum_{i=1}^{n}y_i-\sum_{i=1}^{n}x_i\sum_{i=1}^{n}x_iy_i}{n\sum_{i=1}^{n}x_i^2-(\sum_{i=1}^{n}x_i)^2} \tag{7.119}$$

于是得到式(7.113)的线性方程,或称经验统计公式。通常也可以表示为

$$y=Kx+b \tag{7.120}$$

这一数据处理方法被称为曲线拟合,最后还要检验拟合方程与实验数据描点的吻合程度。对于某些非线性方程可以先转换为线性方程,再进行分析计算较为方便。例如,某一检测装置特性呈指数变化

$$y=a^x \tag{7.121}$$

将式(7.121)化为对数形式

$$\ln y=x\ln a$$

设$Y=\ln y$,$K=\ln a$,有

$$Y=Kx$$

即可按式(7.118)计算求得$K=\hat{K}$。

根据求得的经验公式,可描绘出表征检测装置输入、输出关系的特性曲线。该特性曲线可由计算机在打印机或绘图仪上输出,也可逐点描绘。

4. 测量数据处理的计算机程序设计

直接测量数据处理、误差分析与计算、回归方程、描绘特性曲线等都可在电子计算机上进行。然而,工作量大且最具有典型性的工作是按概率论与数理统计原理对大量测试数据进行

分析处理和计算测量误差，由此求得满意的测量结果。以分压比间接测量的标准差计算为例。

典型电阻分压器电路如图 7.7 所示。直流、低频仪器只需精密电阻元件即可构成一挡或多挡分压器，对于高频仪器的分压器则要接入频率补偿电容。

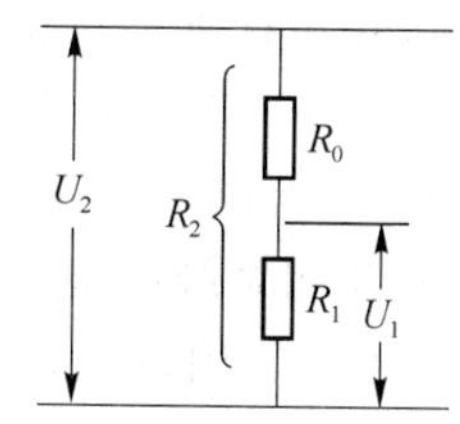

图 7.7　典型电阻分压器电路

在实际开发工作中发现：采用 ±1% 容许误差的电阻分压器被焊装在电路板上以后，经实测的分压比误差比按电阻标称容差计算出来的误差绝对值大，尤其是设备工作在环境条件恶劣、干扰源多的现场，分压比明显改变。这说明需要按随机误差处理实验数据和分析间接测量误差与测试结果。

由图 7.7 可知，取分压器的分压比为

$$y = U_1/U_2 = R_1/R_2 = R_1/(R_0 + R_1) \tag{7.122}$$

按随机误差计算间接测量误差传递公式，有

$$\sigma_y^2 = \left(\frac{\partial y}{\partial R_1}\right)^2 \sigma_{R_1}^2 + \left(\frac{\partial y}{\partial R_2}\right)^2 \sigma_{R_2}^2 \tag{7.123}$$

对式(7.123)开方取正值

$$\sigma_y = \sqrt{\left(\frac{\partial y}{\partial R_1}\right)^2 \sigma_{R_1}^2 + \left(\frac{\partial y}{\partial R_2}\right)^2 \sigma_{R_2}^2} \tag{7.124}$$

对式(7.122)微商平方式为

$$\left(\frac{\partial y}{\partial R_1}\right)^2 = \left[\frac{\partial (\frac{R_1}{R_2})}{\partial R_1}\right]^2 = \left(\frac{1}{R_2}\right)^2 \tag{7.125}$$

$$\left(\frac{\partial y}{\partial R_2}\right)^2 = \left[\frac{\partial \left(\frac{R_1}{R_2}\right)}{\partial R_2}\right]^2 = \left(\frac{-R_1}{R_2^2}\right)^2 \tag{7.126}$$

可将式(7.125)、式(7.126)化简

$$\left(\frac{\partial y}{\partial U_1}\right)^2 = \left(\frac{1}{U_2}\right)^2 \tag{7.127}$$

$$\left(\frac{\partial y}{\partial U_2}\right)^2 = \left(\frac{-U_1}{U_2^2}\right)^2 \tag{7.128}$$

为了计算分压比间接测量误差，可在保证置信概率为 95% 的前提下，分别取 R_1、R_2 各 23 个数据，按间接测量数据处理和误差分析公式在计算机上编程运行，则可获得分析计算结果。

思考题与习题

1. 什么是精密度、准确度、精确度？它们与习题误差、随机误差的关系如何？

2. 一台测温表的测量范围为 0～100 ℃，最大绝对误差为 0.1 ℃，现测得温度为 50.2 ℃，实际温度为 50.1 ℃，求实际相对误差、示值相对误差和引用相对误差，并确定仪表的精度等级。

3. 两台测长仪，一台仪器测量范围为 200 mm，绝对误差为 0.8 mm，另一台仪器测量范围为 100 mm，绝对误差为 0.5 mm，试比较二者的测量精度。

4. 为什么在使用各种测量仪器时，希望仪器在全量程 2/3 范围使用？

5. 检定 2.5 级的全量程为 100 V 的电压表，发现 50 V 刻度点的示值误差为最大误差，判

断该电压表是否合格?

6. 用游标卡尺对某一尺寸测量 10 次,假设已消除系统误差和粗大误差,测得数据为 75.01,75.04,75.00,75.03,75.09,75.06,75.02,75.05,75.08,75.07,求算数平均值和标准差。

7. 说明系统误差的产生原因和消除方法,说明随机误差产生原因及其处理方法,说明粗大误差产生原因及其剔除方法。

8. 对恒温箱温度测量 10 次,测得数据为 20.06,20.07,20.06,20.08,20.10,20.12,20.14,20.18,20.18,20.21,判断是否有系统误差?

9. 对某一电压进行 12 次等精度测量,测量值为 20.42,20.43,20.40,20.39,20.41,20.31,20.42,20.39,20.41,20.40,20.40,20.43,若这些测量值已经消除了系统误差,试判断有误粗大误差,并写出测量结果。

10. 用光学显微镜测量工件长度共两次,测量结果为 $L_1=50.026$ mm,$L_2=50.025$ mm,其中主要误差如下。

随机误差:瞄准误差 $\delta_1=\pm 0.8\ \mu m$,读数误差 $\delta_2=\pm 1\ \mu m$。

未定系统误差:光学刻度尺误差 $e_1=\pm 1.25\ \mu m$,温度误差 $e_2=\pm 0.35\ \mu m$。

求测量结果及极限误差。

第8章　测量信号调理

信号调理技术属于检测技术的一个重要组成部分，目的是在传感器将被测参数转换为电信号后及时进行适当的处理，得到便于传输的电信号形式，以便与显示装置、控制装置、记录装置等结合组成检测系统，或者为A/D转换接口提供合适的电信号幅值范围，通过模数转换组成数字检测系统。信号调理的内容包括信号放大、滤波、衰减、变换、隔离等许多处理形式。本篇重点介绍信号放大、滤波、变换及线性化处理方法。

8.1　信号放大

信号放大器是检测技术中应用十分广泛的调理电路，通常被置于靠近传感器或转换器的位置，将微弱的信号放大，提高有用信号的电平，从而提高测量信号的信噪比。另外，采用放大电路并调整放大器的增益，可以更好地匹配模拟-数字转换器(ADC)的输入电压范围，满足需要的分辨力。

常用的放大电路有同相放大器、反相放大器、差动放大器、仪表放大器、可变增益放大器和隔离放大器等，它们大多由集成运算放大器构成。同相放大器、反相放大器、差动放大器等已经在模拟电子技术课程中有较详细的论述，这里不再赘述，本节重点研究仪表放大器、可变增益放大器和隔离放大器。

8.1.1　仪表放大器

仪表放大器把关键元件集成在放大器内部，具有高共模抑制比、高输入阻抗、低噪声、低线性误差、低失调漂移增益、设置灵活和使用方便等特点，在数据采集、传感器信号放大、高速信号调节、医疗仪器和高档音响设备等方面有着广泛应用。仪表放大器是一种具有差分输入和相对参考端单端输出的闭环增益组件，具有差分输出和相对参考端的单端输出。

目前，仪表放大器电路的实现方法主要分为两大类：一类由分立元件组合而成，另一类由单片集成芯片直接实现。

1. 分立元件仪表放大器

(1) 三运放组成仪表放大器

由三运放电路组成的仪用放大器由两级组成，如图8.1所示，第一级是两个对称的同相放大器对差模信号放大，第二级是一个差动放大器组成减法电路。设加在运放 A_1 同相端的输入电压为 u_1，加在运放 A_2 同相端的输入电压为 u_2，如果 A_1、A_2 和 A_3 都是理想运放，满足放大器虚短和虚断条件。

依据叠加定理及基本定理可得，A_1 放大器输出电压为

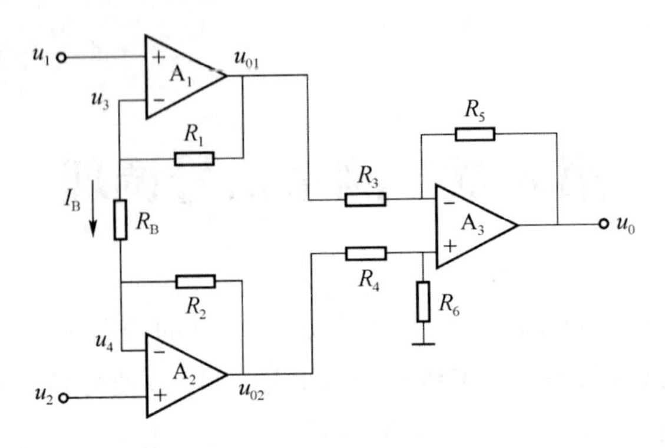

图 8.1 三运放电路

$$u_{01}=\left(1+\frac{R_1}{R_B}\right)u_1-\frac{R_1}{R_B}u_2 \tag{8.1}$$

A_2放大器输出电压为

$$u_{02}=-\frac{R_2}{R_B}u_1+\left(1+\frac{R_2}{R_B}\right)u_2 \tag{8.2}$$

u_{01}、u_{02} 作为 A_3输入信号,A_3输出电压为

$$u_0=-\frac{R_5}{R_3}u_{01}+\left(1+\frac{R_5}{R_3}\right)\left(\frac{R_6}{R_4+R_6}\right)u_{02} \tag{8.3}$$

令 $R_1=R_2$,$R_3=R_4$,$R_5=R_6$,输出电压为

$$u_0=\frac{R_5}{R_3}\left(1+\frac{2R_1}{R_B}\right)(u_2-u_1) \tag{8.4}$$

在集成运算放大器中,R_B为外接电位器,通过改变 R_B的大小即可改变增益。

(2) 双运放组成的仪表放大器

双运放电路如图 8.2 所示,令,$R_2=R_3$,$R_1=R_4$,A_1、A_2都是理想运放。

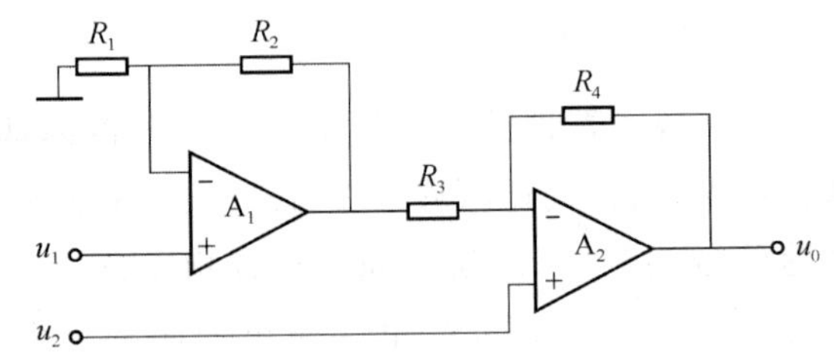

图 8.2 双运放电路

A_1放大器为同相放大器,输出电压为

$$u_{01}=\left(1+\frac{R_2}{R_1}\right)u_1 \tag{8.5}$$

A_2反相输入电压为 u_{01},同相输入电压为 u_2。根据电路线性叠加原理,输出电压为

$$\begin{aligned}u_0&=\left(1+\frac{R_4}{R_3}\right)u_2-\frac{R_4}{R_3}u_{01}\\&=\left(1+\frac{R_1}{R_2}\right)(u_2-u_1)\end{aligned} \tag{8.6}$$

2. 集成仪表放大器

在实际应用精度要求较高的场合下,常采用集成测量放大器。例如,美国 AD 公司的 AD62X 系列和 AD8221、BB 公司的 INA11X 系列、MAXIM 公司的 419X 系列等。下面以 AD521 为例介绍集成测量放大器,AD521 是美国 AD 公司生产的高性能测量放大器,其放大倍数的可调范围为 1～1 000,输入阻抗为 3 MΩ,共模抑制可达 120 dB,工作电压范围为 5～18 V,具有输入、输出保护功能和较强的过载能力,其典型接线如图 8.3 所示。输入端可连接

电桥、热电偶等差动信号。调节电位器 R_G的阻值，实现放大器增益调整。

与热电偶电路连接时，电路接线方式如图 8.4 所示。热电偶电路输出信号为差动信号，通过仪表放大器放大，转换为单端满足后续电路接收电平信号。

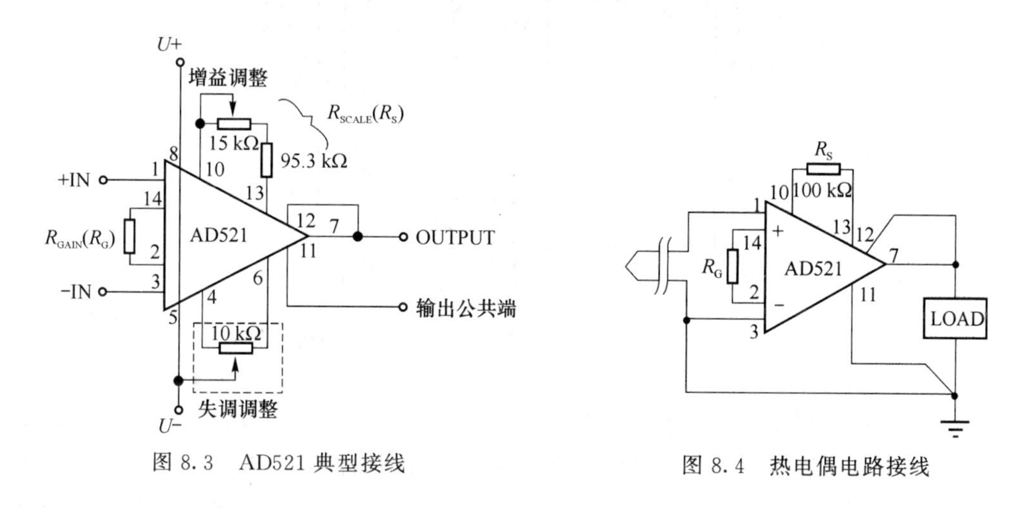

图 8.3　AD521 典型接线　　　　图 8.4　热电偶电路接线

8.1.2　隔离放大器

工业检测控制系统的传感器信号中往往包含高共模电压和干扰。为此，采用隔离放大器使共模电压和干扰信号隔离，同时又放大有用信号。按耦合方式的不同，可以分为变压器电磁耦合、电容耦合和光电耦合三种。

(1) 采用变压器耦合的隔离放大器有：BB 公司(BURR-BROWN 公司)的 ISO212、3656，AD 公司(Analog Devices 公司)的 AD202、AD204、AD210、AD215。

(2) 采用电容耦合的隔离放大器有：BB 公司的 ISO102、ISO103、ISO106、ISO107、ISO113、ISO120、ISO121、ISO122、ISO175。

(3) 采用光电耦合的隔离放大器有：BB 公司的 ISO100、ISO130、3650、3652。

AD204 变压器耦合隔离放大器结构如图 8.5 所示。1、2、3、4 引脚为放大器的输入引线端，一般可接成跟随器；也可根据需要外接电阻，接成同相比例放大器或反相比例放大器，以便放大输入信号。输入信号经调制器调制成交流信号后，经变压器耦合送到解调器，然后由 37、38 引脚输出。31、32 引脚为芯片电源输入端，要求为直流 15 V 单电源，功耗 75 mW。片内的 DC-DC 电流变换器把输入直流电压变换并隔离，然后将经隔离后的电源供给放大器输入级，同时送到 5、6 引脚输出。这样隔离放大器的输入级与输出级不共地，达到输入、输出隔离的目的。

光电耦合隔离方法是通过光信号的传送实现耦合的，输入和输出之间没有直接的电气联系，具有很强的隔离作用。使用光电隔离放大器应该注意放大器前、后级之间不能有任何电的连接，不能共用电源，地线也不能接在一起。另外，光电耦合器中发光二极管的工作电流极限值通常为 30 mA，因此，光电隔离放大器的设计主要是设置光电耦合器的工作电流范围。

ISO100 光电耦合隔离放大器结构如图 8.6 所示，它由两个运放 A_1、A_2，两个恒流源

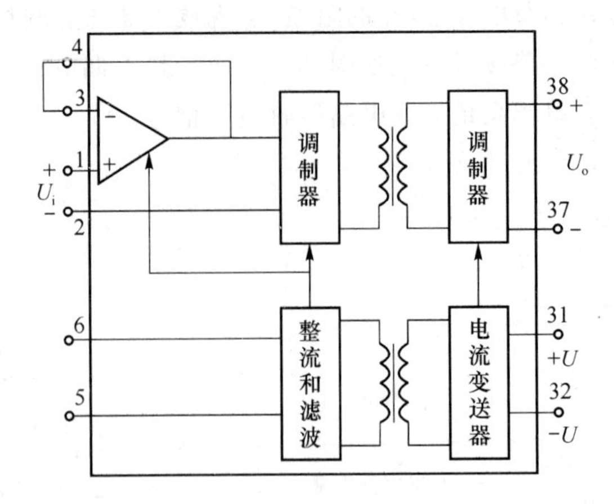

图 8.5　AD204 变压器耦合隔离放大器结构

I_{REF1}、I_{REF2} 及光电耦合器组成。光电耦合器有一个发光二极管 LED 和两个光电二极管 VD_1、VD_2。两个光电二极管与发光二极管紧贴在一起,光匹配性能良好,参数对称。其中,VD_1 的作用是从 LED 信号中引入反馈;VD_2 作用是将 LED 信号进行隔离耦合传送。ISO100 光电耦合隔离在实际应用中的基本接线如图 8.7 所示。R 和 R_f 为外接电阻,用来调整放大器的增益。

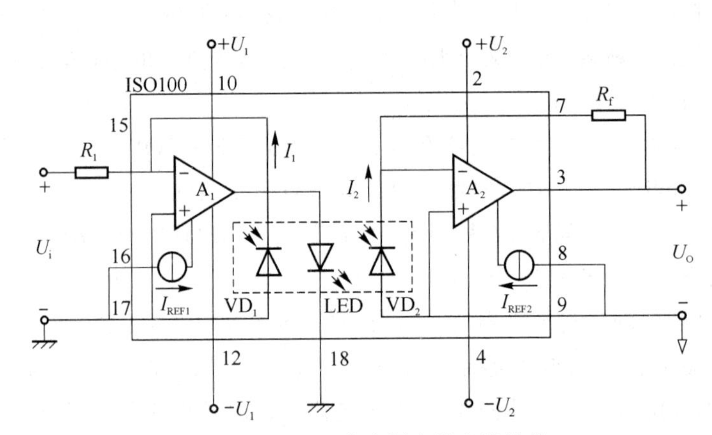

图 8.6　ISO100 光电隔离放大器结构

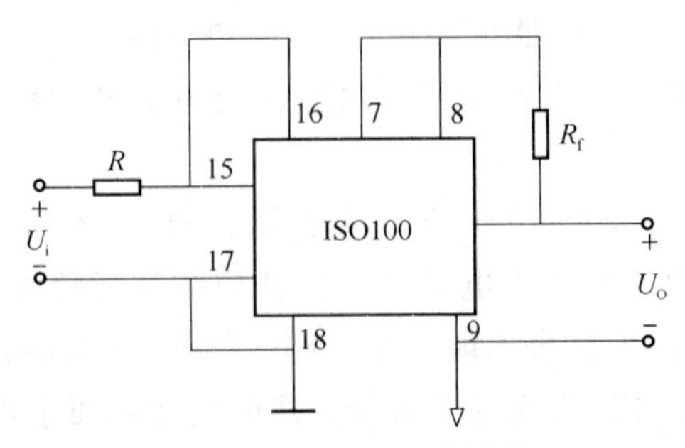

图 8.7　ISO100 基本接线

8.1.3　可变增益放大器

在多点测量系统中,采用多个传感器检测被测量,如果每个传感器的测量范围不同,其输出信号范围也不同,需要通过可变增益放大器将各传感器输出信号转换为标准信号。反相可变增益放大器如图 8.8 所示,其放大倍数为

$$A=-\frac{R_{fi}}{R_5} \tag{8.7}$$

可根据需要,通过多路转换器切换反馈电阻,改变放大倍数,使不同值输入信号放大为标准信号。

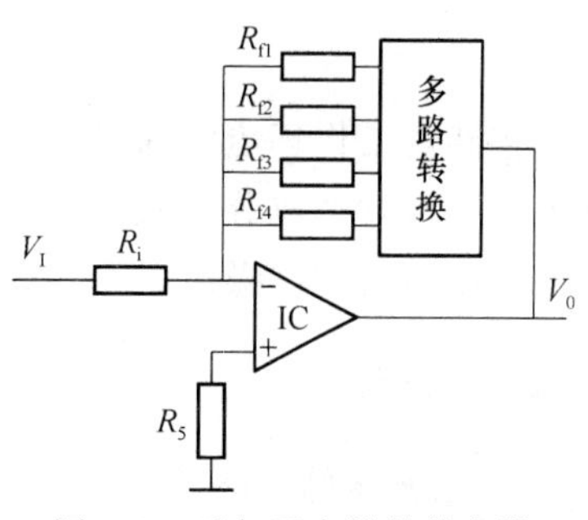

图 8.8　反相可变增益放大器

在实际多通道参数检测系统中,可采用集成程控增益放大器。4 通道参数检测系统组成如图 8.9 所示,放大器为集成程控增益放大器 PGA100。PGA100 工作原理如图 8.10 所示。增益、通道选择如表 8.1 所示。编码端 A0～A2 为放大器输入通道选择端,编码端 A3～A5 确定放大倍数。例如,信号由 IN2 通道输入,放大倍数为 48 倍。A3～A5 的编码值为 A5A4A3=110,A0～A2 的编码值为 A2A1A0=010。可根据各个通道传感器输出值确定放大倍数,分时将各个通道传感器输出值放大为 A/D 转换器接收的标准信号。

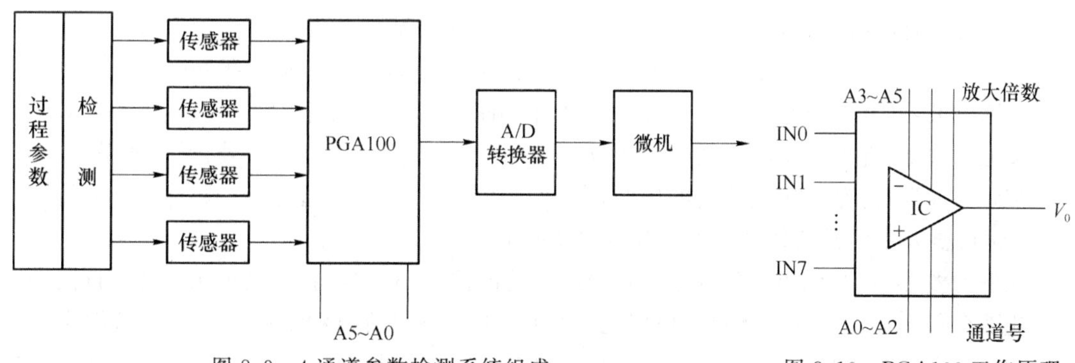

图 8.9　4 通道参数检测系统组成

图 8.10　PGA100 工作原理

表 8.1　增益、通道选择

A5	A4	A3	增益	A2	A1	A0	通道
0	0	0	×1	0	0	0	1N0
0	0	1	×2	0	0	1	1N1
0	1	0	×4	0	1	0	1N2
0	1	1	×8	0	1	1	1N3
1	0	0	×16	1	0	0	1N4
1	0	1	×32	1	0	1	1N5
1	1	0	×48	1	1	0	1N6
1	1	1	×128	1	1	1	1N7

8.2 信号滤波

传感器工作环境中的强电和电磁干扰,以及传感器和放大电路本身的影响,被测信号中往往夹杂多种频率成分的噪声,严重时甚至被噪声掩埋,无法准确提取,因此在检测系统中需要采取滤波措施抑制噪声,提高系统信噪比。

8.2.1 概述

1. 滤波器的功能

滤波器的功能:允许某一部分频率的信号顺利地通过,而另外一部分频率的信号则受到较大的抑制,它实质上是一个选频电路。

滤波器中,把信号能够通过的频率范围称为通频带或通带,把信号受到很大衰减或完全被抑制的频率范围称为阻带。通带和阻带之间的分界频率为截止频率。理想滤波器在通带内的电压增益为常数,在阻带内的电压增益为零,实际滤波器的通带和阻带之间存在一定的过渡带。

2. 滤波器的分类

(1) 按所处理的信号分为模拟滤波器和数字滤波器两种。

(2) 按所通过信号的频段分为低通、高通、带通和带阻滤波器四种。

低通滤波器:允许信号中的低频或直流分量通过,抑制高频分量的干扰和噪声。

高通滤波器:允许信号中的高频分量通过,抑制低频或直流分量。

带通滤波器:允许一定频段的信号通过,抑制低于或高于该频段的信号、干扰和噪声。

带阻滤波器:抑制一定频段内的信号,允许该频段以外的信号通过。

(3) 按所采用的元器件分为无源和有源滤波器两种。

无源滤波器:仅由无源元件(R、L 和 C)组成的滤波器,利用电容和电感元件的电抗随频率的变化而变化的原理构成。优点是电路比较简单,不需要直流电源供电,可靠性高;缺点是通带内的信号有能量损耗,负载效应比较明显,使用电感元件时容易引起电磁感应,在低频域使用时电感的体积和重量较大。

有源滤波器:由无源元件(一般用 R 和 C)和有源器件(如集成运算放大器)组成。优点是通带内的信号不仅没有能量损耗,而且还可以放大,负载效应不明显,多级相连时相互影响很小,利用简单的级联方法很容易构成高阶滤波器,并且滤波器的体积小,重量轻,不需要磁屏蔽(由于不使用电感元件);缺点是通带范围受有源器件(如集成运算放大器)的带宽限制,而且需要直流电源供电,可靠性不如无源滤波器高,在高压、高频、大功率的场合不适用。

(4) 按微分方程或传递函数的阶数分为有一阶滤波器、二阶滤波器或高阶滤波器等。

3. 滤波器的主要特性指标

(1) 特征频率

① 通带截止频率:$f_p = \omega_p/(2\pi)$为通带与过渡带边界点的频率,在该点信号增益下降到一个规定的下限。

② 阻带截止频率:$f_r = \omega_r/(2\pi)$ 为阻带与过渡带边界点的频率,在该点信号衰耗(增益的

倒数)下降到一个规定的下限。

③ 转折频率：$f_c=\omega_c/(2\pi)$ 为信号功率衰减到 1/2(约 3 dB) 时的频率，在很多情况下，常以 $f_c(\omega_c)$ 作为通带或阻带截止频率。

④ 固有频率：$f_0=\omega_0/(2\pi)$ 为电路没有损耗时滤波器的谐振频率，复杂电路往往有多个固有频率。

(2) 增益与衰耗

滤波器在通带内的增益并非常数。

① 对低通滤波器通带增益 K_p 一般指 $\omega=0$ 时的增益，高通滤波器通带增益指 $\omega\to\infty$ 时的增益，带通滤波器通带增益则指中心频率处的增益。

② 对带阻滤波器，应给出阻带衰耗，衰耗定义为增益的倒数。

③ 通带增益变化量 ΔK_p 指通带内各点增益的最大变化量，如果 ΔK_p 以 dB 为单位，则指增益 dB 值的变化量。

(3) 阻尼系数 α 与品质因数 Q

阻尼系数 α 是表征滤波器对角频率为 ω_0 的信号的阻尼作用，是滤波器中表示能量衰耗的一项指标。阻尼系数的倒数 $1/\alpha$ 被称为品质因数 Q，是评价带通与带阻滤波器频率选择特性的一个重要指标，$Q=\omega_0/\Delta\omega$。式中，$\Delta\omega$ 为带通或带阻滤波器的 3 dB 带宽；ω_0 为中心频率，在很多情况下中心频率与固有频率相等。

(4) 灵敏度

滤波电路由许多元件构成，每个元件参数值的变化都会影响滤波器的性能。滤波器某一性能指标 y 对某一元件参数 x 变化的灵敏度记作 S，定义为：$S=(\mathrm{d}y/y)/(\mathrm{d}x/x)$。该灵敏度与测量仪器或电路系统灵敏度不是一个概念，该灵敏度越小，标志着电路容错能力越强，稳定性越高。

(5) 群时延函数

当滤波器幅频特性满足设计要求时，为保证输出信号失真度不超过允许范围，对其相频特性 $\varphi(w)$ 应提出一定要求。在滤波器设计中，常用群时延函数 $\mathrm{d}\varphi(\omega)/\mathrm{d}\omega$ 评价信号经滤波后的相位失真程度。群时延函数 $\mathrm{d}\varphi(\omega)/\mathrm{d}\omega$ 越接近常数，信号相位失真越小。

4. 滤波器传递函数

$$H(S)=\frac{b_0S^m+b_1S^{m-1}+\cdots+b_{m-1}S+b_m}{S^n+a_1S^{n-1}a_{n-1}S+a_n} \tag{8.8}$$

高阶滤波器的传递函数可以由多个二阶函数(n 为偶数)或一个一阶函数和多个二阶函数(n 为奇数)乘积求得，所以二阶滤波器为基本滤波器。

令 $a_1=a\omega_0$，$a_2=\omega_0^2$，二阶滤波器传递函数一般为

$$H(S)=\frac{b_0S^2+b_1S+b_2}{S^n+a\omega_0S+\omega_0^2}=\frac{b_0S^2+b_1S+b_2}{S^n+\frac{\omega_0}{Q}S+\omega_0^2} \tag{8.9}$$

式中，a 为阻尼系数；ω_0 为固有频率；Q 为品质因数。

根据系数 b_i 的取值，可以求得不同特性的二阶滤波器传递函数。

(1) 低通滤波器

$$H(S)=\frac{K_p\omega_0^2}{S^2+\alpha\omega_0S+\omega_0^2}=\frac{K_p\omega_0^2}{S^2+\frac{\omega_0}{Q}S+\omega_0^2} \tag{8.10}$$

(2) 高通滤波器

$$H(S)=\frac{K_pS^2}{S^2+\alpha\omega_0S+\omega_0^2}=\frac{K_pS^2}{S^2+\frac{\omega_0}{Q}S+\omega_0^2} \tag{8.11}$$

(3) 带通滤波器

$$H(S)=\frac{K_p\alpha\omega_0S}{S^2+\alpha\omega_0S+\omega_0^2}=\frac{K_p\alpha\omega_0S}{S^2+\frac{\omega_0}{Q}S+\omega_0^2} \tag{8.12}$$

(4) 带阻滤波器

$$H(S)=\frac{K_p(S^2+\omega_0^2)}{S^2+\alpha\omega_0S+\omega_0^2}=\frac{K_p(S^2+\omega_0^2)}{S^2+\frac{\omega_0}{Q}S+\omega_0^2} \tag{8.13}$$

5. 滤波器特性的逼近

理想滤波器要求幅频特性 $A(\omega)$ 在通带内为一常数,在阻带内为零,没有过渡带,还要求群延时函数在通带内为一常量,实际上这是无法实现的。因此工程实践中往往选择适当的逼近方法,实现对理想滤波器的最佳逼近。

测控系统中常用三种逼近方法,分别为巴特沃斯逼近法、切比雪夫逼近法和贝赛尔逼近法。

(1) 巴特沃斯逼近

巴特沃斯逼近的基本原则是使幅频特性在通带内最为平坦,并且单调变化,其幅频特性为

$$A(\omega)=\frac{K_p}{\sqrt{1+(\omega/\omega_c)^{2n}}} \tag{8.14}$$

n 阶巴特沃斯低通滤波器的传递函数为

$$H(S)=\begin{cases} K_p\prod\limits_{i=1}^{N}\dfrac{\omega_0^2}{S^2+2\omega_0\sin\theta_kS+\omega_0^2} & n=2N \\ \dfrac{K_p\omega_0}{S+\omega_0}\prod\limits_{i=1}^{N}\dfrac{\omega_0^2}{S^2+2\omega_0\sin\theta_kS+\omega_0^2} & n=2N+1 \end{cases} \tag{8.15}$$

$\theta_k=(2k-1)\pi/2n$

不同阶数的巴特沃斯低通滤波器的频率特性曲线如图8.11所示。

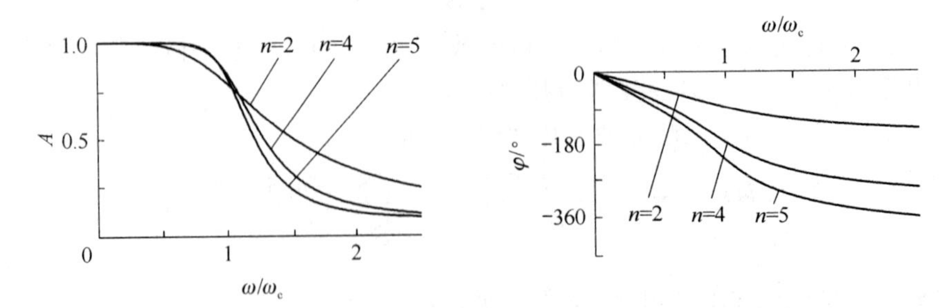

图8.11 不同阶数的巴特沃斯低通滤波器的频率特性曲线

(2) 切比雪夫逼近

切比雪夫逼近方法的基本原则是允许通带内有一定的波动量 ΔK_p,其幅频特性为

$$A(\omega)=\frac{K_{\mathrm{p}}}{\sqrt{1+\varepsilon^{2}c_{n}^{2}(\omega/\omega_{\mathrm{c}})}} \tag{8.16}$$

(3) 贝赛尔逼近

贝赛尔逼近与前两种不同,它主要侧重于相频特性,其基本原则是使通带内相频特性线性度最高,群时延函数最接近于常量,从而使相频特性引起的相位失真最小。不同逼近函数的低通滤波器的频率特性曲线如图 8.12 所示。

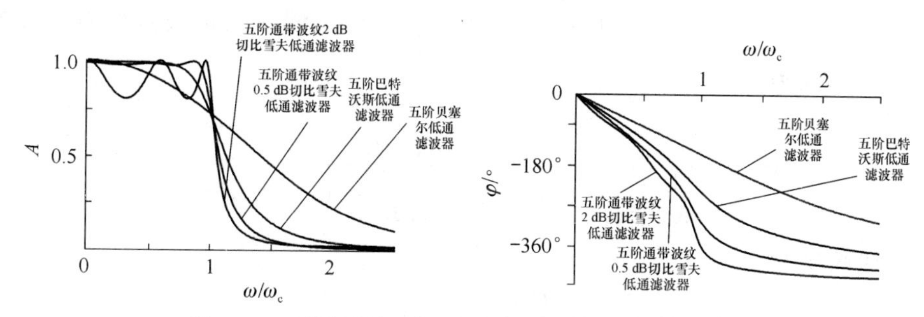

图 8.12　不同逼近函数的低通滤波器的频率特性曲线

8.2.2　RC 有源滤波电路

RC 有源滤波电路由运算放大器和 *RC* 网络组成,有较高增益,输出阻抗低,易于实现各种类型高阶滤波器,在构成超低频滤波器时不需要大电容和大电感等优点。以下分别介绍不同类型的 *RC* 有源滤波电路。

1. 压控电压源型 *RC* 有源滤波电路

压控电压源有源滤波电路结构如图 8.13 所示,其核心部分为由运算放大器及电阻构成的同相放大器(压控电压源),压控增益为 $1+\dfrac{R_{\mathrm{f}}}{R}$。

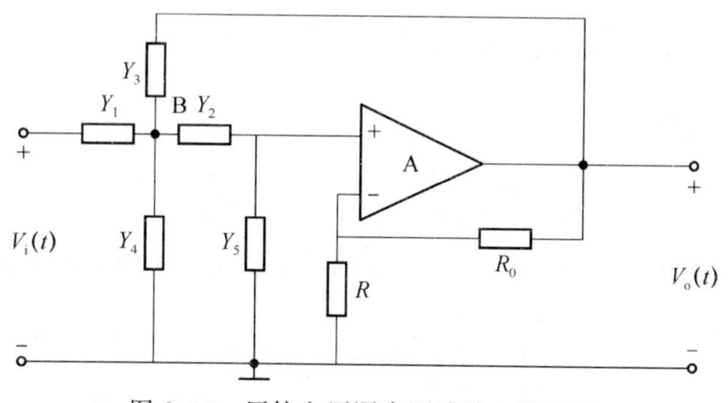

图 8.13　压控电压源有源滤波电路结构

由电路列写方程为

$$\begin{cases}Y_{1}(V_{\mathrm{I}}-V_{\mathrm{B}})=\dfrac{Y_{2}Y_{5}}{Y_{2}+Y_{5}}V_{\mathrm{B}}+Y_{3}(V_{\mathrm{B}}-V_{\mathrm{o}})+Y_{4}V_{\mathrm{B}}\\[2ex]\dfrac{Y_{2}}{Y_{2}+Y_{5}}V_{\mathrm{B}}\left(1+\dfrac{R_{\mathrm{f}}}{R}\right)=V_{0}\end{cases} \tag{8.17}$$

联立求解得传递函数为

$$H(S)=\frac{K_fY_1Y_2}{(Y_1+Y_2+Y_3+Y_4)Y_5+[Y_1+(1-K_f)Y_3+Y_4]Y_2} \tag{8.18}$$

式中$Y_1 \sim Y_5$为所在元件的复导纳。$Y_1 \sim Y_5$选择适当的电阻、电容元件,该电路可构成低通、高通和带通三种有源滤波电路。

(1) 低通滤波电路

低通滤波器电路允许直流到指定截止频率的低频分量通过,而使高频分量有很大衰减。

在图8.13中,取元件Y_1和Y_2为电阻,Y_3和Y_5为电容,$Y_4=0$,可构成低通滤波器,如图8.14所示。其传递函数为

$$H(S)=\frac{K_f\frac{1}{R_1}\frac{1}{R_2}}{(\frac{1}{R_1}+\frac{1}{R_2}+SC_1)SC_2+[\frac{1}{R_1}+(1-K_f)SC_1]\frac{1}{R_2}} \tag{8.19}$$

推导传递函数为

$$H(S)=\frac{K_p\omega_0^2}{S^2+\alpha\omega_0S+\omega_0^2}=\frac{K_p\omega_0^2}{S^2+\frac{\omega_0}{Q}S+\omega_0^2} \tag{8.20}$$

滤波器参数为

$$K_p=K_f=1+\frac{R_f}{R} \tag{8.21}$$

$$\omega_0=\frac{1}{\sqrt{R_1R_2C_1C_2}} \tag{8.22}$$

$$\alpha\omega_0=\frac{1}{C_1}(\frac{1}{R_1}+\frac{1}{R_2})+\frac{1-K_f}{R_2C_2} \tag{8.23}$$

该低通滤波器电路有五个参数R_1、R_2、C_1、C_2和K_p可以选择,令$R_1=R_2=R$,$C_1=C_2=C$,则

$$\omega_0=\frac{1}{RC},\quad K_p=\frac{R_L+R_0}{R_L},\quad \frac{1}{Q}=3-K_p$$

当ω_0和Q已知时,有

$$RC=\frac{1}{\omega_0},\quad K_p=3-\frac{1}{Q}$$

设计一个截止频率$f_c=3$ kHz,$f_0=f_c$,品质因数Q=4的滤波电路,则

$$RC=\frac{1}{\omega_c}=\frac{1}{2\pi f}=\frac{1}{2\times3.14\times3\times10^3}=5.31\times10^{-5}$$

$$K_p=3-\frac{1}{Q}=3-\frac{1}{4}=2.75=\frac{R_L+R_f}{R_L}$$

令$C=0.2\ \mu$F,则$R=265\ \Omega$,R、R_f可根据式(8.21)选取参数数值。从上面的推导可以看出,调整该低通滤波器电路参数比较方便。例如,要调整ω_0,根据式(8.22),只要让R_1、R_2或C_1、C_2改变同样的百分比,并不影响品质因数Q的值。同样可根据放大倍数调整R_1/R_2与C_1/C_2来改变Q的值,以获得不同的滤波幅频特性。但是由于该电路采用了正反馈结构,与其增益常数$K_p>3$时,电路将失去稳定性,增益受到限制。二阶压控LPF的幅频特性如图8.15所示。

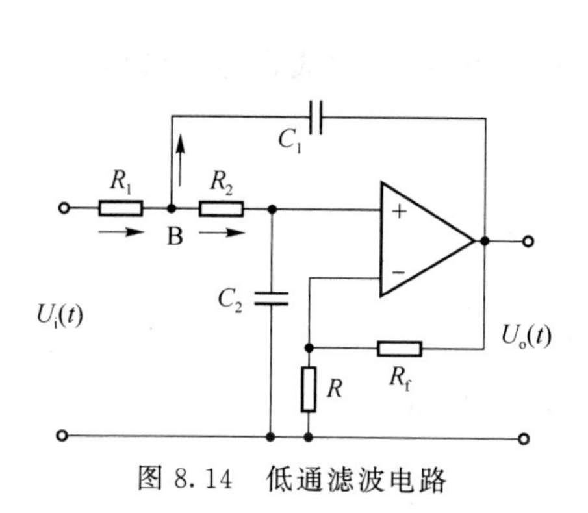

图 8.14　低通滤波电路

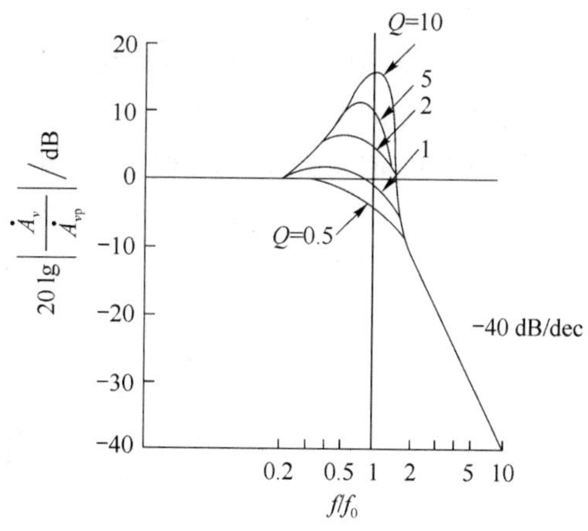

图 8.15　二阶压控型 LPF 的幅频特性

(2) 高通滤波电路

高通滤波电路的功能是让高于指定截止频率 ω_c 的频率分量通过，而使直流及在指定阻带频率 ω_s 以下的低频分量参数有很大衰减。

在图 8.13 中，取元件 Y_3 和 Y_5 为电阻，Y_1 和 Y_2 为电容，$Y_4=0$，可构成高通滤波器。高通滤波电路如图 8.16 所示，高通滤波器幅频特性如图 8.17 所示，其传递函数为

$$H(S)=\frac{K_f SC_1 SC_2}{(SC_1+SC_2+\frac{1}{R_1})\frac{1}{R_2}+[SC_1+(1-K_f)\frac{1}{R_1}]SC_2} \tag{8.24}$$

推导传递函数为

$$H(S)=\frac{K_p S^2}{S^2+\alpha\omega_0 S+\omega_0^2}=\frac{K_p S^2}{S^2+\frac{\omega_0}{Q}S+\omega_0^2} \tag{8.25}$$

滤波器参数为

$$K_p=K_f=1+\frac{R_f}{R} \tag{8.26}$$

$$\omega_0=\frac{1}{\sqrt{R_1R_2C_1C_2}} \tag{8.27}$$

$$\alpha\omega_0=\frac{1}{R_2}(\frac{1}{C_1}+\frac{1}{C_2})+\frac{1-K_f}{R_1C_1} \tag{8.28}$$

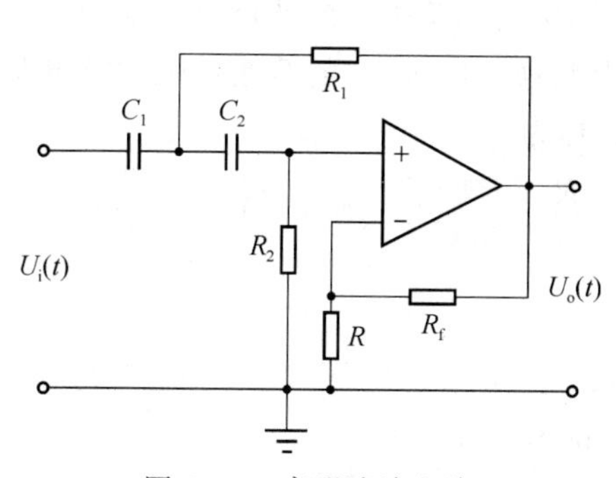

图 8.16　高通滤波电路

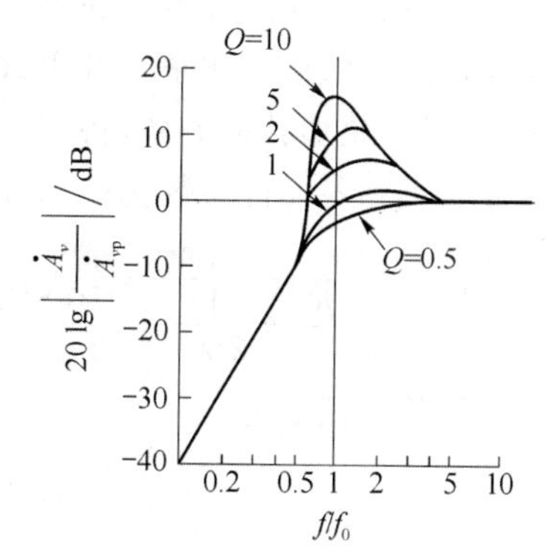

图 8.17　高通滤波器幅频特性

(3) 带通滤波电路

带通滤波器电路由低通滤波器和高通滤波器串联组合而成的,高通滤波器的下限截止频率小于低通滤波器的上限截止频率。

在图8.13中,取元件 Y_1、Y_3 和 Y_5 为电阻,Y_2 和 Y_4 为电容,可构成带通滤波电路,如图8.18所示。

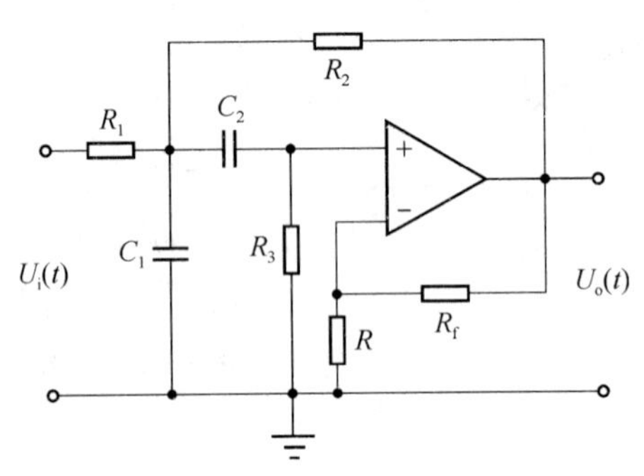

图8.18 带通滤波电路

其传递函数为

$$H(S)=\frac{K_f\frac{1}{R_1}SC_2}{(\frac{1}{R_1}+SC_2+\frac{1}{R_2}+SC_1)\frac{1}{R_3}+[\frac{1}{R_1}+(1-K_f)\frac{1}{R_2}+SC_1]SC_2}\tag{8.29}$$

推导传递函数为

$$H(S)=\frac{K_p\alpha\omega_0 S}{S^2+\alpha\omega_0 S+\omega_0^2}=\frac{K_p\alpha\omega_0 S}{S^2+\frac{\omega_0}{Q}S+\omega_0^2}\tag{8.30}$$

滤波器参数为

$$K_p=K_f[1+(1+\frac{C_1}{C_2})\frac{R_1}{R_2}+(1-K_f)\frac{R_1}{R_2}]^{-1}\tag{8.31}$$

$$\omega_0=\sqrt{\frac{R_1+R_2}{R_1R_2R_3C_1C_2}}\tag{8.32}$$

$$\alpha\omega_0=\frac{1}{R_1C_1}+\frac{1}{R_3}(\frac{1}{C_1}+\frac{1}{C_2})+\frac{1-K_f}{R_2C_1}\tag{8.33}$$

(4) 带阻滤波器

低通滤波器和高通滤波器并联可以得到带阻滤波电路,高通滤波电路的下限截止频率大于低通滤波器的上限截止频率。基于 RC 双T型网络的二阶带阻滤波器电路如图8.19所示。

利用三角形、星形转换关系,将图8.19的电路转换为图8.20的等效带阻滤波电路。通过电路参数计算得到各元件参数见图8.20。列写方程为

$$\frac{V_1-\beta V_0}{\frac{R}{2}+\frac{1}{2SC}+\frac{2R(SRC+1)}{1+S^2R^2C^2}}\times(\frac{R}{2}+\frac{1}{2SC})+\beta V_0=V_0\tag{8.34}$$

整理后得传递函数为

$$H(S)=\frac{K_p(S^2+\omega_0^2)}{S^2+\alpha\omega_0 S+\omega_0^2}\tag{8.35}$$

滤波器参数为

$$K_p = 1 \tag{8.36}$$

$$\omega_0 = \frac{1}{RC} \tag{8.37}$$

$$\alpha\omega_0 = \frac{4}{RC}(1-\beta)\frac{2R(1+SRC)}{1+S^2R^2C^2} \tag{8.38}$$

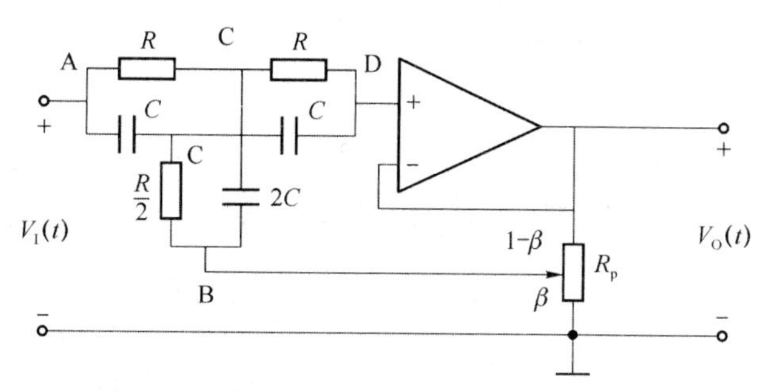

图 8.19　带阻滤波电路

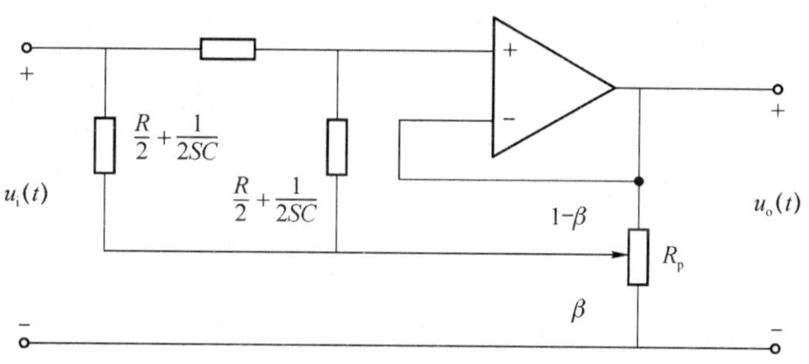

图 8.20　等效带阻滤波电路

2. 无限增益多路反馈型滤波电路

无限增益多路反馈型滤波电路由两部分构成：理论上具有无限增益的运算放大器和多路反馈网络。无限增益多路反馈电路如图 8.21 所示。设 $A_0 \to \infty$，列写方程为

$$\begin{cases} Y_1(V_I - V_B) = Y_3(V_B - V_0) + Y_2V_B + Y_5V_B \\ V_0 = -\dfrac{Y_2}{Y_4}V_B \end{cases} \tag{8.39}$$

整理后其传递函数为

$$H(S) = -\frac{Y_1Y_2}{(Y_1+Y_2+Y_3+Y_5)Y_4+Y_2Y_3} \tag{8.40}$$

式中 $Y_1 \sim Y_5$ 为所在元件的复导纳。$Y_1 \sim Y_5$ 选择适当的电阻、电容元件，该电路可构成低通、高通和带通二阶滤波电路；但不能构成带阻滤波电路。

(1) 低通滤波电路

在图 8.21 中，取元件 Y_1、Y_2 和 Y_3 为电阻，Y_4 和 Y_5 为电容，可构成低通滤波电路，如图 8.22 所示。

传递函数为

$$H(S) = -\frac{\dfrac{1}{R_1R_2}}{\left(\dfrac{1}{R_1}+\dfrac{1}{R_2}+\dfrac{1}{R_3}+SC_1\right)SC_2+\dfrac{1}{R_2R_3}} \tag{8.41}$$

整理后得

$$H(S)=\frac{K_p\omega_0^2}{S^2+\alpha\omega_0 S+\omega_0^2} \tag{8.42}$$

滤波器参数为

$$K_p=-\frac{R_3}{R_1} \tag{8.43}$$

$$\omega_0=\frac{1}{\sqrt{R_2R_3C_1C_2}} \tag{8.44}$$

$$\alpha\omega_0=\frac{1}{C_1}(\frac{1}{R_1}+\frac{1}{R_2}+\frac{1}{R_3}) \tag{8.45}$$

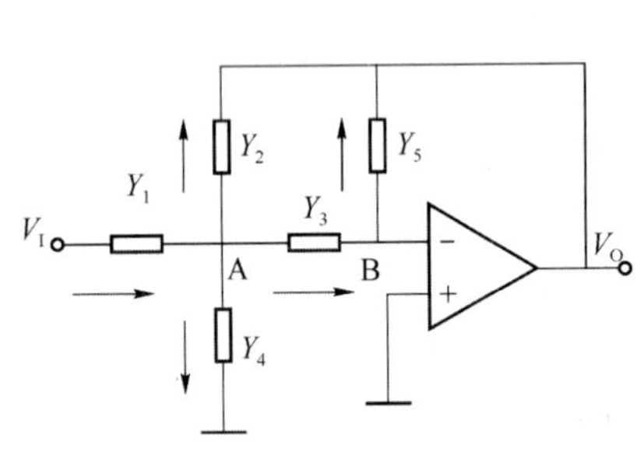

图 8.21　无限增益多路反馈电路

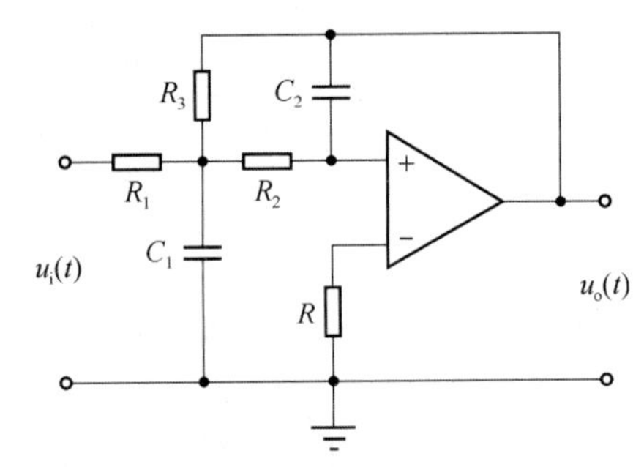

图 8.22　低通滤波电路

(2) 高通滤波电路

在图 8.21 中,取元件 Y_1、Y_2 和 Y_3 为电容,Y_4 和 Y_5 为电阻,可构成高通滤波电路,如图 8.23 所示,其传递函数为

$$H(S)=-\frac{S^2C_1C_2}{(SC_1+SC_2+SC_3+\frac{1}{R_1})\frac{1}{R_2}+S^2C_2C_3} \tag{8.46}$$

整理后得

$$H(S)=\frac{K_pS^2}{S^2+\alpha\omega_0 S+\omega_0^2} \tag{8.47}$$

滤波器参数为

$$K_p=-\frac{C_1}{C_3} \tag{8.48}$$

$$\omega_0=\frac{1}{\sqrt{R_1R_2C_2C_3}} \tag{8.49}$$

$$\alpha\omega_0=\frac{C_1+C_2+C_3}{R_2C_2C_3} \tag{8.50}$$

(3) 带通滤波电路

在图 8.21 中,取元件 Y_2 和 Y_3 为电容,Y_1、Y_4 和 Y_5 为电阻,可构成带通滤波电路,如图 8.24 所示,其传递函数为

$$H(S)=-\frac{\frac{1}{R_1}SC_1}{(\frac{1}{R_1}+SC_1+SC_2+\frac{1}{R_2})\frac{1}{R_3}+SC_1SC_2} \tag{8.51}$$

整理后得

$$H(S)=\frac{K_{p}\alpha\omega_{0}S}{S^{2}+\alpha\omega_{0}S+\omega_{0}^{2}} \tag{8.52}$$

滤波器参数

$$K_{p}=-\frac{R_{3}C_{1}}{R_{1}(C_{1}+C_{2})} \tag{8.53}$$

$$\omega_{0}=\sqrt{\frac{R_{1}+R_{2}}{R_{1}R_{2}R_{3}C_{1}C_{2}}} \tag{8.54}$$

$$\alpha\omega_{0}=\frac{1}{R_{3}}\left(\frac{1}{C_{1}}+\frac{1}{C_{2}}\right) \tag{8.55}$$

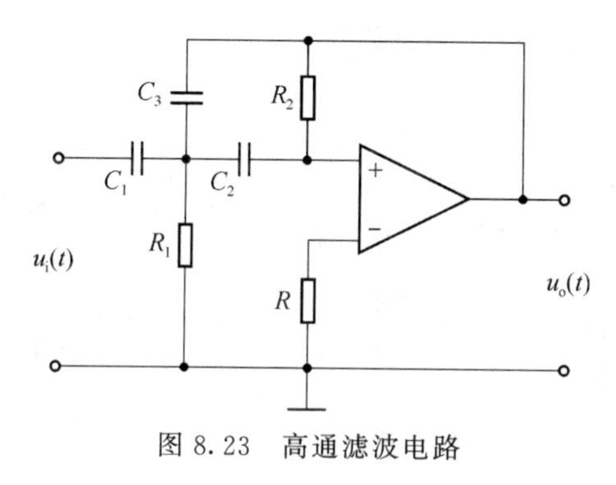

图 8.23　高通滤波电路

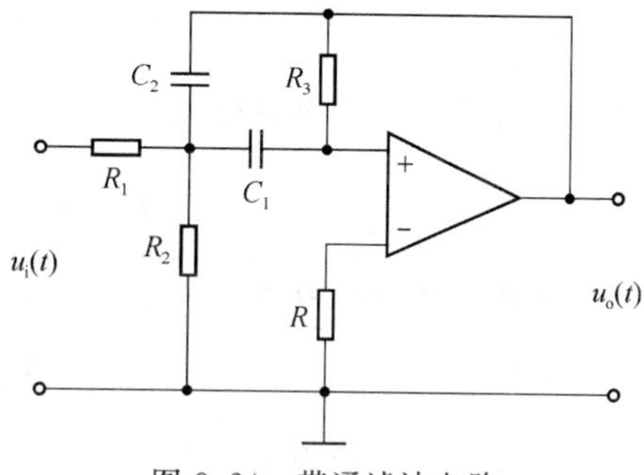

图 8.24　带通滤波电路

3. 双二阶环滤波电路

(1) 具有低通与带通滤波功能的双二阶环滤波电路

具有低通与带通滤波功能的双二阶环滤波电路如图 8.25 所示，其中 u_1、u_2 为低通滤波器输出，u_3 为带通滤波器输出。根据电路原理列写方程

$$\begin{cases} V_{3}=-\dfrac{R_{2}//\dfrac{1}{SC_{1}}}{R_{1}}V_{1}-\dfrac{R_{2}//\dfrac{1}{SC_{1}}}{R_{0}}V_{\mathrm{I}} \\ V_{2}=-\dfrac{1}{SR_{3}C_{2}}V_{3} \\ V_{1}=-\dfrac{R_{5}}{R_{4}}V_{2} \end{cases} \tag{8.56}$$

联立求解得带通滤波器 3 的传递函数为

$$H_{3}(S)=-\frac{\dfrac{1}{R_{0}C_{1}}S}{S^{2}+\dfrac{1}{R_{2}C_{1}}S+\dfrac{R_{5}}{R_{1}R_{2}R_{3}C_{1}C_{2}}}=\frac{K_{p_{3}}\alpha\omega_{0}S}{S^{2}+\alpha\omega_{0}S+\omega_{0}^{2}} \tag{8.57}$$

带通滤波器 3 的参数为

$$K_{p3}=-\frac{R_{2}}{R_{0}} \tag{8.58}$$

$$\omega_{0}=\sqrt{\frac{R_{5}}{R_{1}R_{3}R_{4}C_{1}C_{2}}} \tag{8.59}$$

$$\alpha\omega_{0}=\frac{1}{R_{2}C_{1}} \tag{8.60}$$

调节 R_0 使带增益 K_{p3} 调通，调节 R_2 来调整品质因数 Q，调节 R_5 来调整固有振荡频率 ω_0。

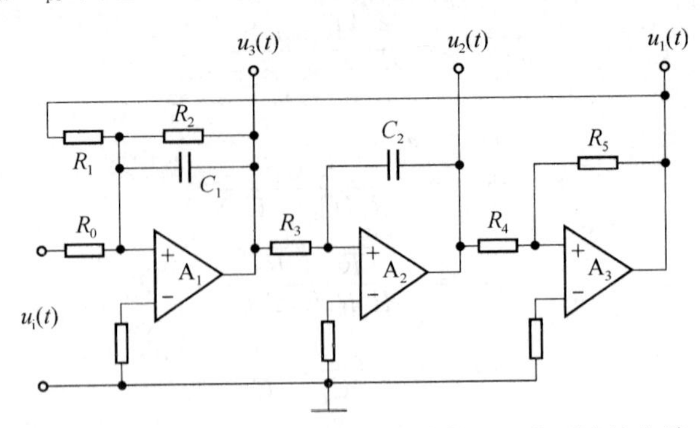

图 8.25 具有低通与带通滤波功能的双二阶环滤波电路

低通滤波器 2 的传递函数为

$$H_2(S)=\frac{K_{p_2}\omega_0^2}{S^2+\alpha\omega_0 S+\omega_0^2} \tag{8.61}$$

低通滤波器 2 的参数为

$$K_{p2}=\frac{R_1R_4}{R_0R_5} \tag{8.62}$$

低通滤波器 1 的传递函数为

$$H_1(S)=\frac{K_{p_1}\omega_0^2}{S^2+\alpha\omega_0 S+\omega_0^2} \tag{8.63}$$

低通滤波器参数为

$$K_{p1}=-\frac{R_1}{R_0} \tag{8.64}$$

(2) 可实现高通、带阻与全通滤波的双二阶环电路

可实现高通、带阻与全通滤波的双二阶环电路如图 8.26 所示，通过设置电路参数可以实现不同的功能。

根据电路原理列写方程

$$\begin{cases} V_{01}=-\dfrac{R_2//\dfrac{1}{SC_1}}{R_{01}}V_1-\dfrac{R_2//\dfrac{1}{SC_1}}{R_1}V_1 \\ V_0=-\dfrac{R_4}{R_{02}}V_1-\dfrac{R_4}{R_3}V_{01} \\ V_1=-\dfrac{\dfrac{1}{SC_2}}{R_{03}}V_1-\dfrac{\dfrac{1}{SC_2}}{R_5}V_0 \end{cases} \tag{8.65}$$

联立求解传递函数为

$$H(S)=\frac{-\dfrac{R_4}{R_{02}}S^2+\dfrac{R_4}{C_1}\left(\dfrac{1}{R_{01}R_3}-\dfrac{1}{R_{02}R_2}\right)S-\dfrac{R_4}{R_{03}R_1R_3R_5C_1C_2}}{S^2+\dfrac{1}{R_2C_1}S+\dfrac{R_4}{R_1R_3R_5C_1C_2}} \tag{8.66}$$

滤波器参数为

$$K_p=-\frac{R_4}{R_{02}} \tag{8.67}$$

$$\omega_0 = \sqrt{\frac{R_4}{R_1 R_3 R_5 C_1 C_2}} \tag{8.68}$$

$$\alpha\omega_0 = \frac{1}{R_2 C_1} \tag{8.69}$$

令 R_{03} 开路，$R_{01} = R_{02}R_2/R_3$，电路实现高通滤波功能。其传递函数为

$$H(S) = \frac{K_p S^2}{S^2 + \alpha\omega_0 S + \omega_0^2} \tag{8.70}$$

令 $R_{01} = R_{02}R_2/R_3$，$R_{03} = R_{02}R_5/R_4$，电路实现带阻滤波功能。其传递函数为

$$H(S) = \frac{K_p(S^2 + \omega_0^2)}{S^2 + \alpha\omega_0 S + \omega_0^2} \tag{8.71}$$

令 $R_{01} = R_{02}R_2/2R_3$，$R_{03} = R_{02}R_5/R_4$，电路实现全通滤波功能。其传递函数为

$$H(S) = K_p \tag{8.72}$$

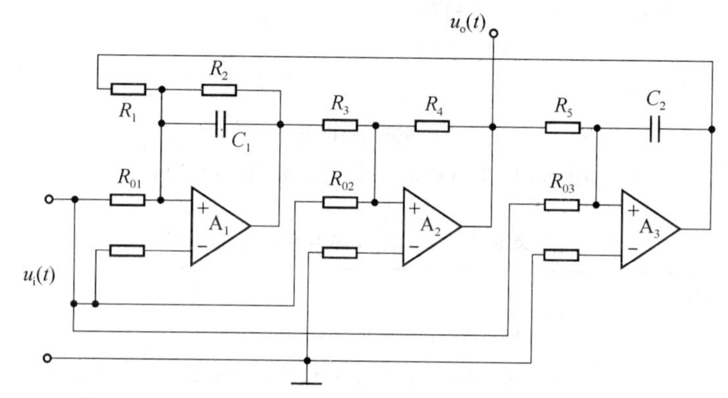

图 8.26　可实现高通、带阻与全通滤波的双二阶环电路

4. 有源滤波器集成电路

目前电子市场上已有多种有源滤波器集成电路，例如美国 MAXIM 公司的 MAX274/275、MAX26X 系列(引脚可编程的通用及带通滤波器)，BB 公司的 UAF42 有源滤波器，美国 LTC(Linear Technology Corp)公司的 LTC1562 等。下面着重介绍 MAX280 有源滤波器。

单片集成五阶低通滤波器 MAX280 芯片的引脚和内部结构如图 8.27 所示。它是五阶极点无直流误差的仪用低通滤波器，是由芯片内部的四阶开关电容式滤波器与外部的阻容元件一起构成的五阶低通滤波器，芯片也可级联构成十阶或更高阶低通滤波器。和电容一起使用可以隔离直流信号，具有优良的直流精度。MAX280 芯片引脚功能如表 8.2 所示。

该芯片的时钟可以通过以下三种途径获得。

① 通过 DRIVE RATIO 引脚的不同连接方法获得。该引脚可设定频率比为 f_{CLK}/f_{OSC}，其中 f_{CLK} 为内部时钟，f_{OSC} 为内部振荡器的输出频率。该引脚接 E_p 时，$f_{CLK}/f_{OSC} = 1/1$；接 AGND 时，$f_{CLK}/f_{OSC} = 1/2$；接 E_n 时，$f_{CLK}/f_{OSC} = 1/4$。

② 可使用内部振荡器。内部的标称时钟为 140 kHz，在 C_{OSC} 引脚对地接入一电容与内部 33 pF 电容并联，即可改变内部振荡的输出频率 $f_{OSC} = 140(\frac{33\ \text{pF}}{33\ \text{pF} + C_{OSC}})$ kHz。在 C_{OSC} 引脚和电容 C_{OSC} 之间串联一电位器，可调节振荡频率，此时振荡频率为 $f'_{OSC} = f_{OSC}(1 - 4RC_{OSC}f_{OSC})$，其中 f_{OSC} 是 $R = 0$ 时的振荡器频率。

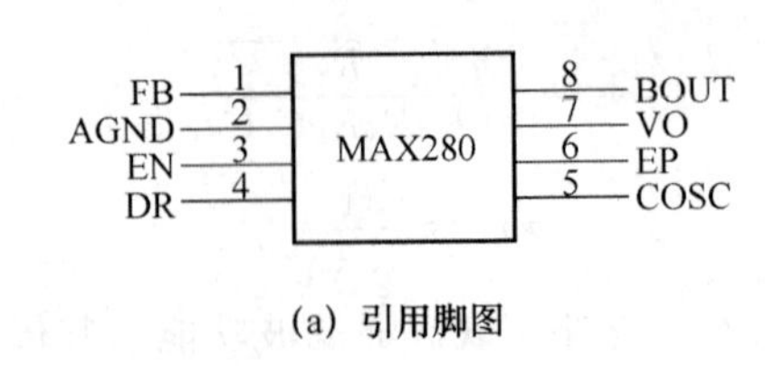

(a) 引用脚图

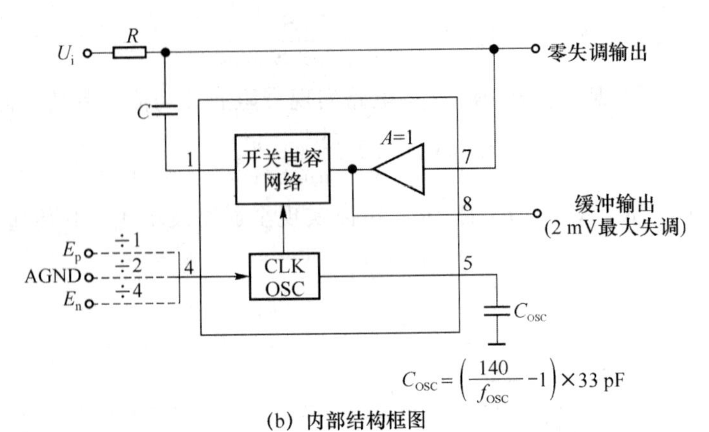

(b) 内部结构框图

图 8.27　MAX280芯片的引脚和内部结构

表 8.2　MAX280 芯片引脚功能

引脚	名称	功能
1	FB	外部电容通过该引脚耦合至芯片
2	AGNG	模拟地。双电源供电时,该引脚接系统地;单电源工作时,该引脚接电源中点,且必须由大电容旁路
3	EN	负电源端
4	DRIVE RATIO	依据该引脚的电位,振荡器的频率被分频为1、2或4倍。当该引脚接EP时,时钟与剪切频率的比值是100∶1;接地时,时钟与剪切频率的比值是200∶1;接EN时,时钟与剪切频率的比值是400∶1
5	COSC	外部时钟方式时,该引脚输入外部时钟;内部时钟方式时,在该引脚和EN脚之间接一外部电容
6	EP	正电源端
7	VO	零失调输出或芯片内部缓冲放大器的输出端
8	BOUT	缓冲放大器输出

③ 使用外部时钟。在 C_{OSC} 引脚直接输入时钟也可以驱动电路工作,此时时钟频率应为截止频率的100倍,即若要求滤波器的截止频率为10 Hz,输入的时钟频率为 f_{CLK} =1 000 Hz。

单5 V电源五阶低通滤波器原理如图8.28所示。其中AGND和引脚被偏置为1/2电源电压。R_1 和 R_2 的选择应使该支路中的电流大于等于10 μA,R' 为缓冲器提供直流偏置,电容 C' 用于隔离输出中的直流成分。

8.2.3　无源滤波电路

RC 滤波器电路简单,抗干扰性强,有较好的低频性能,并且选用标准的阻容元件,所以在工程中经常用到 *RC* 滤波器。

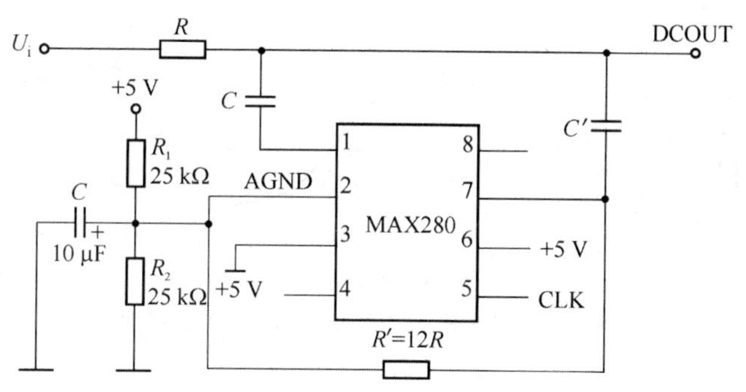

图 8.28　单 5 V 电源五阶低通滤波器原理

1. 一阶 *RC* 低通滤波器

RC 低通滤波器电路及其幅频、相频特性如图 8.29 所示。

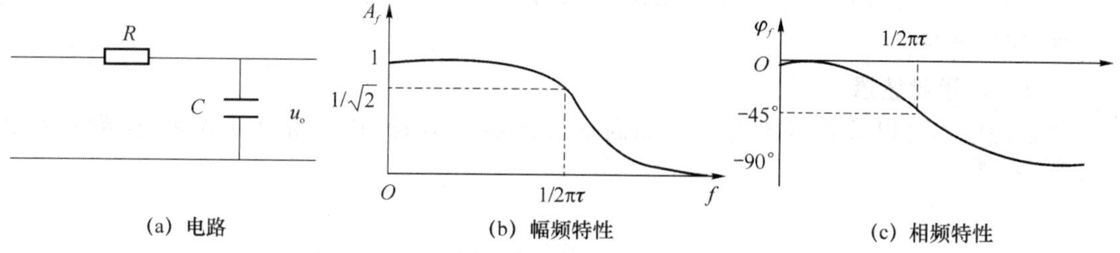

图 8.29　*RC* 低通滤波器电路及幅频、相频特性

设滤波器的输入电压为 u_i，输出电压为 u_o，则电路的微分方程为

$$RC\,\frac{\mathrm{d}u_o}{\mathrm{d}t}+u_o=u_i \tag{8.73}$$

令 $\tau=RC$，称之为时间常数，对式(8.73)取拉氏变换，得

$$G(S)=\frac{1}{\tau S+1}\ \text{或}\ G(f)=\frac{1}{\mathrm{j}\omega 2\pi\tau+1}$$

其幅频、相频特性公式为

$$A(f)=|\ G(f)\ |=\frac{1}{\sqrt{1+(2\pi f\tau)^2}}$$

$$\varphi(f)=\arctan(2\tau\pi f) \tag{8.74}$$

分析可知，当 f 很小时，$A(f)=1$，信号不受衰减的影响，可以通过；当 f 很大时，$A(f)=0$，信号完全被阻挡，不能通过。

2. 一阶 *RC* 高通滤波器

高通滤波器的电路及其幅频、相频特性如图 8.30 所示。

设滤波器的输入电压为 u_i，输出电压为 u_o，电路的微分方程为

$$u_o+\frac{1}{RC}\int u_o\,\mathrm{d}t=u_i \tag{8.75}$$

令 $\tau=RC$，对式(8.75)取拉氏变换，导出得

$$G(S)=\frac{\tau S}{\tau S+1}\ \text{或}\ G(f)=\frac{\mathrm{j}\omega 2\pi\tau}{\mathrm{j}\omega 2\pi\tau+1}$$

其幅频、相频特性公式为

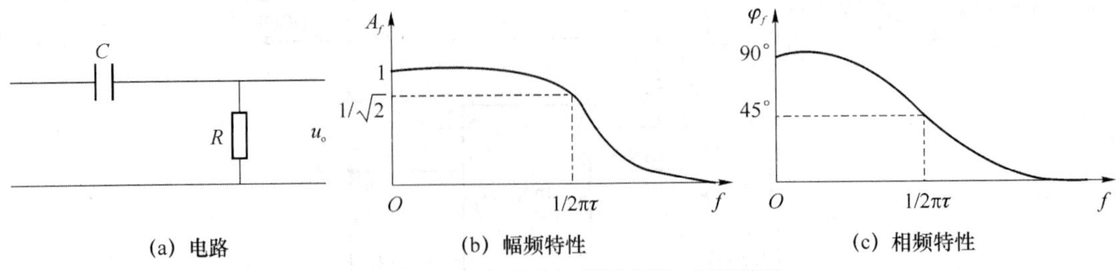

(a) 电路　(b) 幅频特性　(c) 相频特性

图 8.30　*RC* 高通滤波器及幅频、相频特性

$$A(f)=|G(f)|=\frac{2\pi f\tau}{\sqrt{1+(2\pi f\tau)^2}}$$

$$\varphi(f)=\arctan\left(\frac{1}{2\pi f\tau}\right)\tag{8.76}$$

当 f 很小时,$A(f)=0$,信号完全被阻挡,不能通过;当 f 很大时,$A(f)=1$ 信号不受衰减的影响,可以通过。

3. *RC* 带通滤波器

带通滤波器可以看作低通滤波器和高通滤波器的串联,其电路及其幅频、相频特性如图 8.31 所示。

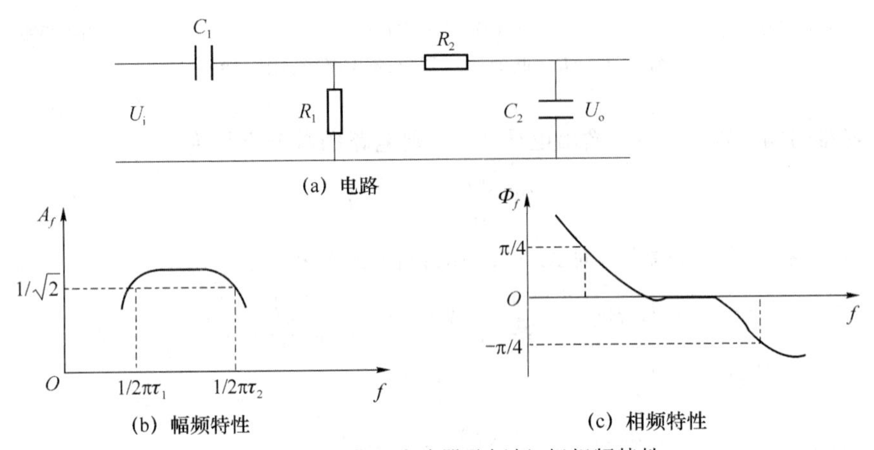

(a) 电路

(b) 幅频特性　(c) 相频特性

图 8.31　*RC* 带通滤波器及幅频、相相频特性

其幅频、相频特性公式为

$$G(S)=G_1(S)G_2(S)$$

式中,$G_1(S)$为高通滤波器的传递函数;$G_2(S)$为低通滤波器的传递函数。

$$A(f)=\frac{2\pi f\tau_1}{\sqrt{1+(2\pi f\tau_1)^2}}\cdot\frac{1}{\sqrt{1+(2\pi f\tau_2)^2}}$$

$$\varphi(f)=\arctan\left(\frac{1}{2\pi f\tau_1}\right)-\arctan(2\pi f\tau_2)\tag{8.77}$$

这时极低和极高的频率成分都完全被阻挡,不能通过;只有位于频率通带内的信号频率成分能通过。

当高、低通两级串联时,应消除两级耦合时的相互影响,因为后一级成为前一级的负载,而前一级又是后一级的信号源内阻。实际上两级间常用射极输出器或用运算放大器进行隔离,所以实际的带通滤波器常常是有源的。

8.3　信号变换

传感器输出的微弱信号经过放大后还要根据后续的测量仪表、数据采集器、计算机外围接口电路等仪器对输入信号的要求，将信号进行相应的各种变换。例如，电压-电流变换，电压-频率变换，模拟-数字、数字-模拟变换等。后两者在有关课程中已有详细讲述，此处不再重复。

8.3.1　电压-电流变换

在远距离信号传输中，电压信号容易遭受干扰，可将直流电压信号转换为直流电流信号进行传输，利用运算放大电路容易实现电压-电流变换。

1. 电压-电流转换电路

(1) 负载浮置的电压-电流转换电路

实现电压-电流转换的负载浮置的反向运算放大器电路如图 8.32 所示。根据运算放大器的特性，可以求得

$$I_L = I_1 = \frac{u_i}{R_1} \tag{8.78}$$

从式(8.78)可知，负载电流的大小与负载 R_L 无关，由输入电压和输入端电阻确定。因此，这种电路的缺点是负载电流全部要由输入信号源提供。为减小输入电压提供的电流，可将负载改接到放大的输出端，负载接输出端的反向放大器电路如图 8.33 所示。

$$I_1 = I_2 = \frac{u_i}{R_1} \tag{8.79}$$

$$I_3 = \frac{u_0}{R_3}, \quad u_0 = -I_2 R_2 \tag{8.80}$$

$$I_L = I_2 - I_3 = \frac{u_i}{R_1}\left(1 + \frac{R_2}{R_3}\right) \tag{8.81}$$

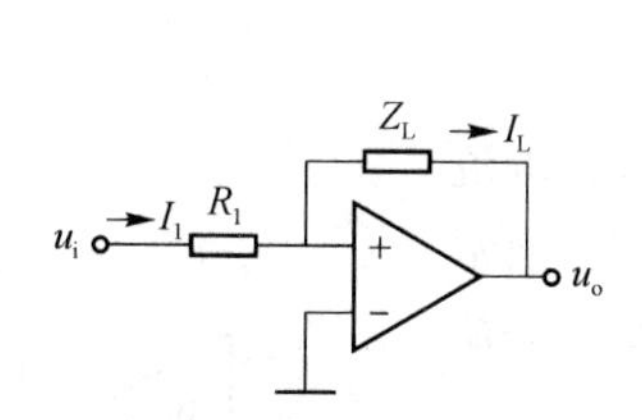

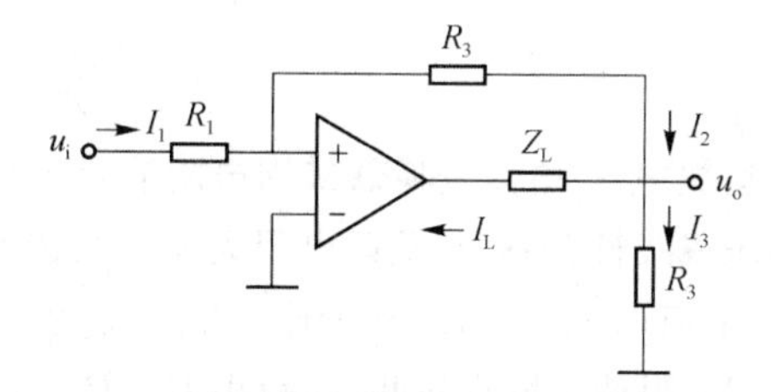

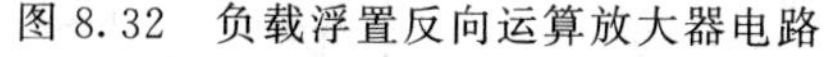

图 8.32　负载浮置反向运算放大器电路

图 8.33　负载接输出端的反向运算放大器电路

由式(8.81)可知，这种变换电路的负载电流由输入电压和放大器的输出共同提供，可以通过改变电阻的大小来调节负载电流。但是这种电路的负载电流受到运算放大器带载能力的限制，一般在数毫安以下。

采用加大运算放大器输入阻抗和采用同相运算放大器，将输入信号接入同相端，可以减小负载从输入信号源汲取的电流，负载浮置的同向运算放大电路如图 8.34 所示。由于同相运算放大器的输入阻抗非常高，因此输入信号源几乎不提供电流，而是由运算放大器提供，所以负载电流的大小也要满足运算放大器的允许最大输出电流限制。

$$I_L = I_1 = \frac{u_i}{R_1} \tag{8.82}$$

(2) 负载接地的电压-电流变换电路

因为实际应用中常常要求负载电阻一端接地,以便与后续电路相连,所以可以采用单个或两个运算放大器电路组成负载接地的电压-电流变换器,负载接地的单运放电压-电流变换电路如图 8.35 所示。

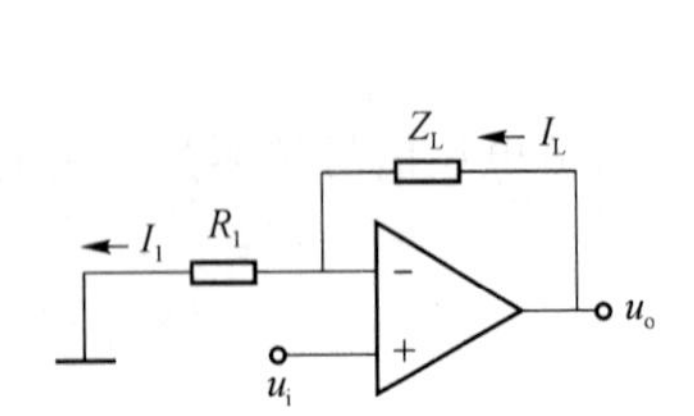

图 8.34 负载浮置的同向运算放大电路

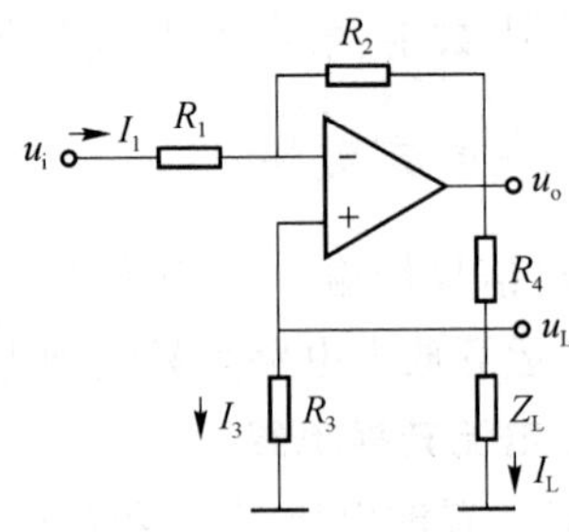

图 8.35 负载接地的单运放电压-电流变换电路

根据电路叠加原理,可列写输出电压为

$$u_o = -\frac{R_2}{R_1}u_i + u_L\left(1 + \frac{R_2}{R_1}\right) \tag{8.83}$$

负载上电压为

$$u_L = -\frac{Z_L//R_3}{R_4 + Z_L//R_3}u_o \tag{8.84}$$

令

$$\frac{R_4}{R_3} = \frac{R_2}{R_1} \tag{8.85}$$

由式(8.83)与式(8.84) 得

$$u_L = -\frac{Z_L}{R_3}u_i \tag{8.86}$$

$$I_L = \frac{u_L}{Z_L} = -\frac{1}{R_3}u_i \tag{8.87}$$

当单运放电压-电流变换器采用电阻满足式(8.87)时,负载电流与输入电压成线性关系,与负载电阻无关。在选择电阻参数时,通常将 R_1、R_3 阻值取大一些,以减少输入信号源的电流 I_1 和 R_4 的分流作用,R_2、R_4 阻值要取小一些,以减小 R_2、R_4 上的电压降。

(3) 大电流高电压的电压-电流变换

负载接地的单运放电压-电流变换电路如图 8.36 所示。由图 8.36 可得,负载电流为

$$i_L = i_1 = \frac{v_i}{R} \tag{8.88}$$

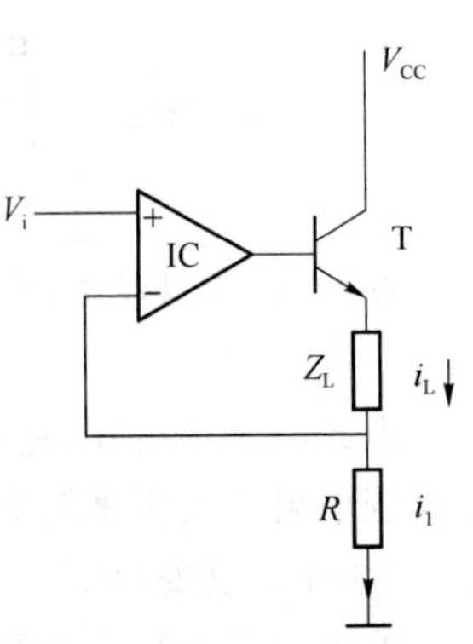

图 8.36 负载接地的单运放电压-电流变换电路

要求 T 为大功率三极管,R 与 Z_L 的额定功率大于其实际消耗功率。

8.3.2　电压-频率变换

电压-频率变换就是将输入电压变换为与之成正比的频率信号输出，其频率信息可远距离传递并有优良的抗干扰能力，因而被广泛应用。频率信号是数字信号的一种表现形式，它应用简单，对外围器件性能要求不高，且价格较低。

1. 电荷平衡型电压-频率变换电路

电荷平衡型电压-频率转换器原理和输出波形如图8.37所示。其中，运算放大器A_1，电阻R_1、积分电容C_{INT}组成积分器。运算放大器A_1的输入端A和输出端B分别接到电流开关S的两个选择端。当电流开关S受到单稳态触发器控制而交替地在A、B端切换时，积分器相应地工作于复位和积分两种不同的状态。

当积分器输出电压u_B低于电压比较器A_2同相输入端的参考电压U_R时，A_2的输出逻辑电平翻转，触发单稳触发器，使之脱离稳态，进入暂态。这时单稳触发器控制输出逻辑电平u_0翻转；同时控制电流开关S把A点接到恒流源I_R。此时，积分电容C_{INT}流过的电流$i_C=I_R-i_1$，设在复位时间T_R内，积分电容C_{INT}的电压变化为Δu_C，所积累的电荷变化量为Δq_C，则：

$$\Delta q_C = \Delta u_C C_{INT} = i_C T_R = (I_R - i_1) T_R \tag{8.89}$$

式中复位时间T_R即为单稳态触发器的暂态维持时间，由定时电容C_{OS}决定。

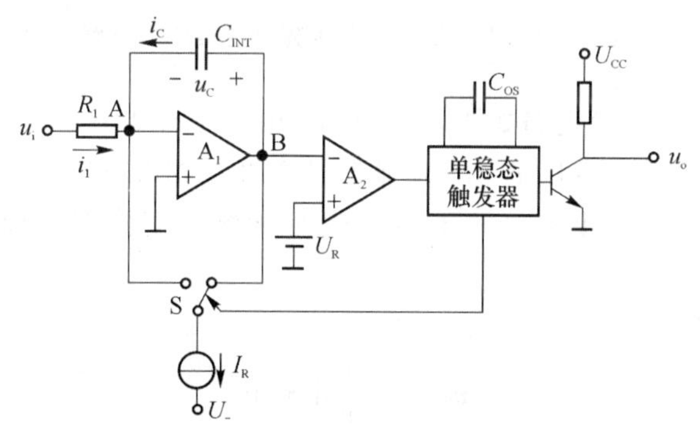

(a) 原理

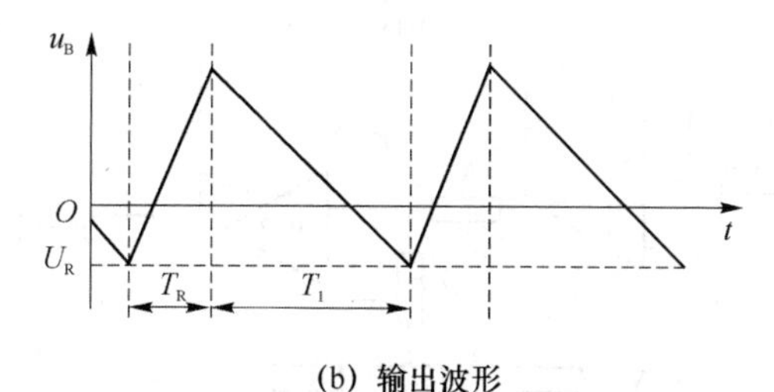

(b) 输出波形

图8.37　电荷平衡型电压-频率转换器原理和输出波形

当单稳触发器脱离暂态回到稳态时，u_0再次翻转，同时电流开关S接B点，积分器脱离复位状态进入积分状态。此时积分电容C_{INT}的电流i_C只受输入电流i_1的影响，即有

$$i_C T_1 = -i_1 T_1 = -\Delta u_C C_{INT} = -\Delta q_C \tag{8.90}$$

式中T_1为积分时间，取决于输入电压的大小。

由于转换器的积分电容在积分过程和复位过程中的电荷变化量是平衡的，即$\Delta q_C=(I_R-i_1)T_R=i_1 T_1$，故被称为电荷平衡式电压频率转换器，其输出频率为

$$f_0 = \frac{1}{T_1 + T_R} = \frac{i_1}{I_R T_R} = \frac{u_1}{R_1 I_R T_R} \tag{8.91}$$

式中，R_1 为转换器的输入端内部电阻；I_R 转换器内部恒流源电流值。

2. 积分复原型电压频率变换电路

积分复原型电压频率变换原理电路如图 8.38 所示。上电后，积分器输出电压大于比较器参考电压，即 $v_0 > v_R$。比较器输出控制开关接通输入电压 v_i，对输入信号进行积分 $v_0 = -\frac{1}{\tau}\int_0^t v_i \mathrm{d}t$。当 $v_0 = -\frac{1}{\tau}T_1 v_i \leqslant v_R$ 时，比较器翻转，输出控制开关切换到 v_F，积分器电容快速放电，放电时间为 T_2。当 $v_0 > v_R$ 时，重复上一周期过程。比较器输出电压频率为

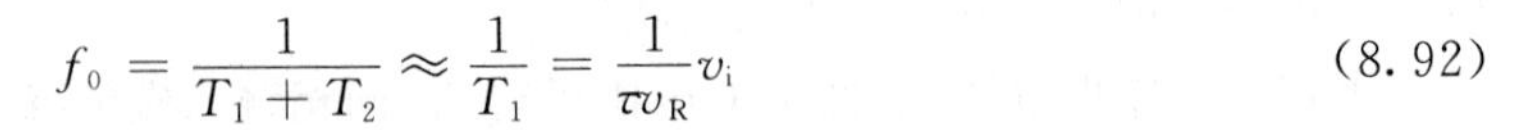

$$f_0 = \frac{1}{T_1 + T_2} \approx \frac{1}{T_1} = \frac{1}{\tau v_R} v_i \tag{8.92}$$

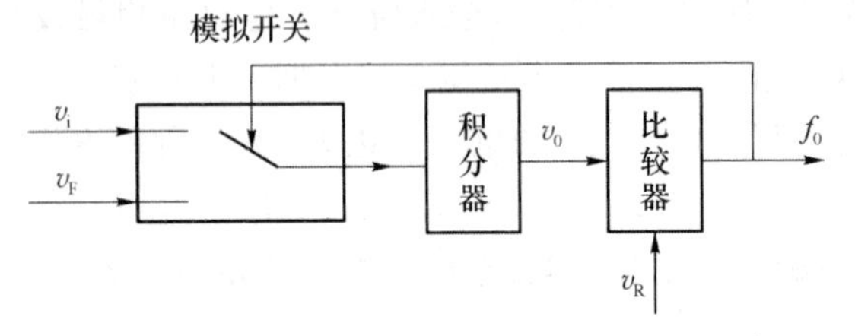

图 8.38 积分复原型电压频率变换原理电路

积分复原型电压频率变换电路如图 8.39 所示，电路分析如下。

上电后，积分器 IC1 输出电压 $v_{01} = 0$，比较器 IC2 反相端电压 $v_{F2} > 0$，比较器输出电压 v_{02} 为低电平，三极管 VT_1 截止 $v_0 = -15\ v$，v_{02} 加到场效应管 VT_2 栅极，VT_2 截止，积分器工作。

积分器输出电压为

$$v_0 = -\frac{1}{\tau}\int_0^t v_i \mathrm{d}t \tag{8.93}$$

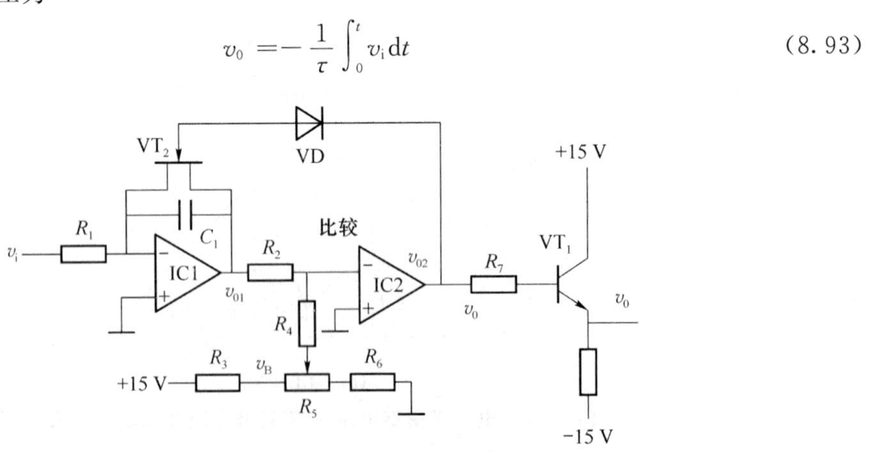

图 8.39 积分复原型电压频率变换电路

当 $v_{01} \leqslant -v_B$ 时，比较器 IC2 反相端电压 $v_{F2} < 0$，比较器输出电压 v_{02} 为高电平，三极管 VT_1 导通，$v_0 = 15\ v$；v_{02} 加到场效应管 VT_2 栅极，VT_2 导通，C_1 上的电荷通过 VT_1 漏源极快速放电，$v_{01} = 0$，比较器 IC2 反相端电压 $v_{F2} > 0$，比较器输出电压 v_{02} 为低电平，进入下一周期。

假设 $t = T_1$ 时，$v_{01} = -v_B$，即 $v_0 = -\frac{1}{R_1 C_1}\int_0^{T_1} v_i \mathrm{d}t = -v_B$。

求得

$$T_1 = \frac{R_1 C_1}{v_i} v_B \tag{8.94}$$

输出信号频率为

$$f_0 = \frac{1}{T_1 + T_2} \approx \frac{1}{T_1} = \frac{v_i}{R_1 C_1 v_B} \tag{8.95}$$

3. 电压频率变换器集成电路

电压频率变换器集成电路早期产品功能单一，例如 VFC32、LM331 均属于 V/f 转换器(VFC)，只能完成压-频转换，且工作频率范围较窄(仅为 0～100 kHz)，线性度也不够高(仅 LM331 可以达到±0.03%)。近年来生产的电压频率变换器集成电路既可工作于 V/f 模式，也可工作于 f/V 模式。常见电压频率转换器类型及性能如表 8.3 所示。

表 8.3　常见电压频率转换器类型及性能

型　号	非线性误差/%	最高频率/MHz	电源电压/电流/(V·mA^{-1})	备　注
AD537J	0.1(10 kHz)	0.15	(4.5～36)/1.2	1 V 参考电压源
AD537K	0.07(max)			
AD650J	0.002(10 kHz)	1	(±9～±18)/8(max)	电荷平衡型
AD650K	0.07(1 kHz)			
AD652J	0.002(500 kHz)	2	(12～36)/11	同步型
AD652K	0.002(1 MHz)			
AD654J	0.03(250 MHz)	0.5	(4.5～36)/2.0	双列直插 8 脚
VFC32K	0.005(10 kHz)	0.5	(±11～±20)/5.5	
VFC62B	0.004(10 kHz)	1	(±13～±20)/6	
VFC62C	0.0015(10 kHz)			
VFC100A	0.01(100 kHz)	1	(15～36)/10.6	同步型
VFC121A	0.005(max)100 kHz	1	(4.5～3.6)/7.5	电荷平衡型
VFC121B	0.003(max)100 kHz			
LM331	0.003(10 kHz)	0.1	(5～40)/4	双列直插 8 脚
RC4151	0.013(10 kHz)	0.1	(8～22)/4.5	

AD650 电路既能用作电压频率转换器，又可用作频率电压转换器，因此在通信、仪器仪表、雷达、远距离传输等领域得到广泛的应用。AD650 电路组成原理如图 8.40 所示，由积分器、比较器、精密电流源、单稳多谐振荡器和输出晶体管构成。输入信号电流可直接由电源提供，也可由电阻 $(R_1 + R_3)$ 端输入电压产生，由 1 mA 内部电流源开关控制。精确脉冲提供的内部反馈电流使输入信号电流源精确平衡，输入信号电流脉冲可看成是由精密的电荷群构成的。输出三极管每产生一个脉冲所需要的电荷群数量依赖于输入电流信号的幅度。每单位时间传递到求和点的电荷数量与输入信号电流幅度成线性函数关系，可实现电压-频率转换。由于电荷平衡式结构对输入信号作连续积分，所以具有优良的抗噪声性能。

AD 650 及外部元件构成的电压频率转换器电路如图 8.41 所示。电源电压为±15 V，输入电压 u_1 为正电压，电位器 RP1 调整输入电量的量程，RP2 调整积分器 A_1 的输入失调电压，晶体管 VT_1 输出为集电极开路模式，外接上拉电阻以形成 TTL 或 CMOS 电平。

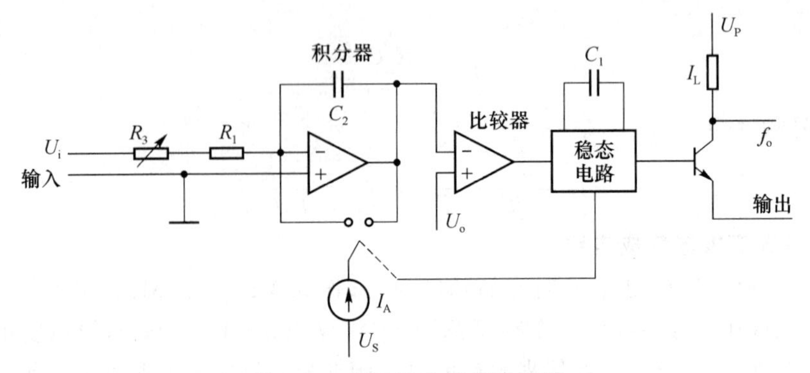

图 8.40　AD650 电路组成原理

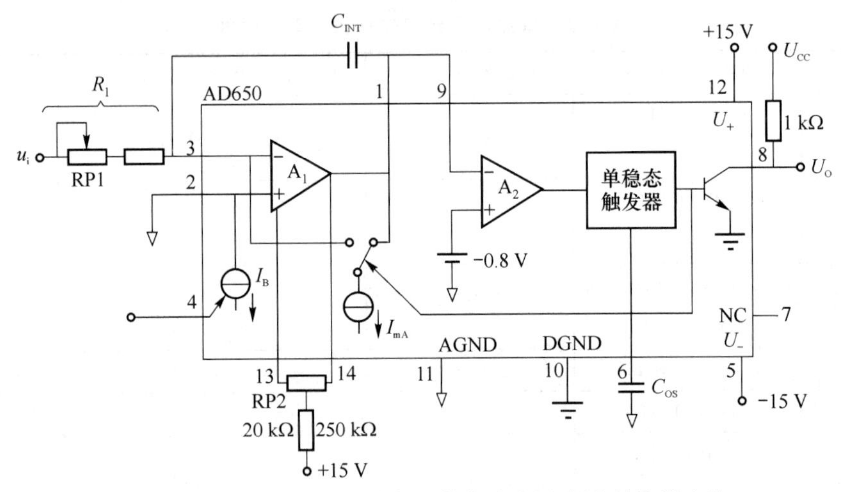

图 8.41　利用 AD650 及外部元件构成电压-频率转换器电路

思考题与习题

1. 检测系统为何要进行信号调理?信号调理的内容主要包括哪些?
2. 画出三运放仪用放大器电路结构图,并说明其从哪些方面保证了放大电路的性能?
3. 比较变压器耦合式隔离放大器与光电耦合式隔离放大器各有何特点?
4. 说明滤波器在信号调理中的地位和作用。
5. 低通、高通、带通、带阻滤波器各有什么特点?画出它们的理想幅频特性曲线图。
6. 请用一阶 *RC* 低通滤波器和 *RC* 高通滤波器组成带阻滤波器,画出其电路图。
7. 说明传递函数在分析滤波器特性方面的作用。
8. 通常传感器输出信号多数为电压信号,为何在工业现场要将电压转换成 0～10 mA 或 4～20 mA 电流信号?

第9章　测量信号处理

通过测量装置获得的实测信号，其中不仅有反映被测对象状态信息的有用信号成分，还包括无用信号成分和干扰信号成分。因此，测量信号只有通过分析和处理，获得有用的信息才有意义。学习测量信号处理，就是要了解对实测信号进行分析和处理的方法，通过采用数字信号处理技术，更好地提取有用信号，及时准确地获取被测对象的特征信息，然后对被测对象状态做出正确的判断。

9.1　信号的基本概念

测量信号是传递被测对象特征信息的变量，因此，由传感器获得的随时间变化的信号也可定义为表达某种物理、化学或生物特征的时间函数。如果信号只依赖单个变量，则称该信号为一维信号。语音或振动信号就是一个幅度随时间变化的一维信号，它表达了声源的特征。如果函数依赖于两个或多个变量，则称该信号为多维信号。普通数码相机拍摄的照片就是二维信号，它是水平和垂直两个方向坐标的函数。这些信号都是传递信息的函数，它所包含的有用信息是人们认识客观事物内在规律、研究事物之间的相互关系及预测未来发展的依据。

9.1.1　信号的描述与分类

描述信号的基本方法是写出它的数学表达式，此表达式是时间的函数。函数随时间变化的图形或图像被称为信号的波形，例如，信号 $x(t)$ 或 $y(t)$ 代表一个实际的物理信号，可以由一个数学函数表达；$x(t)=A\sin(2\pi ft+\varphi)$ 既是正弦信号，也是正弦函数。因此，在信号分析和处理中，信号与函数往往是通用的。

获取被测对象的信号后，可以针对信号的具体类型采用不同的描述、分析和处理方法。按时间变量取值方式不同，可将信号分为连续时间信号和离散时间信号；按信号性质不同，可分为确定信号和随机信号，归纳如下。

- 按时间变量取值方式不同
  - 连续时间信号
    - 幅度连续（模拟信号）
    - 幅度离散（量化信号）
  - 离散时间信号
    - 幅度连续（抽样信号）
    - 幅度离散（数字信号）

- 按信号性质不同
  - 确定信号
    - 周期信号
    - 非周期信号
  - 随机信号
    - 平稳随机信号
      - 各态历经信号
      - 非各态历经信号
    - 非平稳随机信号

1. 连续时间信号与离散时间信号

按照时间变量 t 取值的连续性与离散性，可将信号划分为连续时间信号（连续信号）与离散时间信号(离散信号),如图9.1所示。若t是定义在时间轴上的连续变量,那么称$x(t)$为连续时间信号,见图9.1(a)、图9.1(c)。若t仅在时间轴的离散点上取值,那么称$x(t)$为离散时间信号。这时将$x(t)$记为$x(nT_s)$,T_s表示相邻两个点之间的时间间隔,又称采样周期,n取整数,即$n=-N,\cdots,-2,-1,0,1,2,\cdots,N$。一般情况下,可以把$T_s$归一化为1,这样$x(nT_s)$可简记为$x(n)$,$x(n)$仅表示整数$n$的函数,见图9.1(b)、图9.1(d)。

对于时间连续的函数,若其幅度在某一个范围内取连续值,则称之为模拟信号,见图9.1(a);若幅度在某个范围内取离散值,则称之为量化信号,见图9.1(c)。对于时间离散的函数,其幅度在某一个范围内取连续值,称之为抽样信号,见图9.1(b);若其幅度在某个范围内取离散值,称之为数字信号,见图9.1(d)。在本章中,以t表示连续时间变量,以n表示离散时间变量。

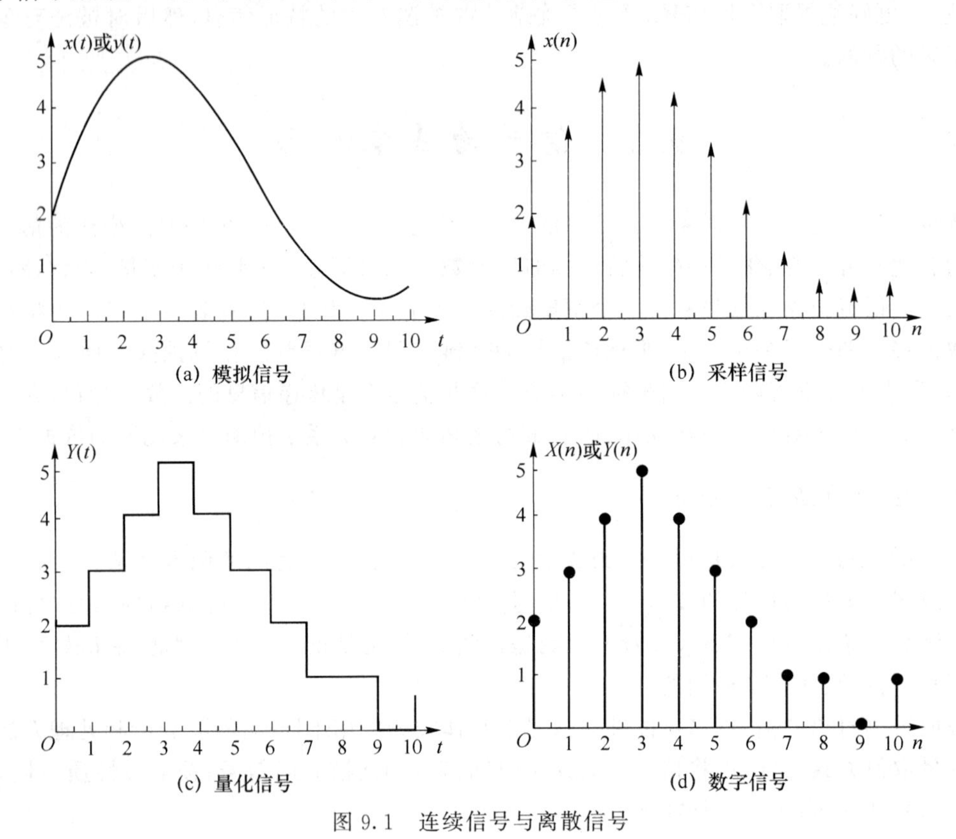

图9.1 连续信号与离散信号

2. 确定信号与随机信号

(1) 确定信号

在任何时刻都有确定值的信号被称为确定信号。也就是说,在相同的测量条件下,对确定信号重复多次测量可以得到在一定误差范围内的测量结果。确定信号按照时间的周期性划分,又可进一步分为周期信号和非周期信号。

如果一个时间函数满足

$$x(t)=x(t+T)\quad t\in(-\infty,+\infty) \tag{9.1}$$

则称该函数为周期函数,式中T为一个正常数。显然,如果$T=T_0$时满足式(9.1),则当$T=2T_0,3T_0,4T_0,\cdots$时也满足式(9.1)。最小的T值被称为$x(t)$的基本周期,$f=\dfrac{1}{T}$为周期信号

$x(t)$的基本频率，$\omega=2\pi f=\dfrac{2\pi}{T}$为周期信号$x(t)$的角频率。

对于任何信号$x(t)$，如果不能找到满足式(9.1)的T值，则称$x(t)$为非周期信号。

(2) 随机信号

随机信号不具有确定值，例如振动信号、生物信号、语音信号、噪声信号、雷达信号、地震波信号等。对于这类随机信号，即使在测量条件不变的情况下进行多次重复观测也不可能得到完全相同的测量结果，即不可能重复出现相同的信号。然而，研究证明，虽然随机信号貌似没有规律，却服从统计规律，所以可以采用统计方法来分析处理这类信号。例如，噪声常以干扰形式混在有用信号之中，甚至可能淹没有用的信号，所以必须采取措施将有用信号从噪声中提取出来。此外，对一些不易用确定性规律表示的信号或数据，有时也当作随机信号或随机数据处理，如模数转换器中的量化误差等。

处理随机信号时可看成一个信号样本集合S，图 9.2 为某随机信号源可能产生的许多信号波形中的几个。集合中的每个信号S_i都具有不同的波形；但是，每个信号出现的概率应该是确定的，这种信号集合被称为随机过程。

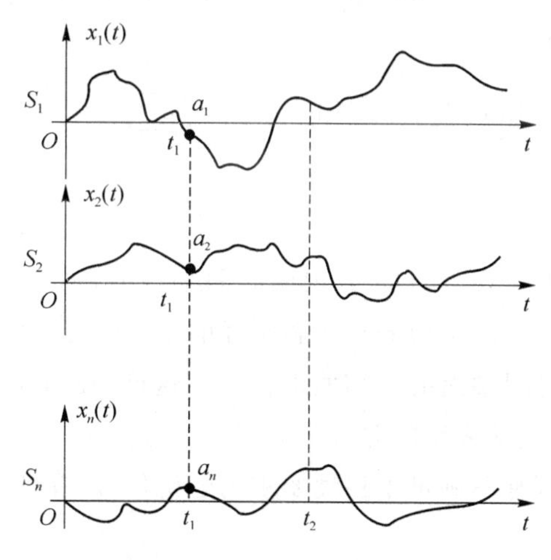

图 9.2　随机信号的样本函数

随机信号在出现或测量之前，观测者对其无法预知，当一旦测量获取后，它却是图 9.2 中某一个确定的时间函数，这些可能的信号波形可以分别记为$S_1,S_2,\cdots,S_n$。随机信号是从包含所有可能出现的时间函数集合中随机产生的，这一集合的总体被称为随机过程。随机过程是具有两个参量的函数，一个是随机变量S，一个是时间变量t，所以随机过程被记为$x(t,s)$，有时也记为$X(t,s)$或$X(t)$。当t和S分别确定为t_1和s_1时，$x(t_1,s_1)$给出一个确定值。当出现s_1时，$x(t_1,s_1)$为函数$x_1(t)$上$t=t_1$时所确定的数值，记为a_1。如果$t=t_1$为确定值，而S可变，则$x(t_1,s)$的值将随S作随机变化，其值可以取a_1、$a_2,\cdots,a_n$，这时$x(t_1,s)$为一个随机变量。若对随机过程进行一段时间的观测，所获得的记录结果为$x(t,s_i)$，简记为$x_i(t)$，被称为一个样本函数。在相同条件下，对该过程重复观测，可以得到许多互不相同的样本函数$x_1(t)$，$x_2(t),\cdots,x_i(t),\cdots,x_n(t)$。这些样本函数的全体被称为总体或集合，也可表示为随机过程。通常，随机过程可分为平稳随机过程和非平稳随机过程；同样，随机信号也对应分为平稳随机信号和非平稳随机信号。

如果信号联合密度函数及各平均量值(平均值、各阶矩、方差、相关函数等)都不随时间变化,则此信号被称为平稳随机信号。

均值
$$\lim_{N\to\infty}\frac{1}{N}\sum_{i=1}^{N}x_i(t_1)=\lim_{N\to\infty}\frac{1}{N}\sum_{i=1}^{N}x_i(t_2)=\lim_{N\to\infty}\frac{1}{N}\sum_{i=1}^{N}x_i(t_a)=\text{常数} \tag{9.2}$$

相关函数
$$\begin{aligned}\lim_{N\to\infty}\frac{1}{N}\sum_{i=1}^{N}x_i(t_1)x_i(t_1+\tau)&=\lim_{N\to\infty}\frac{1}{N}\sum_{i=1}^{N}x_i(t_2)x_i(t_2+\tau)\\&=\lim_{N\to\infty}\frac{1}{N}\sum_{i=1}^{N}x_i(t_m)x_i(t_m+\tau)\end{aligned} \tag{9.3}$$

式(9.2)、式(9.3)表示平稳随机信号的统计特性是与时间无关的常量,相关函数仅是时延τ的函数,与时间的起始时刻无关,其中N为样本函数总数。

通过式(9.2)和式(9.3)可以发现,必须对一个平稳随机信号进行大量重复观测,获得大量的样本函数,才能对随机信号进行计算分析,这在实际测量工程中需要大量的工作量。

有些特殊平稳随机信号样本函数的各时间平均量值与此信号相应的各集合平均量值(统计量值)分别相等,这样的信号被称为各态历经信号,不具备这种性质的信号被称为非各态历经信号。对各态历经信号有

均值
$$m_x=\lim_{T\to\infty}\frac{1}{T}\int_0^T x(t)\mathrm{d}t=\lim_{N\to\infty}\frac{1}{N}\sum_{i=1}^{N}x_i(t_m)=\text{常数} \tag{9.4}$$

相关函数
$$R_x(\tau)=\lim_{T\to\infty}\frac{1}{T}\int_0^T x(t)x(t+\tau)\mathrm{d}t=\lim_{N\to\infty}\frac{1}{N}\sum_{i=1}^{N}x_i(t_m)x_i(t_m+\tau) \tag{9.5}$$

式(9.4)和(9.5)的左侧为观测时间T内的时间平均值,等式的右侧为整体集合平均值。实际工程中的随机信号一般都是平稳的且各态历经的随机信号,因此,整体集合平均值可以用其中一个样本函数在整个时间轴上的平均值来代替。这样,在解决实际问题时就节约了大量工作量,这也是实际工作中经常采用的并且十分有效的方法。

非平稳随机信号是指所有不满足平稳性要求的随机信号,在此不做进一步阐述,可参考有关文献。

9.1.2 常见的连续时间信号

1. 单位阶跃信号

单位阶跃信号及其延时如图9.3所示。

单位阶跃信号的定义为

$$u(t)=\begin{cases}0, & t>0\\1, & t<0\end{cases} \tag{9.6}$$

图9.3(a)中,在跳变点$t=0$处,函数值未定义,或$t=0$处规定函数值$u(0)=\frac{1}{2}$。

单位阶跃信号的延时可表示为

$$u(t-t_0)=\begin{cases}1, & t>t_0\\0, & t<t_0\end{cases} \tag{9.7}$$

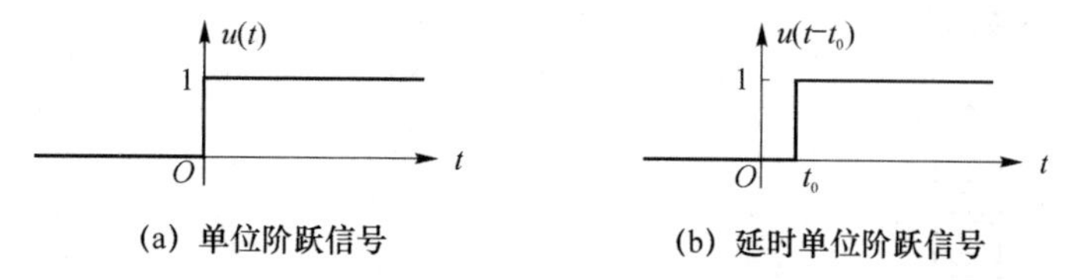

(a) 单位阶跃信号　　(b) 延时单位阶跃信号

图 9.3 单位阶跃信号及其延时

为书写方便,常使用阶跃信号与延时信号之差来表示矩形脉冲,如图 9.4 所示,图 9.4(a)中信号以 $R_T(t)$表示。

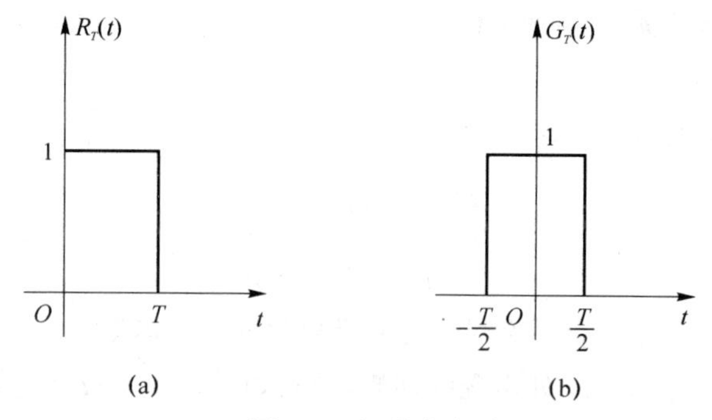

(a)　　(b)

图 9.4 矩形脉冲

$$R_T(t)=u(t)-u(t-T) \tag{9.8}$$

式中,下标 T 表示矩形脉冲出现在 0 到 T 时刻之间。如果矩形脉冲对于纵坐标左右对称,则以符号 $G_T(t)$表示。

$$G_T(t)=u\left(t+\frac{T}{2}\right)-u\left(t-\frac{T}{2}\right) \tag{9.9}$$

式中,下标 T 表示其宽度。

阶跃信号明显地表现出信号的单边性,即信号在某接入时刻 t_0 以前的幅度为零。利用阶跃信号的这一特性,可以方便地用数学表达式描述各种信号的单边特性。

2. 单位冲激信号

某些物理现象需要用一个时间极短,但取值极大的函数模型来描述,例如力学中瞬间作用的冲击力,电学中的雷击电闪,数字通信中的抽样脉冲等。“冲激信号”的概念就是以这类实际问题为背景而引出的。

冲激函数可由不同的方式来定义,首先分析矩形脉冲如何演变为冲击函数。宽为 τ,高为 $\frac{1}{\tau}$的矩形脉冲演变为冲激函数如图 9.5 所示。当保持矩形脉冲面积 $\tau\cdot\frac{1}{\tau}=1$ 不变,而使脉宽 τ 趋近于零时,脉冲宽度 $\frac{1}{\tau}$ 趋于无穷大,此极限情况即为单位冲激函数,常记作 $\delta(t)$,又称为“δ 函数”。

$$\delta(t)=\lim_{\tau\to 0}\frac{1}{\tau}\left[u\left(t+\frac{\tau}{2}\right)-u\left(t-\frac{\tau}{2}\right)\right] \tag{9.10}$$

冲激函数如图 9.6 所示,它表明 $\delta(t)$只在 $t=0$ 处有一“冲激”,在 $t=0$ 以外各处,函数值都是零。除了利用矩形脉冲 $\delta(t)$系列的极限来定义冲激函数,还可以换用其他形式,如指数函数、钟形函数、抽样函数等。

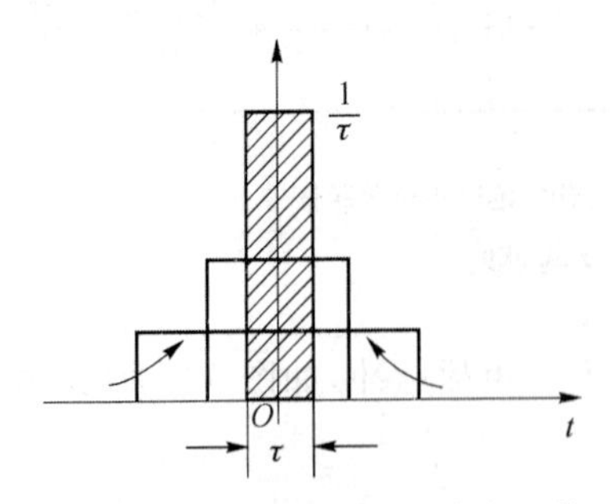

图 9.5　矩形脉冲演变为冲激函数

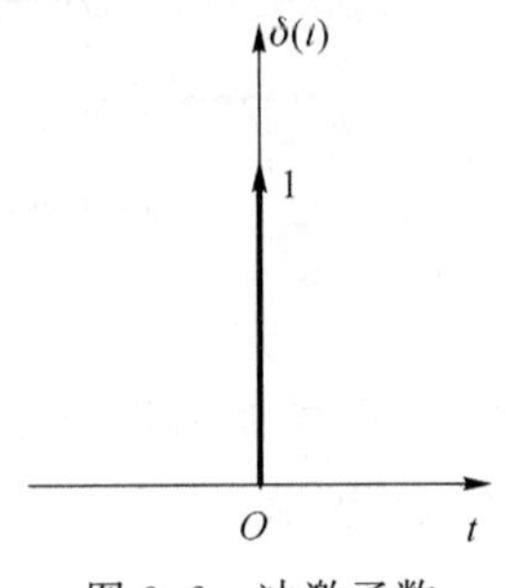

图 9.6　冲激函数

狄拉克给出 δ 函数的另一种定义方式:

$$\begin{cases}\int_{-\infty}^{+\infty}\delta(t)\ \mathrm{d}t = 1 \\ \delta(t) = 0, t \neq 0\end{cases} \tag{9.11}$$

此定义与式(9.10)的定义相符合。有时也称 δ 函数为狄拉克函数。

仿此,为描述在任一点 $t=t_0$ 处出现的冲激,可有如下的 $\delta(t-t_0)$ 定义:

$$\begin{cases}\int_{-\infty}^{+\infty}\delta(t-t_0)\ \mathrm{d}t = 1 \\ \delta(t-t_0) = 0, t \neq t_0\end{cases} \tag{9.12}$$

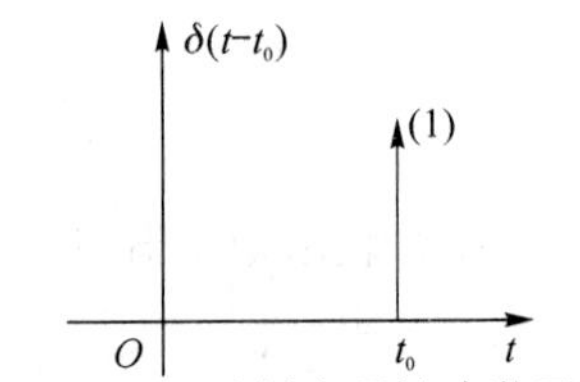

图 9.7　t_0 时刻出现的冲激函数

t_0 时刻出现的冲激函数如图 9.7 所示。

如果单位冲激信号 $\delta(t)$ 与一个在 $t=0$ 处连续(且处处有界)的信号 $f(t)$ 相乘,则其乘积仅在 $t=0$ 处得到 $f(0)\delta(t)$,其余各点的乘积均为零,于是对于冲激函数有如下的性质:

$$\int_{-\infty}^{\infty}\delta(t)f(t)\mathrm{d}t = \int_{-\infty}^{\infty}\delta(t)f(0)\mathrm{d}t = f(0)\int_{-\infty}^{\infty}\delta(t)\mathrm{d}t = f(0) \tag{9.13}$$

类似地,对于延迟 t_0 的单位冲激信号有

$$\int_{-\infty}^{\infty}\delta(t-t_0)f(t)\mathrm{d}t = \int_{-\infty}^{\infty}\delta(t-t_0)f(t_0)\mathrm{d}t = f(t_0) \tag{9.14}$$

式(9.13)、式(9.14)表明了冲激信号的抽样特性("筛选"特性)。连续时间信号 $f(t)$ 与单位冲激信号 $\delta(t)$ 相乘并在 $(-\infty,\infty)$ 取积分,可以得到 $f(t)$ 在 $t=0$ 处(抽样时刻)的函数值 $f(0)$,即"筛选"出 $f(0)$。若将单位冲激移到 t_0 时刻,则抽样值取 $f(t_0)$。

冲激函数还具有以下的性质:

$$\delta(t)=\delta(-t)$$

即 δ 函数是偶函数。由此可将任意一个连续时间信号 $x(t)$ 表示为

$$x(t) = \int_{-\infty}^{\infty}x(\tau)\delta(t-\tau)\mathrm{d}\tau \tag{9.15}$$

冲激函数的积分等于阶跃函数,即

$$\int_{-\infty}^{\infty}\delta(\tau)\mathrm{d}\tau = u(t) \tag{9.16}$$

反过来,阶跃函数的微分应等于冲激函数

$$\frac{d}{dt}u(t)=\delta(t) \tag{9.17}$$

此结论也可作如下解释：阶跃函数在除 $t=0$ 以外的各点取固定值，其变化率都等于零；而在 $t=0$ 处有不连续点，此跳变的微分对应零点的冲激。

3. 实指数信号

连续时间指数信号的表示式为

$$f(t)=Ae^{at} \tag{9.18}$$

式中 a 和 A 都是实数。若 $a>0$，信号将随时间而增大；若 $a<0$，则信号将随时间而衰减；在 $a=0$ 的特殊情况下，信号不随时间而变化，成为直流信号。常数 A 表示指数信号在 $t=0$ 时的初始值。

指数 a 的绝对值大小反映了信号增长或衰减的速率，$|a|$ 越大，增长或衰减的速率越快。实际中较多遇到的是衰减指数信号，指数信号的一个重要特性是它对时间的微分和积分仍然是指数形式。

4. 正弦信号

正弦信号和余弦信号二者仅在相位上相差$\frac{\pi}{2}$，经常被统称为正弦信号，一般写作

$$f(t)=A\sin(\omega_0 t+\varphi) \tag{9.19}$$

式中，A 为振幅；ω_0 为角频率；φ 为初相位。

正弦信号是周期信号，其周期 T 与角频率 ω_0 和频率 f 满足式(9.20)。

$$T=\frac{2\pi}{\omega}=\frac{1}{f} \tag{9.20}$$

正弦信号和余弦信号常借助复指数信号来表示，由欧拉公式可知

$$e^{j\omega t}=\cos(\omega t)+j\sin(\omega t),\quad e^{-j\omega t}=\cos(\omega t)-j\sin(\omega t)$$

所以有

$$\sin(\omega t)=\frac{1}{2j}(e^{j\omega t}-e^{-j\omega t}) \tag{9.21}$$

$$\cos(\omega t)=\frac{1}{2}(e^{j\omega t}+e^{-j\omega t}) \tag{9.22}$$

与指数信号的性质类似，正弦信号对时间的微分和积分仍为同频率的正弦信号。

5. 复指数信号

如果指数信号的指数因子为复数，则称之为复指数信号，连续时间复指数信号的表示式为

$$f(t)=Ae^{st} \tag{9.23}$$

式中 $s=\sigma+j\omega$，σ 为复数 s 的实部，ω 是其虚部。根据欧拉公式将式(9.23)展开，可得

$$Ke^{st}=Ke^{(\sigma+j\omega)t}=Ke^{\sigma t}\cos(\omega t)+jKe^{\sigma t}\sin(\omega t) \tag{9.24}$$

此结果表明，复指数信号可分解为实、虚两部分，其中实部为余弦信号，虚部为正弦信号。指数因子的实部 σ 表征正弦与余弦函数振幅随时间的变化情况。若 $\sigma>0$，正弦和余弦信号为增幅震荡；若 $\sigma<0$，正弦和余弦信号为衰减震荡。指数因子的虚部 ω 表示正弦与余弦信号的角频率。有两个特殊情况：(1)$\sigma=0$，即 s 为纯虚数，此时 $f(t)=Ae^{j\omega t}$，正弦和余弦信号是等幅震荡；(2)$\omega=0$，即 s 为实数，此时 $f(t)=Ae^{\sigma t}$，复指数信号成为一般的指数信号。最后，若 $\sigma=0$

且 $\omega=0$,即 $s=0$,则复指数信号的实部与虚部都与时间无关,成为直流信号。

利用欧拉公式,复指数信号可以用与相同基波周期的正弦信号来表示,利用复指数信号可使许多运算和分析得以简化。在信号分析理论中,复指数信号是一种非常重要的信号。

6. Sa(t)信号

Sa(t)函数即 Sa(t)信号,是指 $\sin\ t$ 与 t 之比构成的函数,它的定义如下。

$$\mathrm{Sa}(t)=\frac{\sin\ t}{t} \tag{9.25}$$

Sa(t)函数抽样波形如图 9.8 所示,它是一个偶函数,在 t 的正、负两方向振幅都逐渐衰减,当 $t=\pm\pi$, $\pm 2\pi,\cdots,\pm n\pi$ 时,函数值等于零。

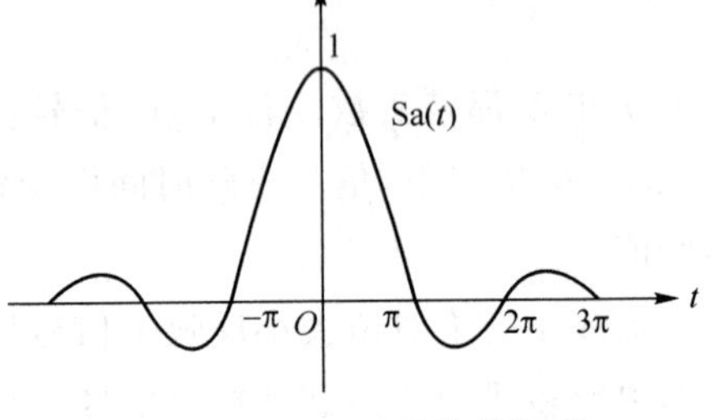

图 9.8　Sa(t)函数抽样波形

Sa(t)函数还具有以下性质:

$$\int_0^{\infty}\mathrm{Sa}(t)\,\mathrm{d}t=\frac{\pi}{2}$$

$$\int_{-\infty}^{\infty}\mathrm{Sa}(t)\,\mathrm{d}t=\pi$$

与 Sa(t)函数类似的是 $\sin\ c(t)$函数,它的表达式为

$$\sin\ c(t)=\frac{\sin(\pi t)}{\pi t} \tag{9.26}$$

有些书中将这两种符号通用,即 Sa(t)也可用 $\sin\ c(t)$表示。

9.1.3　常见的离散时间信号

1. 单位阶跃序列

单位阶跃序列及其平移如图 9.9 所示。

单位阶跃序列的定义:

$$u(n)=\begin{cases}1, & n\geqslant 0\\ 0, & n<0\end{cases} \tag{9.27}$$

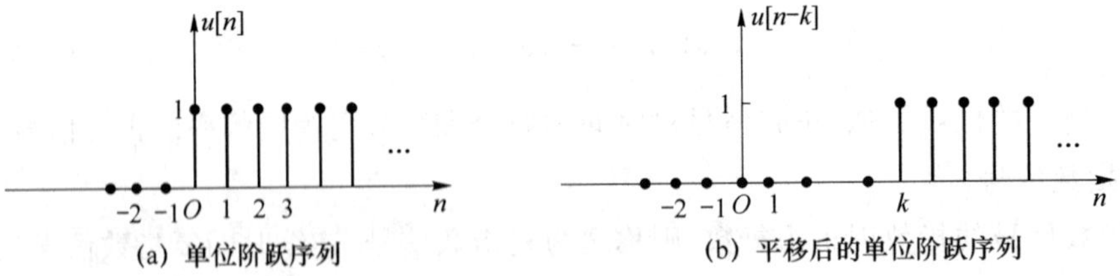

(a) 单位阶跃序列　　(b) 平移后的单位阶跃序列

图 9.9　单位阶跃序列及其平移

其图形见图 9.9(a),类似于连续时间系统中的单位阶跃信号 $u(t)$。但应注意 $u(t)$在 $t=0$ 处发生跳变,往往不予定义(或定义为 1/2);而 $u(n)$在 $n=0$ 处明确规定 $u(0)=1$。平移后的单位阶跃序列 $u(n-k)$可以定义为

$$u(n-k)=\begin{cases}1, & n\geqslant k\\ 0, & n<k\end{cases} \tag{9.28}$$

其图形见图 9.9(b)。

若序列 $y(n)=x(n)u(n)$，那么 $y(n)=x(n)u(n)$ 的自变量 n 的取值就限定在 $n\geqslant 0$（右半轴）上。

2. 单位冲激序列

单位冲激序列及其平移如图 9.10 所示。

单位冲激序列的定义：

$$\delta(n)=\begin{cases}1, & n=0\\0, & n\neq 0\end{cases} \tag{9.29}$$

$\delta(n)$ 又被称为 Kronecker 函数，该序列只在 $n=0$ 处取单位值 1，其余样点处都为零，见图 9.10(a)，也被称为“单位抽样”“单位函数”“单位脉冲”或“单位冲激”。该信号在离散信号与离散系统中有着重要作用，其地位犹如单位冲激信号 $\delta(t)$ 对于连续时间信号与连续时间系统。但 $\delta(n)$ 和 $\delta(t)$ 的定义不同。$\delta(t)$ 是建立在积分的定义上，它可理解为在 $t=0$ 处脉宽趋于零，幅度为无限大的信号；而 $\delta(n)$ 在 $n=0$ 处取有限值，其值等于 1。

若将 $\delta(n)$ 在时间轴上延迟 k 个抽样周期，得

$$\delta(n-k)=\begin{cases}1, & n=k\\0, & n\neq k\end{cases} \tag{9.30}$$

其图形见图 9.10(b)。

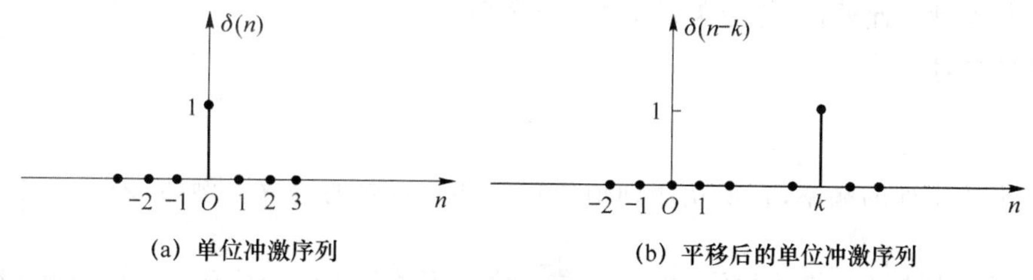

(a) 单位冲激序列　　(b) 平移后的单位冲激序列

图 9.10　单位冲激序列及其平移

$\delta(n)$ 和 $u(n)$ 之间存在密切的关系。$\delta(n)$ 是 $u(n)$ 的一阶差分，即

$$\delta(n)=u(n)-u(n-1) \tag{9.31}$$

相反，$u(n)$ 是 $\delta(n)$ 的求和函数，即

$$u(n)=\sum_{m=-\infty}^{n}\delta(m) \tag{9.32}$$

图 9.10(a)示出了式(9.32)的关系，在 $n<0$ 时为 0，而在 $n\geqslant 0$ 时为 1。

另外，在式(9.32)中将求和变量从 m 改为 $k=n-m$ 后，离散时间单位阶跃信号也可用单位冲激信号表示为

$$u(n)=\sum_{k=0}^{\infty}\delta(n-k) \tag{9.33}$$

图 9.10(b)示出了式(9.33)的关系。这时，$\delta(n-k)$ 在 $k=n$ 时为非零，所以式(9.33)在 $n<0$ 时为 0，而在 $n\geqslant 0$ 时为 1，可以把它看作是一些延时脉冲的叠加。

单位脉冲序列可以用于信号在 $n=0$ 时值的采样，因为 $\delta(n)$ 仅在 $n=0$ 为非零值（等于 1），所以有

$$x(n)\delta(n)=x(0)\delta(n)$$

更一般的情况是,若考虑发生在 $n=k$ 处的单位脉冲 $\delta(n-k)$,则有

$$x(n)\delta(n-k)=x(k)\delta(n-k)$$

单位脉冲的这种采样性质在信号处理中将起到重要作用。

最后简要介绍离散时间信号的分解。一种常用的分解方法是将任意序列表示为加权、延迟的单位样值信号之和

$$x(n)=\sum_{m=-\infty}^{\infty}x(m)\delta(n-m) \tag{9.34}$$

很明显,这是由于

$$\delta(n-m)=\begin{cases}1, & m=n\\ 0, & m\neq n\end{cases}$$

$$x(m)\delta(n-m)=\begin{cases}x(n), & m=n\\ 0, & m\neq n\end{cases}$$

因此,式(9.34)成立。

3. 实指数序列

$$x(n)=a^n u(n) \tag{9.35}$$

式中 a 为常数,当 $|a|>1$ 时序列是发散的,当 $|a|<1$ 时序列收敛;$a>0$ 序列都取正值,$a<0$ 序列在正、负摆动。此外,还可能遇到 $a^{-n}u(n)$ 序列。

4. 正弦序列

$$x(n)=\sin(\omega_0 n) \tag{9.36}$$

式中 ω_0 是正弦序列的频率,它反映序列值依次周期性重复的速率。例如,若 $\omega_0=\frac{2\pi}{10}$,则序列每10个重复一次正弦包络的数值;若 $\omega_0=\frac{2\pi}{100}$,则序列值每100个循环一次。显然,若 $\frac{2\pi}{\omega_0}$ 不是整数而为有理数,则正弦序列还是周期性的,但其周期要大于 $\frac{2\pi}{\omega_0}$;若 $\frac{2\pi}{\omega_0}$ 不是有理数,则正弦序列就不是周期性的。无论正弦序列是否呈周期性,都称 ω_0 为它的频率。

对于连续信号中的正弦波抽样,可得正弦序列。例如,若连续信号为

$$f(t)=\sin(\Omega_0 t)$$

它的抽样值写作

$$x(n)=f(nT)=\sin(n\Omega_0 T)$$

因此有

$$\omega_0=\Omega_0 T=\frac{\Omega_0}{f_s}$$

式中 T 为抽样时间间隔,f_s 为抽样频率$\left(f_s=\frac{1}{T}\right)$。为区分 ω_0 与 Ω_0,称 ω_0 为离散域的频率(正弦序列频率),而 Ω_0 为连续域的正弦频率。可以认为 ω_0 是 Ω_0 对于 f_s 取归一化之后的值 $\frac{\Omega_0}{f_s}$。

与正弦序列相对应,还有余弦序列

$$x(n)=\cos(\omega_0 n)$$

5. 复指数序列

序列也可取复数值，被称为复序列，它的每个序列值都可以是复数，具有实部与虚部。复指数序列是最常见的复序列。

$$x(n)=\mathrm{e}^{\mathrm{j}\omega_0 n}=\cos(\omega_0 n)+\mathrm{j}\sin(\omega_0 n) \tag{9.37}$$

复序列也可用极坐标表示

$$x(n)=|x(n)|\mathrm{e}^{\mathrm{j}\arg[x(n)]}$$

对于上述复指数序列

$$|x(n)|=1,\quad \arg[x(n)]=\omega_0 n$$

9.1.4 信号的分解与合成

通过信号的分析与处理可以将一个复杂信号分解为若干简单信号分量之和，并从这些分量的组成与分类去考察信号的特征，也就是从信号中提取有用信息的过程。因此，可以将这个过程理解为对信号的某种加工或变换，其目的是消弱信号中的多余成分，滤除混杂在信号中的噪声和干扰，或将信号变换成易于识别的形式，便于提取被测对象的特征值或特征参数。

在进行物体的受力分析时，可将任一方向的力分解为几个方向或相互垂直方向的分力，称之为力的分解。同样，为便于分析信号，往往将一些信号分解为比较简单的信号分量或正交的信号分量，可以从不同角度将信号进行分解。

1. 直流分量与交流分量

任何信号都可以分解为直流分量与交流分量之和。信号的直流分量为信号的平均值，从原信号中去掉直流分量即得到信号的交流分量。设原信号为 $x(t)$，分解为直流分量幅度 $x_{\mathrm{D}}(t)$ 与交流分量 $x_{\mathrm{A}}(t)$ 之和，表示为

$$x(t)=x_{\mathrm{D}}(t)+x_{\mathrm{A}}(t) \tag{9.38}$$

2. 偶分量与奇分量

任何信号都可以分解为偶分量 $x_{\mathrm{e}}(t)$ 和奇分量 $x_{\mathrm{o}}(t)$ 两部分之和，可写成

$$x(t)=x_{\mathrm{e}}(t)+x_{\mathrm{o}}(t) \tag{9.39}$$

式中 $x_{\mathrm{e}}(t)=\frac{1}{2}[x(t)+x(-t)]$，$x_{\mathrm{o}}(t)=\frac{1}{2}[x(t)-x(-t)]$

3. 脉冲分量

任意信号 $f(t)$ 可近似分解为许多具有不同强度的无穷多个冲激函数的连续和，按图 9.11 的分解方式，将函数 $f(t)$ 近似写作窄脉冲信号的叠加。

$$f(t)=\sum_{k=-\infty}^{\infty} f(k\Delta)\frac{[u(t-k\Delta)-u(t-k\Delta-\Delta)]}{\Delta}\Delta$$

当 $\Delta\to 0$ 时，$k\Delta\to\tau$，$\Delta\to\mathrm{d}\tau$，且

$$\frac{[u(t-k\Delta)-u(t-k\Delta-\Delta)]}{\Delta}\to\delta(t-\tau)$$

所以

$$f(t)=\int_{-\infty}^{\infty} f(\tau)\delta(t-\tau)\mathrm{d}\tau \tag{9.40}$$

式(9.40)引出连续信号卷积的定义，即

$$f(t)\cdot\delta(t)=\int_{-\infty}^{\infty}f(\tau)\delta(t-\tau)\mathrm{d}\tau=\delta(t)\cdot f(t) \tag{9.41}$$

由此可见，不同的信号都可以分解为冲激序列，信号不同只是它们的系数不同。当求解信号 $f(t)$ 通过线性时不变系统产生的响应时，只需求解冲激信号通过该系统产生的响应，然后利用线性时不变系统的特性，进行叠加和延时即可求得信号 $f(t)$ 产生的响应。

与连续信号相对应，离散信号也可以分解为单位脉冲序列的线性组合，如图9.12所示。

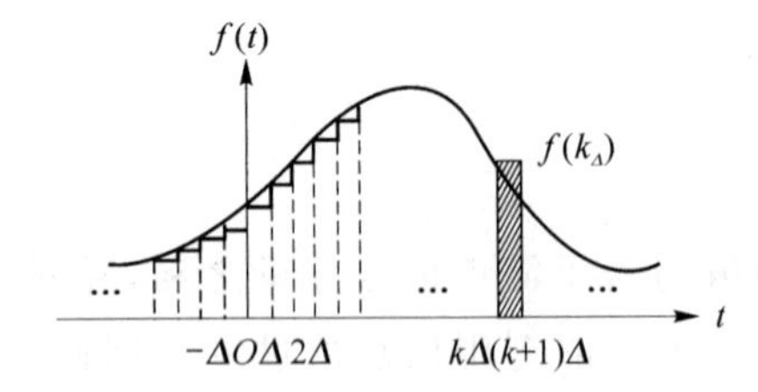

图9.11 连续信号表示为冲激信号的叠加

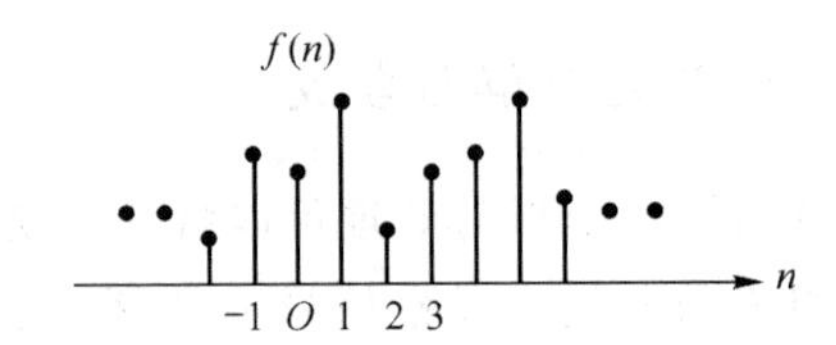

图9.12 离散信号表示为单位脉冲序列的叠加

$$f(n)=\cdots+f(-1)\delta(k+1)+f(0)\delta(k)+f(1)\delta(k-1)+\cdots+f(n)\delta(k-n)+\cdots$$

因此

$$f(k)=\sum_{n=-\infty}^{\infty}f(n)\delta(k-n) \tag{9.42}$$

任意序列可以分解为单位脉冲序列及其位移的加权和。在9.2节将由此引出卷积积分的概念，并进一步研究它的应用。将信号分解为阶跃信号叠加的方法已很少采用。

4. 实部分量与虚部分量

在介绍某些变化过程的物理量时，有时需要用复数量来描述。对于瞬时值为复数的信号 $x(t)$，可分解为实、虚两个部分之和。

(1) 直角坐标表示

$$x(t)=x_{\mathrm{R}}(t)+\mathrm{j}x_{\mathrm{I}}(t) \tag{9.43}$$

式中，$x_{\mathrm{R}}(t)$为实部；$x_{\mathrm{I}}(t)$为虚部。

(2) 极坐标表示

$$x(t)=|x(t)|\mathrm{e}^{\mathrm{j}\varphi(t)} \tag{9.44}$$

式中 $|x(t)|=[x_{\mathrm{R}}(t)^2+x_{\mathrm{I}}(t)^2]^{\frac{1}{2}}$ 为 $x(t)$的模；$\varphi(t)=\arctan\dfrac{x_{\mathrm{I}}(t)}{x_{\mathrm{R}}(t)}$为幅角。

虽然实际产生的信号都为实信号，但在信号分析理论中，常常借助复信号来研究某些实信号的问题，它可以建立某些有益的概念或简化运算。例如，复指数信号常用于表示正弦、余弦信号。

5. 正交函数分量

任意信号都可由完备的正交函数集表示，如果用正交函数集来表示一个信号，那么，组成信号的各分量就是相互正交的。

一个平面矢量可以分解为相互垂直的两个矢量，也可以说用一个二维正交矢量集完备地表示一个平面矢量；对于一个三维空间矢量，可以分解为相互垂直的三个矢量，也可以说用一

个三维正交矢量集完备地表示一个三维空间矢量；进一步推广，一个 n 维空间矢量，可以分解为相互垂直的 n 个矢量，也可以说用一个 n 维正交矢量集完备地表示一个 n 维空间矢量。

与矢量分解类似，一个信号或函数可以分解为相互正交的 n 个函数，也就是说可以用正交函数集的 n 个分量之和来表示该函数。

(1) 两矢量 A_1、A_2 正交的条件是 $A_1 \cdot A_2 = 0$ 或标量系数 $C_{12} = \frac{A_1 \cdot A_2}{|A_2|^2} = 0$。

(2) 两个实函数 $x_1(t)$、$x_2(t)$ 在区间 (t_1, t_2) 内正交的条件是 $\int_{t_1}^{t_2} x_1(t) x_2(t) \mathrm{d}t = 0$ 或相关系数 $C_{12} = \frac{\int_{t_1}^{t_2} x_1(t) x_2(t) \mathrm{d}t}{\int_{t_1}^{t_2} [x_2(t)]^2 \mathrm{d}t} = 0$。

(3) 设有 n 个实函数 $g_1(t), g_2(t), \cdots, g_n(t)$ 构成一个实函数集，且这些函数在区间 (t_1, t_2) 内满足关系式

$$\int_{t_1}^{t_2} g_i(t) g_j(t) \mathrm{d}t = \begin{cases} 0, & i \neq j, \\ K_i, & i = j, \end{cases} \quad K_i \text{ 为一正数}$$

则称此实函数集为正交函数集。

(4) 两个复数函数 $x_1(t)$、$x_2(t)$ 在区间 (t_1, t_2) 内正交的条件是 $\int_{t_1}^{t_2} x_1(t) x_2^*(t) \mathrm{d}t = \int_{t_1}^{t_2} x_1^*(t) x_2(t) \mathrm{d}t = 0$，其中 $x_i^*(t)$ 表示 $x_i(t)$ 的共轭函数；若在区间 (t_1, t_2) 内，复数函数集 $\{g_1(t), g_2(t), \cdots, g_n(t)\}$ 满足关系式

$$\int_{t_1}^{t_2} g_i(t) g_j^*(t) \mathrm{d}t = \begin{cases} 0, & i \neq j, \\ K_i, & i = j, \end{cases} \quad K_i \text{ 为一正数}$$

则称此复数函数集为正交函数集。

(5) 任意信号 $x(t)$ 可由完备的正交函数集表示为

$$x(t) = C_1 g_1(t) + C_2 g_2(t) + \cdots + C_n g_n(t) \tag{9.45}$$

应用最广的完备正交函数集是三角函数集，其他还有复指数函数集、沃尔什函数集等。

① 三角函数集 在时间间隔 $(t_1, t_1 + T)$ 内，当 $n \to \infty$ 时，三角函数集的全体 $\sin\ 0\omega t, \sin\ 1\omega t, \cdots, \sin\ n\omega t, \cos\ 0\omega t, \cos\ 1\omega t, \cdots, \cos\ n\omega t$ 是完备的正交函数集。

三角函数正交性：

$$\int_0^T \sin\ n\omega t \mathrm{d}t = 0, \quad \int_0^T \sin\ n\omega t \sin\ m\omega t \mathrm{d}t = \begin{cases} 0, & m = n \\ T/2 & m \neq n \end{cases}$$

$$\int_0^T \cos\ n\omega t \mathrm{d}t = 0, \quad \int_0^T \cos\ n\omega t \cos\ m\omega t \mathrm{d}t = \begin{cases} 0, & m = n \\ T/2, & m \neq n \end{cases}$$

$$\int_0^T \sin\ n\omega t \cos\ m\omega t \mathrm{d}t = 0 \quad (\text{所有 } m, n) \tag{9.46}$$

任一个周期为 T 的周期信号 $x(t)$，可以用三角函数集中的 $n = \infty$ 个正交函数之和来表示。

$$\begin{aligned} x(t) &= b_0 \sin\ 0\omega t + \cdots + b_n \sin\ n\omega t + a_0 \cos\ 0\omega t + \cdots + a_n \cos\ n\omega t \\ &= \sum_{n=0}^{\infty} b_n \sin\ n\omega t + \sum_{n=0}^{\infty} a_n \cos\ n\omega t = a_0 + \sum_{n=1}^{\infty} a_n \cos\ n\omega t + b_n \sin\ n\omega t \end{aligned} \tag{9.47}$$

② 复指数函数集 在时间间隔 $(t_1, t_1 + T)$ 内，当 $n \to \infty$ 时，复指数函数集的全体 $\mathrm{e}^{\mathrm{j}0\omega t}, \mathrm{e}^{\pm \mathrm{j}1\omega t}, \cdots, \mathrm{e}^{\pm \mathrm{j}m\omega t}, m \to \infty$，它们也是一个完备正交函数集。

任意一个周期为 T 的周期信号 $x(t)$,可以用复指数函数集合中的 $m=\infty$ 个正交函数之和来表示。

$$x(t)=\sum_{-\infty}^{+\infty} C_m e^{jm\omega t}, \quad m=0,\pm 1,\pm 2,\cdots \tag{9.48}$$

9.2 线性系统理论

从广义的角度来看,具体的系统都是一些元件、器件或子系统的互联。一个系统可以看作一个过程,它以某种方式对输入信号做出响应。例如,一个录音系统对输入音频信号进行录制,并重现原输入信号。如果该系统具有音调控制功能,就可以通过调整音调来改变录制信号的质量。一个图像增强系统对输入图像进行变换,使得输出图像具有某些所希望的特征,如增强图像对比度等。

系统的分类错综复杂,主要考虑其数学模型的差异来划分不同的类型,例如,连续时间系统和离散时间系统,即时系统与动态系统,集总参数系统与分布参数系统,线性系统与非线性系统,时变系统与时不变系统,可逆系统与不可逆系统。

本节重点讨论在确定性输入信号作用下的集总参数线性时不变(Linear Time-Invariant, LTI)系统,它包括连续时间系统与离散时间系统。

9.2.1 连续时间系统

若系统的输入和输出都是连续时间信号,且其内部信号也未转换为离散时间信号,则称此系统为连续时间系统。连续时间系统的数学模型是微分方程,RLC 电路就是连续时间系统的例子。连续时间系统如图 9.13 所示,图中 $x(t)$ 是输入,$y(t)$ 是输出,所以也常用 $x(t)\rightarrow y(t)$ 来表示连续时间系统的输入-输出关系。

9.2.2 离散时间系统

若系统的输入和输出都是离散时间信号,则称此系统为离散时间系统。离散时间系统用差分方程描述,数字计算机就是一个典型的离散时间系统。离散时间系统如图 9.14 所示,图中 $x(n)$ 是输入,$y(n)$ 是输出,也可以用 $x(n)\rightarrow y(n)$ 来表示其输入-输出关系。

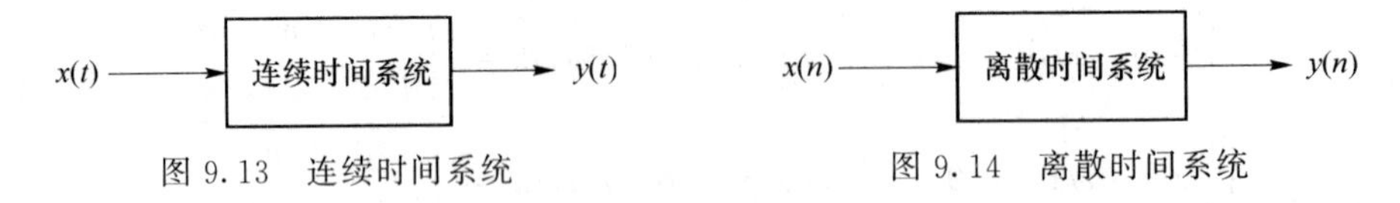

图 9.13 连续时间系统　　图 9.14 离散时间系统

9.2.3 线性时不变系统的性质

具有叠加性和均匀性(齐次性)的系统为线性系统,不满足叠加性或均匀性的系统为非线性系统。如果系统的参数不随时间而变化,则称此系统为时不变系统;如果系统的参量随时间而变化,则称其为时变系统。本书讨论的是 LTI 系统,其基本特性如下。

1. 叠加性与均匀性

叠加性是指当几个激励信号同时作用于系统时,总的输出响应等于每个激励单独作用所产生的响应之和;均匀性(比例性或齐次性)是指,当输入信号乘以某常数时,响应也倍乘相同的常数。用数学符号和方框表示连续线性系统的叠加性与均匀性如图 9.15 所示。

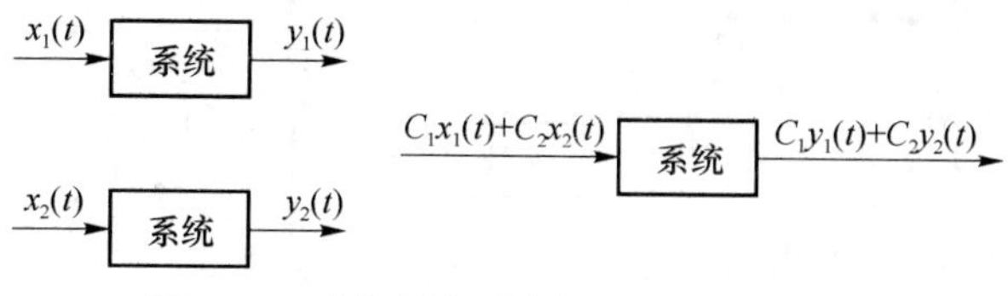

图 9.15　连续线性系统的叠加性与均匀性

如果对于给定的线性连续时间系统,$x_1(t)$、$y_1(t)$和 $x_2(t)$、$y_2(t)$分别代表两对激励与响应,则当激励是 $C_1x_1(t)+C_2x_2(t)$(C_1、C_2 分别为常数)时,系统响应为 $C_1y_1(t)+C_2y_2(t)$。

虽然以上都是用连续时间信号来对线性系统进行定义,对离散时间信号情况也同样适用。对于给定的线性离散时间系统,$x_1(n)$、$y_1(n)$和 $x_2(n)$、$y_2(n)$分别代表两对激励与响应,则当激励是 $C_1x_1(n)+C_2x_2(n)$(C_1、C_2 分别为常数)时,系统响应为 $C_1y_1(n)+C_2y_2(n)$如图 9.16 所示。

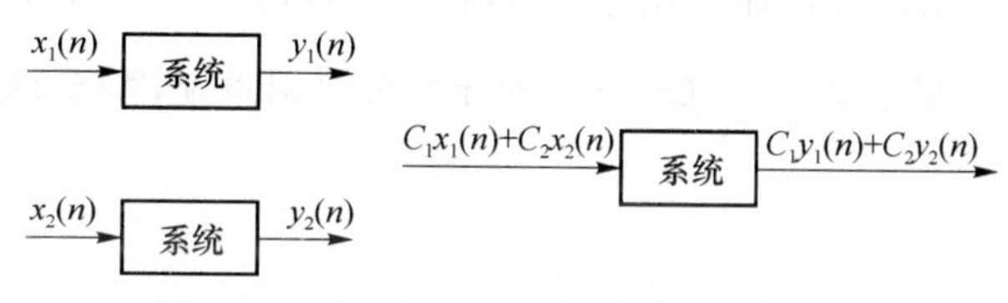

图 9.16　离散线性系统的均匀性与叠加性

把定义一个线性系统的两个性质结合在一起,可以简单地写成

连续时间:$ax_1(t)+bx_2(t)\rightarrow ay_1(t)+by_2(t)$

离散时间:$ax_1(n)+bx_2(n)\rightarrow ay_1(n)+by_2(n)$

式中 a 和 b 为任意复常数。

2. 时不变性

对于时不变系统,由于系统参数本身不随时间变化,因此,在同样起始状态下,系统响应与激励施加于系统的时刻无关。写成数学表达式形式,若激励为 $x(t)$,产生响应 $y(t)$,则当激励为 $x(t-t_0)$时,响应为 $y(t-t_0)$。连续线性系统的时不变特性如图 9.17 所示,它表明当激励延迟一段时间 t_0 时,其输出响应也同样延迟 t_0 时间,波形形状不变。

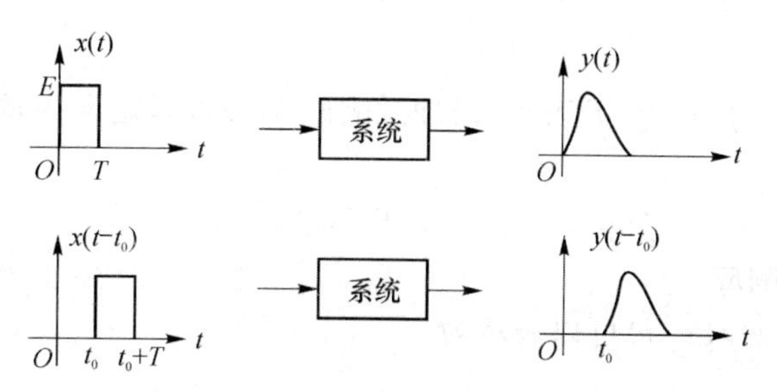

图 9.17　连续线性系统的时不变特性

对于离散时不变系统,若激励 $x(n)$产生响应 $y(n)$,则激励 $x(n-n_0)$产生响应 $y(n-n_0)$。离散线性系统的时不变特性如图 9.18 所示,它表明若激励移位 N,响应也延迟 N。

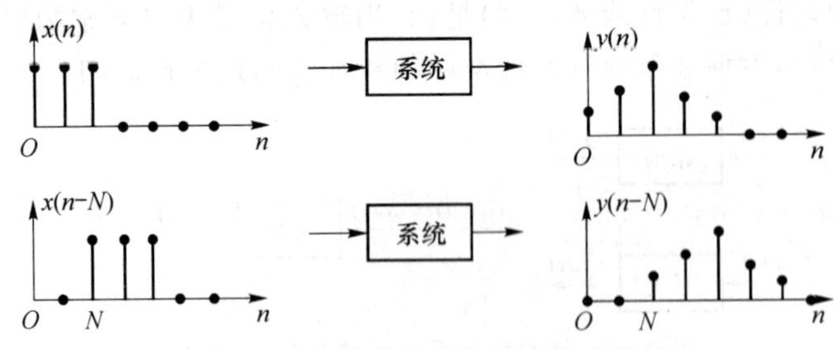

图9.18 离散线性系统的时不变特性

3. 微分特性

对于连续时间LTI系统满足如下微分特性:若系统在激励$x(t)$作用下产生响应$y(t)$,则当激励为$\frac{dx(t)}{dt}$时,响应为$\frac{dy(t)}{dt}$。对于离散时间系统,信号的变量n是离散的整型值,因此,系统的行为和性能需用差分方程式来表示。

4. 积分特性

对于连续时间LTI系统满足如下积分特性:若系统在激励$x(t)$作用下产生响应$y(t)$,则当激励为$\int_{-\infty}^{\tau} x(\tau)d\tau$时,响应为$\int_{-\infty}^{\tau} y(\tau)d\tau$。对于离散时间系统,系统的积分特性需用求和表达式来表示。

5. 因果性

如果一个系统在任何时刻的响应只决定于现在的输入及过去的输入,就称该系统为因果系统。也就是说,激励是产生响应的原因,响应是激励引起的后果,这种特性被称为因果性。因果系统也成为不可预测的系统,因为系统的输出无法预测未来的输入值。

例如,对连续时间系统,如果系统模型为$y_1(t)=x_1(t-1)$,则此系统为因果系统;如果$y_2(t)=x_2(t+1)$,则为非因果系统。对于离散时间系统,如果系统模型为$y(n)=x(n)-x(n+1)$,则为非因果系统。

无论在离散时间还是连续时间的情况下,单位冲激函数的重要特性之一就是一般信号都可以表示为延迟冲激的线性组合。这个事实与叠加性和时不变性结合起来,就能够用LTI的单位冲激响应来完全表征任何一个LTI系统的特性,这样一种表示在离散情况下被称为卷积和,在连续时间情况下被称为卷积积分。它在分析LTI系统时提供了极大的方便。

9.2.4 连续时间LTI系统的响应与卷积积分

1. 冲激响应

一个连续时间LTI系统(用T表示)的冲激响应$h(t)$可以定义为输入为$\delta(t)$时的系统响应,即

$$h(t)=T\{\delta(t)\} \tag{9.49}$$

2. 对任意输入的响应

由式(9.15)可得,输入$x(t)$可以表示为

$$x(t)=\int_{-\infty}^{\infty} x(\tau)\delta(t-\tau)d\tau \tag{9.50}$$

因为系统是线性的,则系统对任意输入$x(t)$的响应$y(t)$可以表示为

$$y(t)=T\{x(t)\}=T\{\int_{-\infty}^{\infty} x(\tau)\delta(t-\tau)d\tau\}=\int_{-\infty}^{\infty} x(\tau)T\{\delta(t-\tau)\}d\tau \tag{9.51}$$

因为系统是时不变的，则有

$$h(t-\tau)=T\{\delta(t-\tau)\} \tag{9.52}$$

将式(9.52)代入式(9.51)，得

$$y(t)=\int_{-\infty}^{\infty}x(\tau)h(t-\tau)\mathrm{d}\tau \tag{9.53}$$

式(9.53)表明，连续时间 LTI 系统完全可以用其冲激响应 $h(t)$ 表示。

3. 卷积积分

式(9.53)定义了两个连续时间信号 $x(t)$ 和 $h(t)$ 的卷积，可以表示为

$$y(t)=x(t)\cdot h(t)=\int_{-\infty}^{\infty}x(\tau)h(t-\tau)\mathrm{d}\tau \tag{9.54}$$

一般将式(9.54)称为卷积积分。因此，可以得出这样的结论：任意一个连续 LTI 系统的输出等于系统的输入与冲激响应的卷积。连续时间 LTI 系统如图 9.19 所示。

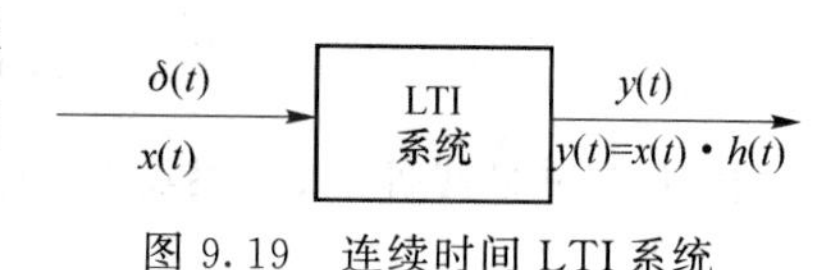

图 9.19 连续时间 LTI 系统

4. 卷积积分的性质

(1) 交换性

$$x(t)\cdot h(t)=h(t)\cdot x(t) \tag{9.55}$$

(2) 关联性

$$\{x(t)\cdot h_1(t)\}\cdot h_2(t)=x(t)\cdot\{h_1(t)\cdot h_2(t)\} \tag{9.56}$$

(3) 分配性

$$x(t)\cdot\{h_1(t)+h_2(t)\}=x(t)\cdot h_1(t)+x(t)\cdot h_2(t) \tag{9.57}$$

5. 卷积积分运算

对式(9.54)使用卷积的交换性，可得

$$y(t)=h(t)\cdot x(t)=\int_{-\infty}^{\infty}h(\tau)x(t-\tau)\mathrm{d}\tau \tag{9.58}$$

式(9.58)比式(9.54)更容易计算。由式(9.54)可以看出，卷积积分运算包括以下4个步骤：

(1) 将冲激响应 $h(\tau)$ 的时间倒过来得 $h(-\tau)$，然后平移 t 时间，得到 $h(t-\tau)=h[-(\tau-t)]$，这是 τ 的函数，其中 t 为参数；

(2) t 不变，将 $x(\tau)$ 与 $h(t-\tau)$ 相乘；

(3) 对所有的 τ，将乘积 $x(\tau)$ 与 $h(t-\tau)$ 积分，得到一个输出值 $y(t)$；

(4) 将 t 从 $-\infty$ 变化到 ∞，重复步骤(1)～(3)，得到整个输出 $y(t)$。

6. 阶跃响应

一个连续时间 LTI 系统(用 T 表示)的阶跃响应 $s(t)$ 可以定义为输入为 $u(t)$ 时的系统相应，即

$$s(t)=T\{u(t)\} \tag{9.59}$$

在很多应用中，阶跃响应 $s(t)$ 也是系统的一个有用特性。由式(9.59)很容易确定阶跃响应 $s(t)$，即

$$s(t)=h(t)\cdot u(t)=\int_{-\infty}^{\infty}h(\tau)u(t-\tau)\mathrm{d}\tau=\int_{-\infty}^{t}h(\tau)\mathrm{d}\tau \tag{9.60}$$

因此，阶跃响应 $s(t)$ 可以通过对冲激响应 $h(t)$ 的积分得到。对式(9.60)求对 t 的微分，得

$$h(t)=s'(t)=\frac{\mathrm{d}s(t)}{\mathrm{d}t} \tag{9.61}$$

因此，冲激响应 $h(t)$ 可以通过阶跃响应 $s(t)$ 的微分确定。

9.2.5 离散时间 *LTI* 系统的响应与卷积和

1. 冲激响应

一个离散时间 LTI 系统(用 T 表示)的冲激响应(单位抽样响应)可以定义为输入为 $\delta(n)$ 时的系统响应,即

$$h(n)=T\{\delta(n)\} \tag{9.62}$$

2. 对任意输入的响应

由式(9.42)可知,离散时间系统的任意激励信号 $x(n)$ 可以表示为加权、延迟的单位冲激信号之和。

$$x(n)=\sum_{m=-\infty}^{\infty}x(m)\delta(n-m) \tag{9.63}$$

因为系统是线性的,则系统对任意输入 $x(n)$ 的响应 $y(n)$ 可以表示为

$$y(n)=T\{x(n)\}=T\{\sum_{m=-\infty}^{\infty}x(m)\delta(n-m)\}=\sum_{m=-\infty}^{\infty}x(m)T\{\delta(n-m)\} \tag{9.64}$$

因为系统是时不变的,对于 $\delta(n-m)$ 的延时响应就是 $h(n-m)$,即

$$h(n-m)=T\{\delta(n-m)\} \tag{9.65}$$

将式(9.65)代入式(9.64),得

$$y(n)=\sum_{m=-\infty}^{\infty}x(m)h(n-m) \tag{9.66}$$

式(9.66)表明,离散时间 LTI 系统完全可以用其单位冲激响应 $h(n)$ 来表示。

3. 卷积和

式(9.66)定义了两个序列 $x(n)$ 与 $h(n)$ 的卷积,被称为卷积和(卷积),它表征了系统响应 $y(n)$ 与激励 $x(n)$ 和单位冲激响应 $h(n)$ 之间的关系,$y(n)$ 是 $x(n)$ 与 $h(n)$ 的卷积,用简化符号记为

$$y(n)=x(n)\cdot h(n)=\sum_{m=-\infty}^{\infty}x(m)h(n-m) \tag{9.67}$$

因此可以得出这样的结论,任意一个离散时间 LTI 系统的输出等于系统的输入 $x(n)$ 与单位冲激响应 $h(n)$ 的卷积。

4. 卷积和的性质

(1) 交换性

$$x(n)\cdot h(n)=h(n)\cdot x(n) \tag{9.68}$$

(2) 关联性

$$\{x(n)\cdot h_1(n)\}\cdot h_2(n)=x(n)\cdot\{h_1(n)\cdot h_2(n)\} \tag{9.69}$$

(3) 分配性

$$x(n)\cdot\{h_1(n)+h_2(n)\}=x(n)\cdot h_1(n)+x(n)\cdot h_2(n) \tag{9.70}$$

5. 卷积和运算

对式(9.67)使用卷积和的交换性,可得

$$y(n)=h(n)\cdot x(n)=\sum_{m=-\infty}^{\infty}h(m)x(n-m) \tag{9.71}$$

式(9.71)比式(9.67)更容易计算。由式(9.67)可以看出,卷积和运算包括以下 4 个步骤:

(1) 将冲激响应 $h(k)$ 的时间倒过来得 $h(-k)$,然后平移 n 时间,得到 $h(n-k)=h[-(k-n)]$,

这是 k 的函数,其中 n 为参数;

(2) n 不变,将 $x(k)$ 与 $h(n-k)$ 相乘;

(3) 对所有的 k 求乘积 $x(k)$ 与 $h(n-k)$ 的和,得到一个输出值 $y(n)$;

(4) 将 n 从 $-\infty$ 变化到 ∞,重复步骤(1)～(3),得到整个输出 $y(n)$。

6. 阶跃响应

一个离散时间 LTI 系统(用 T 表示)的阶跃响应 $s(n)$ 可以定义为输入为 $u(n)$ 时的系统响应,即

$$s(n)=T\{u(n)\} \tag{9.72}$$

在很多应用中,阶跃响应 $s(n)$ 也是系统的一个有用特性。由式(9.71)很容易确定阶跃响应 $s(n)$,即

$$s(n)=h(n)\cdot u(n)=\sum_{k=-\infty}^{\infty}h(k)u(n-k)=\sum_{k=-\infty}^{n}h(k) \tag{9.73}$$

由式(9.73)可得

$$h(n)=s(n)-s(n-1) \tag{9.74}$$

因此,冲激响应 $h(n)$ 可以通过阶跃响应 $s(n)$ 的差分确定。

式(9.73)和式(9.74)分别是式(9.60)和式(9.61)的离散形式。在连续时间系统中,$\delta(t)$ 与 $f(t)$ 的卷积仍等于 $f(t)$,类似地,在离散时间系统中也有

$$\delta(n)\cdot x(n)=x(n) \tag{9.75}$$

9.3　连续时间信号的傅里叶变换

频域分析是以频率 f 或角频率 ω 为横坐标变量来描述信号幅值、相位的变化规律。信号的频域分析(频谱分析),是研究信号的频率结构,即求信号的幅值、相位按频率的分布规律,并建立以频率为横轴的各种"谱"。其目的之一是研究信号的组成成分,它所借助的数学工具是法国人傅里叶(Fourier)为分析热传导问题而建立的傅里叶级数和傅里叶积分。连续时间周期信号可以表示为傅里叶级数,计算结果为离散频谱;连续时间非周期信号可以表示为傅里叶积分,计算结果为连续频谱;离散时间周期信号可以表示为傅里叶级数;进行离散时间非周期信号的傅里叶分析时,必须对无限长离散序列截断,变成有限长离散序列,并等效将截断序列沿时间轴的正、负方向开拓为离散时间周期信号,才能进行分析。

9.3.1　周期信号的傅里叶级数分析

从数学分析已知,周期函数在满足狄里赫利(Dirichlet)的条件下,可以展开成正交函数线性组合的无穷级数。这里将利用这一数学工具研究周期信号的频域特性,建立信号频谱的概念。

并非任意周期信号都能进行傅里叶级数展开。被展开的信号 $f(t)$ 需要满足 Dirichlet 条件,即

(1) 在一个周期内,信号绝对可积,满足 $\int_{-T_1/2}^{T_1/2}|x(t)|\mathrm{d}t<\infty$;

(2) 在一个周期内只有有限个不连续点(间断点);

(3) 在一个周期内只有有限个极大值和极小值。

注意:条件(1)为充分非必要条件;条件(2)(3)为必要非充分条件。

1. 三角函数形式的傅里叶级数

三角函数集是一组正交函数集:$1,\cos(\omega_0 t),\sin(\omega_0 t),\cos(2\omega_0 t),\sin(2\omega_0 t),\cos(3\omega_0 t),\sin(3\omega_0 t),\cdots,\cos(n\omega_0 t),\sin(n\omega_0 t),\cdots$在有限区间$(t,t+T)$下,满足狄里赫利条件(Dirichlet)的周期函数$x(t)$可以展开成三角傅里叶级数。傅里叶级数的三角函数展开式表达式为

$$\begin{aligned} x(t) &= \frac{a_0}{2}+a_1\cos(\omega t)+b_1\sin(\omega t)+\cdots+a_n\cos(n\omega t)+b_n\sin(n\omega t)+\cdots \\ &= \frac{a_0}{2}+\sum_{n=1}^{\infty}[a_n\cos(n\omega t)+b_n\sin(n\omega t)]=\frac{a_0}{2}+\sum_{n=1}^{\infty}A_n\cos(n\omega t+\varphi_n) \end{aligned} \tag{9.76}$$

式中,$\frac{a_0}{2}$为$x(t)$的直流分量;a_n为余弦分量的幅值;b_n为正弦分量的幅值;A_n为各频率分量的幅值;φ_n为各频率分量的相位;ω为角频率。

$$\left.\begin{aligned} a_0 &= \frac{2}{T}\int_t^{t+T}x(t)\mathrm{d}t \\ a_n &= \frac{2}{T}\int_t^{t+T}x(t)\cos(n\omega t)\mathrm{d}t \\ b_n &= \frac{2}{T}\int_t^{t+T}x(t)\sin(n\omega t)\mathrm{d}t \\ A_n &= \sqrt{(a_n{}^2+b_n{}^2)} \\ \varphi_n &= -\arctan\frac{b_n}{a_n} \\ \omega &= \frac{2\pi}{T}=2\pi f \end{aligned}\right\} \tag{9.77}$$

以角频率$n\omega$为横轴,幅值A_n或相位φ_n为纵轴作图,可以分别得到幅频谱和相频谱,它是单边谱$n\omega$由$0\to\infty$。

傅里叶级数的复指数函数展开式

$$x(t)=\sum_{m=-\infty}^{\infty}C_m\mathrm{e}^{\mathrm{j}m\omega t}\quad m=0,\pm1,\pm2,\cdots \tag{9.78}$$

式中,c_m为傅里叶系数,$c_m=\frac{1}{T}\int_t^{t+T}x(t)\mathrm{e}^{-\mathrm{j}m\omega t}\mathrm{d}t$;$c_m=a_m+\mathrm{j}b_m=|c_m|\mathrm{e}^{\mathrm{j}\varphi_m}$。

根据欧拉公式$\mathrm{e}^{-\mathrm{j}m\omega t}=\cos(m\omega t)-\mathrm{j}\sin(m\omega t)$,代入傅里叶级数的复指数函数展开式可得:实部为$a_m$,虚部为$b_m$,模为$|C_m|$,初相角为$\varphi_m$。

$$\left.\begin{aligned} a_m &= \frac{1}{T}\int_t^{t+T}x(t)\cos(m\omega t)\mathrm{d}t=\frac{1}{2}a_n \\ b_m &= \frac{1}{T}\int_t^{t+T}x(t)\sin(m\omega t)\mathrm{d}t=\frac{1}{2}b_n \\ |c_m| &= \frac{1}{2}\sqrt{(a_n{}^2+b_n{}^2)}=\frac{1}{2}A_n \\ \varphi_m &= \arctan\frac{b_m}{a_m} \\ c_0 &= \frac{a_0}{2} \end{aligned}\right\} \tag{9.79}$$

以角频率 $m\omega$ 为横轴，模 $|c_m|$ 和初相角 φ_m 为纵轴作图，可以分别得到幅频谱和相频谱；也可以实部 a_m 和虚部 b_m 为纵轴作图，分别得到实频谱和虚频谱。它们都是双边谱，$m\omega$ 从 $-\infty \to +\infty$。

不同的时域信号只是傅里叶级数的系数不同，因此可以通过研究傅里叶级数的系数来研究信号的特性。

2. 周期矩形脉冲信号的傅里叶级数举例

设周期矩形脉冲信号 $x(t)$ 的脉冲宽度为 τ，脉冲幅度为 E，重复周期为 T，如图 9.20 所示。

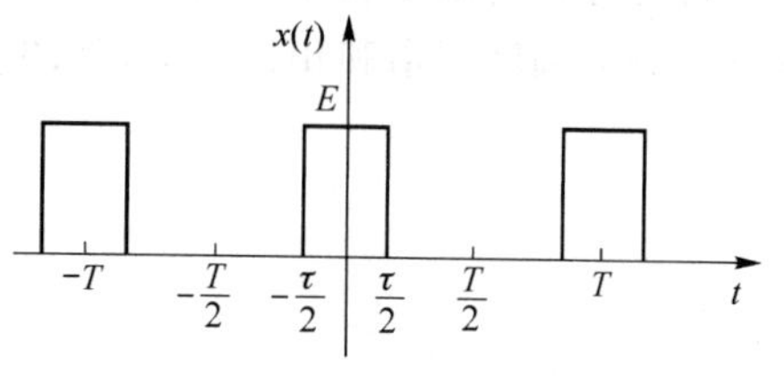

图 9.20　周期矩形脉冲信号

该信号在一个周期 $\left(-\dfrac{T}{2}<t<\dfrac{T}{2}\right)$ 内的表示式为

$$x(t)=\begin{cases}E, & -\tau/2<t<\tau/2, \\ 0, & -T/2<t<\tau/2, \tau/2<t<T/2.\end{cases}$$

利用式(9.76)可以把 $x(t)$ 展开为三角形式的傅里叶级数表示式。根据式(9.78)可以求出各系数，其中直流分量

$$\frac{a_0}{2}=\frac{1}{T}\int_{-\frac{T}{2}}^{\frac{T}{2}}x(t)\,\mathrm{d}t=\frac{1}{T}\int_{-\frac{\tau}{2}}^{\frac{\tau}{2}}E\,\mathrm{d}t=\frac{E\tau}{T}$$

余弦分量的幅度为

$$a_n=\frac{2}{T}\int_{-\frac{T}{2}}^{\frac{T}{2}}x(t)\cos(n\omega_1 t)\,\mathrm{d}t=\frac{2}{T}\int_{-\frac{\tau}{2}}^{\frac{\tau}{2}}E\cos\ n\frac{2\pi}{T}t\,\mathrm{d}t$$

$$=\frac{2E\tau}{T}\mathrm{Sa}\left(\frac{n\pi\tau}{T}\right)=\frac{E\tau\omega_1}{\pi}\mathrm{Sa}\left(\frac{n\omega_1\tau}{2}\right)$$

式中，Sa 表示抽样函数(Sample function)，它表示

$$\mathrm{Sa}\left(\frac{n\pi\tau}{T}\right)=\frac{\sin\dfrac{n\pi\tau}{T}}{\dfrac{n\pi\tau}{T}}$$

由于 $x(t)$ 是偶函数，所以 $b_n=0$。这样周期矩形信号的三角傅里叶级数为

$$x(t)=\frac{E\tau}{T}+\frac{2E\tau}{T}\sum_{n=1}^{\infty}\mathrm{Sa}\left(\frac{n\pi\tau}{T}\right)\cos(n\omega_1 t)$$

或者

$$x(t)=\frac{E\tau}{T}+\frac{2E\tau}{T}\sum_{n=1}^{\infty}\mathrm{Sa}\left(\frac{n\omega_1\tau}{2}\right)\cos\ n\omega_1 t$$

若将 $x(t)$ 展成指数傅里叶级数，可由式(9.78)求得系数

$$c_m=\frac{1}{T}\int_{-\frac{\tau}{2}}^{\frac{\tau}{2}}E\mathrm{e}^{-\mathrm{j}m\omega_1 t}\,\mathrm{d}t=\frac{-E}{T\mathrm{j}m\omega_1}\mathrm{e}^{-\mathrm{j}m\omega_1 t}\Big|_{-\frac{\tau}{2}}^{\frac{\tau}{2}}=\frac{E}{T}\,\frac{\mathrm{e}^{-\mathrm{j}m\omega_1\frac{\tau}{2}}-\mathrm{e}^{\mathrm{j}m\omega_1\frac{\tau}{2}}}{-\mathrm{j}m\omega_1}$$

$$=\frac{E\tau}{T}\,\frac{\sin\left(m\omega_1\dfrac{\tau}{2}\right)}{\dfrac{m\omega_1\dfrac{\tau}{2}}{2}}=\frac{E\tau}{T}\mathrm{Sa}\left(\frac{m\omega_1\tau}{2}\right)$$

所以

$$x(t)=\frac{E\tau}{T}\sum_{n=-\infty}^{\infty}\mathrm{Sa}\left(\frac{n\omega_1\tau}{2}\right)\mathrm{e}^{\mathrm{j}n\omega_1 t}$$

若给定 τ、T、E，就可以求出直流分量、基波和各次谐波分量的幅度。它们是

$$\frac{a_0}{2}=\frac{E\tau}{T}$$
$$A_n=\frac{2E\tau}{T}\mathrm{Sa}\left(\frac{n\pi\tau}{T}\right) \quad n=1,2,\cdots \tag{9.80}$$

将各分量的幅度和相位用垂直线段在频率轴的相应位置上标示出来，就是信号的频谱。频谱可分为幅度频谱和相位频谱，如图 9.21 所示。

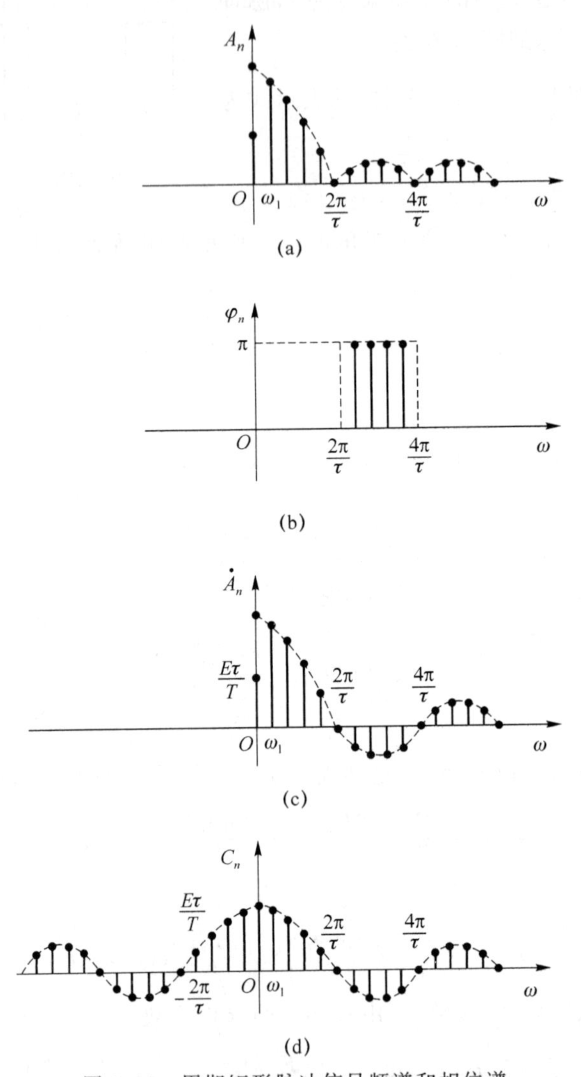

图 9.21　周期矩形脉冲信号频谱和相位谱

有时可将幅频谱和相频谱合在一幅图上，见图 9.21(c)，幅度为正表示相位为零，幅度为负，表示相位为 π。这种图的画法只有 A_n 为实数时才是可能的，否则必须分画两张图。图 9.21(d)是按指数级数的复系数 C_n 画出的频谱，其特点是谱线在原点两侧对称地分布，并且谱线长度减少一半。

9.3.2　连续时间非周期信号的频谱分析与傅里叶变换

一般所说的非周期信号是指瞬变冲激信号，如矩形脉冲信号、指数衰减信号、衰减震荡、单脉冲等。对这些非周期信号,不能直接用傅里叶级数展开,必须引入一个新的量——频谱密度函数。

1. 频谱密度函数 $X(\omega)$

已知连续周期信号傅里叶级数的复指数函数展开式

$$x(t)=\sum_{m=-\infty}^{\infty}C_m e^{jm\omega t},\quad m=0,\pm 1,\pm 2,\cdots \tag{9.81}$$

$$C_m 为傅里叶系数, C_m=\frac{1}{T}\int_{t}^{t+T}x(t)e^{-jm\omega t}dt \tag{9.82}$$

对于非周期信号,可以看成周期 T 为无穷大的周期信号。当周期 T 趋于无穷大时,基波谱线及谱线间隔 $\omega=2\pi/T$ 趋于无穷小,从而离散的频谱就变为连续频谱。所以,非周期信号的频谱是连续的。同时,由于周期 T 趋于无穷大,谱线的长度 $|C_m|$ 趋于零;也就是说,按傅里叶级数所表示的频谱将趋于零,失去应有的意义。但是,从物理概念上考虑,既然成为一个信号,必然含有一定的能量,无论信号怎样分解,其所含能量是不变的。如果将无限多个无穷小量相加,仍可等于一有限值,此值就是信号的能量;而且这些无穷小量也并不是同样大小的,它们的相对值之间仍有差别。所以,不管周期增大到什么程度,频谱的分布依然存在,各条谱线幅值比例保持不变。即

当周期 $T\to\infty$ 时,$\omega\to d\omega\to 0$,$m\omega\to\omega$。

因此,将傅里叶系数 C_m 放大 T 倍,得

$$\lim_{T\to\infty}C_m T=\lim_{T\to\infty}C_m\frac{2\pi}{\omega}=\lim_{T\to\infty}\int_{-\frac{2}{T}}^{\frac{2}{T}}x(t)e^{-jm\omega t}dt \tag{9.83}$$

因为有 $T\to\infty$ 时,$\omega\to d\omega$,式(9.83)变为

$$\lim_{d\omega\to 0}C_m\frac{2\pi}{d\omega}=\int_{-\infty}^{\infty}x(t)e^{-j\omega t}dt \tag{9.84}$$

由于时间 t 是积分变量,故式(9.84)积分后,仅是 ω 的函数,可记为 $X(\omega)$ 或 $F[x(t)]$,即

$$X(\omega)=F[x(t)]=\int_{-\infty}^{\infty}x(t)e^{-j\omega t}dt \tag{9.85}$$

或

$$X(f)=F[x(t)]=\int_{-\infty}^{\infty}x(t)e^{-j2\pi ft}dt \tag{9.86}$$

式中 $X(\omega)$ 或 $X(f)$ 表示单位频带上的频谱分量,是复数,被称为 $x(t)$ 的频谱密度函数,简称频谱密度。

2. 非周期信号的傅里叶积分表示

作为周期 T 为无穷大的非周期信号,当周期 $T\to\infty$ 时,频谱谱线间隔 $\omega\to d\omega$,$T\to\frac{2\pi}{d\omega}$,离散变量 $m\omega\to\omega$ 变为连续变量,求和运算变为求积分运算。于是傅里叶级数的复指数函数展开式变为

$$x(t)=\lim_{T\to\infty}\frac{1}{T}\sum_{m=-\infty}^{\infty}C_m T e^{jm\omega t}=\lim_{d\omega\to 0}\frac{d\omega}{2\pi}\int_{-\infty}^{\infty}X(\omega)e^{j\omega t}=\frac{1}{2\pi}\int_{-\infty}^{\infty}X(\omega)e^{j\omega t}d\omega \tag{9.87}$$

被称为傅里叶积分,记为 $x(t)=F^{-1}[X(\omega)]$。

于是就有傅里叶反变换

$$x(t)=\frac{1}{2\pi}\int_{-\infty}^{\infty}X(\omega)e^{j\omega t}d\omega \tag{9.88}$$

傅里叶正变换
$$X(\omega)=\int_{-\infty}^{\infty}x(t)\mathrm{e}^{-\mathrm{j}\omega t}\mathrm{d}t \tag{9.89}$$

也可以写成
$$x(t)=\int_{-\infty}^{\infty}X(\omega)\mathrm{e}^{\mathrm{j}\omega t}\mathrm{d}\omega \tag{9.90}$$

$$X(\omega)=\frac{1}{2\pi}\int_{-\infty}^{\infty}x(t)\mathrm{e}^{-\mathrm{j}\omega t}\mathrm{d}t \tag{9.91}$$

在数学上把两者互称为傅里叶变换对,记为 $x(t)\rightleftharpoons X(\omega)$。

因为有 $\omega=2\pi f$,傅里叶变换对可写成

$$x(t)=\int_{-\infty}^{\infty}X(f)\mathrm{e}^{\mathrm{j}2\pi ft}\mathrm{d}f \tag{9.92}$$

$$X(f)=\int_{-\infty}^{\infty}x(t)\mathrm{e}^{-\mathrm{j}2\pi ft}\mathrm{d}t \tag{9.93}$$

$$X(\omega)=2\pi X(f) \tag{9.94}$$

以 ω 和 f 为横轴,模 $|X(\omega)|$ 和 $|X(f)|$ 为纵轴作图,可以分别得到幅值谱密度曲线。

由此可见,非周期信号用傅里叶积分来表示,其频谱是连续的,它由无限多个、频率无限接近的频率分量所组成。各频率上的谱线幅值趋于无穷小,故用频谱密度 $X(\omega)$ 来描述,它在数值上相当于将各分量放大 $T=\frac{2\pi}{\mathrm{d}\omega}$ 倍,同时保持各频率分量幅值相对分布规律不变。

3. 矩形脉冲信号的傅里叶变换

矩形脉冲信号如图 9.22 所示。

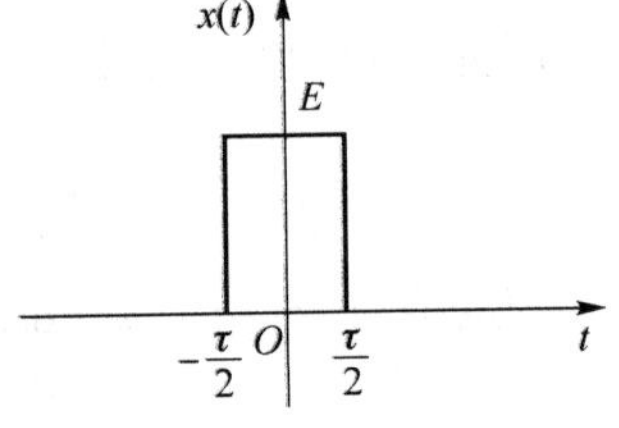

图 9.22 矩形脉冲信号

其表示为

$$x(t)=\begin{cases}E, & -\tau/2<t<\tau/2\\ 0, & t\text{ 为其他值}\end{cases}$$

根据傅里叶正变换式,可得矩形脉冲的频谱函数为

$$\begin{aligned}X(\omega)&=\int_{-\infty}^{\infty}x(t)\mathrm{e}^{-\mathrm{j}\omega t}\mathrm{d}t=\int_{-\frac{\tau}{2}}^{\frac{\tau}{2}}E\mathrm{e}^{-\mathrm{j}\omega t}\mathrm{d}t\\&=\frac{E}{\mathrm{j}\omega}(\mathrm{e}^{\mathrm{j}\frac{\omega\tau}{2}}-\mathrm{e}^{-\mathrm{j}\frac{\omega\tau}{2}})=\frac{2E}{\omega}\sin\left(\frac{\omega\tau}{2}\right)=E\tau\mathrm{Sa}\left(\frac{\omega\tau}{2}\right)\end{aligned}$$

矩形脉冲的幅度谱和相位谱分别为

$$|X(\omega)|=E\tau\left|\mathrm{Sa}\left(\frac{\omega\tau}{2}\right)\right|$$

$$\varphi(\omega)=\begin{cases}0, & 2n\cdot\frac{2\pi}{\tau}<|\omega|<(2n+1)\frac{2\pi}{\tau}\\ \pi, & (2n+1)\frac{2\pi}{\tau}<|\omega|<2(n+1)\frac{2\pi}{\tau}\end{cases}\quad n=0,1,2,\cdots$$

单个矩形脉冲频谱如图 9.23 所示。图(a)表示幅度频谱 $|X(\omega)|$,图形对称于纵轴,为 ω 的偶函数;图(b)表示相位频谱;图(c)同时表示幅度谱 $|X(\omega)|$ 和相位谱 $\varphi(\omega)$,显然曲线具有抽样函数形状。

由于已知频谱函数的模 $|X(\omega)|$ 是频率的偶函数,相位 $\varphi(\omega)$ 是频率的奇函数,所以实际使用的频谱曲线一般只画出 $\omega>0$ 的部分。

可以看出非周期单脉冲的频谱函数曲线与周期矩形脉冲离散频谱的包络线形状完全相同,都具有抽样函数 $\mathrm{Sa}(x)$ 的形状。与周期脉冲的频谱一样,单脉冲频谱也具有收敛性,信号的绝大部分能量集中在低频段,即在 $f=0\sim(2\pi/\tau)$ 的频率范围内。

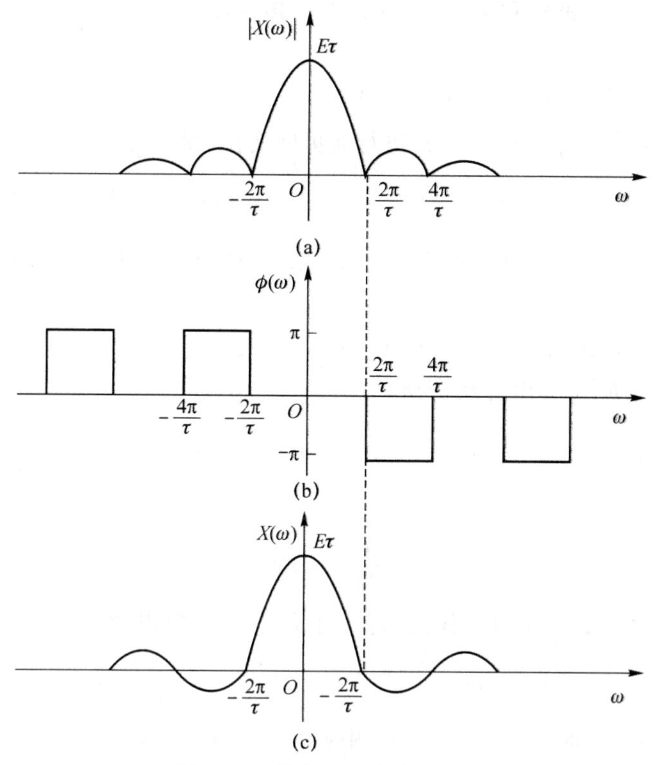

图 9.23　单个矩形脉冲的频谱

9.3.3　傅里叶变换的基本性质

信号的时间 $x(t)$ 函数和频谱 $X(\omega)$ 函数之间可以用傅里叶正反变换互相求得，从这一对变换式可以看出，信号的特性既可以用时间函数来表示，又可以用其频谱函数来表示。两者之间有密切的联系，只要已知其中一个，另一个也可唯一地求得。这种时域和频域的转换规律集中反映在傅里叶变换的基本性质上，下面就常用的基本性质加以讨论。

1. 线性叠加性

傅里叶变换是一种线性运算，若 $x_i(t) \rightleftharpoons X_i(\omega)$ $(i=1,2,\cdots,n)$，即 $x_i(t)$ 与 $X_i(\omega)$ 是一系列傅里叶变换对，则对应任意常数 a_i 有

$$\sum_{i=1}^{n} a_i x_i(t) \rightleftharpoons \sum_{i=1}^{n} a_i X_i(\omega) \tag{9.95}$$

式(9.95)说明时域信号增大 a_i 倍时，则频域信号的频谱函数也增大 a_i 倍；在时域 n 个信号合成后的频谱函数，等于各个信号频谱函数之和。

2. 时移特性

若 $x(t) \rightleftharpoons X(\omega)$，则 $x(t-t_0) \rightleftharpoons X(\omega)\mathrm{e}^{-\mathrm{j}\omega t_0}$。

为了证明上述性质，取 $x(t-t_0)$ 的傅里叶变换，并令 $\tau=t-t_0$，得

$$F[x(t-t_0)] = \int_{-\infty}^{\infty} x(\tau)\mathrm{e}^{-\mathrm{j}\omega(\tau+t_0)}\,\mathrm{d}\tau = \mathrm{e}^{-\mathrm{j}\omega t_0} X(\omega) \tag{9.96}$$

由此可见，延迟了 t_0 的信号频谱等于信号的原始频谱乘以延迟因子 $\exp(-\mathrm{j}\omega t_0)$。延时的作用只是改变频谱函数的相位特性而不改变其幅频特性，相频谱中相角的改变与频率成正比，

即基波相移 ωt_0,则二次谐波相移 $2\omega t_0$,三次谐波相移 $3\omega t_0$,……。

3. 频移特性

若 $x(t) \rightleftharpoons X(\omega)$,则 $e^{j\Omega_0 t}x(t) \rightleftharpoons X(\omega-\omega_0)$。

为了证明上述性质,对函数 $e^{j\omega_0 t}x(t)$进行傅里叶变换,得

$$F[e^{j\omega_0 t}x(t)] = \int_{-\infty}^{\infty} e^{j\omega_0 t}x(t)e^{-j\omega t}dt = \int_{-\infty}^{\infty} x(t)e^{-j(\omega-\omega_0)t}dt = X(\omega-\omega_0) \tag{9.97}$$

频移特性说明,函数 $x(t)$在时域乘以 $e^{j\omega_0 t}$,则在频域中整个频谱沿频率轴搬移一个常数值 ω_0。

4. 对称性

若 $x(t) \rightleftharpoons X(\omega)$,则 $F[X(t)]=2\pi \cdot x(-\omega)$。

为了证明上述性质,由傅里叶反变换,

$$x(t) = \frac{1}{2\pi}\int_{-\infty}^{\infty} X(\omega)e^{j\omega t}d\omega \tag{9.98}$$

以 $-t$ 替换 t 得

$$x(-t) = \frac{1}{2\pi}\int_{-\infty}^{\infty} X(\omega)e^{-j\omega t}d\omega \tag{9.99}$$

将式(9.99)中积分变量 ω 用 x 代换,将 t 用 ω 代换,再把积分变量 x 用 t 来代换,即得

$$2\pi x(-\omega) = \int_{-\infty}^{\infty} X(t)e^{-j\omega t}dt = F[X(t)]$$

如果 $x(t)$是偶函数,即 $x(t)=x(-t)$,相应有 $x(-\omega)=x(\omega)$,于是

$$F[X(t)]=2\pi \cdot x(\omega)$$

对称性说明,若偶函数 $x(t)$的频谱函数为 $X(\omega)$,则与 $X(\omega)$形状相同的时间函数 $x(t)$的频谱函数 $F[X(t)]$,除系数外具有与原信号相同的形状。

5. 尺度变换特性

若 $x(t) \rightleftharpoons X(\omega)$,则 $x(at) \rightleftharpoons \frac{1}{a}X\left(\frac{\omega}{a}\right)$,$(a>0)$。

证明:已知 $F[x(at)] = \int_{-\infty}^{\infty} x(at)e^{-j\omega t}dt$

令 $t'=at$,有 $F[x(at)] = \frac{1}{a}\int_{-\infty}^{\infty} x(t')e^{-j\omega\frac{t'}{a}}dt' = \frac{1}{a}F\left(\frac{\omega}{a}\right)$。

尺度变换特性说明,若信号变化加快 a 倍,即信号 $x(t)$沿时间轴压缩到原来的$\frac{1}{a}(a>1)$变为信号 $x(at)$,则在频域中的频谱函数在频域坐标上将展宽 a 倍,频带加宽幅值压低;反之,若信号 $x(t)$在时域扩展,即 $a<1$,则其频谱变窄幅值增高。

6. 时域微分特性

若 $x(t) \rightleftharpoons X(\omega)$,则$\frac{dx(t)}{dt} \rightleftharpoons j\omega \cdot X(\omega)$,$\frac{d^n x(t)}{d^n t} \rightleftharpoons (j\omega)^n X(\omega)$。

证明:因为由傅里叶变换

$$x(t) = \frac{1}{2\pi}\int_{-\infty}^{\infty} X(\omega)e^{j\omega t}d\omega \tag{9.100}$$

将式(9.100)两边对 t 求导数,得

$$\frac{dx(t)}{dt} = \frac{1}{2\pi t}\int_{-\infty}^{\infty} [j\omega X(\omega)]e^{j\omega t}d\omega$$

所以 $$\frac{\mathrm{d}x(t)}{\mathrm{d}t} \rightleftharpoons \mathrm{j}\omega \cdot X(\omega)$$

同理可推出 $$\frac{\mathrm{d}^n x(t)}{\mathrm{d}^n t} \rightleftharpoons (\mathrm{j}\omega)^n X(\omega)$$

时域微分特性说明，在时域中 $x(t)$ 对 t 取 n 阶导数，等效于在频域中频谱 $X(\omega)$ 乘以因子 $(\mathrm{j}\omega)^n$。

7. 积分特性

若 $x(t) \rightleftharpoons X(\omega)$，则 $f(t) = \int_{-\infty}^{t} x(t)\mathrm{d}t \rightleftharpoons \frac{X(\omega)}{\mathrm{j}\omega} + \pi t X(0)\delta(\omega)$。

8. 奇偶虚实性

在一般情况下，$X(\omega)$ 是实变量 ω 的复变函数，可以把它表示为模与相位或实部与虚部两部分。

$$X(\omega) = \int_{-\infty}^{\infty} x(t)\mathrm{e}^{-\mathrm{j}\omega t}\mathrm{d}t = |X(\omega)|\mathrm{e}^{\mathrm{j}\varphi(\omega)} = \mathrm{Re}X(\omega) + \mathrm{j}\mathrm{Im}X(\omega) \tag{9.101}$$

若 $x(t)$ 是实函数，则 $|X(\omega)|$、$\mathrm{Re}X(\omega)$ 为 ω 的偶函数，$\varphi(\omega)$、$\mathrm{Im}X(\omega)$ 为奇函数。

若 $x(t)$ 是虚函数，则 $|X(\omega)|$、$\mathrm{Re}X(\omega)$ 为 ω 的奇函数，$\varphi(\omega)$、$\mathrm{Im}X(\omega)$ 为偶函数。

例 9.3.1　已知矩形脉 $x_1(t)$ 的频谱函数 $X_1(\omega) = E\tau\mathrm{Sa}(\omega\tau/2)$，将此脉冲右移 $\tau/2$ 得 $x_2(t)$，试求其相位谱。

解：由题意 $x_2(t) = x_1(t-\tau)$，根据时移特性，可得 $x_2(t)$ 的频谱函数为

$$X_2(\omega) = X_1(\omega)\mathrm{e}^{-\mathrm{j}\omega\frac{\tau}{2}} = E\tau\mathrm{Sa}\left(\frac{\omega\tau}{2}\right)\mathrm{e}^{-\mathrm{j}\omega\frac{\tau}{2}}$$

显然，幅度没有变化，其相位谱滞后 $\omega\tau/2$。

由延时特性可知，如果把一个信号延迟时间 t_0，其办法是设计一个网络，能把信号中各个频率分量按其高低分别滞后一相位 ωt_0，当信号通过这样的网络时就可延时 t_0；反之，如果此网络不能满足上述条件，则不同频率分量将有不同的延时，结果将使输出信号的波形出现失真。

例 9.3.2　截平斜坡信号及它的导数波形如图 9.24 所示，求截平斜坡信号的频谱

$$y(t) = \begin{cases} 0, & t < 0, \\ t/t_0, & 0 \leqslant t \leqslant t_0, \\ 1, & t > 0. \end{cases}$$

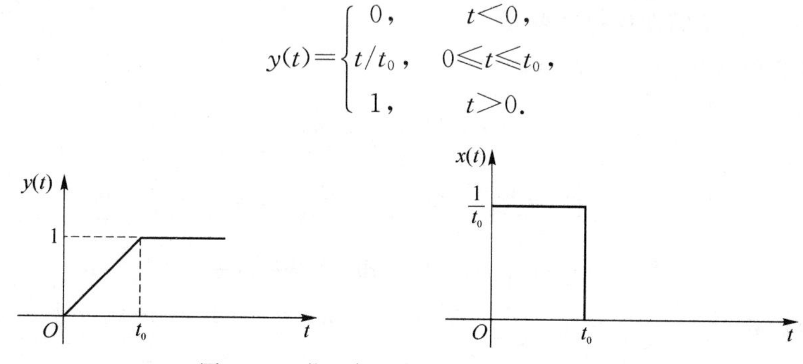

图 9.24　截平斜坡信号及它的导数波形

解：将 $y(t)$ 求导得

$$x(\tau) = \begin{cases} 0 & \tau < 0 \\ 1/t_0 & 0 < \tau < t_0 \\ 1 & \tau > t_0 \end{cases}$$

如果对 $x(\tau)$ 积分，将得

$$y(t)=\int_{-\infty}^{t}x(\tau)\mathrm{d}\tau$$

根据矩形脉冲的频谱及时移特性，可得 $x(\tau)$ 的频谱 $X(\omega)$ 为

$$X(\omega)=\mathrm{Sa}\left(\frac{\omega t_0}{2}\right)\mathrm{e}^{-\mathrm{j}\omega\frac{t_0}{2}}$$

利用积分性质求得 $y(t)$ 的频谱

$$Y(\omega)=\frac{1}{\mathrm{j}\omega}X(\omega)+\pi X(0)\delta(\omega)=\frac{1}{\mathrm{j}\omega}\mathrm{Sa}\left(\frac{\omega t_0}{2}\right)\mathrm{e}^{-\mathrm{j}\frac{\omega t_0}{2}}+\pi\delta(\omega)$$

9.3.4 周期信号的傅里叶变换

以上几节讨论了周期信号的傅里叶级数及非周期信号的傅里叶变换问题。在推导傅里叶变换时，令周期信号的周期趋近于无穷大，这样，周期信号变成非周期信号，将傅里叶级数演变成傅里叶变换，由周期信号的离散谱过渡到连续谱。现在研究周期信号的傅里叶变换特点以及它与傅里叶级数之间的联系，目的是把周期信号与非周期信号的分析方法统一起来。周期信号不满足绝对可积的条件，但是在允许冲激函数存在且有意义的情况下，绝对可积就成了不必要的条件，在这种意义上说周期信号的傅里叶变换是存在的。单位冲激序列及频谱函数如图 9.25 所示。

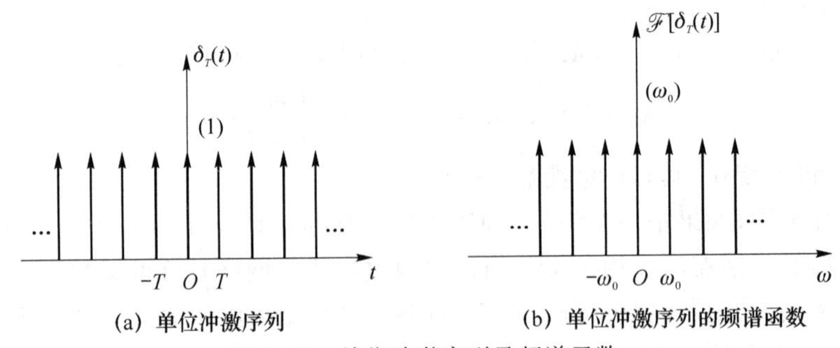

图 9.25 单位冲激序列及频谱函数

以下介绍几种常见周期信号的频谱。

1. 虚指数信号：$\mathrm{e}^{\mathrm{j}\omega_0 t}$ $(-\infty<t<\infty)$

由
$$\int_{-\infty}^{\infty}1\cdot\mathrm{e}^{-\mathrm{j}\omega t}\mathrm{d}t=2\pi\delta(\omega)$$

可得
$$\int_{-\infty}^{\infty}\mathrm{e}^{-\mathrm{j}(\omega-\omega_0)t}\mathrm{d}t=2\pi\delta(\omega-\omega_0)\tag{9.102}$$

同理
$$F[\mathrm{e}^{-\mathrm{j}\omega_0 t}]=\int_{-\infty}^{\infty}\mathrm{e}^{-\mathrm{j}(\omega+\omega_0)t}\mathrm{d}t=2\pi\delta(\omega+\omega_0)\tag{9.103}$$

2. 正弦型信号

$$\cos(\omega_0 t)=\frac{1}{2}(\mathrm{e}^{\mathrm{j}\omega_0 t}+\mathrm{e}^{-\mathrm{j}\omega_0 t})\longleftrightarrow\pi[\delta(\omega+\omega_0)+\delta(\omega-\omega_0)]\tag{9.104}$$

$$\sin(\omega_0 t)=\frac{1}{2}(\mathrm{e}^{\mathrm{j}\omega_0 t}+\mathrm{e}^{-\mathrm{j}\omega_0 t})\longleftrightarrow\mathrm{j}\pi[\delta(\omega+\omega_0)-\delta(\omega-\omega_0)]\tag{9.105}$$

3. 一般周期信号的傅里叶变换

周期信号的傅里叶级数为

$$f_T(t)=\sum_{n=-\infty}^{+\infty}C_n\mathrm{e}^{\mathrm{j}n\omega_0 t}\left(\omega_0=\frac{2\pi}{T}\right)\tag{9.106}$$

式(9.106)两边同取傅里叶变换

$$F[f_T(t)] = F(j\omega) = F\Big[\sum_{n=-\infty}^{+\infty} C_n e^{jn\omega_0 t}\Big] = \sum_{n=-\infty}^{+\infty} C_n \cdot F[e^{jn\omega_0 t}] \tag{9.107}$$

由式(9.103)知

$$F[e^{jn\omega_0 t}] = 2\pi\delta(\omega - n\omega_0) \tag{9.108}$$

于是得到周期信号的傅里叶变换

$$F[f_T(t)] = 2\pi \sum_{n=-\infty}^{+\infty} C_n \delta(\omega - n\omega_0) \tag{9.109}$$

单位冲激序列

$$\delta_T(t) = \sum_{n=-\infty}^{+\infty} \delta(t - nT) \tag{9.110}$$

因为 $\delta_T(t)$ 为周期信号,先将其展开为指数形式傅里叶级数

$$\delta_T(t) = \sum_{n=-\infty}^{+\infty} \delta(t - nT) = \frac{1}{T}\sum_{n=-\infty}^{+\infty} e^{jn\omega_0 t} \tag{9.111}$$

所以

$$F[\delta_T(t)] = 2\pi \sum_{n=-\infty}^{+\infty} \frac{1}{T}\delta(\omega - n\omega_0) = \omega_0 \sum_{n=-\infty}^{+\infty} \delta(\omega - n\omega_0) \tag{9.112}$$

9.4　采样与量化

在一定条件下,一个连续时间信号完全可以用该信号在等时间间隔点上的值或样本来表示,并且可以用这些样本值把该信号全部恢复出来。这个性质来自于采样定理,这一定理是极为重要且有用的。例如,电影就是由一组按时序的单个画面(一帧)所组成的,其中每一帧都代表着连续变化景象中的一个瞬时画面(时间样本),当以足够快的速度来看这些时序样本时,人们就会感觉到是原来连续活动景象的重现。

采样定理的重要性还在于它在连续时间信号和离散时间信号之间所起的桥梁作用。在一定条件下,一个连续时间信号可以由它的样本完全恢复出来,这一点就提供了用一个离散时间信号来表示一个连续时间信号的想法。在很多方面,离散时间信号的处理更加灵活方便些,因此往往比处理连续时间信号更为可取。采样的概念使人们想到一种极富吸引力并广泛使用的方法,就是利用离散事件系统技术来实现连续时间系统并处理连续时间信号:可以利用采样先把一个连续时间信号变换为一个离散时间信号,再用一个离散时间系统将该离散时间信号处理以后,再把它变换到连续时间中。

9.4.1　采样信号的傅里叶变换

采样是指用每隔一定时间的信号样值序列来代替原来在时间上连续的信号,也就是在时间上将模拟信号离散化。通过采样从模拟时间信号 $x(t)$ 中产生离散时间信号,即采样信号 $x_s(t)$,如图 9.26 所示。再经过模拟/数字转换器在幅值上量化为离散时间序列 $x(n)$,经过编码变成数字信号。从而在信号输过程中,可以用离散时间序列或数字信号替换原来的连续信号。

抽样信号的波形如图 9.27 所示,由图可见,连续信号经采样变为离散信号以后,往往需要再

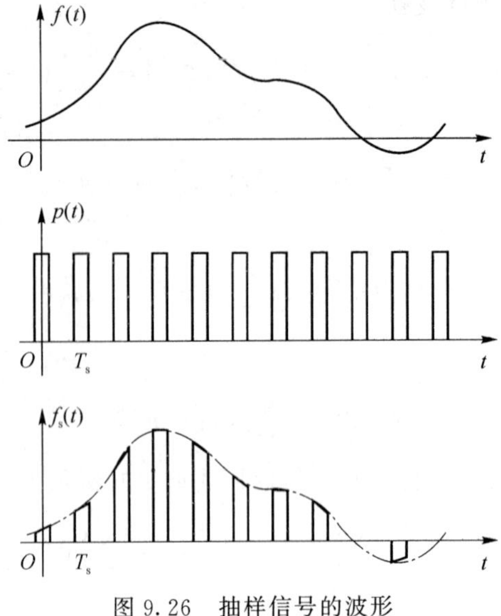

图 9.26　抽样信号的波形

经量化、编码变为数字信号。这种数字信号经传输,然后进行上述过程的逆变换就可以恢复出原连续信号。基于这种原理所构成的数字通信系统在很多性能上都比模拟通信系统优越。

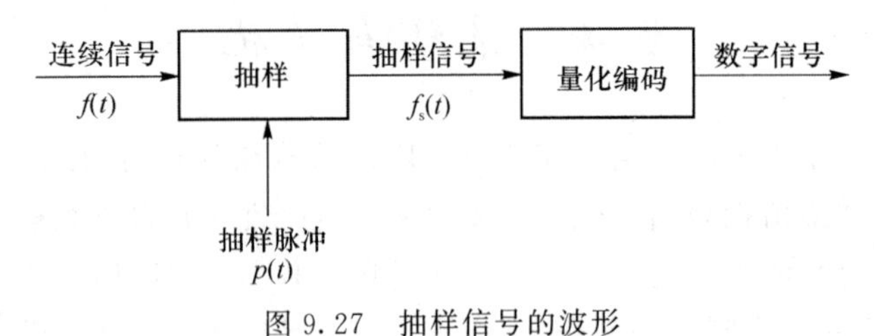

图 9.27　抽样信号的波形

为了从理论上说明这种"替换"的可行性,必须弄清两个问题:一是离散时间的采样信号 $x_s(t)$的傅里叶变换是什么样的?它和原模拟信号 $x(t)$的傅里叶变换有什么联系?二是连续信号被采样后,是否保留了原信号 $x(t)$的全部信息?换句话说,要想从采样信号 $x_s(t)$中无失真地恢复出原来的模拟信号 $x(t)$,需要满足什么样的采样条件?

1. 时域抽样

若抽样脉冲 $p(t)$是冲激序列,则称这种抽样为"冲激抽样"或"理想抽样"。

因为

$$p(t) = \delta_T(t) = \sum_{n=-\infty}^{\infty} \delta(t - nT_s)$$

$$f_s(t) = f(t)\delta_T(t)$$

所以,在这种情况下抽样信号 $f_s(t)$由一系列冲激函数构成,每个冲激的间隔为 T_s,而强度等于连续信号的抽样值 $f(nT_s)$,冲激抽样信号的频谱如图 9.28 所示。

$\delta_T(t)$的傅里叶变换为

$$F[\delta_T(t)] = 2\pi \sum_{n=-\infty}^{+\infty} \frac{1}{T}\delta(\omega - n\omega_0) = \omega_0 \sum_{n=-\infty}^{+\infty} \delta(\omega - n\omega_0) \tag{9.113}$$

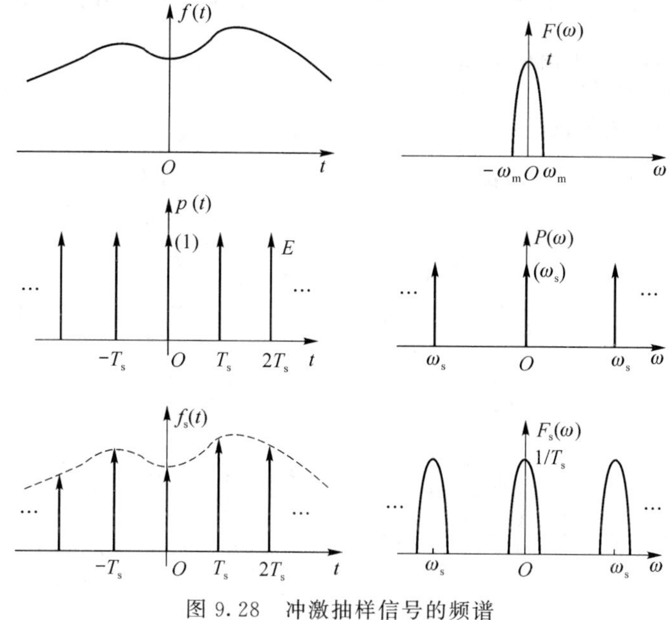

图 9.28　冲激抽样信号的频谱

式(9.113)表明：由于冲激序列的傅里叶系数为常数$\left(=\frac{1}{T}\right)$，所以 $F[\delta_T(t)]$是以 ω_0 为周期等幅地重复。冲激抽样可以看作是矩形脉冲抽样的一种极限情况(脉宽 $\tau\to 0$)。在实际应用中通常采用矩形脉冲抽样，但是为了便于问题分析，当脉宽 τ 相对较窄时，往往近似为冲激抽样。

2. 频域抽样

已知连续频谱函数 $F(\omega)$，对应的时间函数为 $f(t)$。若 $F(\omega)$在频域中被间隔为 ω_1 的冲激序列 $\delta_\omega(\omega)$抽样，那么抽样后的频谱函数 $F_1(\omega)$所对应的时间函数 $f_1(t)$与 $f(t)$有什么样的关系？

已知 $F(\omega)=F[f(t)]$，若频域抽样过程满足

$$F_1(\omega)=F(\omega)\delta_\omega(\omega) \tag{9.114}$$

式中 $\delta_\omega(\omega)=\sum_{n=-\infty}^{\infty}\delta(\omega-n\omega_1)\quad\left(\omega_1=\frac{2\pi}{T_1}\right)$。

于是式(9.114)可写为逆变换形式

$$F^{-1}[\delta_\omega(\omega)]=F^{-1}\left[\sum_{n=-\infty}^{\infty}\delta(\omega-n\omega_1)\right]=\frac{1}{\omega_1}\sum_{n=-\infty}^{\infty}\delta(t-nT_1)=\frac{1}{\omega_1}\delta_T(t) \tag{9.115}$$

由式(9.114)、式(9.115)，根据时域卷积定理可知

$$F^{-1}[F_1(\omega)]=F^{-1}[F(\omega)]\cdot F^{-1}[\delta_\omega(\omega)]$$

即

$$f_1(t)=f(t)\cdot\frac{1}{\omega_1}\sum_{n=-\infty}^{\infty}\delta(t-nT_1)$$

这样，便可得到 $F(\omega)$被抽样后 $F_1(\omega)$所对应的时间函数

$$f_1(t)=\frac{1}{\omega_1}\sum_{n=-\infty}^{\infty}f(t-nT_1) \tag{9.116}$$

式(9.116)表明:若 $f(t)$的频谱 $F(\omega)$被间隔为 ω_1 的冲激序列在频域中抽样,则在时域中等效于 $f(t)$以 $T_1\left(=\frac{2\pi}{\omega_1}\right)$为周期而重复。频域抽样所对应的信号波形如图 9.29 所示,也就是说,周期信号的频谱是离散的。

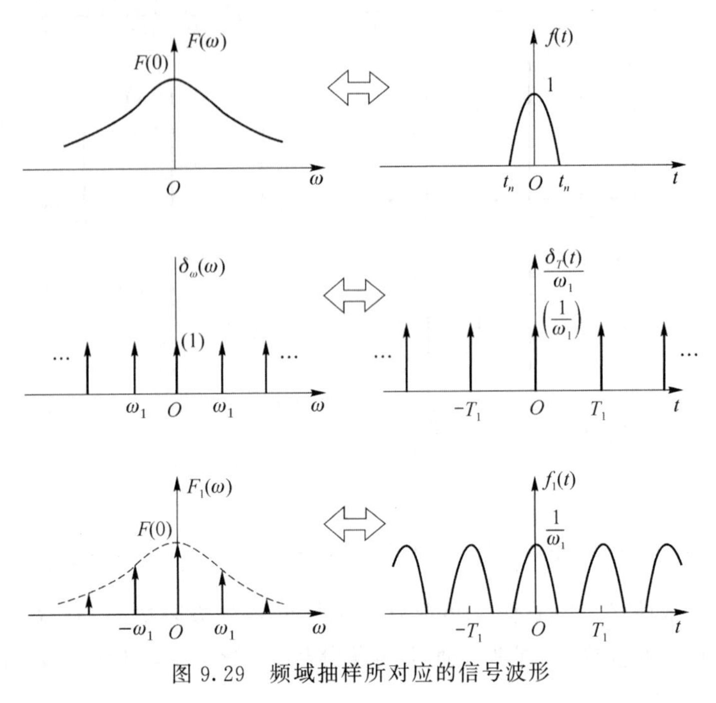

图 9.29 频域抽样所对应的信号波形

通过时域与频域的抽样特性分析,得到傅里叶变换的又一条重要性质,即信号的时域与频域成抽样(离散)与周期(重复)对应关系。

9.4.2 采样定理

如何从抽样信号中恢复原连续信号,以及在什么条件下可以无失真地完成这种恢复作用,著名的"抽样定理"对此做出了明确而精辟的回答。

1. 时域抽样定理

时域抽样定理说明:一个频带有限的信号 $x(t)$,如果其频谱只占据 $-\omega_m \sim +\omega_m$,则信号 $x(t)$可以用等间隔的采样值唯一地表示。而抽样间隔必须不大于$\frac{1}{2f_m}$(其中 $\omega_m=2\pi f_m$),或者说,最低抽样频率为 $2f_m$。

假定信号 $x(t)$的频谱限制在$-\omega_m \sim +\omega_m$ 内,若以间隔 T_s 对 $x(t)$进行采样,则采样后采样信号 $x_s(t)$的频谱 $X_s(\omega)$是 $X(\omega)$以 ω_s 为重复周期的周期函数。在此情况下,只有满足 $\omega_s \geq 2\omega_m$ 的条件,$X_s(\omega)$才不会产生频谱的混叠。这样,如果将 $X_s(\omega)$通过理想低通滤波器,就可以从 $X_s(\omega)$中取出 $X(\omega)$。也就是说,采样信号 $x_s(t)$保留了原连续信号的全部信息,完全可以由 $x_s(t)$无失真地恢复出 $x(t)$。如果 $\omega_s < 2\omega_m$,$X_s(\omega)$将产生频谱混叠现象,因此不能由 $X_s(\omega)$恢复出 $X(\omega)$,即信号 $x(t)$不能由采样信号 $x_s(t)$完全恢复。

当抽样率 $\omega_s > 2\omega_m$(不混叠时)及 $\omega_s < 2\omega_m$(混叠时)两种情况下冲激抽样信号的频谱如

图 9.30所示。

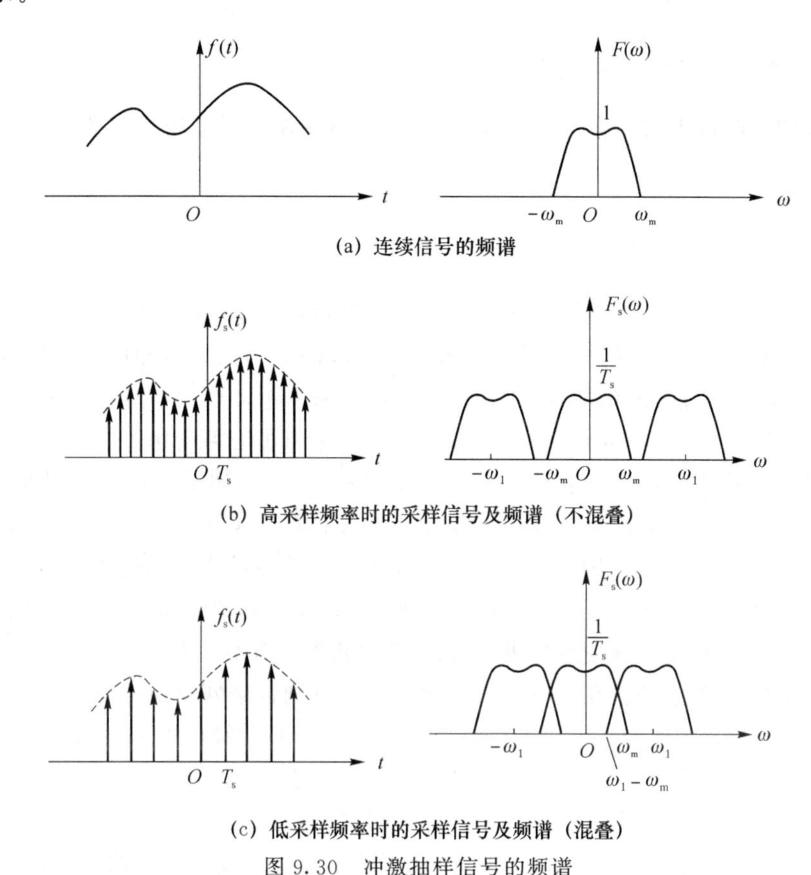

(a) 连续信号的频谱

(b) 高采样频率时的采样信号及频谱（不混叠）

(c) 低采样频率时的采样信号及频谱（混叠）

图 9.30　冲激抽样信号的频谱

对于抽样定理，可以从物理概念上做如下解释：由于一个频带受限的信号波形绝不可能在很短的时间内产生独立的、实质的变化，它的最高变化速度受最高频率分量 ω_m 的限制。因此，为了保留这一频率分量的全部信息，一个周期的间隔内至少抽样两次，即必须满足 $\omega_s \geqslant 2\omega_m$ 或 $f_s \geqslant 2f_m$。

通常把最低允许的抽样率 $f_s = 2f_m$ 称为"奈奎斯特(Nyquist)频率"，把最大允许的抽样间隔 $T_s = \frac{\pi}{\omega_m} = \frac{1}{2f_m}$ 称为"奈奎斯特间隔"。

例如，一路电话信号的频带为 300～3 400 Hz，$f_m = 3\ 400$ Hz，则抽样频率 $f_s \geqslant 2 \times 3\ 400 = 6\ 800$ Hz。如按 6 800 Hz 的抽样频率对 300～3 400 Hz 的电话信号抽样，则抽样后的样值序列可以不失真地还原成原来的话音信号，话音信号的抽样频率通常取 8 000 Hz/s。对于 PAL 制电视信号，视频带宽为 6 MHz，按照 CCIR601 建议，亮度信号的抽样频率为 13.5 MHz，色度信号为 6.75 MHz。

一般情况下，在传感器之后，采样之前要设置一低通滤波器，由此低通滤波器的截止频率来确定信号的最高频率 ω_m，这时令采样频率 $\omega_s \geqslant 2\omega_m$，则采样信号 $x_s(t)$ 的频谱不会产生频谱的混叠现象，可以由 $x_s(t)$ 无失真地恢复出 $x(t)$。

2. 频域抽样定理

根据时域与频域的对称性，可以由时域抽样定理直接推导出频域抽样定理。

若信号 $f(t)$是时间受限信号,它集中在$-t_m \sim +t_m$内,若在频域中以不大于$\frac{1}{2t_{\mathrm{m}}}$的频率间隔对 $f(t)$的频谱 $F(\omega)$进行抽样,等效于 $f(t)$在时域中重复形成周期信号 $f_1(t)$。只要抽样间隔不大于$\frac{1}{2t_{\mathrm{m}}}$,则在时域中波形不会产生混叠,用矩形脉冲作选通信号从周期信号 $f_1(t)$中选出单个脉冲就可以无失真地恢复出原信号 $f(t)$。

9.4.3 量化

量化是用有限个幅度值近似原来连续变化的幅度值,把模拟信号的连续幅度变为有限数量的、有一定间隔的离散值。抽样把模拟信号变成了时间上离散的脉冲信号,但脉冲的幅度仍然是模拟的,还必须进行离散化处理,才能最终用数字来表示。这就要对幅值进行舍零取整的处理,这个过程被称为量化。量化有两种方式:均匀量化和非均匀量化。

实际信号可以看成量化输出信号与量化误差之和,因此只用量化输出信号来代替原信号就会有失真。一般来说,可以把量化误差的幅度概率分布看成是在$-\Delta/2 \sim +\Delta/2$的均匀分布。可以证明,量化失真功率与最小量化间隔的平方成正比。最小量化间隔越大,失真就越小;最小量化间隔越大,用来表示一定幅度的模拟信号时所需要的量化级数就越多,因此处理和传输就越复杂。所以,量化时既要尽量减少量化级数,又要使量化失真看不出来。一般使用一个二进制数来表示某一量化级数,经过传输在接收端再按照这个二进制数来恢复原信号的幅值。量化比特数是指要区分所有量化级所需几位二进制数。例如,有8个量化级可用3位二进制数来区分,因此,8个量化级的量化被称为3比特量化。8比特量化则是指共有256个量化级的量化。

量化误差与噪声是有本质区别的。因为任一时刻的量化误差可以从输入信号求出,而噪声与信号之间就没有这种关系。可以证明,量化误差是高阶非线性失真的产物;但量化失真在信号中的表现类似于噪声,具有很宽的频谱,所以被称为量化噪声,并用信噪比来衡量。

采用均匀间隔量化级进行量化的方法被称为均匀量化或线性量化,这种量化方式会造成大信号时信噪比有余而小信号时信噪比不足的缺点。如果使小信号时量化级间宽度小些,而大信号时量化级间宽度大些,就可以使小信号时和大信号时的信噪比趋于一致。这种非均匀量化级的安排被称为非均匀量化或非线性量化。数字电视信号大多采用非均匀量化方式,这是因为模拟视频信号要经过校正,而校正类似于非线性量化特性,可减轻小信号时误差的影响。

对于音频信号的非均匀量化也是采用压缩、扩张的方法,即在发送端对输入的信号进行压缩处理再均匀量化,在接收端再进行相应的扩张处理。目前,国际上普遍采用容易实现的A律13折线压扩特性和μ律15折线的压扩特性。我国规定采用A律13折线压扩特性。采用13折线压扩特性后小信号时量化信噪比的改善量可达24 dB,而这是靠牺牲大信号量化信噪比(亏损12 dB)换来的。

9.5 离散时间信号的傅里叶变换

9.5.1 离散傅里叶变换

离散傅里叶变换可以将信号分析中的傅里叶正、反变换的数值计算引入计算机。对连续时间模拟信号 $x(t)$用计算机进行离散傅里叶变换时,首先要经过采样器对它采样,在满足采样定理的条件下，获得时间离散的采样信号 $x_s(t)$，它是一个无限长的离散时间序列，记为 $\{x_s(nT_s)\}$，$n=0,1,2,\cdots$。实际上，计算机只能对有限长的信号进行分析与处理，所以必须对无限长的离散时间序列 $\{x_s(nT_s)\}$ 进行截断，只取有限时间 $t=NT_s$ 中的 N 个数据 $\{x_s(nT_s)\}$，$n=0,1,2,\cdots,N-1,N<\infty$。

当连续时间模拟信号 $x(t)$ 被以 T_s 为采样间隔采样，并取 N 个数据进行截断得 $\{x_s(nT_s)\}$，$n=0,1,2,\cdots,N-1$。当 $N<\infty$ 时，$\{x_s(nT_s)\}$ 是离散序列的非周期函数，其频谱是周期的连续函数，可以由傅里叶变换得

$$X(f)=\sum_{n=-\infty}^{\infty}x(nT_s)e^{-j2\pi nfT_s} \tag{9.117}$$

$$x(nT_s)=\frac{1}{f_s}\int_{f_s}X(f)e^{j2\pi nfT_s}df \tag{9.118}$$

式中，T_s 为抽样间隔；$f_s=1/T_s$ 为采样频率。

可以发现 $X(f)$ 的频谱是周期性的连续函数，不能用计算机计算。故考虑进一步把 $\{x_s(nT_s)\}$，$n=0,1,2,\cdots,N-1,N<\infty$，以 N 为周期延时间轴的正负方向开拓，得到重复周期为 $t_p=NT_s$ 的离散时间序列 $\{x_s(nT_s)\}$。其傅里叶变换是周期离散频谱函数

$$X(kf_1)=\sum_{n=0}^{N-1}x(nT_s)e^{-j\frac{2\pi}{N}nk} \tag{9.119}$$

$$x(nT_s)=\frac{1}{N}\sum_{k=0}^{N-1}X(kf_1)e^{j\frac{2\pi}{N}nk} \tag{9.120}$$

为了书写方便，引入符号 W_N，使得 $W_N=e^{-j\left(\frac{2\pi}{N}\right)}$ 或 $W=e^{-j\left(\frac{2\pi}{N}\right)}$。

这时 $\{x_s(nT_s)\}$ 的傅里叶变换可进一步表示为

$$X(kf_1)=\sum_{n=0}^{N-1}x(nT_s)W_N{}^{nk},0<k<\infty \tag{9.121}$$

$$x(nT_s)=\frac{1}{N}\sum_{k=0}^{N-1}X(kf_1)W_N{}^{nk},0<n<\infty \tag{9.122}$$

现在给出有限长序列离散傅里叶变换定义。

设有限长序列 $x(n)$ 的长度为 $N(0\leqslant n\leqslant N-1)$，它的离散傅里叶变换 $X(k)$ 仍然是一个长度为 $N(0\leqslant k\leqslant N-1)$ 的频域有限长序列，这种正反变换的关系式为

$$X(k)=\mathrm{DFT}[x(n)]=\sum_{n=0}^{N-1}x(n)W_N^{nk}\quad(0\leqslant k\leqslant N-1) \tag{9.123}$$

$$x(n)=\mathrm{IDFT}[X(k)]=\frac{1}{N}\sum_{k=0}^{N-1}X(k)W_N^{-nk}\quad(0\leqslant n\leqslant N-1) \tag{9.124}$$

式中，DFT[·]表示取离散傅里叶级数的运算，用 IDFT[·]表示取离散傅里叶级数的反运算。实际上，离散傅里叶级数是按傅里叶分析严格定义的，而离散傅里叶变换则是一种“借用”形式，它需要历经 $x(n)$ 延拓为离散傅里叶级数 $X_p(k)$ 截断 $X(k)$ 的过程。

旋转因子 W_N 的存在，说明离散傅里叶变换具有“隐含的周期性”。这样做的目的，正是为了方便地利用计算机进行傅里叶分析。

离散傅里叶变换变换式可以写成矩阵形式，正变换为

$$\begin{pmatrix}X(0)\\X(1)\\\vdots\\X(N-1)\end{pmatrix}=\begin{pmatrix}W_N{}^0 & W_N{}^0 & \cdots & W_N{}^0\\W_N{}^0 & W_N{}^{1\times1} & \cdots & W_N{}^{(N-1)\times1}\\\vdots & \vdots & & \vdots\\W_N{}^0 & W_N{}^{1\times(N-1)} & \cdots & W_N{}^{(N-1)\times(N-1)}\end{pmatrix}\begin{pmatrix}x(0)\\x(1)\\\vdots\\x(N-1)\end{pmatrix}$$

反变换为

$$\begin{pmatrix} x(0) \\ x(1) \\ \vdots \\ x(N-1) \end{pmatrix} = \frac{1}{N}\begin{pmatrix} W_N{}^0 & W_N{}^0 & \cdots & W_N{}^0 \\ W_N{}^0 & W_N{}^{-1\times1} & \cdots & W_N{}^{-(N-1)\times1} \\ \vdots & \vdots & & \vdots \\ W_N{}^0 & W_N{}^{-(N-1)\times1} & \cdots & W_N{}^{-(N-1)\times(N-1)} \end{pmatrix}\begin{pmatrix} X(0) \\ X(1) \\ \vdots \\ X(N-1) \end{pmatrix}$$

9.5.2 快速傅里叶变换

1965年,Cooley J. W 和 Tukey J. W. 提出了一种快速通用的 DFT 计算方法,即著名的快速傅里叶变换(FFT),它的出现极大地提高了 DFT 的计算速度。

FFT 的基本原理是充分利用已有的计算结果,即函数 $W_N^k = e^{-j\left(\frac{2\pi}{N}\right)k}$ 有以下重要性质。

① 周期性:$W_N^{k+mN} = W_N^k$ (9.125)

② 对称性:$W_N^{k+\frac{N}{2}} = -W_N^k$ (9.126)

③ 换底公式:$W_N^{mk} = W_{\frac{N}{m}}{}^k$ (9.127)

利用这些性质,可以避免 DFT 计算式中很多不必要的重复运算,减少计算量,加快 DFT 的运算速度。现以 $N=4=2^2$ 为例来说明这个问题,先把 DFT 写成矩阵形式。

$$\begin{pmatrix} X(0) \\ X(1) \\ X(2) \\ X(3) \end{pmatrix} = \begin{pmatrix} W_4^0 & W_4^0 & W_4^0 & W_4^0 \\ W_4^0 & W_4^1 & W_4^2 & W_4^3 \\ W_4^0 & W_4^2 & W_4^4 & W_4^6 \\ W_4^0 & W_4^3 & W_4^6 & W_4^9 \end{pmatrix}\begin{pmatrix} x(0) \\ x(1) \\ x(3) \\ x(4) \end{pmatrix} \tag{9.128}$$

根据 W_N^k 的周期性和对称性,式(9.128)中的 W_N^{kn} 矩阵可简化为

$$\begin{pmatrix} W_4^0 & W_4^0 & W_4^0 & W_4^0 \\ W_4^0 & W_4^1 & W_4^2 & W_4^3 \\ W_4^0 & W_4^2 & W_4{}^4 & W_4{}^6 \\ W_4^0 & W_4^3 & W_4{}^6 & W_4{}^9 \end{pmatrix} = \begin{pmatrix} W_4^0 & W_4^0 & W_4^0 & W_4^0 \\ W_4^0 & W_4^1 & W_4^2 & W_4^3 \\ W_4^0 & W_4^2 & W_4^0 & W_4^2 \\ W_4^0 & W_4^3 & W_4^2 & W_4^1 \end{pmatrix} = \begin{pmatrix} W_4^0 & W_4^0 & W_4^0 & W_4^0 \\ W_4^0 & W_4^1 & -W_4^0 & -W_4^1 \\ W_4^0 & -W_4^0 & W_4^0 & -W_4^0 \\ W_4^0 & -W_4^1 & -W_4^0 & W_4^1 \end{pmatrix}$$

经简化后的 W_N^k 矩阵中,若干数量的元素相同,由此可见,DFT 运算是可以大大简化的。FFT 提高运算速度的效果随点数 N 的增加而增加,当 $N=1\,024$ 时,FFT 的运算量仅为常规运算的百分之一。对上述 FFT 稍作修改即可计算离散傅里叶逆变换。实际上,由于 DFT 和 IDFT 都是采用 FFT 算法,所以人们习惯上把它们通称为 FFT。FFT 的算法不是唯一的,自问世以来,已经出现了多种具体算法,速度也越来越快。

9.5.3 基于 *DFT* 算法的频谱分析讨论

由于信号在时域、频域上进行离散化,离散傅里叶变换的分析范围和频率分辨率受到一定的限制,主要包括以下方面。

(1) 频率分析上限,即频率分析范围的 $f_{\max}$

离散傅里叶变换的频率分析上限在理论上等于奈奎斯特频率 f_N,由采样频率 f_s 决定。

$$f_{\max} = f_N = \frac{1}{2}f_s \tag{9.129}$$

实际上,由于频混误差不可能完全避免,在 k 值接近 $\frac{N}{2}-1$(f 接近 f_N)时,频混误差可能

较大。故在解释频谱中接近分析上限的高端分量时，通常采用删去 k 值接近 $\frac{N}{2}-1$ 处的若干高端谱线的措施。

（2）频率分辨率 Δf，即频率分析下限 $f_{\min}$

频率分辨率是指离散谱线之间的频率间隔，也就是频域采样的采样间隔。它由数据块的长度 $T=N\Delta$ 决定，即

$$\Delta f=\frac{1}{N\Delta} \tag{9.130}$$

由于谱窗的带宽大于 $\frac{1}{T}$，再加上旁瓣的影响，实际的频率分辨率低于 Δf。

频谱经离散化后，只能获得在 $f_k=k\cdot\Delta f$ 处的各频率成分，其余部分被舍去，这个现象被称为栅栏效应。这时感兴趣的频率成分和频谱细节有可能出现在非 f_k 点，即谱线之间被舍去处，而使信号数字谱分析出现偏差和较大的分散性。栅栏效应和频混、泄露一样，也是信号数字分析中的特殊问题。减少栅栏效应不利影响的途径之一是采用频率细化技术。

（3）频率分析范围和分辨率之间的关系

离散傅里叶变换的频率分析范围和频率分辨率之间的关系为

$$f_{\max}=\frac{N}{2}\Delta f \tag{9.131}$$

由于计算机容量及计算工作量的限制，各数据块的点数 N 是有限的。通过分析式(9.131)可以看出，当 N 值一定时，频率分析范围越宽，谱线之间的频率间隔就越大，则频率分辨率必然下降；要提高频率分辨率，谱线之间的频率间隔就得变小，则频率分析范围必然变窄。在进行数字信号分析时，须仔细权衡，做出两项指标都可以接受的折中。

9.5.4　离散傅里叶变换的性质

1. 线性

若

$$X(k)=DFT[x(n)],\quad Y(k)=DFT[y(n)]$$

则

$$\mathrm{DFT}[ax(n)+by(n)]=aX(k)+bY(k) \tag{9.132}$$

式中 a,b 为任意常数。

2. 时移特性

若

$$\mathrm{DFT}[x(n)]=X(k),\quad y(n)=x[(n-m)]_N R_N(n)\text{（圆移 } m \text{ 位）}$$

则

$$\mathrm{DFT}[y(n)]=W^{mk}X(k) \tag{9.133}$$

这表明，时移 $-m$ 位，其 DFT 将出现相移因子 W^{mk}。

3. 频移特性

若

$$\mathrm{DFT}[x(n)]=X(k),\quad y(k)=x[(k-l)]_N(R_N(k)$$

则

$$\mathrm{IDFT}[Y(k)]=x(n)W^{-ln} \tag{9.134}$$

这表明，若时间函数乘以指数项 W^{-ln}，则离散傅里叶变换就向右圆移 1 单位。

4. 时域圆周卷积(圆卷积)

若

$$Y(k)=X(k)H(k)$$

则

$$y(n)=\mathrm{IDFT}[Y(k)]=\sum_{m=0}^{N-1}x(m)h[(n-m)]_N R_N(n)$$

$$=\sum_{m=0}^{N-1}h(m)x[(n-m)]_N R_N(n) \tag{9.135}$$

式中,$Y(k)$、$X(k)$、$H(k)$的 IDFT 分别等于 $y(n)$、$x(n)$、$h(n)$。

5. 频域圆周卷积

若

$$y(n)=x(n)h(n)$$

则

$$Y(k)=\mathrm{DFT}[y(n)]=\frac{1}{N}\sum_{l=0}^{N-1}X(l)H[(k-l)]_N R_N(k)$$

$$=\frac{1}{N}\sum_{l=0}^{N-1}H(l)X[(k-l)]_N R_N(k) \tag{9.136}$$

6. 奇偶虚实性

设 $x(n)$为实序列,$\mathrm{DFT}[x(n)]=X(k)$,令

$$X(k)=X_{\mathrm{r}}(k)+\mathrm{j}X_{\mathrm{i}}(k)$$

这里,$X_{\mathrm{r}}(k)$是 $X(k)$的实部,$X_{\mathrm{i}}(k)$是它的虚部,由 DFT 的定义写出

$$X_{\mathrm{r}}(k)=\sum_{n=0}^{N-1}x(n)\cos\left(\frac{2\pi nk}{N}\right),\qquad X_{\mathrm{i}}(k)=-\sum_{n=0}^{N-1}x(n)\sin\left(\frac{2\pi nk}{N}\right) \tag{9.137}$$

7. 帕塞瓦尔定理

若 $\mathrm{DFT}[x(n)]=X(k)$,则

$$\sum_{n=0}^{N-1}|x(n)|^2=\frac{1}{N}\sum_{k=0}^{N-1}|X(k)|^2 \tag{9.138}$$

如果 $x(n)$为实序列,则有

$$\sum_{n=0}^{N-1}x^2(n)=\frac{1}{N}\sum_{k=0}^{N-1}|X(k)|^2 \tag{9.139}$$

9.6 信号的时域分析

测量所得到的信号一般都为时域信号,时域信号也被称为时间域波形。实际的时域信号往往是很复杂的,不但包含确定性信号,也包含随机信号。直接在时域中对信号的幅值及与幅值有关的统计特性进行分析,被称为信号的时域分析,这种分析具有直观、概念明确等特点,是最常用的分析方法之一。主要分析内容有:确定性信号幅值随时间的变化关系,随机信号幅值的统计特性分析,相关分析等。

9.6.1 信号预处理

对采样数据进行处理之前,应做某些预处理,使信号增强或净化,使分析处理获得高质量

的有用信号或更准确的特征信息。预处理主要包括以下内容。

1. 采样数据的标度变换

各种物理量有不同的单位和数值。这些物理量经过 A/D 转换后变成一系列数字量，数字量的变化范围由 A/D 转换器的位数决定。如果直接把这些数字量显示或打印出来，显然不便于操作者的理解。所以，应该把 A/D 转换的数字量变换为带有工程单位的量，这种变换被称为标度变换。

(1) 线性参数的标度变换

当被测物理量与传感器或仪表的输出之间成线性关系时，采用线性变换。变换公式为

$$y=Y_0+\frac{Y_m-Y_0}{N_m-N_0}(x-N_0) \tag{9.140}$$

式中，Y_0 为被测量量程的下限；Y_m 为被测量量程的上限；N_0 为 Y_0 对应 A/D 转换后的数字量；N_m 为 Y_m 对应 A/D 转换后的数字量；x 为被测量实际值 y 所对应得 A/D 转换后的数字量；y 为标度变换后所得到的被测量的实际值。

(2) 非线性参数的标度变换

有些传感器的输出信号与被测量之间的关系是非线性关系，无法用解析式表达，但是，它们之间对应的取值是已知的，这时可以采用多项式变换法进行标度变换。寻找多项式的方法有许多种，这里介绍代数插值法。已知被测量 $y=f(x)$ 与传感器的输出值 x 在 $n+1$ 各相异点 $a=x_0<x_1<\cdots<x_n=b$ 处的函数值为

$$f(x_0)=y_0, f(x_1)=y_1, \cdots, f(x_n)=y_n \tag{9.141}$$

用一个阶数不超过 n 的代数多项式

$$P_n(x)=a_nx^n+a_{n-1}x^{n-1}+\cdots+a_1x^1+a_0 \tag{9.142}$$

去逼近函数 $y=f(x)$，使 $P_n(x)$ 在点 x_i 处满足

$$P_n(x_i)=f(x_i)=y_i \quad (i=0,1,\cdots,n) \tag{9.143}$$

由于代数多项式(9.142)中的待定系数 $a_0, a_1, \cdots, a_n$ 共有 $n+1$ 个，而它应满足的式(9.143)也是 $n+1$ 个，因此只要用已知的 x_i 和 $y_i(i=0,1,\cdots,n)$ 就可以得到多项式 $P_n(x)$。在满足一定精度的前提下，被测量 $y=f(x)$ 可以用 $y=P_n(x)$ 来计算。完成传感器输出值 x 到实际测量值 y 之间的标度变换。

2. 采样数据的数字滤波

在工业生产和科学实验的现场中干扰源较多，环境一般比较恶劣，为了减少采样数据中的干扰信号，提高信号质量，一般在进行数据处理之前先要对采样数据进行数字滤波。所谓“数字滤波”就是采用特定的软件程序或数字方法，减少干扰信号在有用信号中的比例。常用的数字滤波方法包括以下几种。

(1) 中值滤波法

中值滤波法就是对某一被测量连续采样 N 次(一般 N 取奇数 3 或 5 即可)，然后把 N 个采样值从小到大(或从大到小)排队，再取中值作为本次采样值。

中值滤波法对于去掉脉动性质的干扰比较有效，但是对快速变化过程的参数则不宜采用。

(2) 算术平均值法

算术平均值法就是寻找这样一个 $\overline{Y}$ 作为本次采样的平均值。

$$\overline{Y}=\frac{1}{N}\sum_{i=1}^{N}x_i \tag{9.144}$$

式中,$\overline{Y}$ 为 N 次采样值的算术平均值;x_i 为第 i 次采样值;N 为采样次数。

算术平均值法适用于对压力、流量一类信号的平滑处理。

(3) 防脉冲干扰复合滤波法

防脉冲干扰复合滤波法是指先用中值滤波法,滤除由于脉冲干扰而有偏差的采样值,然后把剩下的采样值做算术平均,其原理可用式(9.145)表示。

若 $x_1 \leqslant x_2 \leqslant \cdots \leqslant x_n$,则

$$Y=(x_2+x_3+\cdots+x_{N-1})/(N-2) \tag{9.145}$$

这种方法兼容了算术平均值法和中值滤波法的优点,它既可以去掉脉冲干扰,也可以对采样值进行平滑处理。当采样点数为 3 时,便为中值滤波法。

3. 去除采样数据中的奇异项

采样数据中的奇异项是指采样数据序列中有明显错误的个别数据。这些奇异项的存在会使数据处理后的误差大大增加,应予以去除,然后根据一定的原理补上一些数据。

依据以下准则来判断某时刻的采样数据是否为奇异项:给定一个误差限 W,若 t 时刻的采样值 x_t,预测值为 x_t',当 $|x_t-x_t'|>W$ 时,则认为此采样值 x_t 是奇异项,应予以去除,而以预测值 x_t' 来取代采样值 x_t;否则,保留采样值 x_t 不变。

由此可见,判断奇异项的关键是预测值的算法和误差限 W 值的选择。

预测值 x_t' 可用以下一阶差分方程推算。

$$x_t'=x_{t-1}+(x_{t-1}-x_{t-2}) \tag{9.146}$$

式中,x_t' 为在 t 时刻的预测值;x_{t-1} 为 t 时刻前一个采样点的值;x_{t-2} 为 t 时刻前二个采样点的值。

由式(9.146)可知,t 时刻的预测值可以用 $t-1$ 和 $t-2$ 时刻的采样值来推算。

误差限 W 的大小一般要根据采集系统的采样速度、被测物理量的变化特性来决定。

4. 采样数据的平滑处理

一般来说,数据采集系统采集到的数据中经常叠加有噪声。由于随机噪声的存在,使离散的采样数据所绘成的曲线多呈现折线形状,很不光滑。为了消弱干扰的影响,常常需要对采样数据进行平滑处理。处理的原则是既要消弱干扰的成分,又要保持原有信号曲线的特性。下面仅就平均法进行介绍。

(1) 简单平均法

简单平均法的计算公式为

$$y(t)=\frac{1}{2N+1}\sum_{n=-N}^{N}x(t-n) \tag{9.147}$$

当 $N=1$ 时,为 3 点简单平均,当 $N=2$ 时,为 5 点简单平均。

(2) 加权平均法

取滤波因子 $h(t)=[h(-N),\cdots,h(0),\cdots,h(N)]$,要求

$$\sum_{n=-N}^{N}h(n)=1 \tag{9.148}$$

由 $h(t)$ 对 $x(t)$ 进行滤波得

$$y(t)=h(t)x(t)=\sum_{n=-N}^{N}h(n)x(t-n) \tag{9.149}$$

称 $y(t)$为 $x(t)$的 $2N+1$ 点的加权平均。可以根据具体问题和实际处理效果来确定加权平均因子，如三角型、半余弦型、余弦型加权平均因子等。

9.6.2　时域波形分析

时域波形分析包括幅值参数和一些由幅值参数演化而来的分析。

1. 周期信号的幅值分析

周期信号幅值分析的主要内容包括均值、绝对均值、平均功率、有效值、峰值（正峰值或负峰值）、峰峰值、某一特定时刻的峰值、幅值随时间的变化关系等。这种分析方法主要用于谐波信号或主要成分为谐波信号的复杂周期信号，对于一般的周期信号，在分析前应先进行滤波处理，得到所需分析的谐波信号。

（1）均值和绝对均值

均值是指信号中的直流分量，是信号幅值在分析区间内的算术平均。绝对均值是指信号绝对值的算术平均。设周期信号为 $x(t)$，则均值和绝对均值分别定义如下。

均值
$$\bar{x}=m_x=\frac{1}{T_0}\int_0^{T_0}x(t)\mathrm{d}t \tag{9.150}$$

绝对均值
$$|\bar{x}|=m_{|x|}=\frac{1}{T_0}\int_0^{T_0}|x(t)|\mathrm{d}t \tag{9.151}$$

式中 T_0 为信号周期。

相应的有限离散数字信号序列$\{x(k)\}$，$(k=1,2,\cdots,N)$的计算式分别为

均值
$$\bar{x}=\frac{1}{N}\sum_{k=1}^{N}x(k) \tag{9.152}$$

绝对均值
$$|\bar{x}|=\frac{1}{N}\sum_{k=1}^{N}|x(k)| \tag{9.153}$$

（2）平均功率（均方值）和有效值（均方根值）

另一个重要内容是求信号在时域中的能量。信号能量定义为幅值平方在分析区间内的积分，能量为有限的信号被称为能量信号，如衰减的周期信号；对于非衰减的周期性信号，其能量积分为无穷大，只能用平均功率来反映能量，这种信号被称为功率信号。平均功率是信号在分析区间的均方值，它的均方根值被称为有效值，具有幅值量纲，是反映确定性信号作用强度的主要时域参数。分别定义如下。

平均功率（均方值）
$$x_{\mathrm{MS}}=\frac{1}{T}\int_0^{T}x^2(t)\mathrm{d}t \tag{9.154}$$

有效值（均方根值）
$$x_{\mathrm{RMS}}=\sqrt{\frac{1}{T}\int_0^{T}x^2(t)\mathrm{d}t} \tag{9.155}$$

相应的有限离散数字信号序列$\{x(k)\}$，$(k=1,2,\cdots,N)$的计算式分别为

平均功率（均方值）
$$x_{\mathrm{MS}}=\frac{1}{N}\sum_{K=1}^{N}x^2(k) \tag{9.156}$$

有效值（均方根值）
$$x_{\mathrm{RMS}}=\sqrt{\frac{1}{N}\sum_{k=1}^{N}x^2(t)} \tag{9.157}$$

（3）峰值和双峰值

峰值是指分析区间内出现的最大幅值，即单峰值 x_{p}，可以是正峰值或负峰值的绝对值，峰值反映了信号的瞬时最大作用强度。双峰值 $x_{\mathrm{p\text{-}p}}$是指正、负峰值间的差，也称峰峰值。它不仅

反映信号的瞬时作用强度,还反映了信号幅值的变化范围和偏离中心位置的情况。

峰值 $x_p = |x(t)|_{max}$ (9.158)

双峰值 $x_{p\text{-}p} = |x(t)|_{max} - |x(t)|_{min}$ (9.159)

相应的有限离散数字信号序列$\{x(k)\}$,$(k=1,2,\cdots,N)$的计算式分别为

峰值 $x_p = |x(k)|_{max}$ (9.160)

双峰值 $x_{p\text{-}p} = |x(k)|_{max} - |x(k)|_{min}$ (9.161)

2. 随机信号的统计特征分析

随机信号在任一时刻的幅值和相位是不确定的,不可能用单个幅值或峰值来描述。主要统计特性包括均值、均方值、方差和标准差、概率密度函数、概率分布函数和自相关函数等。

(1) 均值

均值表示集合平均值或数学期望值。对于各态历经的随机过程,可以用单个样本按时间历程来求取均值,被称为子样均值(以下简称均值),记为m_x。

$$m_x = E[x(t)] = \lim_{T\to\infty} \frac{1}{T}\int_0^T x(t)\mathrm{d}t \tag{9.162}$$

相应的有限离散数字信号序列$\{x(k)\}$,$(k=1,2,\cdots,N)$的计算式为

$$m_x = E[x(k)] = \lim_{N\to\infty} \frac{1}{N}\sum_{k=1}^{N} x(k) \tag{9.163}$$

(2) 均方值

均方值表示$x(t)$信号的强度。对于各态历经的随机过程,可以用观测时间的幅度平方的平均值表示,记为ψ_x^2。

$$\psi_x{}^2 = E[x^2(t)] = \lim_{T\to\infty} \frac{1}{T}\int_0^T x^2(t)\mathrm{d}t \tag{9.164}$$

相应的有限离散数字信号序列$\{x(k)\}$,$(k=1,2,\cdots,N)$的计算式为

$$\psi_x{}^2 = E[x^2(k)] = \lim_{N\to\infty} \frac{1}{N}\sum_{k=1}^{N} x^2(k) \tag{9.165}$$

(3) 方差和均方差

方差是$x(t)$相对于均值波动的动态分量,反映随机信号的分散程度,对于零均值随机信号,其均方值和方差是相同的,方差记为σ_x^2。

$$\sigma_x^2 = E[(x(t)-m_x)^2] = \lim_{T\to\infty} \frac{1}{T}\int_0^T [x(t)-m_x]^2\mathrm{d}t = \psi_x^2 - m_x^2 \tag{9.166}$$

相应的有限离散数字信号序列$\{x(k)\}$,$(k=1,2,\cdots,N)$的计算式为

$$\sigma_x^2 = E[(x(t)-m_x)^2] = \lim_{N\to\infty} \frac{1}{N}\sum_{k=1}^{N} [x(k)-m_x]^2 = \psi_x^2 - m_x^2 \tag{9.167}$$

9.6.3 时域平均

时域平均是从混有噪声干扰的信号中提取周期性信号的一种有效方法,也称相干检波。对被分析的信号以一定的周期为间隔去截取信号,然后将所截得的分段信号对应点叠加后求得平均值,就可以保留确定的周期分量,消除信号中的非周期分量和随机干扰。原理如下:

设信号$x(t)$由周期信号$s(t)$和白噪声$n(t)$组成,即

$$x(t) = s(t) + n(t) \tag{9.168}$$

若以$s(t)$的周期去截取$x(t)$,共截取N段,然后将各段对应点相加,则由白噪声的不相关

性可得到

$$x(t_i)=Ns(t_i)+\sqrt{N}n(t_i) \tag{9.169}$$

再对 $x(t_i)$ 求平均,可得到输出信号

$$y(t_i)=s(t_i)+\frac{n(t_i)}{\sqrt{N}} \tag{9.170}$$

此时,由式(9.170) 输出信号中的白噪声是原来信号中的白噪声的 $1/\sqrt{N}$,因此信噪比将提高$\sqrt{N}$倍。故时域平均可以消除与给定周期无关的其他信号分量,可应用于信噪比很低的场合。

相对应地,若用 $x_i(k)$表示离散信号第 i 段的第 k 个采样点,则有限离散数字信号序列$\{x_i(k)\}$,$(i=1,2,\cdots,N;k=1,\cdots,L)$的时域平均计算公式为

$$y(k)=\frac{\sum_{i=1}^{N}x_i(k)}{N} \tag{9.171}$$

9.6.4　相关分析

相关分析是信号分析的重要组成部分,是信号波形之间相似性或关联性的一种测度。相关分析在检测系统中应用广泛,它主要解决信号本身的关联问题、信号与信号之间的相似性问题。

1. 相关函数的定义

(1) 当连续信号 $x(t)$与 $y(t)$均为能量信号时,相关函数定义为

$$R_{xy}(\tau)=\int_{-\infty}^{\infty}x(t)y(t-\tau)\mathrm{d}t \tag{9.172}$$

或

$$R_{yx}(\tau)=\int_{-\infty}^{\infty}y(t)x(t-\tau)\mathrm{d}t$$

$R_{xy}(\tau)$、$R_{yx}(\tau)$分别表示信号 $x(t)$与 $y(t)$在延时 τ 时的相似程度,又称互相关函数;当$y(t)=x(t)$时,为自相关函数,记作 $R_x(\tau)$,即

$$R_x(\tau)=R_{xx}(\tau)=\int_{-\infty}^{\infty}x(t)x(t-\tau)\mathrm{d}t \tag{9.173}$$

当信号 $x(t)$与 $y(t)$均为功率信号时,相关函数定义为

$$R_{xy}(t)=\lim_{T\to\infty}\frac{1}{T}\int_{0}^{T}x(t)y(t-\tau)\mathrm{d}t \tag{9.174}$$

或

$$R_{yx}(t)=\lim_{T\to\infty}\frac{1}{T}\int_{0}^{T}y(t)x(t-\tau)\mathrm{d}t$$

自相关函数定义为

$$R_x(\tau)=R_{xx}(\tau)=\lim_{T\to\infty}\frac{1}{T}\int_{0}^{T}x(t)x(t-t)\mathrm{d}t \tag{9.175}$$

(2) 当离散信号 $x(n)$与 $y(n)$均为能量信号时,相关函数定义为

$$R_{xy}(m)=\sum_{n=-\infty}^{\infty}x(n)y(n-m) \tag{9.176}$$

或

$$R_{yx}(m)=\sum_{n=-\infty}^{\infty}y(n)x(n-m)$$

$R_{xy}(m)$、$R_{yx}(m)$分别表示信号$x(n)$与$y(n)$在延时m时的相似程度，被称为互相关函数；当$y(m)=x(m)$时，为自相关函数，记作$R_x(m)$，即

$$R_x(m)=R_{xx}(m)=\sum_{n=-\infty}^{\infty}x(n)x(n-m) \tag{9.177}$$

当信号$x(n)$与$y(n)$均为功率信号时，相关函数定义为

$$R_{xy}(m)=\lim_{N\to\infty}\frac{1}{2N+1}\sum_{n=-N}^{N}x(n)y(n-m) \tag{9.178}$$

或

$$R_{yx}(m)=\lim_{N\to\infty}\frac{1}{2N+1}\sum_{n=-N}^{N}y(n)x(n-m)$$

自相关函数定义为

$$R_x(m)=R_{xx}(m)=\lim_{N\to\infty}\frac{1}{2N+1}\sum_{n=-N}^{N}x(n)x(n-m) \tag{9.179}$$

例 9.6.1 求图 9.31 所示矩形射频脉冲信号$x(t)$的自相关函数。

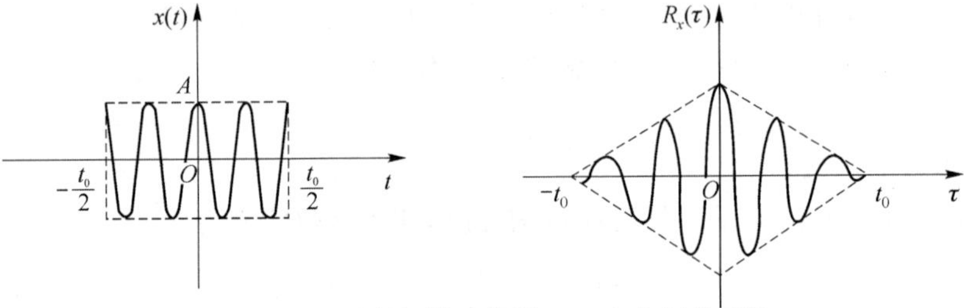

图 9.31 矩形射频脉冲信号$x(t)$和自相关函数

解:设$x(t)$具有如下形式 $x(t)=\begin{cases}A\cos\ \omega t, & |t|<\frac{t_0}{2}\\ 0, & \text{其他}\end{cases}$

因为自相关函数具有偶函数的性质，所以只在$0<\tau<t_0$时计算式(9.175)的积分。

$$\begin{aligned}R(\tau)&=A^2\int_{-\frac{t_0}{2}+\tau}^{\frac{t_0}{2}}\cos\ \omega t\cos\ \omega(t-\tau)\mathrm{d}t\\&=\frac{A^2}{2}(t_0-\tau)\cos\ \omega\tau+\frac{A^2}{2}\int_{-\frac{t_0}{2}+\tau}^{\frac{t_0}{2}}\cos(2\omega t-\tau)\mathrm{d}t\end{aligned} \tag{9.180}$$

最后计算三角积分，有$R(\tau)=\frac{A^2}{2}(t_0-|\tau|)\left[\cos\ \omega t+\frac{\sin\ \omega(t_0-|\tau|)}{\omega(t_0-|\tau|)}\right]$

式(9.180)结果可以用图 9.31 表示，显然，矩形射频脉冲的自相关函数具有典型的振荡形式。

例 9.6.2 计算具有相同值的三位信号$x=\{1,1,1\}$的自相关函数。

解:将此信号及其移动 1、2 和 3 的副本一起列出如下。

…	0	0	0	1	1	1	0	0	0	…	$x(j)$
…	0	0	0	0	1	1	1	0	0	…	$x(j-1)$
…	0	0	0	0	0	1	1	1	0	…	$x(j-2)$
…	0	0	0	0	0	0	1	1	1	…	$x(j-3)$

可以看出，在 $n=3$ 时信号和副本已经不再互相重合了，因此，当 $n\geqslant 3$ 时，式(9.179)中的乘积等于零。若计算总和，则可得结果。

$$R(0)=1+1+1=3$$
$$R(1)=1+1=2$$
$$R(2)=1=1$$

此处的自相关函数旁瓣随 n 的增加而单调衰减，如图 9.32所示。

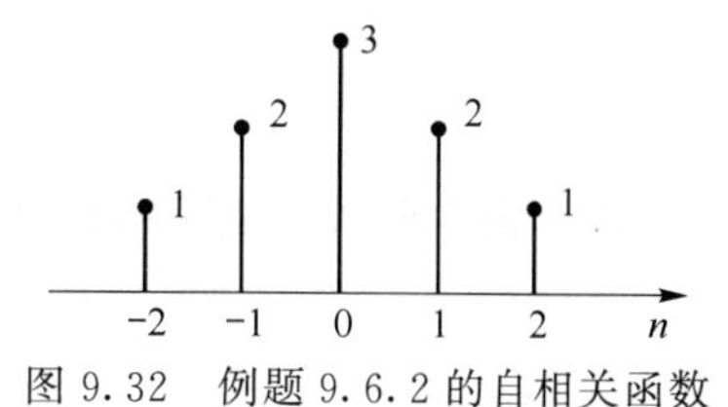

图 9.32　例题 9.6.2 的自相关函数

2. 相关系数的定义

表示相关或关联程度也可以用相关系数来描述。

信号 $x(n)$与 $y(n)$的互相关系数定义为

$$\rho_{xy}(m)=\frac{R_{xy}(m)-m_x m_y}{\sigma_x\sigma_y} \tag{9.181}$$

式中 m_x、σ_x、m_y、σ_y 分别表示信号 $x(n)$与 $y(n)$的均值和方差。

可以证明$|\rho_{xy}(m)|\leqslant 1$。当$|\rho_{xy}(m)|=1$ 时表示两信号完全相关；当 $\rho_{xy}(m)=0$ 时，表示两信号完全无关。一般情况下，$0<\rho_{xy}(m)<1$，$|\rho_{xy}(m)|$越接近于 1，表示两信号相似程度越高；$|\rho_{xy}(m)|$越接近于 0，表示两信号相似程度越低。

信号 $x(n)$的自相关系数定义为

$$\rho_x(m)=\frac{R_x(m)-{m_x}^2}{{\sigma_x}^2} \tag{9.182}$$

当 $\rho_x(m)=1$ 时，表示 $x(n)$在 n 时刻与 $n+m$ 时刻的值完全相关；当 $\rho_x(m)=0$ 时，表示两时刻值完全无关。

9.6.5　概率密度函数与概率分布

随机信号的概率密度函数 $p(x)$表示信号幅值落在某指定范围内的概率，是随机变量幅值的函数，描述了随机信号的统计特性。测量原理如图 9.33 所示。

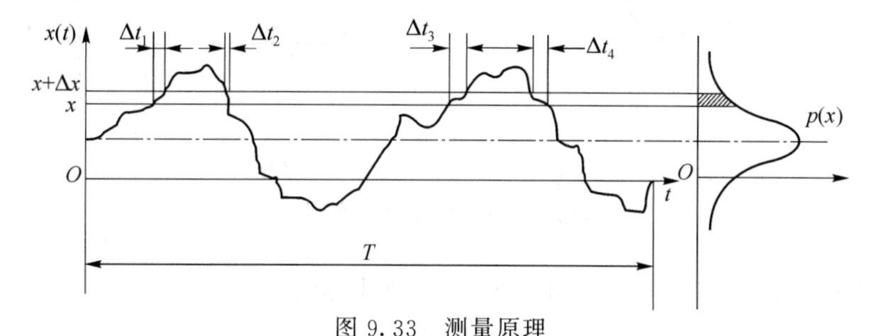

图 9.33　测量原理

信号 $x(t)$落在$(x,x+\Delta x)$区间内的时间为 T_x。

$$T_x=\Delta t_1+\Delta t_2+\cdots+\Delta t_n=\sum_{i=1}^{n}\Delta t_i$$

当样本函数的记录时间 T 趋于无穷大时，$\frac{T_x}{T}$的比值就是振幅落在$(x,x+\Delta x)$区间的概率，即

$$P[x<x(t)\leqslant x+\Delta x]=\lim_{T\to\infty}\frac{T_x}{T}$$

定义幅值概率密度函数 $p(x)$为

$$p(x)=\lim_{\Delta x\to 0}\frac{P[x<x(t)\leqslant x+\Delta x]}{\Delta x} \tag{9.183}$$

相应地,对于有限离散数字信号序列$\{x(k)\}(k=1,2,\cdots,N)$,振幅落在区间$(x,x+\Delta x)$的点数为 m(Δx 为幅值区间的离散间隔),则幅值的概率和概率密度的估计值计算式为

$$P[x<x(t)\leqslant x+\Delta x]=\frac{m}{N}$$

$$p(x)=\frac{P[x<x(k)\leqslant x+\Delta x]}{\Delta x} \tag{9.184}$$

概率密度函数提供了随机信号沿幅值分布的信息。

思考题与习题

1. 信号 $f(t)$的波形如习题图 9.1 所示,写出图中各信号的函数表达式。

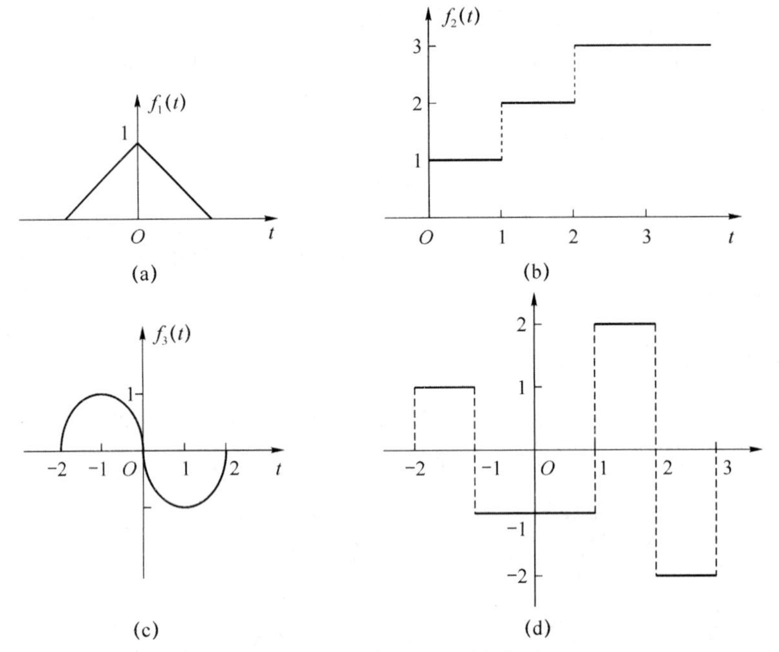

习题图 9.1 信号 $f(t)$的波形

2. 已知信号 $f(t)$的波形如习题图 9.2 所示,画出 $f(1-2t)$的波形。

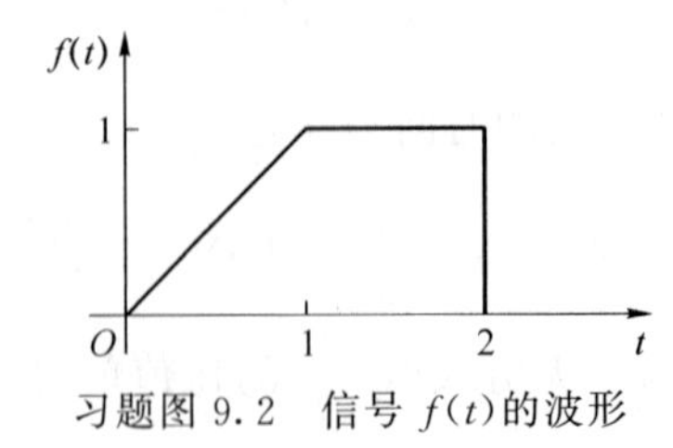

习题图 9.2 信号 $f(t)$的波形

3. 已知序列 $f_1(k)$和 $f_2(k)$的图形如习题图 9.3 所示。求

$$y(k)=f_1(k)\cdot f_2(k)$$

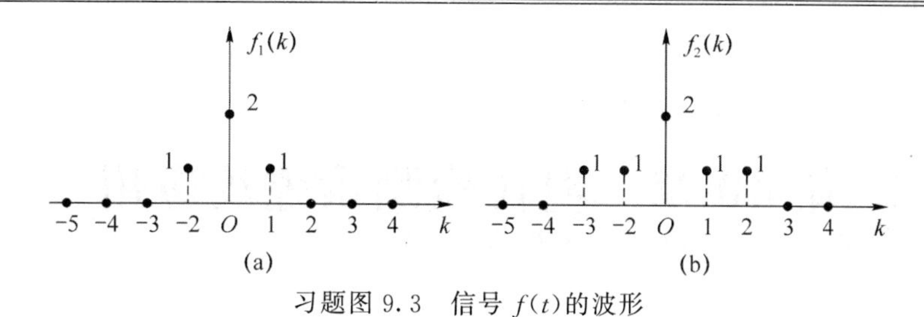

习题图 9.3　信号 $f(t)$ 的波形

4. 已知信号 $f(t)$ 波形如习题图 9.4 如示，其中，$A=\frac{1}{2}$，$T=2$。

(1) 求该信号的傅里叶变级数(三角形式与指数形式)。

(2) 求级数 $S=1-\frac{1}{3}+\frac{1}{5}-\frac{1}{7}\cdots$ 之和。

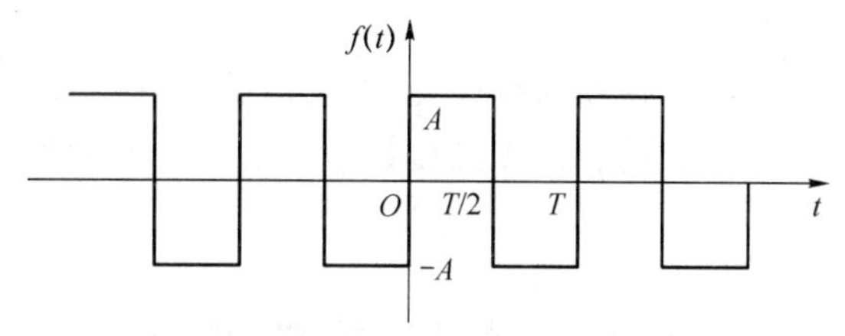

习题图 9.4　信号 $f(t)$ 的波形

5. 已知半波余弦脉冲如习题图 9.5 所示，求其傅里叶变换。

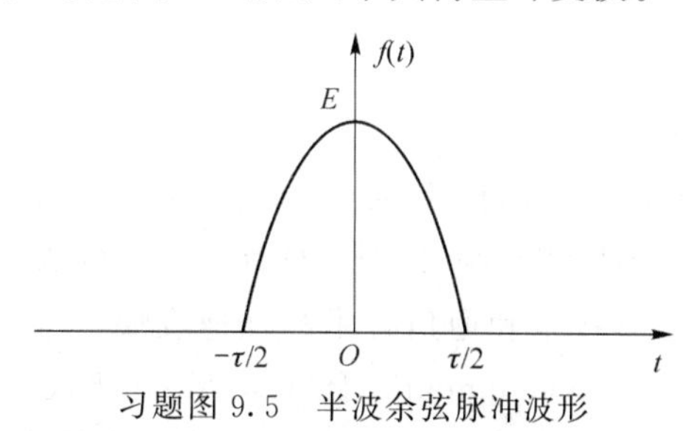

习题图 9.5　半波余弦脉冲波形

6. 利用傅里叶变换性质求习题图 9.6 中脉冲信号的傅里叶变换。

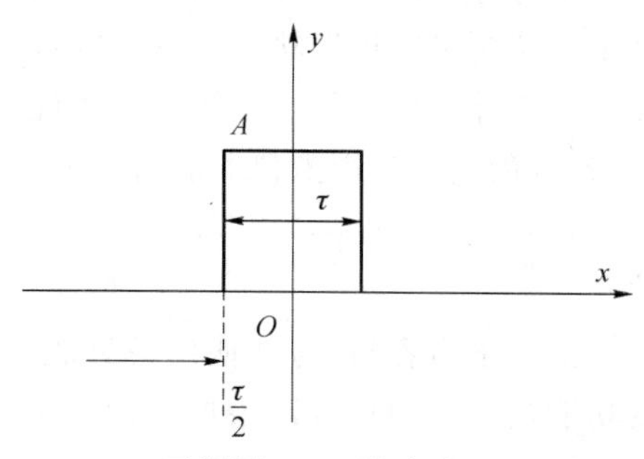

习题图 9.6　脉冲波形

7. 若单脉冲信号 $f_0(t)$ 的频谱为 $F_0(\mathrm{j}\omega)=E\tau\mathrm{Sa}\left(\frac{\omega t}{2}\right)$，且有如下三脉冲信号 $f(t)=f_0(t)+f_0(t+T)+f_0(t-T)$，求其频谱。

8. 求 $f_1(t)\cos\,\omega_c t$ 的傅里叶变换。

第10章　现代检测系统及应用

随着科学技术的发展，仪器仪表的研制和生产趋向微型化、集成化、智能化和网络化。利用现代微型制造技术、光—机—电—仪等综合技术、纳米技术、计算机技术、仿生技术、新材料等高新技术发展新式的科学仪器已成为主流。同时，虚拟仪器技术、现场总线技术、无线传感器网络技术、智能化处理技术、网络化测控技术等已经广泛应用于现代检测系统中，基于计算机的仪器仪表将更可靠，配置更简单灵活，更便于使用，这将有力地推动仪器仪表的现代化发展进程。

本章主要介绍虚拟仪器技术、现场总线仪表、无线传感器网络技术、检测系统的智能化和网络化测控技术等，最后介绍一个基于计算机和数据采集芯片的便携式检测系统的实用设计方案。

10.1　虚拟仪器技术

10.1.1　虚拟仪器概述

1. 虚拟仪器的产生及发展

检测装置或检测系统的发展过程可分为模拟检测装置、数字检测装置、基于微处理器的检测装置、以计算机为核心的自动检测系统，以及以软件为核心的虚拟仪器系统等几个阶段。随着计算机技术、大规模集成电路技术和通信技术的飞速发展，仪器技术领域发生了巨大的变化，美国国家仪器公司(National Instruments)于20世纪80年代中期首先提出了基于计算机和软件技术的虚拟仪器的概念，随后研制和推出了基于多种总线系统的虚拟仪器。

虚拟仪器，实际上是一种基于计算机的自动化仪器。虚拟仪器的突出优点在于能够和计算机技术结合，通过开发软件来开拓更多的仪器功能，具有灵活性的优势。虚拟仪器可以充分利用现有的计算机资源，配以独特设计的软、硬件，不但可以实现普通仪器的全部功能，还可以开发出一些在普通仪器上无法实现的功能。虚拟仪器的另一个突出优点是能够和网络技术结合，借助OLE、DDE技术与企业内部网(Intranet)或互联网(Internet)连接，能够进行高速数据通信，实现测量数据的远程共享。

虚拟仪器的操作界面友好，操作学习容易，与其他设备集成方便，提供给用户的检测手段不但功能多样，而且调整改变功能灵活。用户可以根据不同要求，设计自己的仪器系统，满足多种多样的应用需求。有研究表明，虚拟仪器最终要取代大量的传统仪器，成为仪器领域的主流产品。

2. 虚拟仪器分类

(1)虚拟仪器的发展方向

• 向高速、高精度、大型自动测试设备方向发展。进展过程为，基于GPIB总线虚拟仪器→基于VXI总线虚拟仪器→基于PXI总线虚拟仪器。

• 向高性能、低成本、普及型方向发展。进展过程为,PC 插卡式虚拟仪器(数据采集插卡式 DAQ)→并行接口虚拟仪器→串行接口(包括 RS232C、RS485 和 USB 等)和网络接口虚拟仪器。

(2) 虚拟仪器的类型

• PC 总线——插卡型虚拟仪器

插卡型虚拟仪器借助于插入计算机内的数据采集卡与专用的软件如 LabVIEW 相结合。缺点是机箱内无屏蔽,而且受到 PC 机的机箱和总线、计算机的电源功率、插槽数目、插槽尺寸等因素的限制,还受到机箱内部的噪声电平干扰等。

• 并行接口式虚拟仪器

并行接口式虚拟仪器把仪器硬件集成在一个采集盒内,数据线连接到计算机并行口,仪器软件装在计算机上,可以组成数字存储示波器、频谱分析仪、逻辑分析仪、任意波形发生器等仪器。并行接口式虚拟仪器价格低廉、用途广泛,尤其适用于研发部门和教学科研实验室。

• GBIB 总线虚拟仪器

GPIB 总线(General Purpose Interface Bus),即 IEEE488 通用接口总线,是 HP 公司在 20 世纪 70 年代推出的台式仪器接口总线,因此又称 HPIB(HPInterfaceBus)。该总线是在微机中插入一块 GPIB 接口卡,通过 24 或 25 线电缆连接到仪器端的 GPIB 接口。当微机的总线变化时,例如,采用 ISA 或 PCI 等不同总线,接口卡也随之变更,其余部分可保持不变,从而使 GPIB 系统能适应微机总线的快速变化。GPIB 系统的缺点是数据线较少,只有 8 根,数据传输速度最高为 1 Mbit/s,传输距离为 20 m。

• VXI 总线虚拟仪器

VXI 总线(VME Bus Extension for Instrumentation)是 VME 计算机总线在仪器领域中的扩展,VME 总线是一种工业微机的总线标准,主要用于微机和数字系统领域。VXI 系统具有小型便携、高速数据传输、模块式结构、系统组建灵活等特点;但是组建 VXI 总线要求有机箱、零槽控制器及嵌入式控制器,造价比较高。

• PXI 总线虚拟仪器

PXI(PCI Extensions for Instrumentation)是 PCI 计算机总线在仪器领域中的扩展。PXI 构造类似于 VXI 结构,但它的设备成本更低,运行速度更快,结构更紧凑。目前基于 PCI 总线的软、硬件均可应用于 PXI 系统中,从而使 PXI 系统具有良好的兼容性。PXI 有 8 个扩展槽,通过使用 PCI-PCI 桥接器,可扩展至 256 个扩展槽。因此,基于 PXI 总线的虚拟仪器将成为主流的虚拟仪器平台之一。

10.1.2　虚拟仪器的构成

虚拟仪器系统由计算机、仪器硬件和应用软件三大要素构成。计算机与仪器硬件又称虚拟仪器的通用仪器硬件平台。虚拟仪器中硬件的主要功能是获取测量信号,而软件的作用是实现数据采集、分析、处理、显示等功能,并将其集成为仪器操作与运行的命令环境。虚拟仪器的构成如图 10.1 所示,可以看出,虚拟仪器系统的构成可以分为传感器功能部分、测控功能部分和计算机硬件平台功能部分。计算机硬件平台可以是各种类型的计算机,如台式计算机、便携式计算机、工作站及嵌入式计算机等。

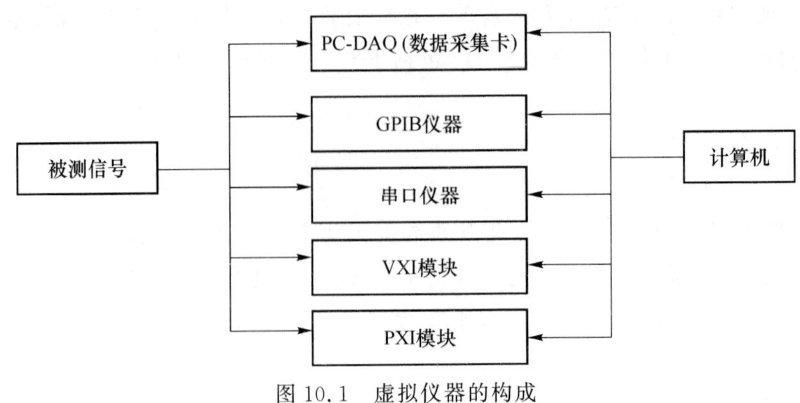

图10.1 虚拟仪器的构成

1. 硬件组成

虚拟仪器硬件包括计算机及I/O接口设备,计算机中的微处理器和总线是虚拟仪器最重要的组成部分。总线技术的发展促进了虚拟仪器处理能力的提高,PCI总线性能比ISA总线提高了近十倍,使得微处理器能够更快地访问数据。使用ISA总线时,插在电脑中的数据采集板的采集速度最高为2 Mbit/s,使用PCI总线最高采集速度可提高到132 Mbit/s。由于总线速度的大大提高,可以同时使用数块数据采集板,甚至图像数据采集也可以和数据采集结合在一起。

I/O接口设备主要完成被测信号的采集、放大、模/数转换,可根据不同情况采用不同的I/O接口硬件设备,如数据采集卡(DAQ)、GPIB总线仪器、VXI总线仪器模块、串口仪器等。虽然经常被忽视,但是I/O驱动程序是快速测试开发策略至关重要的要素之一。此软件提供了测试开发软件和测量与控制硬件之间的连通性,它包括仪器的驱动程序、配置工具和快速I/O助手。

2. 软件组成

开发虚拟仪器必须有合适的软件工具,目前的虚拟仪器软件开发工有两类。

(1) 文本式编程语言:如Visual C++、Visual Basic、Labwindows/CVI等。

(2) 图形化编程语言:如LabVIEW、HPVEE等。

虚拟仪器软件由两部分构成:应用程序和I/O驱动程序。

应用程序包含两个方面的程序:

① 实现虚拟面板功能的前面板软件程序;

② 定义测试功能的流程图软件程序。

I/O接口仪器驱动程序用来完成特定外部硬件设备的扩展、驱动和通信。大部分虚拟仪器开发环境均提供一定程度的I/O设备支持,许多I/O驱动程序已经集成在开发环境中。以LabVIEW为例,它能够支持串行接口、GPIB、VXI等标准总线和多种数据采集板,LabVIEW还可以驱动许多仪器公司的仪器,如Hewlett-Packard、Philips、Tektronix等。同时,LabVIEW可调用Windows动态链接库和用户自定义的动态链接库中的函数,以解决对某些非NI公司支持的标准硬件在使用过程中的驱动问题。

3. 基于PXI总线虚拟仪器测试系统的组成

1997年,NI公司发布了一种全新的开放性、模块化仪器总线规范——PXI,它将CompactPCI规范定义的PCI总线技术发展成适合于试验、测量与数据采集场合应用的机械、电气和软件规范，从而形成了新的虚拟仪器体系结构。制订 PXI 规范的目的是为了将台式计算机的性价比优势与 PCI 总线面向仪器领域的扩展完美地结合起来，形成一种主流的虚拟仪器测试平台。PXI 开发厂商为用户提供了数百种测量仪器模块，让用户可以以最方便、快速及经济的方式设计适合的 PXI 系统。

(1) PXI 系统组成

PXI 系统主要包括以下器件：一个机箱、一个 PXI 背板(Backplane)、系统控制器(System Controller Module)以及数个外设模块(Peripheral Modules)或称 PXI 仪器。一个 8 槽的 PXI 系统如图 10.2 所示，其中系统控制器也就是 CPU 模块，位于机箱的左边第一槽，其左方预留了 3 个扩充槽位给系统控制器使用，以便插入体积较大的系统卡。由第 2 槽开始至第 8 槽被称作外设槽，可以让用户按照本身的需求插上不同的仪器模块。其中第 2 槽又被称作星形触发控制器槽(Star Trigger Controller Slot)。

背板上的 P1 接插件上有 32－bit PCI 信号，P2 接插件上则有 64－bit PCI 信号以及 PXI 特殊信号。

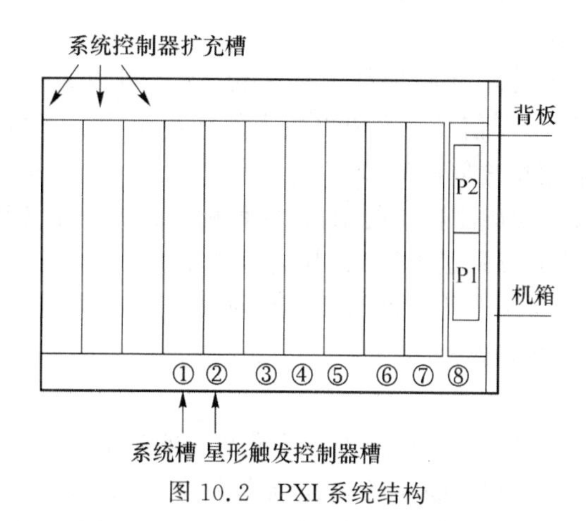

图 10.2　PXI 系统结构

(2) PXI 的信号种类

① 10 MHz 参考时钟(10 MHz Reference Clock)

PXI 的参考时钟位于背板上，并且分布至每一个外设槽(Peripheral Slot)，由时钟源(Clock Source)开始至每一个槽的布线长度都相等，因此每一个外设槽接收的时钟都是同一相位的，使得所接的多个仪器模块能够同步操作。

② 局部总线(Local Bus)

PXI 系统每一个外设槽的左方和右方局部总线各有 13 条，这个总线可以传送模拟信号和数字信号。例如，3 号外设槽上有左方局部总线，可以与 2 号外设槽上的右方局部总线连接，而 3 号外设槽上的右方局部总线，则与 4 号外设槽上的左方总线连接。而外设槽 3 号上的左方局部总线与右方局部总线在背板上是不互相连接的，除非插在 3 号外设槽的仪器模块将这两方信号连接起来。PXI 总线架构如图 10.3 所示。

③ 星形触发(Star Trigger)

外设槽 2 号的左方局部总线为星形触发线，这 13 条星形触发线被依次连接到另外的 13 个外设槽(如果背板支持到另外 13 个外设槽)，而且布线长度都相等。如果在同一时间内，2 号外设槽上从这 13 条星形触发线发出触发信号，那么其他仪器模块都会在同一时间收到触发信号。因此，外设槽 2 号也叫作星形触发控制器槽(Star Trigger Controller Slot)。

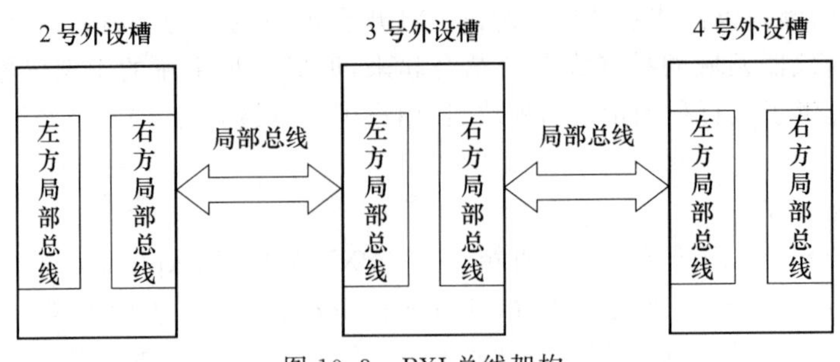

图 10.3　PXI 总线架构

④ 触发总线(Trigger Bus)

触发总线共有 8 条线,在背板上从系统槽(Slot 1)连接到其余的外设槽,为所有插在 PXI 背板上的仪器模块提供了一个共享的通信通道。这个 8-bit 宽度的总线可以让多个仪器模块之间传送时钟信号、触发信号以及特定的传送协议。

(3) PXI 系统应用实例

PXI 仪器模块与 PXI 平台作为测量与测试平台,不仅可以充分利用 PCI 的高速传输特性,更可以利用 PXI 提供的触发信号来完成更精密的同步功能。下面以一个简单的例子说明如何以 PXI 信号进行仪器模块之间的同步。

使用某种检测设备来探测待测物体的结构,这种设备具有 8 个传感器,用来感应待测物体传回的信息,并且以模拟信号形式送出结果,其信号频率在 7.5 MHz 左右。由于这 8 个信号时间上有关联,因此当测量这 8 个传感器信号时必须要在同一时间开始采集,并且采样时钟要同一相位,否则运算的结果会有误差。

① 器件选择

根据测量要求,必须选择一个合适的测量模块,首先考虑传感器回传的信号频率为 7.5 MHz,根据奈氏采样定理,测量模块的采样频率必须在 15 MHz 以上,且模块本身的输入频宽必须远远大于 7.5 MHz,才不会造成输入信号的衰减。根据测量要求可以选择凌华科技公司的 PXI-9820 作为测量模块。PXI-9820 为一高速的数据采集模块,本身具有两个采样通道,其采样率高达 65 MS/s,前级模拟输入频带宽度高达 30 MHz。另外,PXI-9820 本身配有锁相环电路(PLL),可以对外界的参考时钟进行相位锁定。PXI-9820 也可通过 PXI 的星形触发,对其余 13 个外设槽传送精密的触发信号。

② 测量方案

• 一个 PXI-9820 只有两个采样通道,因此需要 4 片 PXI-9820 对 8 个传感器进行测量。

• 每一个测量模块的时钟必须进行同步,解决办法是利用 PXI 背板所提供的 10 MHz 参考时钟作为 PXI-9820 的外界参考时钟输入,利用 PXI-9820 本身的锁相回路电路进行时钟的相位锁定。

• 由于检测设备在开始传送传感器的模拟数据时,会一并送出数字触发信号,此触发信号可以当作每一片 PXI-9820 的触发条件。将其中一片 PXI-9820 插入星形触发控制器槽,从而传送触发信号给其余 3 片 PXI-9820 以达到同步触发。

10.1.3　虚拟仪器的软件开发平台

1. LabVIEW 概述

美国国家仪器公司(NI)推出的虚拟仪器开发平台软件 LabVIEW,像 C 或 C++等其他计算机高级语言一样，是一种通用编程系统，具有各种各样、功能强大的函数库，包括数据采集、GPIB、串行仪器控制、数据分析、数据显示数据存储及网络功能。LabVIEW 还具有完善的仿真、调试工具，如设置断点、单步等；而且 LabVIEW 与其他计算机语言相比，最主要区别在于：其他计算机语言都是采用基于文本的语言产生代码行，而 LabVIEW 采用图形化编程语言——G 语言。

LabVIEW 是一个功能完整的程序设计语言，拥有一些区别于其他程序设计语言的独特结构和语法规则。应用 LabVIEW 编程关键是掌握 LabVIEW 的基本概念和图形化编程的基本思想。

LabVIEW 程序又称虚拟仪器，它的表现形式和功能类似于实际的仪器；但 LabVIEW 程序很容易改变设置和功能。因此，LabVIEW 特别适用于实验室、多品种小批量的生产线等需要经常改变仪器和设备的参数、功能的场合，以及对信号进行分析研究、传输等场合。

2. Labview 软件构成

所有 LabVIEW 应用程序均包括前面板(Front Panel)、程序框图(Block Diagram)及图标/联结器(Icon/Connector)三部分。虚拟仪器前面板相当于标准仪器面板，而虚拟仪器程序框图相当于标准仪器的仪器箱内的组件。在许多情况下，使用虚拟仪器可以仿真标准仪器。

(1) 前面板

前面板是图形用户界面，也就是虚拟仪器面板，用于设置输入数值和观察输出量。由于 VI 前面板是模拟真实仪器的前面板，所以输入量被称为控制(Control)，输出量被称为指示(Indicator)。这一界面上有用户输入和显示输出两类对象，具体表现有开关、旋钮、图形以及其他控制(Control)和显示对象(Indicator)。前面板对象按照功能可以分为控制、指示和修饰三种。控制是用户设置和修改 VI 程序中输入量的接口。指示则用于显示 VI 程序产生或输出的数据。VI 的前面板如图 10.4 所示，在前面板后还有一个与之配套的流程图。

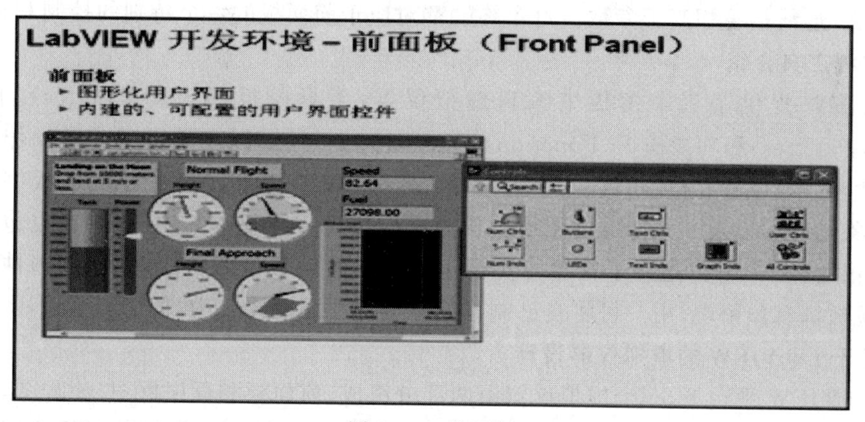

图 10.4　前面板

(2) 程序框图(流程图，后面板)

程序框图提供虚拟仪器的图形化源程序。在程序框图中对虚拟仪器编程，以控制定义在前面板上的输入和输出功能。程序框图中包括前面板上控件的连线端子，还有一些前面板上没有，但编程必须有的内容，如函数、结构和连线等。图 10.5 是与图 10.4 对应的流程图，程序框图中包括了前面板上的开关和随机数显示器的连线端子，还有一个随机数发生器的函数及程序的循环结构。随机数发生器通过连线将产生的随机信号送到显示控件，为了使它持续工作下去,设置了一个 While Loop 循环,由开关控制这一循环的结束。程序框图由节点和数据连线组成,节点是 VI 程序中的执行元素,类似于文本编程语言程序中的语句、函数或者子程序。

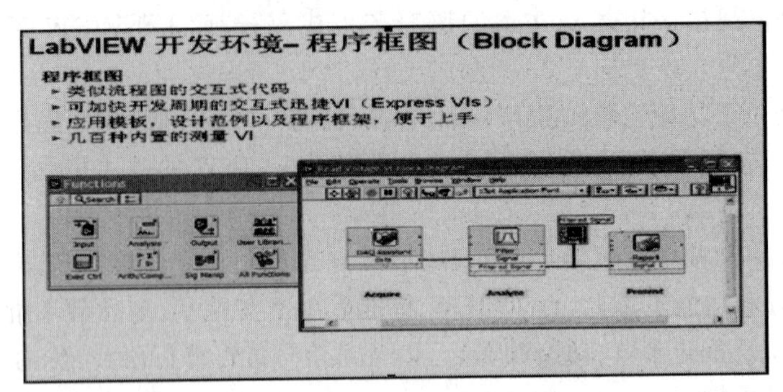

图 10.5　虚拟仪器程序框图

节点之间的数据连线按照一定的逻辑关系相互连接,以定义框图程序内的数据流动方向。节点之间、节点与前面板对象之间通过数据端口和数据连线来传递数据。数据端口是数据在前面板对象和框图程序之间传送的通道,是数据在框图程序内节点之间传输的接口。

(3) 图标/联结器

图标/联结器可以让用户把 VI 变成一个对象(子仪器 SubVI),然后在其他 VI 中像子程序一样被调用。图标作为子仪器(SubVI)的直观标记,当被其他 VI 调用时,图标代表子仪器中的所有框图程序。子仪器的控制和显示对象从调用它的仪器流程中获得数据,然后将处理后的数据返回给子仪器。连接器是对应于子仪器控制和显示对象的一系列连线端子。图标既包含虚拟仪器用途的图形化描述,也包含仪器连线端子的文字说明。连接器更像是功能调用的参数列表,连线端子相当于参数。每个终端都对应于前面板的一个特别的控制和显示对象。

3. 编程工具介绍

LabVIEW 提供了三个模板来编辑虚拟仪器:工具模板(Tools Palettes)、控制模板(Controls Palettes)和功能模板(Functions Palettes)。工具模板提供用于图形操作的各种工具,如移动、选取、设置卷标、断点、文字输入等。控制模板则提供所有用于前面板编辑的控制和显示对象的图标以及一些特殊的图形。功能模板包含一些基本的功能函数,也包含一些已做好的子仪器(SubVI)。这些子仪器能实现一些基本的信号处理功能,具有普遍性。其中控制、功能模板都有预留端,用户可将自己制作的子仪器图标放入其中,便于日后调用。

4. 基于 LabVIEW 的虚拟仪器设计

在 LabVIEW 平台下,一个虚拟仪器由两部分组成:前面板和程序框图(流程图,后面板)。

前面板的功能等效于传统统测试仪器的前面板;程序框图的功能等效于传统测试仪器与前面板相联系的硬件电路,在设计时,要根据硬件部分功能编程。虚拟仪器的设计包括 I/O 接口仪器驱动程序的设计、仪器面板设计及功能算法的设计。

(1) I/O 接口仪器驱动程序的设计

根据仪器的功能要求,确定仪器的接口标准。如果仪器设备具有 RS-232 串行接口,直接用连线将仪器设备与计算机的 RS-232 串行接口连接即可;如果仪器是 GPIB 接口,则需要配备一块 GPIB-488 接口板,建立计算机与仪器设备之间的通信通道;如果使用计算机来控制 VXI 总线设备,也需要配备一块 GPIB 接口卡,通过 GPIB 总线与 VXI 总线、VXI 主机箱的零槽模块通信，零槽模块的 GPIB-VXI 翻译器将 GPIB 命令翻译成 VXI 命令，并把各模块返回的数据以一定的格式作回主控计算机。

接口仪器驱动程序是控制硬件设备的驱动程序，是连接主控计算机与仪器设备的纽带。如果没有设备驱动程序，则必须针对 I/O 接口仪器设备编写驱动程序。

（2）仪器前面板的设计

仪器前面板的设计是指在虚拟仪器上开发平台上，利用各种子模板图标创建用户界面，即虚拟仪器的前面板。

（3）仪器流程或算法的设计

仪器流程或算法的设计是根据仪器功能要求，利用虚拟仪器开发平台所提供的子模板，确定程序的流程图、主要处理算法和所实现的技术方法。

从以上几个方面可以看出，在计算机和仪器等资源确定的情况下，有不同的处理算法，就有不同的虚拟仪器，由此可见软件在虚拟仪器中的重要地位。

10.2　现场总线仪表

10.2.1　概述

1. 现场总线技术概述

随着控制、计算机、通信、网络等技术的发展，信息交换沟通的领域正迅速覆盖从工厂的现场设备层到控制、管理的各个层次，覆盖从工段、车间、工厂、企业乃至世界各地的市场。信息技术的飞速发展，引起自动化系统结构的变革，逐步形成以网络集成自动化系统为基础的工业信息获取和自动化网络测控系统。现场总线（Field Bus）就是顺应这一形式发展起来的技术。现场总线是应用在生产现场，在微机化测量控制设备（现场总线仪表）之间实现双向串行多节点数字通信的系统。现场总线仪表也被称为开放式、数字化、多点通信的基本控制网络，它在制造业、流程工业、交通、楼宇等方面的自动化系统中具有广泛的应用前景。其主要特征如下：

（1）数字式通信方式取代设备级的模拟量（如 4～20 mA，0～5 V 等信号）和开关量信号；

（2）实现车间级与设备级通信的数字化网络；

（3）工厂自动化过程中现场级通信的一次数字化革命；

（4）现场总线使自控系统与设备加入工厂信息网络，成为企业信息网络底层，使企业信息沟通的覆盖范围一直延伸到生产现场；

（5）在 CIMS 系统中，现场总线是工厂计算机网络到现场级设备的延伸，是支撑现场级与车间级信息集成的技术基础。

现场总线是工业控制系统的新型通信标准，是基于现场总线的低成本自动化系统技术。现场总线技术的采用将带来工业控制系统技术的革命，采用现场总线技术可以促进现场仪表的智能化、控制功能分散化和控制系统开放化。

2. 现场总线类型

在现场总线的开发和研究过程中出现了多种实用的系统，每种系统都有自己特定的应用领域，因而均有其各自的结构和特性。在现场总线发展过程中，较为突出的现场总线系统有 HART、CAN、LonWork、PufiBus 和 FF。

最早的现场总线系统 HART(Highway Addressable Remote Transducer)是美国 Rosemount 公司于1986年提出并研制的,它在常规模拟仪表的4～20 mADC信号的基础上叠加了频移键控方式(Frequency Shift Keying,FSK)数字信号,因而既可用于4～20 mADC的模拟仪表,也可以用于数字式仪表。

CAN(Controller Area Network)是由德国 Bosch 公司提出的现场总线系统,用于汽车内部测量与执行部件之间的数据通信,专为汽车的检测和控制而设计,随后再逐步发展应用到了其他的工业部门。目前它已成为国际标准化组织(International Standard Organization)的ISO11898标准。

Lonworks 是美国 Echelon 公司推出的一种功能全面的测控网络,主要用于工厂及车间的环境、安全、动力分配、给水控制、库房和材料管理等。目前,Lonworks 在国内应用最多的是电力行业,如变电站自动化系统等。

ProfiBus(Process Field Bus)是面向工业自动化应用的现场总线系统,由德国于1991年正式公布,其最大的特点是在防爆危险区内使用安全可靠。ProfiBus 具有几种改进型,ProfiBus-FMS 用于一般自动化;Profibus-PA 用于过程控制自动化;ProfiBus-DP 用于加工自动化,适用于分散的外围设备。

FF(Fieldbus Foundation)是现场总线基金会推出的现场总线系统。该基金会是国际公认的、唯一的非商业化国际标准化组织,FF 的最后标准已于2000年年初正式公布,而其相关产品和系统在标准制定的过程中已得到了一定的发展。

3. 现场总线控制系统

现场总线控制系统通常由现场总线仪表、控制器、现场总线网络、监控和组态计算机等组成。现场总线控制系统中的仪表、控制器和计算机都需要通过现场总线网卡、通信协议软件连接到网上。因此,现场总线网卡、通信协议软件是现场总线控制系统的基础和神经中枢。

现场总线控制系统特点如下。

(1) 全数字化

变送器、执行器等现场设备均为带有符合现场总线标准的通信接口,能够传输数字信号的智能仪表。数字信号取代模拟信号,提高了系统的精度、抗干扰性能及可靠性。

(2) 全分布

在 FCS 中各现场设备有足够的自主性,它们彼此之间相互通信,完全可以把各种控制功能分散到各种设备中,实现真正的分布式控制。

(3) 双向传输

传统的4～20 mA 电流信号,一条线只能传递一路信号。现场总线设备则在一条线上既可以向上传递传感器信号,也可以向下传递控制信息。

(4) 自诊断

现场总线仪表本身具有自诊断功能,而且这种诊断信息可以送到中央控制室,以便于维护,而这在只能传递一路信号的传统仪表中是做不到的。

(5) 节省布线及控制室空间

传统的控制系统每个仪表都需要一条线连到中央控制室,在中央控制室装备一个大的配线架。而在 FCS 系统中多台现场设备可串行连接在一条总线上,这样只需极少的线进入中央控制室，大量节省了布线费用，同时也降低了中央控制室的造价。

(6) 多功能仪表

数字、双向传输方式使得现场总线仪表可以在一个仪表中集成多种功能，做成多变量变送器，甚至集检测、运算、控制与一体的变送控制器。

(7) 开放性

1999 年年底现场总线协议已被 IEC 批准正式成为国际标准，从而使现场总线成为一种开放的技术。

(8) 互操作性

现场总线标准保证不同厂家的产品可以互操作，在一个企业中由用户根据产品的性能、价格选用不同厂商的产品，集成在一起，降低了控制系统的成本。

(9) 智能化与自治性

现场总线设备能处理各种参数、运行状态信息及故障信息，具有很高的智能，能在部件甚至网络故障的情况下独立工作，大大提高了整个控制系统的可靠性和容错能力。

10.2.2　CAN 总线系统

控制器局域网(Controller Area Network，CAN)最初是由德国 Bosch 公司为汽车的检测、控制系统而设计的，主要用于各种设备检测及控制的一种现场总线。CAN 总线具有独特的设计思想、良好的功能特性和极高的可靠性，现场抗干扰能力强。具体来讲，CAN 总线具有如下特点。

(1) 结构简单，只有 2 根线与外部相连。

(2) 通信方式灵活，可以多种方式工作，各个节点均可收发数据。

(3) 可以点对点、点对多点及全局广播方式发送和接收数据。

(4) 网络上的节点信息可分成不同的优先级，可以满足不同的实时要求。

(5) CAN 总线通信格式采用短帧格式，每帧字节数最多为 8 个，可满足通常工业领域中控制命令、工作状态及测试数据的一般要求。

(6) 采用非破坏性总线仲裁技术。当 2 个节点同时向总线上发送数据时，优先级低的节点主动停止数据发送，而优先级高的节点可不受影响地继续传输数据。

(7) 直接通信距离最大可达 10 km(速率 5 kbit/s 以下)，最高通信速率可达 1 Mbit/s(此时距离最长为 40 m)；节点数可达 110 个。

(8) CAN 总线通信接口中集成了 CAN 协议的物理层和数据链路层功能，可完成对通信数据的成帧处理，包括位填充、数据块编码、循环冗余检验及优先级判别等多项工作。

(9) CAN 总线采用 CRC 检验并可提供相应的错误处理功能，保证了数据通信的可靠性。

1. CAN 总线系统的设计

(1) CAN 总线系统的构成

CAN 总线系统的组成结构如图 10.6 所示。从控制系统的角度上看，最小控制系统是一个单回路简单闭环控制系统，它由一个控制器、一个传感器或变送器和一个执行器组成。以 CAN 总线为基础的网络控制系统由多个控制回路组成，它们共享一个控制网络——CAN 总线。从现场总线控制系统的概念来说，传感器节点、执行器节点都可以集成控制器，即所谓的智能节点，形成真正的分布式网络控制系统。CAN 总线这个局域网控制系统也可以作为整个大型控制系统的一个子系统,此时CAN通过网关和整个系统建立联系。

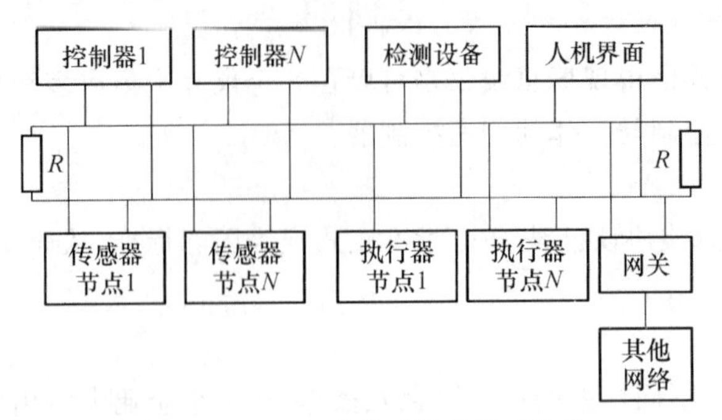

图10.6　CAN总线系统的组成结构

(2) CAN总线系统的节点

CAN总线节点可以是传感器(变送器)、执行器或控制器。CAN总线节点结构如图10.7所示。关键部分是CAN总线控制器和CAN总线收发器,由它们实现CAN总线的物理层和数据链路层协议。CAN总线收发器的功能是实现电平转换、差分收发、串并转换;CAN总线控制器实现数据的读写、中断、校验、重发及错误处理。以实现功能的角度看,如果微机中嵌入控制算法,则这个节点就是控制器;如果微机带有传感器接口,则这个节点就是传感器节点;如果节点是驱动执行器的,则这个节点就是执行器节点。

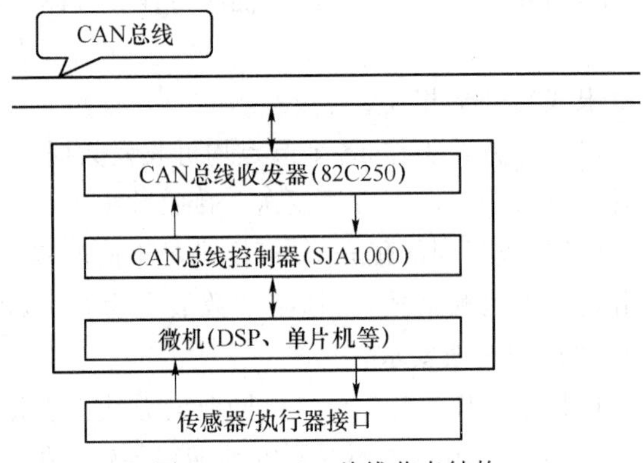

图10.7　CAN总线节点结构

(3) 软件设计

软件的设计主要包括节点初始化程序、报文发送程序、报文接收程序以及CAN总线出错处理程序等。在初始化CAN内部寄存器时,注意使得各节点的位速率必须一致,而且接、发双方必须同步。报文的接收主要有两种方式:中断和查询接收方式。

2. 应用实例——基于CAN总线的多点温度检测系统

基于CAN总线的多点温度检测系统如图10.8所示,上位机由微机加CAN通信网卡构成,其功能是向下位机的命令发送、接收下位机数据及数据分析、存储及打印等。下位机由P87C591单片机和DS18B20等部分组成。采用CAN协议完成上位机与下位机的数据通信。

(1) 器件选择

① 温度传感器DS18B20

DS18B20是DALLAS公司生产的一线式数字温度传感器,有3个引脚,引脚结构如图

10.9 所示。温度测量范围为－55～＋125 ℃，可编程为 9～12 位交流-直流转换精度，测温分辨率可达 0.062 5 ℃，被测温度用符号扩展的 16 位数字量方式串行输出。多个 DS18B20 可并联使用，CPU 只需一根端口线就能与诸多 DS18B20 通信，占用微处理器的端口较少，可节省大量的引线和逻辑电路。以上特点使 DS18B20 非常适用于远距离多点温度检测系统。

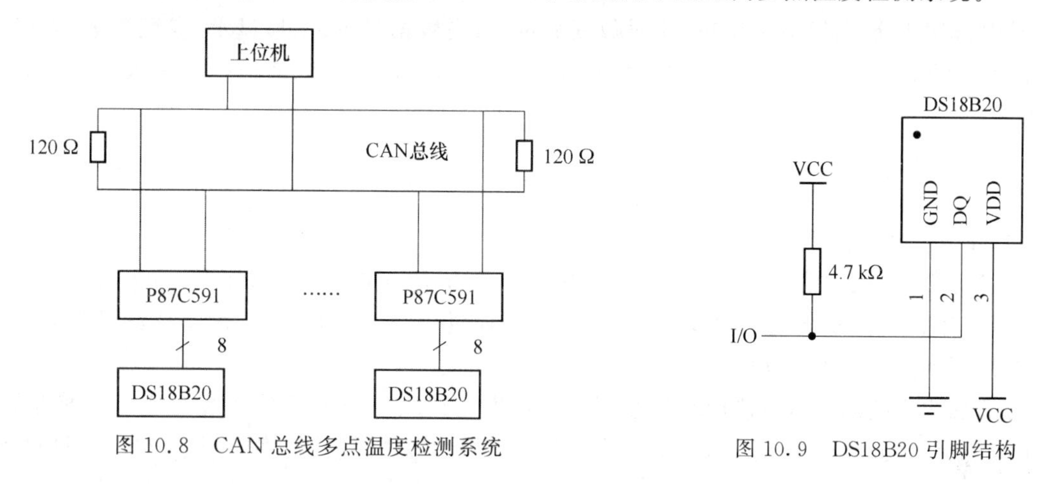

图 10.8　CAN 总线多点温度检测系统

图 10.9　DS18B20 引脚结构

DS18B20 主要由四部分组成：64 位 ROM、温度传感器、温度报警触发器 TH 和 TL、配置寄存器。ROM 中的 64 位序列号是出厂前用光刻好的，每个 DS18B20 的 64 位序列号均不相同。ROM 的作用是使每一个 DS18B20 都各不相同，这样就可以实现一根总线上挂接多个 DS18B20 的目的。

② 带有片内 CAN 控制器单片机 P87C591

P87C591 是一个单片 8 位高性能单片机，具有片内 CAN 控制器，全静态内核提供了扩展的节电方式。适用温度范围：－40～＋85 ℃，振荡器可停止和恢复而不会丢失数据。P87C591 具有以下特性。

- 16 KB 内部程序存储器，512 Byte 片内数据 RAM。
- 3 个 16 位定时/计数器：T0、T1 和 T2(捕获 & 比较)，1 个片内看门狗定时器 T3。
- 带 6 路模拟输入的 10 位 ADC，可选择快速 8 位 ADC，2 个 8 位分辨率的脉宽调制输出(PWM)。
- 具有 32 个可编程 I/O 口(准双向、推挽、高阻和开漏)。
- 带硬件 I^2C 总线接口。
- 全双工增强型 UART，带有可编程波特率发生器。
- 双 DPTR。
- 低电平复位信号。

P87C591 在该系统中为核心器件，主要功能为接收数字传感器传送过来的温度信号进行处理，转换成相应的温度信号通过 CAN 总线发送给上位机，以串行通信方式控制和协调系统中从器件的工作过程。

(2) 系统工作原理及实现

由温度传感器检测的温度信号经 CAN 总线通信电路传送给主机；主机负责向各个分机发送工作命令，接收分机传送的测量与故障自检信息，并对测量信息进行处理，以数据和曲线的方式输出测量结果。

人机交互采用直观、易懂、易操作的图形界面。主机软件采用Delphi4.0,Delphi4.0具有内置的BDE(Borland Databasc Engineer)从本地或远程服务器上取得和发送数据,并具有动态数据交换(DDE)、对象链接库(OLE)对数据库的管理及调用API函数功能,对系统后台检测数据和通信十分有利。上位机的主要功能包括系统组态、数据库组态、历史库组态、图形组态、控制算法组态、数据报表组态、实时数据显示、历史数据显示、图形显示、参数列表、数据打印输出、数据输入及参数修改、控制运算调节、报警处理、故障处理、通信控制和人机接口等各个方面。

10.2.3 FF总线系统

1. FF总线系统概述

FF总线系统是现场总线基金会(Fieldbus Foundation)推出的总线系统。FF现场总线是一种全数字、串行、双向通信协议,是专门针对工业过程自动化开发的,用于现场设备如变送器、控制阀和控制器等的互联。

FF总线系统的通信协议标准是参照国际标准化组织ISO的开放系统互连OSI模型,保留了第1层的物理层、第2层的数据链路层和第7层的应用层,并且将应用层分成了现场总线存取和应用服务两部分。此外,在第7层之上还增加了含有功能块的用户层,使用功能块的用户可以直接对系统及其设备进行组态,这样使得FF总线系统标准不但是信号标准和通信标准,而且是一个系统标准,这也是FF总线系统标准和其他现场总线系统标准的主要区别所在。

2. FF总线系统构成

FF总线提供了Hl和H2两种物理层标准。Hl是用于过程控制的低速总线,传输速率为31.25 kbit/s,传输距离为200 m、450 m、1 200 m和1 900 m四种(加中继器可以延长),可用总线供电,支持本质安全设备和非本质安全总线设备。H2为高速总线,其传输速率为1 Mbit/s(此时传输距离为750 m)或2.5 bit/s(此时传输距离为500 m)。低速总线H1最多可串接4台中继器。采用H1标准可以利用现有的有线电缆,并能满足本征安全要求,同时也可利用同一电缆向现场装置供电。H2标准与H1标准相比虽然提高了数据传输速率,但不支持使用信号电缆线对现场装置供电。

H1和H2每段节点数可达32个,使用中继器后可达240个,Hl和H2可通过网桥互连。FF的突出特点在于设备的互操作性,改善的过程数据,更早的预测维护及可靠的安全性。

FF现场总线系统包含低速总线N和高速总线H2,以实现不同要求下的数据信息网络通信,这两种总线均支持总线或树型网络拓扑结构,并使用Manchester编码方式对数据进行编码传输。由Hl和H2组成的典型FF现场总线控制系统,结构如图10.10所示。

FF总线系统中的装置可以是主站,也可以是从站。FF总线系统采用了令牌和查询通信方式为一体的技术。在同一个网络中可以有多个主站,但在初始化时只能有一个主站。

从图10.10中可以看到,基于FF现场总线系统将现场总线仪表单元分成两类。通信数据较多,通信速率要求较高的现场总线仪表直接连接在H2总线系统上,每个H2总线系统所能够驱动的现场总线仪表单元数量为124台;而其他数据通信较少或实时性要求不高的现场总线仪表则连接在H1总线系统上。由于每个H1总线系统所能够驱动的现场总线仪表单元有限,最多只能到32台,因而多个H1总线系统还可通过网桥连接到H2总线系统上,以此提高系统的通信速率,满足系统的实时性和控制需要。

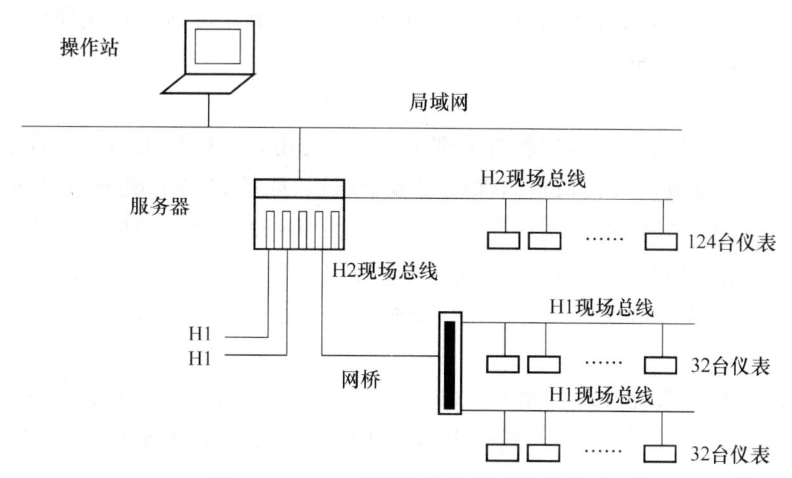

图 10.10 FF 现场总线控制系统结构

典型符合 FF 总线系统通信协议标准的总线仪表为 Smar 现场总线仪表，品种包括现场总线到电流转换器 FI302、电流到现场总线转换器 IF302、总线到气动信号转换器 FP302、压力变送器 LD302、温度变送器 TT302、阀门定位器 FY302 等。

3. 应用实例——基于 FF 总线的远程温度测量系统

基于 FF 总线的远程温度测量系统由热电偶、FF 温度变送器与 FF 现场总线及计算机网络组成，如图 10.11 所示。

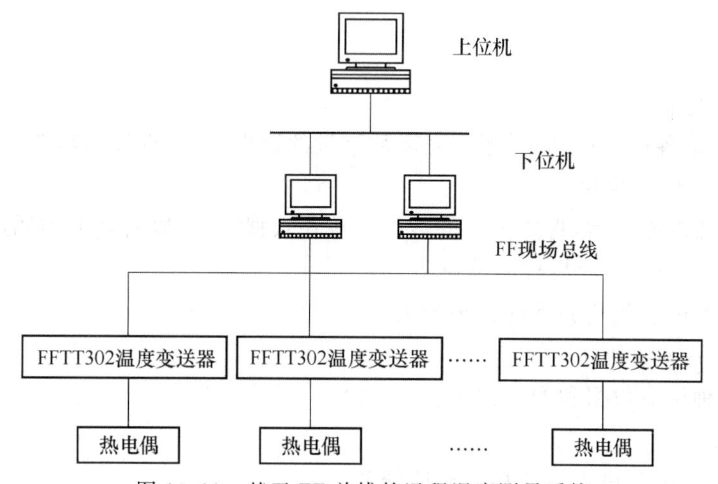

图 10.11 基于 FF 总线的远程温度测量系统

(1) (FF)TT302 温度变送器

本系统采用 Smart 公司 FFTT302 温度变送器。TT302 是一种将温度、温差、毫伏等工业过程参数转变为现场总线数字信号的变送器。TT302 采用数字技术后能实现以下性能：单一型号能接受多种传感器、宽量程范围、单值或差值测量；在现场和控制室之间接口容易，可大大减少安装和维护费用；能接收二路输入，也就是说有两个测量点，准确度为 0.02%。

TT302 测量温度配用热电阻或热电偶等温度传感器。TT302 温度变送器内装 AI(模拟输入)、PID(比例、积分、微分控制)、ISS(输入选择)、CHAR(线性化)和 ARTH(计算)等 5 种功能模块。各模块都有输入、输出，并装有参数和算法，用户可通过软件 Syscon 进行组态。

TT302与其他现场总线仪表互连构成现场总线控制系统,用户可通过功能模块的连接建立适合控制应用所需的控制策略。

(2) 网络配置

基于现场总线测量系统中的控制机大都采用PC现场总线接口板与总线仪表通过总线连接成测量网络。PC现场总线接口板内部设有多个通道,能够将多个现场总线网络组合起来。在系统的设计过程中,首先,根据现场仪表数量及每条FF总线所能挂接的仪表数量计算出系统连接时所需总线的数目;然后,根据总线的数目和PC现场总线接口板的总线接口数,求得系统所需PC现场总线接口板的数量;最后,按照系统性能指标要求,确定PC现场总线接口板型号。

基于FF现场总线系统(H1网络)布线时,首先要参照现场仪表的安装位置和测量干线及支线的长短来确定所需电缆的型号,然后根据被测信号的特点及现场环境等选择现场仪表。

(3) 系统组态及软件设计

系统组态是通过运行安装在计算机上的组态软件建立现场设备与控制设备之间的连接,为现场设备设置相关的特征参数。并且可以绘制系统监控组态画面,在系统运行过程中,通过网络传递信息,动态地显示被测信号的变化,实现远程实时监控。

系统软件主要包含以下几个部分。

① 硬件与网络测试模块

在工控机起动时,由硬件与网络测试模块检测硬件和网络的运行状态,判断相关硬件和网络是否正常。

② 系统初始化模块

设置设备相关参数。

③ 数据采集与输出模块

从TT302读取各种数据,同时还要完成数字量的输出,以实现控制功能。

④ 数据管理与维护模块

选择适合的数据库类型,将要记录的数据存放在数据库中,以备查询和调用。

⑤ 图形、曲线、报表显示与打印模块

显示与打印温度变化趋势等的各种报表。

⑥ 历史记录查询模块

用于查询各种历史数据和变位记录。

⑦ 通信模块

完成TT302与控制机之间的数字通信任务。

基于FF总线的远程温度测量系统采用数字化的传感器和FF现场总线技术,系统抗干扰能力强,性能优于采用模拟量测量传输的系统。

10.2.4 工业以太网技术

1. 工业以太网技术的产生及发展

(1) 现有控制系统的局限性

随着计算机、通信、网络等信息技术的发展,信息交换已经渗透到工业生产的各个领域,因此,需要建立包含从工业现场设备层到控制层、管理层等各个层次的综合自动化网络平台。工业控制网络作为一种特殊的网络,直接面向生产过程,因此它通常应满足强实时性、高可靠性、恶劣的工业现场环境适应性、总线供电等特殊要求和特点。除此之外，开放性、分散化和低成本也是工业控制网络重要的特征。

现场总线技术，以全数字通信代替 4～20 mA 电流的模拟传输方式，使得控制系统与现场仪表之间不仅能传输生产过程测量与控制信息，而且能够传输现场仪表的大量非控制信息，使得工业企业的管理控制一体化成为可能。但是，现场总线技术也存在许多不足，具体表现如下。

① 现有的现场总线标准过多，未能统一到单一标准上来。

② 不同总线之间不能兼容，无法实现信息的无缝集成。

③ 由于现场总线是专用实时通信网络，成本较高。

④ 现场总线的速度较低，支持的应用有限，不便于和 Internet 信息集成。

(2) 工业以太网的优势

目前，以太网已经成为市场上最受欢迎的通信网络之一，它不仅垄断了办公自动化领域的网络通信，而且在工业控制领域管理层和控制层等中上层网络通信中也得到了广泛应用，并有直接向下延伸应用于工业现场设备间通信的趋势。所谓工业以太网，一般来讲是指技术上与商用以太网(即 IEEE802.3 标准)兼容，但在产品设计时，在材质的选用、产品的强度、适用性以及实时性、可互操作性、可靠性、抗干扰性和本质安全等方面能满足工业现场的需要。

与现场总线相比，以太网具有以下优点。

① 应用广泛，以太网是目前应用最为广泛的计算机网络技术，受到广泛的技术支持。采用以太网作为现场总线，可以提高多种开发工具、开发环境选择。

② 成本低廉，由于以太网的应用最为广泛，有多种硬件产品供用户选择，硬件价格也相对低廉。目前以太网网卡的价格只有 Profibus、FF 等现场总线的十分之一。

③ 通信速率高，目前以太网的通信速率为 10 M，100 M 的快速以太网也开始广泛应用，1 000 M以太网技术也逐渐成熟，10 G 以太网也正在研究，其速率比目前的现场总线快得多。

④ 软硬件资源丰富，由于以太网已应用多年，大量的软件资源和设计经验可以显著降低系统的开发和培训费用，从而可以显著降低系统的整体成本，加快系统的开发和推广速度。

⑤ 可持续发展潜力大，以太网的发展一直受到广泛的重视，并吸引大量的技术投入；当代企业的生存与发展将很大程度上依赖于一个快速而有效的通信管理网络，并且信息技术的发展将更加迅速，由此保证了以太网技术持续不断地向前发展。

⑥ 易于与 Internet 连接，能实现办公自动化网络与工业控制网络的信息无缝集成。

(3) 以太网应用于工业控制网络时需要解决的问题

① 以太网实时通信服务质量

工业控制现场网络中传送的数据信息，除了传统的各种测量数据、报警信号、组态监控和诊断测试信息外，还有历史数据备份、工业摄像数据和工业音频视频数据等。这些信息对于实时性和通信带宽的要求各不相同，因此要求工业网络能够适应外部环境和各种信息通信要求的不断变化，满足系统要求。

② 建立满足通信一致性和可互操作性的应用层、用户层协议规范

由于工业自动化网络控制系统除了完成数据传输之外，往往还需要依靠所传输的数据和指令，执行某些控制计算与操作功能，由多个网络节点协调完成自控任务。因而它需要在应用、用户等高层协议与规范上满足开放系统的要求，满足互操作条件。

③ 网络可用性

网络可用性是指系统中任何一个组件发生故障，都不应导致操作系统、网络、控制器和应

用程序,以致整个系统的瘫痪。网络可用性包括可靠性、可恢复性、可管理性等几个方面的内容,必须仔细设计。

④ 网络安全性

将工业现场控制设备通过以太网连接起来时,由于使用了 TCP/IP 协议,因此可能会受到包括病毒、黑客的非法入侵与非法操作等网络安全威胁,对此,一般可采用网络隔离(如网关、服务器等隔离)的办法,将控制区域内部控制网络与外部信息网络系统分开。此外,还可以通过用户密码、数据加密、防火墙等多种安全机制加强网络的安全管理。

⑤ 本质安全与安全防爆技术

对安装在易燃、易爆和有毒等气体工业现场的智能仪器以及通信设备,都必须采取一定的防爆措施来保证工业现场的安全生产。

(4) 工业以太网技术的发展趋势

以太网目前已经在工业企业综合自动化系统中的资源管理层、执行制造层得到了广泛应用,并呈现向下延伸直接应用于工业控制现场的趋势。国际上的一些组织正在研究以太网应用于工业控制现场的相关技术和标准。

工业现场的通信网络是实现企业信息化的基础,随着企业信息化与自动控制技术的发展,基于以太网的网络化控制系统可广泛应用于各种行业的自动化控制领域,有着广阔的应用市场。

2. 应用实例——电梯群控系统

电梯群控系统是指在一座大楼内安装一组电梯,并将这组电梯与一个中央控制器(计算机)连接起来。该计算机可以采集到每个电梯的运行信息,并可向每个电梯发送控制信号。中央控制器对这组电梯进行统一调配,使它们合理地运行,达到提高电梯的整体服务质量、减少能耗的目的。电梯群控系统所要解决的是一个复杂的,具有非线性、不确定性的多目标随机系统的决策问题。

(1) 电梯实时监控网络的组成

电梯实时监控网络如图 10.12 所示。

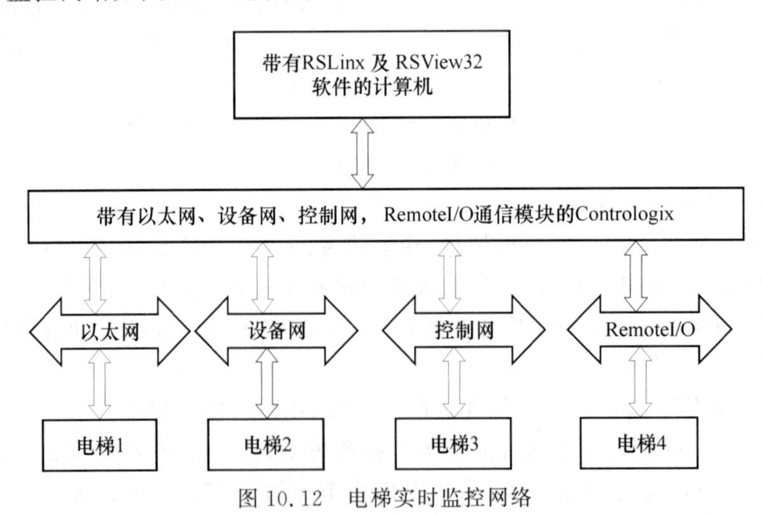

图 10.12 电梯实时监控网络

RSView32 网络组态软件通过网络连接软件 RSLinx 同支持不同网络类型的可编程处理器进行通信,这是上层的控制网。RSView32 软件利用可编程控制器中程序的 I/O 地址,把不同的地址赋给不同 Tag(标签),通过 Tag 值的变化控制或监视地址中值的变化。可编程控制器通过设备网和变频器,或 I/O 模块进行通信,这是下层的设备网,它把数字量或模拟量数据上传到可编程控制器,使可编程控制器中相对应地址中的值发生变化,或把可编程控制器地址中的值通过变频器或 I/O 模块下载到电梯模型中,从而实现 RSView32 同电梯模型之间的数据交换,即实现电梯的实时监控。

(2) 器件的选择

选用静磁栅位移传感器检测电梯轿厢位置。轿厢的位置是由静磁栅位移传感器确定,并送至 PLC 的计数器来进行控制。同时,每层楼设置一个静磁栅源用于检测系统的楼层信号。静磁栅位移传感器由"静磁栅源"和"静磁栅尺"两部分组成。"静磁栅源"使用铝合金压封的无源钕铁硼磁栅组成磁栅编码阵列;"静磁栅尺"用内置嵌入式微处理器系统特制的高强度铝合金管材封装,使用开关型的霍尔传感器件组成霍尔编码阵列。"静磁栅源"沿"静磁栅尺"轴线作无接触相对运动时,由"静磁栅尺"输出与位移相对应的数字信号。

可编程控制器选用美国 A-B 公司的 Logix5555。基于 ControlLogix 平台的 Logix5555 处理器是 Rockwell 公司生产的,它兼具 PLC5 系列强大的运算处理能力和 SLC500 小巧精悍的特点,并具有强大的网络连接能力。通过 Rslinx 及 ControlLogix 网卡,一台普通的装有 Windows 操作系统的计算机就可以变为功能强大的网卡或路由器。

电梯属位能负载,并且要求频繁起停。随着载客量多少的变化、上下行的变换,要求电动机在四象限内运行,更重要的是要满足乘客的舒适感并保证平层的精度。因此变频器的选择对电梯的运行起着至关重要的作用,这里选用 A-B 公司的 160SSC 变频器实现电梯的传动控制。

输入/输出模块是把电梯所发出的信号经过隔离传送给可编程控制器,或把可编程控制器发出的控制信号经过隔离传送给电梯。这里选用 A-B 公司的 1794 FLEX I/O 模块,柔性 FLEXI/O 模块提供了一个精巧的模块化 I/O 组件,其组成包括最多 8 个 I/O 模块,可根据需要随时调换,这种灵活的设计使得实验时可方便地利用各种模块的组合。1794FLEXI/O 模块通过 1794 FLEX I/O 设备网适配器,可以容易地连接到设备网上,实现网络化控制。

(3) 电梯监控功能的实现

组态软件 RSView32 是一种基于 Windows 的用于创建和运行数据采集、监视以及控制的应用程序。RSView32 可以很容易地和 Rockwell 的集成软件产品、Microsoft 产品以及其他产品交互。通过使用 RSView32 动态显示系统(Active Display System),可以使用户与远程的 RSView32 应用程序进行交互。

在此电梯群控系统中,所用的可编程控制器(PLC)是美国 AB 公司制造的可编程控制器 Contrologix5555。通过建立 RSLinx(网络连接软件)以太网驱动程序,使 RSView32 软件和可编程控制器进行通信,从而实现计算机的实时监控。

对电梯厅外召唤的分配需要掌握各个电梯的运行情况,因此要将电梯的相关信息输入 RSView32 标签数据库中,以便在进行 VBA 程序编制时进行调用。计算电梯响应一个厅外召唤所需时间,首先,要已知所发出的厅外召唤的位置(所在楼层)及召唤的类型(上召唤或下召唤);其次,要了解电梯的运行情况(上行、下行或停止);最后,要知道各个电梯已分配的召唤,包括厅外召唤和厅内召唤。以上信息通过网络传到 Rslogix5000 的处理器中,所以要在 RSView32 的标签数据库中建立标签与所需的 Rslogix5000 中的标签相对应。

电梯群控系统监控主界面如图 10.13 所示,当有人按下按钮,电梯群控系统就会采集电梯运行状态及呼梯者位置信息,根据预先编制好的算法进行计算,根据计算结果选择最合适的电梯响应外召唤。

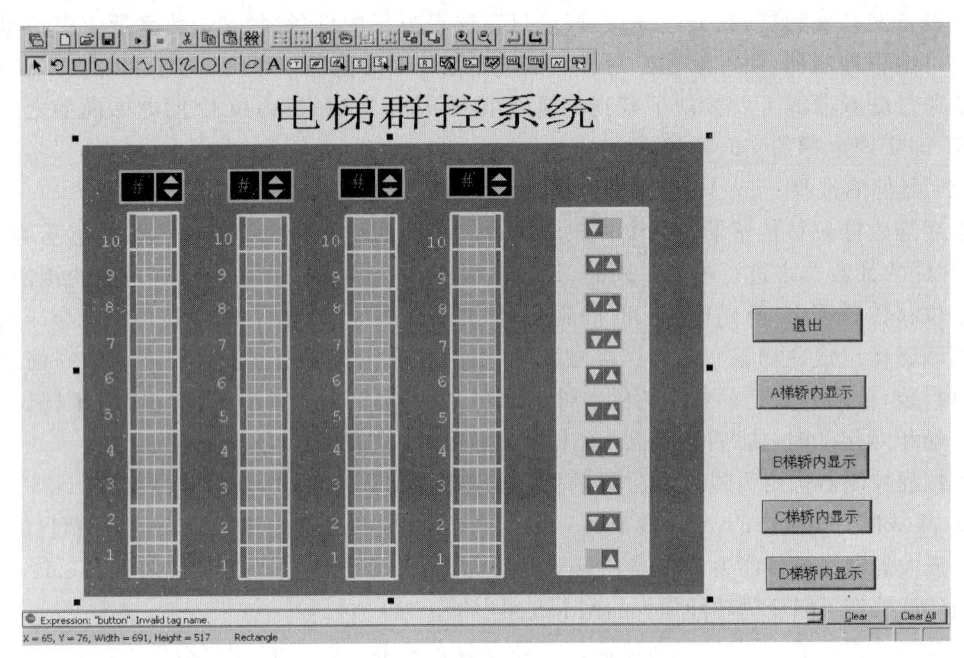

图 10.13　电梯群控系统监控主界面

10.3　无线传感器网络

10.3.1　无线传感器网络的概念

无线传感器网络是传感器在现场不经过布线实现网络协议,使现场测控数据就近登录网络,在网络所能及的范围内实时发布和共享。无线传感器网络的产生使传感器由单一功能、单一检测向多功能和多点检测发展;从被动检测向主动进行信息处理方向发展;从就地测量向远距离实时在线测控发展;使传感器可以就近接入网络,传感器与测控设备之间无须再点对点连接,减去了连接线路,节省了投资,易于系统维护,也使系统更易于扩充。

无线传感器网络基本结构如图 10.14 所示,主要由信号采集单元、数据处理单元及网络接口单元组成。其中,这三个单元可以采用不同芯片构成合成式的,也可以是单片式结构。

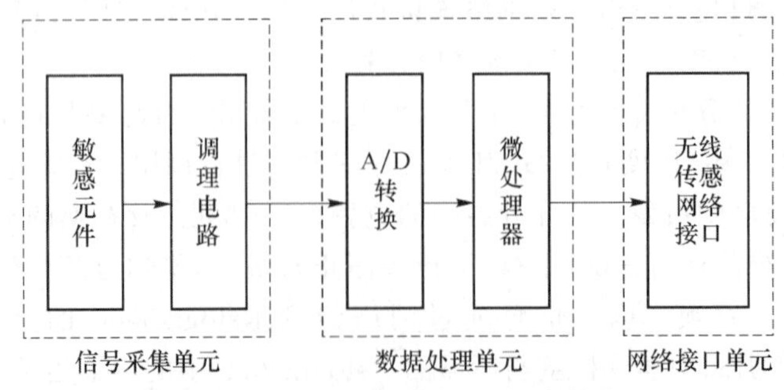

图 10.14　无线传感器网络基本结构

对于多数无线网络来说，无线传感器技术的应用目标旨在提高所传输数据的速率和传输距离。因此，这些系统必须要求传输设备具有成本低、功耗小的特点，针对这些特点和需求，表 10.1列出了几种无线传感器网络的传输技术及其各自的技术性能和应用领域。

表 10.1 几种无线传感器网络的传输技术

规范	工作频段	传输速率/$Mbit \cdot s^{-1}$	数据/话音	最大功耗	传输方式	连接设备数	安全措施	支持组织	主要用途
ZigBee	868/915 MHz 2.4 GHz	0.02,0.04,0.25	数据	1～3 mW	点到多点	2^{16}～2^{64}	32,64,128 密钥	ZigBee 联盟	家庭、控制、传感器网络
红外	820 nm	1.521,4,16	只支持数据	数 mW	点到点	2	靠短距离、小角度传输保证	IrDA	透明可见范围数据传输
DECT	1.88～1.9 GHz	1.152	话音、数据	几十 mW	点到多点	12	鉴权及密钥	欧洲	家庭电话与数据无线连接
HomeRF	2.4 GHz	1.2	数据	100 mW	点到多点	127	50 次/s 跳频	HomeRF	家庭无线局域网
蓝牙	2.4 GHz	1,2,3	话音、数据	1～100 mW	点到多点	7	跳频与密钥	Bluetooth-SIG	个人网络
802.11b	2.4 GHz	11	数据	100 mW	点到多点	255	WEP 加速	IEEE 802.11b	无线局域网
802.11a	5.2 GHz	6,9,12,18,24,36	数据	100 mW	点到多点	255	WEP 加速	IEEE 802.11a	无线局域网
802.11g	2.4 GHz	54	数据	100 mW	点到多点	255	WEP 加速	IEEE 802.11g	无线局域网
RFID	5.8 GHz	0.212	数据	不需供电	点到点	2	密钥	澳大利亚零售组织等	超市、物流管理

从表 10.1 中可以看出，无论哪种技术都具有各自的特点，适用于不同的应用场合，互相补充，为传感器的应用提供更快捷、更方便的通信方式。

10.3.2 ZigBee 技术

伴随着半导体技术、微系统技术、通信技术和计算机技术的飞速发展，无线传感器网络的研究和应用正在世界各地蓬勃地发展，其中成本低、体积小、功耗低的 ZigBee 技术无疑成了目前无线传感器网络中的首选技术之一。因此，无论是自动控制领域，计算机领域，还是无线通信领域，都对 ZigBee 技术的发展、研究和应用寄予了极大的关注。

1. ZigBee 技术起源

ZigBee 技术的命名主要来自于人们对蜜蜂采蜜过程的观察，蜜蜂在采蜜过程中跳着优美的舞蹈，其舞蹈轨迹像“Z”的形状，蜜蜂自身的体积小，所需的能量小，又能传送所采集的花粉，因此，人们用 ZigBee 技术来代表具有成本低、体积小、能量消耗小和低传输速率的无线信息传送技术，中文译名为“紫蜂”技术。

2. ZigBee 技术概述

ZigBee 技术是一种具有统一技术标准的无线通信技术，其物理层和 MAC 层协议为 IEEE

802.15.4 协议标准,网络层由 ZigBee 技术联盟制定。应用层可以根据用户自己的需要进行开发,因此该技术能够为用户提供机动、灵活的组网方式。

根据 IEEE 802.15.4 标准协议,ZigBee 的工作频段分为 3 个,这 3 个工作频段相距较大,而且在各频段上的信道数目不同,因而,在该项技术标准中,各频段上的调制方式和传输速率不同。它们分别为 868 MHz、915 MHz 和 2.4 GHz,其中 2.4 GHz 频段上分为 16 个信道,该频段为全球通用的工业、科学、医学(Industrial Scientific and Medical,ISM)频段,该频段为免付费、免申请的无线电频段。在该频段上,数据传输速率为 250 kbit/s;另外两个频段为 915/868 MHz,其相应的信道个数分别为 10 个信道和 1 个信道,传输速率分别为 40 kbit/s 和 20 kbit/s。

在组网性能上,ZigBee 设备可构造为星型网络或者点对点网络,在每一个 ZigBee 组成的无线网络内,连接地址码分为 16 bit 短地址或者 64 bit 长地址,可容纳的最大设备个数分别为 2^{16} 个和 2^{64} 个,具有较大的网络容量。

在无线通信技术上,采用免冲突多载波信道接入(CSMA CA)方式,有效地避免了无线电载波之间的冲突;此外,为保证传输数据的可靠性,建立了完整的应答通信协议。

ZigBee 设备为低功耗设备,其发射输出为 0～3.6 dBm,通信距离为 30～70 m,具有能量检测和链路质量指示能力。根据这些检测结果,设备可自动调整设备的发射功率,在保证通信链路质量的条件下,设备能量消耗最小。

为保证 ZigBee 设备之间通信数据的安全保密性,ZigBee 技术采用了密钥长度为 128 bit 的加密算法,对所传输的数据信息进行加密处理。

目前,ZigBee 芯片的成本在 3 美元左右,ZigBee 设备成本的最终目标在 1 美元以下;ZigBee芯片的体积较小,例如,Freescal 公司生产的 MC13192 ZigBee 收发芯片大小尺寸为 5 mm×5 mm,随着半导体集成技术的发展,ZigBee 芯片的尺寸将会变得更小,成本更低。

3. ZigBee 无线数据传输网络

ZigBee 应用层和网络层协议的基础是 IEEE 802.15.4,IEEE 802.15.4 规范是一种经济、高效、低数据速率(<250 kbit/s)、工作在 2.4 GHz 和 868/928 MHz 的无线技术,用于个人区域网和对等网络。ZigBee 依据 IEEE 802.15.4 标准,在数千个微小的传感器之间相互协调实现通信。这些传感器只需要很少的能量,以接力的方式通过无线电波将数据从一个网络节点传到另一个节点,效率非常高,ZigBee 无线数据传输网络如图 10.15 所示。

目前大多采用的一款内置协议栈 ZigBee 模块是基于 Ember 芯片的 XBee/XBeePRO 模块,如图 10.16 所示,它通过串口使用 AT 命令集和 API 命令集两种方式设置模块的参数,通过串口来实现数据的传输。

ZigBee 数传模块类似于移动网络基站。通信距离从标准的 75 米到几百米、几千米,并且支持无限扩展。多达 65 000 个无线数传模块组成的一个无线数传网络平台,在整个网络范围内,每一个 ZigBee 网络数传模块之间可以相互通信,每个网络节点间的距离从标准的 75 米无限扩展。每个 ZigBee 网络节点不仅本身可以作为监控对象,而且可以自动中转其他的网络节点传过来的数据资料。除此之外,每一个 Zigbee 网络节点(FFD)还可在自己信号覆盖的范围内与多个不承担网络信息中转任务的孤立子节点(RFD)无线连接。在其通信时,ZigBee 模块采用自组织网通信方式,每一个传感器持有一个 ZigBee 网络模块终端,只要它们彼此之间在网络模块的通信范围内彼此自动寻找,很快就可以形成一个互联互通的 ZigBee 网络。当由于某种情况传感器移动时,彼此之间的联络还会发生变化。因而,模块还可以通过重新寻找通信对象,确定彼此之间的联络,对原有网络进行刷新。ZigBee 自组织网通信方式节点硬件结构如图 10.17 所示。

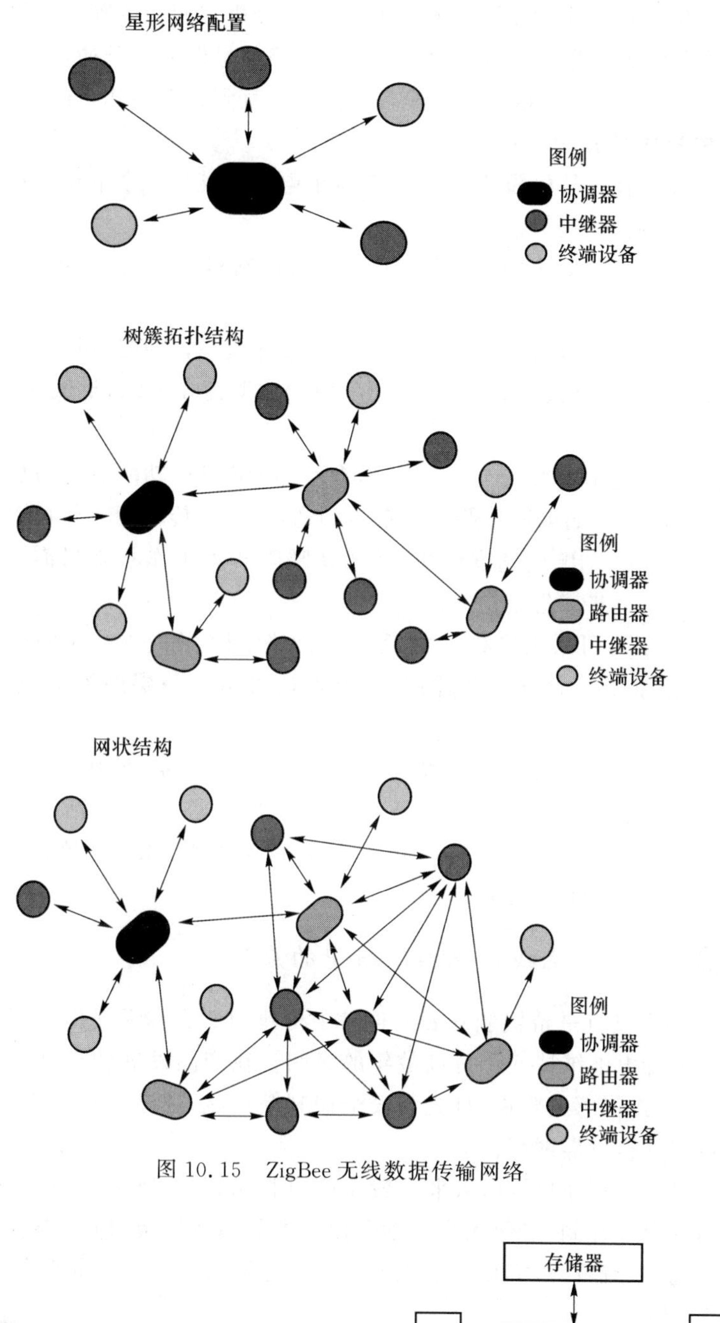

图 10.15　ZigBee 无线数据传输网络

图 10.16　基于 Ember 芯片的 XBee/XBeePRO 模块

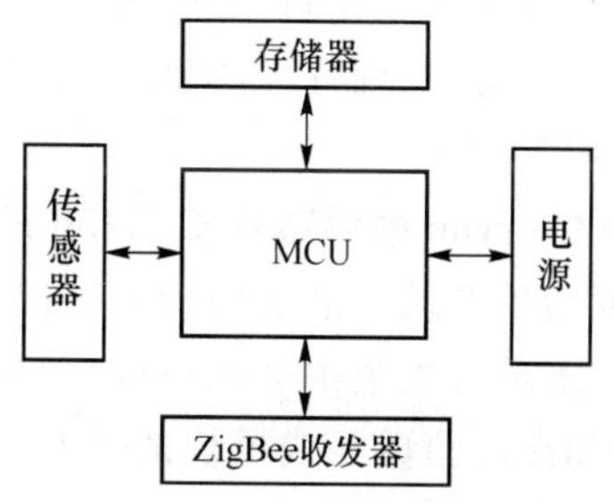

图 10.17　ZigBee 自组织网通信方式节点硬件结构

在自组织网中采用动态路由的方式，网络中数据传输的路径并不是预先设定的，而是传输数据前通过对网络当时可利用的所有路径进行搜索,分析它们的位置关系以及远近,然后选择其中一条路径进行数据传输。例如,梯度法,先选择路径最近的一条通道进行传输,如传不通,再使用另外一条稍远一点的通路进行传输,以此类推,直到数据送达目的地为止。

4. ZigBee 的技术优势

① 低功耗。在低耗电待机模式下,2 节 5 号干电池可支持 1 个节点工作 6~24 个月,甚至更长。这是 ZigBee 的突出优势。

② 低成本。通过大幅简化协议,降低了对通信控制器的要求,每块芯片的价格大约为 2 美元。

③ 低速率。ZigBee 工作在 20~250 kbit/s 的较低速率,分别提供 250 kbit/s(2.4 GHz)、40 kbit/s(915 MHz)和 20 kbit/s(868 MHz) 的原始数据吞吐率,满足低速率传输数据的应用需求。

④ 近距离。传输范围一般为 10~100 m,在增加 RF 发射功率后可增加到 1~3 km,这指的是相邻节点间的距离。如果通过路由和节点间通信接力,传输距离将可以更远。

⑤ 短时延。ZigBee 的响应速度较快,一般从睡眠转入工作状态只需 15 ms,节点连接进入网络只需 30 ms,进一步节省了电能。

⑥ 高容量。ZigBee 可采用星状、片状和网状网络结构,由一个主节点管理若干子节点,最多一个主节点可管理 254 个子节点;同时主节点还可由上一层网络节点管理,最多可组成 65 000个节点的大网。

⑦ 高安全。ZigBee 提供了三级安全模式,包括无安全设定、使用接入控制清单(ACL)防止非法获取数据以及采用高级加密标准(AES 128)的对称密码,以灵活确定其安全属性。

⑧ 免执照频段。采用直接序列扩频在工业科学医疗(ISM)频段,2.4 GHz(全球)、915 MHz(美国)和 868 MHz(欧洲)。

10.3.3 ZigBee技术在无线传感器网络中的应用

ZigBee 技术的出发点是希望能发展一种易于构建的低成本无线传感器网络,同时其低耗电性能将使得产品的电池维持 6 个月到数年的时间。在产品发展的初期,以工业或企业市场的感应式网络为主,提供感应辨识、灯光与安全控制等功能,逐渐将目前市场拓展至家庭网络以及更为复杂的无线传感器网络。

根据 ZigBee 技术联盟的观点,未来一般家庭可将 ZigBee 技术应用于空调系统的温度控制器、灯光、窗帘的自动控制,老年人与行动不便者的紧急呼叫器,电视与音响的万用遥控器、无线键盘、滑鼠、摇杆、玩具,烟雾侦测器以及智慧型标签的使用。本章重点介绍几种基于 ZigBee 技术的典型应用。

1. 基于 Chipcon 射频芯片 CC2430 的无线温、湿度传感器系统

温、湿度与生产及生活密切相关。以往的温、湿度传感器都是通过有线方式传送数据,线路冗余复杂,不适合大范围多数量放置,连线成本高,线路的老化问题也影响了其可靠性。随着大量廉价和高度集成无线模块的普及,以及其他无线通信技术的成功,实现无线的高效传感器网络成为现实。

为了满足类似于温度传感器这样小型、低成本设备无线联网的要求,这里介绍基于 Chipcon射频芯片 CC2430 所设计的无线温、湿度测控系统。

基于 ZigBee 技术的温、湿度测控系统实现了传感器的无线测控,稍加改进还可以做出集成更多传感器和更多功能的传感器网络，扩充性强，市场前景广阔。

无线温、湿度测控系统网络结构如图10.18所示，多个独立的终端探测器按实际需要分布在不同的地方，由敏感元件测得环境温湿度变化数据，通过基于ZigBee技术的RF无线收发网络传送给监控中心的接收器，最后由标准的接口输入微机进行处理。用户可以选择性地适时监控不同位置的环境变化。

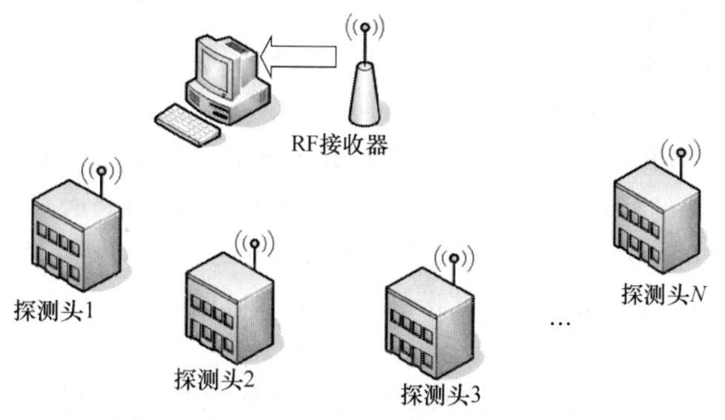

图10.18 无线温、湿度测控系统网络结构

该系统硬件结构可以分为两个部分：探测头和接收器。下面分别进行介绍。

(1) 探测头

探测头系统如图10.19所示。

温度和湿度测量的模拟信号由一个多路选择通道控制，依次送入A/D转换器处理转化为数字信号，微处理器对该数字信号进行校正编码，送入基于ZigBee技术的RF发射器。

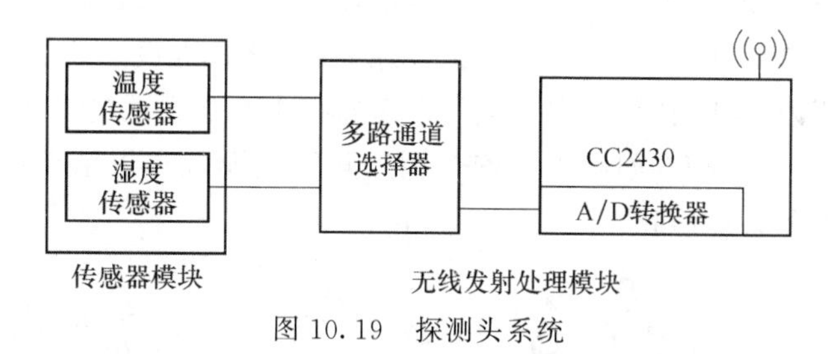

图10.19 探测头系统

在器件选择方面，便携式系统要求同时具有最小的尺寸和最低的功耗。因此，系统中温度传感器采用MAX6607/MAX6608模拟温度传感器，它的典型静态电流仅有8 mA，便携式系统的线路板空间通常都很紧张，类似于SC70这样的微型封装最为理想；另外，未来的处理器最有可能采用的电源电压(1.8 V)正好也是MAX6607和MAX6608的最低工作电压。

传统湿度传感器多采用湿敏电阻和电容，其测量电路复杂，精度低，调试麻烦，本系统采用HoneyWell公司生产的HIH3605湿度变送器，传感器芯体和关键部件全部采用性能优良的进口原装件，可抗尘埃、脏物及磷化氰等化学品，精度高，响应快，输出为0～5 V，DC对应0～100%RH，精度为±3%RH。

为了降低耗电量和设备体积，采用待机时耗电量较低、系统集成度高的微处理器和LSI产品。微处理器和无线收发LSI设备是挪威Chipcon的CC2430。该系统使用9 V蓄电池，每隔3分钟与网络交换一次同步信号，采用的网络拓扑结构为网眼型，工作模式和待机模式的占空比采用不足1%的设定。

(2) 接收器

接收器系统如图 10.20 所示。

RF 接收器接收到探测头发出的信号,经过解码,通过标准的微机并口接口送入计算机存储显示。

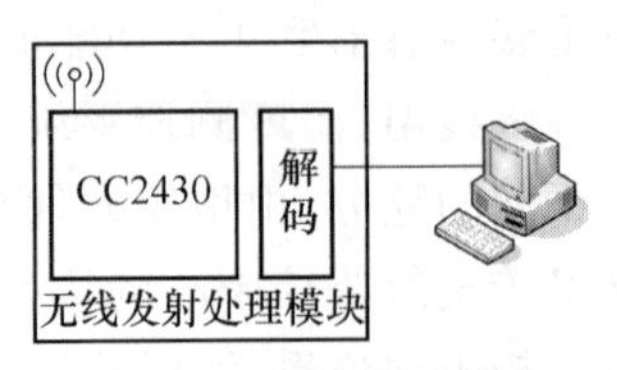

图 10.20 接收器系统

探测头和接收器无线通信实现机理是以 802.15.4 传输模块代替传统通信模块,将采集的数据以无线方式发送出去。其主要包括 802.15.4 无线通信模块、微控制器模块、传感器模块及接口、直流电源模块及外部存储器等。802.15.4 无线通信模块负责数据的无线收发,主要包括射频和基带两部分,前者提供数据通信的空中接口,后者提供链路的物理信道和数据分组。微控制器负责链路管理与控制,执行基带通信协议和相关的处理过程,包括建立链接、频率选择、链路类型支持、媒体接入控制、功率模式和安全算法等。经过调理的传感器模拟信号经过 A/D 转换后暂存于缓存中,由 802.15.4 无线通信模块通过无线信道发送到主控结点,再进行特征提取、信息融合等高层决策处理。

采用基于 ZigBee 技术 Chipcon 射频芯片 CC2430 的湿度传感器网络,在摆脱了烦杂冗余的线路下,实现了对环境温、湿度的远程监控,具备低复杂度、低功耗、低数据速率、低成本、双向无线通信的特点,可以嵌入不同的设备中,有多种网络拓扑结构选择。

2. 基于 ZigBee 技术的煤矿井下定位监控系统

利用 ZigBee 技术很容易实现对一些短距离、特殊场合的人员进行实时跟踪,以及在发生意外情况时对人员所处位置进行确定,这些特殊场合包括矿井、车间及监狱等。以下以煤矿井下定位监控系统为例介绍 ZigBee 技术的应用。

基于 ZigBee 技术的煤矿井下定位监控系统如图 10.21 所示,包括主接入点设备、从结点设备和信息监控中心等部分,信息监控中心位于地面;主接入点设备位于矿井的不同位置,可以根据监控实际需要设置其间距,主接入点与信息监控中心之间通过电缆传递监控信息;从结点设备安装在下井矿工的身上(如矿工的安全帽),从结点设备和主结点设备之间通过ZigBee 技术传递矿工的位置和其他信息。

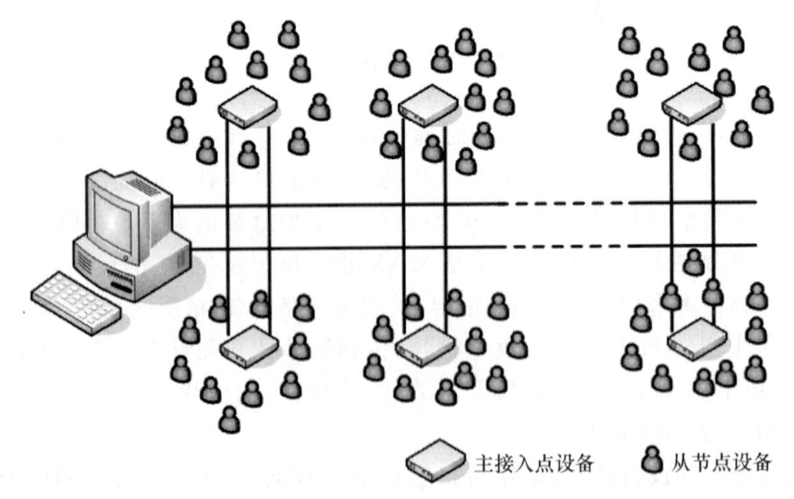

图 10.21 基于 ZigBee 技术的煤矿井下定位监控系统

当矿工(从结点)进入某一主接入点设备控制区域后,主接入点设备与该矿工所携带的从结点设备建立通信，并将相关信息上传至信息监控中心；同样，当矿工从主接入点设备控制范围内离开时，主接入点设备将相应信息上传至监控中心；另外，在发生异常情况(如井下瓦斯气体达到一定浓度)时，从结点设备可以主动请求和主接入点设备进行通信，将相关的异常信息及时地上传至信息监控中心，给出井下报警提示。

10.4　检测系统的智能化和网络化技术

随着科学技术的发展，检测技术总体是向着自动化、智能化、集成化及网络化的趋势发展。伴随着这些发展，检测技术将不断扩大其应用领域，不断提高其测量准确度、测量范围、测量可靠性与自动化程度。

10.4.1　检测技术的发展趋势

自20世纪70年代微处理器诞生以来，计算机技术得到了迅猛的发展。利用微型计算机的记忆、存储、数学运算、逻辑判断和命令识别等功能，发展了微型计算机化仪器和自动测试系统。并且微型计算机与电子测量的结合，使测量系统在测量原理与方法、仪器设计、仪器使用和故障检修等方面都产生了巨大变化，出现了智能仪器、基于总线及网络的新型测量仪器。

智能仪器是计算机技术与电子测量仪器相结合的产物，是含有微型计算机或微处理器的测量仪器。由于它拥有对数据的存储、运算、逻辑判断及自动化操作等功能，因而具有一定的智能作用，所以被称为智能仪器。与传统仪器相比，智能仪器的性能明显提高，功能更加丰富，而且多半具有自动量程转换、自动校准、自动检测，甚至具有自动切换备件进行维修的能力。智能仪器大多配有通用接口，以便于多台仪器连接构成自动测试系统。从广义上说，智能检测系统包括以单片机为核心的智能仪器，以PC机为核心的自动测试系统和目前发展势头迅猛的专家系统等，其主要特点如下。

(1) 测量过程软件控制

智能检测系统可实现自稳零放大、自动极性判断、自动量程转换、自动报警、过载保护、非线性补偿及多功能测试等功能。有了计算机，上述过程可以采用软件控制，因此可以简化系统的硬件结构，缩小体积，降低功耗，提高检测系统的可靠性和自动化程度。

(2) 智能化数据处理

智能检测系统利用计算机和相应的软件可以方便、快速地实现各种算法，对测量结果进行及时处理，提高系统工作效率。智能检测系统以软件为核心，功能和性能指标更改都比较方便，无须每次更改都涉及元器件和仪器结构的改变。智能检测系统配备多个测量通道，可以由计算机对多路测量通道进行高速扫描采样。因此，智能检测系统可以对多种测量参数进行检测。在进行多参数检测的基础上，根据各路信息的相关特性，实现智能检测系统的多传感器信息融合，从而提高检测系统的准确性、可靠性和容错性。

(3) 测量速度快

随着高速的数据采集、转换、处理及显示等器件的出现，智能检测系统得以实现高速测量。

(4) 智能化功能强

智能检测系统以计算机或单片机为核心，通过软件设计完成各种智能化的信息处理。

基于总线及网络的新型测量仪器伴随着以Internet为代表的网络技术及其相关技术的发展而出现，网络技术不仅将各种互联网产品带入人们的生活，而且也为测量技术带来了前所未有的发展空间和机遇,网络化测量技术与具备网络功能的新型仪器应运而生。Unix 、Windows NT、Windows2000 等网络化计算机操作系统为组建网络化测试系统带来了方便。标准的计算机网络协议,如 OSI 的开放系统互联参考模型 RM、Internet 上使用的 TCP/IP 协议,在开放性、稳定性、可靠性方面均有很大优势,采用它们很容易实现测控网络的体系结构。在开发软件方面,如 NI 公司的 LabVIEW 和 LabWindows/CVI,微软公司的 VB、VC 等,都有开发网络应用项目的工具包。

基于计算机及网络技术,测控网络由传统的集中模式逐渐转变为分布模式,成为具有开放性、互操作性、分散性、网络化和智能化的测控系统。网络的节点上不仅有计算机、工作站,还有智能测控仪器仪表,测控网络将具有与信息网络相似的体系结构和通信模型。

美国 Keithley 公司在 1999 年的一项调查中指出:60%的工程师打算在今后几年的应用中使用远程测量技术,而实施远程测量则通过各种形式的网络实现。由于基于互联网的远程测量系统只要具有接入互联网的条件就可以实现在任何时间、任何地点获取所需的任何地方基于互联网的测量信息,因而,必将成为未来获取测量信息的重要手段。

10.4.2 智能检测系统的组成

1. 概述

智能检测系统以微处理器为核心,通过总线及接口与 I/O 通道及输入输出设备相连。微处理器作为控制单元来控制数据采集装置进行采样,并对采样数据进行计算及数据处理,如数字滤波、标度变换、非线性补偿等,然后把计算结果进行显示或打印。智能检测系统广泛使用键盘、LED/LCD 显示器或 CRT,它们由微处理器控制,显示检测结果或处理结果以及图像等。

智能仪器的软件部分主要包括系统监控程序、测量控制程序及数据处理程序等。用计算机软件代替传统仪器中的硬件具有很大的优势,可以降低仪器的成本、体积和功耗,增加仪器的可靠性;还可以通过对软件的修改,使仪器对用户的要求做出快速反应,提高产品的竞争力。

2. 智能检测系统设计要求

(1) 硬件要求

① 简化电路设计

采用集成度较高的器件,能够通过软件实现的功能尽量通过软件实现,减少硬件投入,对降低系统成本、减小体积、提高稳定性十分有利。

② 低功耗设计

智能检测系统需要在现场长期稳定工作,有些采用电池供电,要求系统中的器件与装置功耗低。所以,从电路结构设计到器件选型应遵循低功耗设计思想。

③ 通用化、标准化设计

设计中采用通用化、标准化硬件电路,有利于系统的商品化生产和现场安装、调试、维扩;也有利于降低系统的生产成本,缩短加工周期。

④ 可扩展性设计

智能检测系统是大型关键设备,因此,设计组建时要结合系统使用部门的发展,充分考虑系统的可扩展性,方便日后系统升级和扩展。

⑤ 采用通用化接口

智能检测系统的设计者应当根据用户单位的其他设备情况和发展意向,选用通用化接口和总线系统,以方便用户使用。

(2)软件要求

智能检测系统的软件包括应用软件和系统软件。应用软件与被测对象有关,贯穿整个测试过程,由智能检测系统研究人员根据系统的功能和技术要求编写,包括测试程序、控制程序、数据处理程序及系统界面生成程序等。系统软件是计算机实现其运行的软件,如 DOS6.0、WINDOWS95 等。智能检测系统的软件应按照以下要求来设计。

① 优化界面设计,方便用户使用。

② 使用编制、修改、调试、运行和升级方便的应用软件。

软件设计人员应充分考虑应用软件在编制、修改、调试、运行和升级方面的便利性,为智能检测系统的后续升级、换代设计做好准备。近年来发展较快的虚拟仪器技术也为智能检测系统的软件化设计提供了诸多方便。

③ 丰富软件功能。

智能检测系统的设计应在运行速度和存储容量允许的情况下,尽量用软件实现设备的功能,简化硬件设计。实际上,利用软件设计可以方便地实现量程转换、数字滤波、故障诊断、逻辑推理、知识查询、通信及报警等多种功能,大大提高了检测系统的智能化程度。

3. 应用实例——基于 I^2C 总线多路温度测量系统

由飞利浦公司发明的 I^2C 总线二线通信技术,属于多主机通信方式,主要用于单片机系统的扩展及多机通信,总线数据传送速率最高可达 400 kbit/s。

基于 I^2C 总线多路温度测量系统由带有 I^2C 总线接口的传感器、单片机及显示接口器件构成。采用飞利浦公司带有 I^2C 总线的单片机 P87LPC764 组成的多路温度测量系统,以 I^2C 总线器件作为外围设备,比传统的单片机温度测量系统使用器件少,可靠性较高,运行速度快。

基于 I^2C 总线多路温度测量系统结构如图 10.22 所示,由数字温度传感器、带有 I^2C 总线接口显示器件及单片机组成。各部分功能叙述如下。

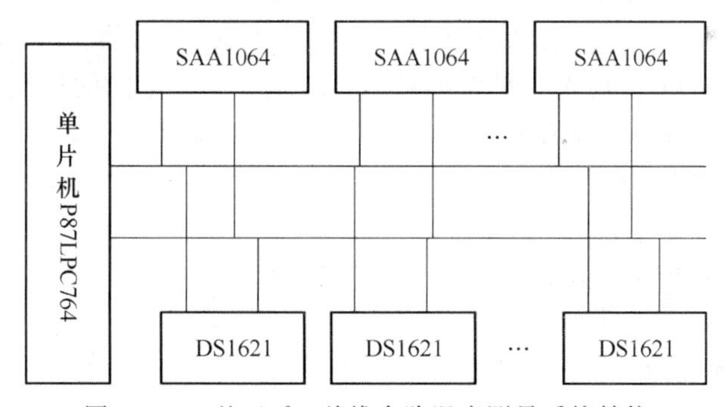

图 10.22　基于 I^2C 总线多路温度测量系统结构

(1) 温度检测环节

温度检测环节采用 DALLAS 公司生产的数字式温度传感器传 DS1621,接口与 I^2C 总线兼容,DS1621 可工作在最低 2.7 V 电压下,适用于低功耗应用系统。DS1621 无须使用外围元件即可测量温度,测量结果以 9 位数字量(两字节传输)给出,测量范围为 −55～+155 ℃,精度为 0.5 ℃,典型转换时间为 1 s。DS1621 管脚如图 10.23 所示。

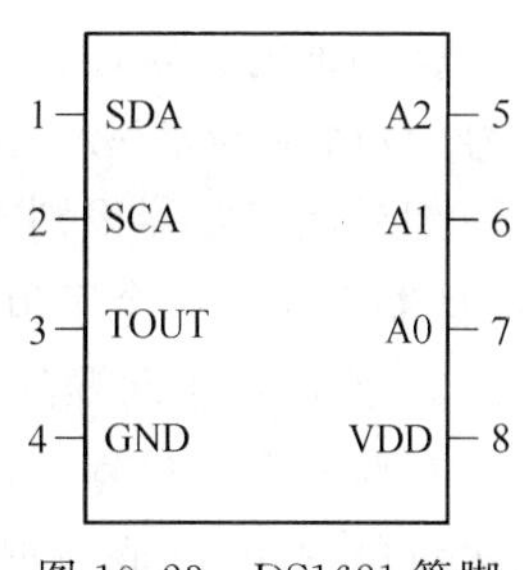

图 10.23　DS1621 管脚

单片机通过 DS1621 的编码线 A2A1A0 对 DS1621 进行编码,一次最多可以控制 8 片 DS1621,完成 8 路温度采样。DS1621 的

SCL为时钟线,SDA为读写数据线,按照I^2C串行通信接口协议读写数据。系统工作时,SCL和SDA线满足串口通信启动条件,首先,主器件单片机发出器件地址字节,发出DS1621的命令字,由DS1621发出ACK应答信号;然后,将其转换为读取从器件DS1621的数据字节,主器件产生ACK应答信号;最后,串口通信结束条件标志完成了一次数据通信。

(2) 信号处理单元

P87LPC764是Philips公司生产的一种小封装、低成本、高性能的单片机,CPU为80C51,其特点如下:

- 有I^2C总线接口;
- 4 KB OTP程序存储器;
- 128 Byte的RAM;
- 32 Byte用户代码区可用来存放序列码及设置参数;
- 2个16位定时/计数器,每一个定时器均可设置为溢出时触发相应端口输出;
- 全双工UART;
- 4个中断优先级;
- 看门狗定时器利用片内独立振荡器,有8种溢出时间选择;
- 低电平复位,使用片内上电复位时不需要外接元件。

P87LPC764作为该系统的核心器件,其主要功能为:接受数字传感器传送过来的温度信号进行处理,转换成相应的温度值至显示器件显示;以串行通信方式控制和协调系统中从器件的工作。

当激活I^2C总线时,P87LPC764端口1中的P1.2与P1.3分别作为SCL和SDA行使I^2C总线功能。其I^2C总线由3个特殊功能寄存器控制,分别为I^2C控制寄存器I^2CON、I^2C配置寄存器I^2CFG和I^2C数据寄存器I^2CDAT。

(3) 总线显示器件SAA1064

SAA1064是I^2C总线系统中典型的LED驱动控制器件,为双极型集成电路,有2×8位输出驱动接口,可静态驱动2位或动态驱动4位8段LED显示器。SAA1064的器件地址为0111,其引脚地址端ADR按输入电平大小将A1A0编为4个不同的从地址,所以,在1个I^2C总线系统中最多可以挂接4片SAA1064,实现16位LED显示。

(4) I^2C总线的数据传输方式

① 数据格式

数据中每个字节长度为8位,每个字节后紧跟一个应答位。

② 数据识别方法

- 识别相关时钟脉冲

I^2C总线系统中主器件在传送完每一个字节后,在SCL线上产生一个识别相关时钟脉冲,发送器释放SDA线(保持为高),而接收器将SDA拉为低电平,同时发出应答信号准备接收数据。

- 停止传输的两种情况

被寻址的接收器在接收每一个字节后产生应答信号位,如果某个从接收器没有产生应答信号,数据线SDA必须由从机变为高电平,然后再由主器件产生停止信号。

如果从接收器识别出从器件地址,但是没有接收到数据,则采取以下方式发出停止传输信号:从器件在第一个字节后不产生应答位,由主器件发出停止信号。

③ 器件竞争问题的解决

在信号发送过程中,当SCL线为高电平时,I^2C总线上多器件的数据传输会在SDA线上发生竞争问题,造成数据传输混乱。因此,I^2C总线硬件中设置了竞争裁决电路来解决这一问题，SCL 线上的时钟信号是所有主器件产生的时钟信号“线与”产生的。

④ 数据传输的寻址方式

从器件地址由两部分组成：固定部分由厂家确定器件名称，可编程部分决定系统中可以连结这种器件的最大数目。例如，一个器件地址有 4 位可编程位，那么同一个 I^2C 总线上能够连接 16(2^4)个这样的器件。

10.4.3　检测系统网络化技术

随着仪器自动化、智能化水平的提高，多台仪器联网已推广应用，虚拟仪器、三维多媒体等新技术开始实用化。因此，通过互联网，仪器用户之间可异地交换信息和浏览界面，厂商能直接与异地用户交流，及时完成如仪器故障诊断、指导用户维修或交换新仪器改进的数据、软件升级等工作。仪器操作过程更加简化，功能更换和扩展更加方便。网络化是今后测试技术发展的必然趋势。

以互联网为代表的计算机网络迅速发展及相关技术的日益完善，使测控系统的远程数据采集与控制、测量仪器设备资源的远程实时调用、远程设备故障诊断等功能得以实现。与此同时，随着高性能、高可靠性、低成本的网关、路由器、中继器及网络接口芯片等网络互联设备的出现，互联网、不同类型测控网络、企业网络之间的互联变得十分容易。利用现有互联网资源而无须建立专门的拓扑网络，使用户组建测控网络、企业内部网络以及建立与互联网的连接都十分方便，这就为实现智能检测系统网络化提供了便利条件。利用网络技术，原有的基于计算机测量体系中的基本组件，如 I/O 接口、中央处理器、存储器和显示设备等，根据应用的需要分布到各个地方，例如，可以将 I/O 操作测试模块安置在数据采集前沿，将数据分析处理模块分布在控制中心，将数据存储以及信息分析模块安置在后台数据库系统中；同时把分析结果通过网络显示分布在各地的 Web 浏览器中，从而形成了网络化的测量系统。

1. 网络化测量系统的构成

网络化测量系统包含数据采集、数据分析和数据表示 3 个模块，并分别在测量节点、测量分析服务器和测量浏览器中实现，如图 10.24 所示。

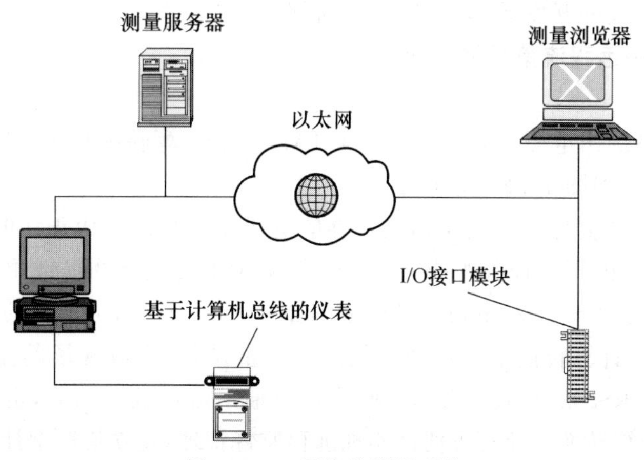

图 10.24　网络化测量系统

测量节点是能在网络中单独使用的数据采集设备，它们的形式有数据 I/O 模块、与网络相连的高速数据采集单元和连接到网络上的配置测量插卡的计算机。这些测量节点可以实现数据采集功能,并具有一定的数据分析功能,可以将原始数据或分析后的数据信息发布到网络中。

测量服务器是一台网络中的计算机,它能够管理大容量数据通道,进行数据记录和数据监控,用户也可用它们来存储数据并对测量结果进行分析处理。

测量浏览器是一台具有浏览功能的计算机,用来察看测量节点,测量服务器所发布的测量结果或经过分析的数据。

由图10.24可知,一个现代网络测量系统的构成主要包括以下几部分。

(1) 计算机

计算机是网络测量系统的核心,它能够迅速完成复杂的运算,并存储大量的测试数据。

在网络测量系统中,计算机可以表现出各种不同的形式。实际上,许多测试平台本身就是一台计算机,例如,诞生于20世纪80年代的VXI标准就是基于VMEbus总线的。随着计算机和工业自动化的发展,出现了下一代测试平台——PXI测试平台——一个体积更小、费用更低、性能更高的基于CompactPCI总线的测试平台。

(2) 高速的I/O接口

在网络测量系统中,为了提高系统的效率,必须把采集来的数据快速地传递到计算机中去,以便在计算机中完成大部分测试计算和分析功能。

(3) 网络连接

网络连接已经成为测量技术中不可缺少的部分,利用它可以实现数据采集和数据管理以及通过互联网发布数据到其他测试系统。

(4) 测试仪器

基于计算机的网络测量系统中另一重要部分就是测试仪器,其功能是采集数据经过模数转换传递到计算机中。

(5) 测试软件

测试软件把基于计算机的网络测量中的所有组件紧密结合起来。软件的体系结构是结构化、模块化的体系结构,采用该体系结构使得基于计算机的测试系统各测试组件紧密结合,并且使得开发者具有高效的开发效率,缩短开发时间。

2. 应用实例——远程流量检测系统

(1) 系统组成

远程流量检测系统由电磁流量计、FC2000-IAE流量计算转换单元、压力温度补偿装置及计算机网络设备组成,如图10.25所示。

电磁流量计测量流量是根据法拉第电磁感应定律输出与流量成正比的电压信号。电磁流量计测量导电液体;它的压力损失很小,接近于零;测量不受液体物理性质影响,可测腐蚀性液体;仪表的通径范围宽(2～1 600 mm),量程范围2～5 000 m^3/h,可测脉动流。

FC2000-IAE流量计算转换单元是网络化流量计量设备,它对现场的流量相关信号进行采集、补偿运算后,通过RS232/485、以太网等网络接口输出流量数字信号,也可以输出4～20 mA电流信号。该流量计算转换单元可方便地实现远程监督管理,建立集散型计量管理网络。

FC2000-IAE流量计算转换单元可完成温度、压力、湿度、密度及组分等补偿运算。节流式流量计的流出系数C、流束可膨胀系数ε、压缩系数Z等参数可作为动态量进行实时逐点运算以实现宽量程。FC2000-IAE还具有历史数据存储、报警记录、仪表断电及修改参数设置等审计记录功能。

FC2000-IAE 联网方式有以下三种：

① 采用 RS232、RS485 及网络适配器连接；

② 外接有线 Modem 即可通过程控电话线联网；

③ 外接无线 Modem 即可实现无线数据通信专用网。

上位机通过网络发送指令对 FC2000-IAE 进行组态和监控，实现对流量测量系统网络化管理功能。

（2）系统功能实现

首先，通过上位机中的组态软件对网络中 FC2000-IAE 流量计算转换单元进行组态，设置数据采集及网络通信等相关参数；然后，运行诊断程序，确定系统内各个设备工作正常后，由上位机发出指令进行流量信号采集；最后，FC2000-IAE 流量计算转换单元采集流量、温度及压力参数后，在内部根据实际流量与现场压力温度的函数关系进行补偿运算，以此消除现场环境因素对被测量的影响。经过 FC2000-IAE 流量计算转换单元处理后的流量信号通过 RS232、RS485 接口及网络适配器连接到局域网上，并将信息发送至上位机进行显示、存储。同时信息也可发送至 Web 浏览器通过互联网实现信息远程共享。远程流量检测系统如图 10.25 所示。

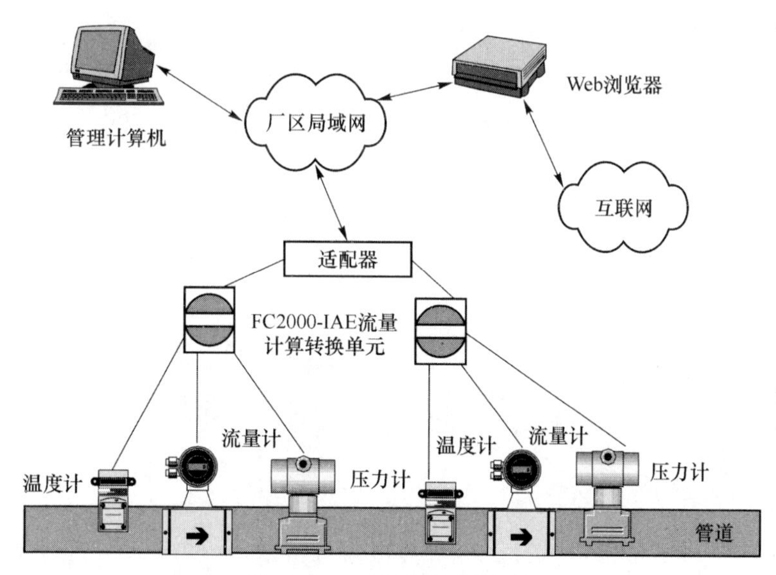

图 10.25　远程流量检测系统

思考题与习题

1. 什么是虚拟仪器？与传统仪器相比，虚拟仪器有什么特点？
2. 虚拟仪器有几种构成方式？各有什么特点？
3. 简述 LabVIEW 软件的特点与功能。
4. 现场总线控制系统有何优点？由哪几部分组成？
5. 以太网与现场总线相比，具有哪些优势？
6. 什么是无线传感器网络？由哪几部分构成？
7. 简述 ZigBee 无线传感网通信的特点。

8. 什么是智能检测系统？由哪几部分组成？

9. 网络化测量系统有何特点？由哪几部分构成？

10. 简述现代检测技术的发展趋势。

11. 简述虚拟仪器的主要特点。

12. LabVIEW 是什么？

13. 简述 LabVIEW 应用程序的构成。

14. 简述虚拟仪器的分类。

15. 设计题：建立一个测量温度和容积的 VI，其中须调用一个仿真测量温度和容积的传感器子 VI。

16. 什么是现场总线？

17. 简述现场总线的优点。

18. 简述现场总线的类型。

19. 简述 CAN 协议特点。

20. 简述智能化仪表的结构特点和性能特点。

参考文献

[1] 徐科军,马修水,李晓林,等.传感器与检测技术[M].4 版.北京:电子工业出版社,2016.

[2] 胡向东,李锐,程安宇,等.传感器与检测技术[M]. 2 版.北京:机械工业出版社,2013.

[3] 吴建平,彭颖,覃章建.传感器原理及应用[M]. 3 版.北京:机械工业出版社,2016.

[4] 费业泰.误差理论与数据处理[M]. 7 版.北京:机械工业出版社,2015.

[5] 张志勇,王雪文,翟春雪,等. 现代传感器原理及应用[M].北京:电子工业出版社,2014.

[6] 赵勇,王琦. 传感器敏感材料及器件[M].北京:机械工业出版社,2012.

[7] 周杏鹏,孙永荣,仇国富.传感器与检测技术[M].北京:清华大学出版社,2010.

[8] 李川,李英娜,赵振刚,等.传感器技术与系统[M].北京:科学出版社,2017.

[9] 徐开先,钱正洪,张彤,等. 传感器实用技术[M].北京:国防工业出版社,2016.

[10] 彭杰刚.传感器原理及应用[M]. 2 版.北京:电子工业出版社,2017.

[11] 付华,徐耀松,王雨虹. 智能检测与控制技术[M].北京:电子工业出版社,2015.

[12] 黄松岭,王珅,赵伟.虚拟仪器设计教程 [M].北京:清华大学出版社,2015.

[13] 吴盘龙.智能传感器技术[M].北京:中国电力出版社.2016.

[14] 钱志鸿,王义君. 面向物联网的无线传感器网络综述 [J]. 电子与信息学报 2013,35(1): 216-227.

[15] 秦志强,谭立新,刘遥生. 现代传感器技术及应用[M].北京:电子工业出版社,2010.

[16] 王永华. 现场总线技术及应用教程[M].2 版.北京:机械工业出版社,2012.

[17] 王平,王恒. 无线传感器网络技术及应用[M].北京:人民邮电出版社,2016.

[18] 张毅,张宝芬,曹丽,等.自动检测技术及仪表控制系统 [M].3 版.北京:化工出版社,2012.

[19] 邬宽明.现场总线技术应用选编 (上) [M].北京:北京航空航天大学出版社,2003.

[20] 施文康,于晓芬.检测技术[M].4 版.北京:机械工业出版社,2015.

[21] 阳宪惠.现场总线技术及其应用[M].2 版.北京:清华大学出版社,2008.

[22] 张洪润.传感器应用设计 300 例(上)[M]北京:北京航空航天大学出版社,2008.

参考文献